普通高等教育电子信息类系列教材

现代通信网

主　编　穆维新　申云峰

副主编　王敬哲　侯晓磊

参　编　姬　祥　赤　娜

陈廷侠　王　飞

机械工业出版社

本书内容涵盖了各类现代通信网，对电路交换、分组交换、标签交换、软交换、IMS、OFDMA、MIMO、C-RAN、SDN、NFV 和 M2M，以及光传输、分组传送和网络切片等网络技术进行了全面系统的阐述。

本书密切结合以 5G 为代表的新兴网络技术、协议和构架，内容全面、结构紧凑、语言简洁流畅。书中给出了适量的例题、习题及实践项目，力求理论联系实际、增强读者的学习效果。本书配备有 PPT、习题答案和虚拟实验平台等课程配套资料，适合作为高等院校通信、信息、电子等专业的教材或参考书，也可以作为相关专业的培训教材及专业技术人员的学习参考书。

图书在版编目（CIP）数据

现代通信网/穆维新，申云峰主编. —北京：机械工业出版社，2023.5
普通高等教育电子信息类系列教材
ISBN 978-7-111-72870-2

Ⅰ.①现… Ⅱ.①穆… ②申… Ⅲ.①通信网-高等学校-教材 Ⅳ.①TN915

中国国家版本馆 CIP 数据核字（2023）第 052178 号

机械工业出版社（北京市百万庄大街 22 号 邮政编码 100037）
策划编辑：刘琴琴 责任编辑：刘琴琴 王 荣
责任校对：樊钟英 贾立萍 封面设计：王 旭
责任印制：任维东
北京中兴印刷有限公司印刷
2023 年 7 月第 1 版第 1 次印刷
184mm×260mm · 20 印张 · 455 千字
标准书号：ISBN 978-7-111-72870-2
定价：59.80 元

电话服务
客服电话：010-88361066
010-88379833
010-68326294

网络服务
机 工 官 网：www.cmpbook.com
机 工 官 博：weibo.com/cmp1952
金 书 网：www.golden-book.com
机工教育服务网：www.cmpedu.com

前言

党的二十大报告强调要加快建设网络强国、数字中国，吹响了中国网络通信技术研究和产业发展的新号角，呼唤信息通信领域的从业者和学子们踔厉奋发、建功新时代的坚定理想信念，同时也对高校相关专业的教材编写提出了更高的要求。

数十年来，各种通信网络技术呈现出同台竞舞的繁荣景象。4G 全球风靡，5G 万众瞩目，6G 又频频招手。网络通信技术及相关产业的发展空间不可限量，电子、信息通信类专业的人才需求会一如既往地旺盛。

目前，大部分高等院校的电子信息类专业都开设了通信网络技术相关课程。抱着为行业发展和人才培养贡献绵薄之力的愿望，编者以多年的教学经验和体会为基础，通过广泛参阅相关书籍和文献编写了此书。本次编写本着结构清晰、内容全面、知识新颖、文字简练的原则，力求在理论联系实际方面能有所突破。为此，书中给出了多个利用开源软件实现的通信网实践项目，还提供了通信网虚拟仿真实验平台链接，读者可以通过实验平台链接进行模拟仿真实验。这样，既能解决有些学校通信网络实验设备不足、老旧的问题，又是对应用型院校教学模式变革的一种大胆尝试，具有不同背景的读者都能通过本书的学习和项目实践得到更多的收益。

本书对现代通信网的各种业务网、传输网等进行了全面描述，包括交换、协议、架构、接口、应用和关键技术、新技术等方面，内容与通信网的最新发展保持同步。在内容编排上，LTE、5G 网络及多入多出（MIMO）、软件定义网络（SDN）、网络功能虚拟化（NFV）等技术占本书的较大篇幅；全书对传统的网络技术着墨不多，对通信原理、计算机网络等课程已经覆盖的内容也基本上没有介绍，如有对这些课程知识欠缺的读者，建议了解相关知识后再学习本书，这样效果会更好。

全书共 11 章。第 1 章带读者认识现代通信网，了解现代通信网的发展历程；第 2、3 章介绍的是通信网的交换技术和有关协议，包括电路交换、路由交换、标签交换、软交换，以及 No. 7 信令、接入认证协议、呼叫控制协议、实时传输协议、无线接口协议等；第 4 章介绍了传输网，从基于时分复用的传输网开始，一直到分组传送网（PTN）、切片分组网（SPN）等；第 5、6 章涵盖了常见的业务网络，包括以语音业务为主的公共交换电话网（PSTN）、综合业务数字网（ISDN）、2G 和 3G 移动网，以及以数据业务为主的公用交换分组数据网（PSPDN）、帧中继（FR）网、异步传输模式（ATM）和 IP 骨干网等；第 7 章是对 4G 移动网的介绍，重点是 LTE 总体结构、协议栈和多入多出（MIMO）等关键技术；第 8、9 章首先介绍了软件定义网络（SDN）及其与网络功能虚拟化（NFV）的融合技术，然后对 5G 系统进行了全面介绍，包含 5G 网络架构，以及 LTE/NR 频谱共存、网络切片、云-无线接入（C-RAN）等新技术；第 10

章介绍了作为通信网下游产业的物联网的结构、协议及关键技术；第 11 章为操作性较强的通信网实践项目，包含 5 个项目（共 10 个实验）的方法和步骤，以培养读者的网络配置和编程能力。每章有一个拓展阅读板块，让读者从中了解我国通信领域取得的辉煌成就，并从那些负重前行的人们身上感受艰苦奋斗、积极进取、勇攀高峰的伟大民族精神。

郑州工业应用技术学院、郑州大学和深圳职业技术学院的老师参与了本书的编写工作，其中第 1、2、4、10 章由穆维新副教授、侯晓磊副教授和赤娜副教授编写，第 3、9、11 章由申云峰高级工程师编写，第 5、7 章由王敬哲博士编写，第 6、8 章和附录由姬祥博士和王飞博士编写，拓展阅读部分由陈廷侠副教授编写。最后由穆维新副教授对全书进行统稿和审核。在本书的编写过程中，得到了编者所在单位师生的大力支持，参考并引用了大量的国内外文献，在此一并致谢。

由于编者水平有限，书中的疏漏与不当之处在所难免，恳请广大读者批评指正。

编　者

目 录

第1章 概论

作为当代社会的神经系统，通信网一直在沿着数字化、宽带化、无线化、智能化、标准化、个人化和综合化的方向发展。本章主要概述通信网的概念、构成、特征，以及通信网、通信技术的演进和未来展望等。

1.1 通信网概述

1.1.1 通信网的定义和分类

1. 通信与通信网

广义通信指信息的沟通过程，由表达和交换信息的动作和行为构成。这里讲的是工程技术领域里的通信，指借助于现代科技手段，通过光、电等媒介实现不同地点、不同时间、不同的人和物之间的信息传递以及与其相关的处理和转换过程。

现代通信网是由一系列设备（硬件及软件）、信道及标准（通信协议或信令规范）组成的有机整体和高度自动化复杂系统，可以实现用户之间、用户与机器之间以及机器之间各种媒体的信息交流。因为早期的通信主要借助于电波进行信息传输，因此通信网也被称为电信网。

现代通信网能够在任何时间，将语音、图像、图表、文字、数据、视频等媒体信息变换成电信号或光信号，实现任何人与人，在任何地点的信息传输和交换，并在接收端恢复为原有的媒体信息。同样地，现代通信网还能够实现人与物、物与物之间的实时通信。作为信息社会重要基础设施，现代通信网对现代社会的有序和高效运转具有不可替代的作用。

2. 通信网的分类

可以从不同的角度出发，对通信网进行分类。常见的分类方法有以下几种。

1）按通信的性质进行分类：业务网、传输网、支撑网。业务网进一步分类为电话网、数据网、计算机通信网、传真网、综合业务数据网、智能网、广播电视网等。支撑网进一步分为信令网、同步网、电信管理网等。

2）按传输介质进行分类：有线网（以电线、电缆、光缆等为传输介质）、无线网（以长波、中波、短波、超短波、微波等为传输介质，包括卫星通信）。

3）按处理信号的方式进行分类：模拟网、数字网、混合网。

4）按通信范围进行分类：电话网可以分为市话通信网、本地通信网、长话通信网、国际通信网；计算机通信网可以分为局域网、城域网和广域网等。

5）按通信服务的对象进行分类：公用网、专用网。

6）按支持的终端进行分类：固定网、移动网。

在我国，由于历史的原因，人们常常把身边的通信网分为电话通信网、计算机通信网和广播电视网，即所谓的“三网”，分别由电信运营商和广电公司运营。在国家政策的主导下，“三网”正在走向深度融合。

1.1.2 通信网的构成

简单的通信网模型如图 1.1 所示。通信网一般是由终端设备、网络节点和连接它们的通信信道构成。通信网定义了两种主要接口：终端设备与网络节点之间的用户-网络接口（UNI）、网络节点之间的网络-网络接口（NNI，本意指不同网络域之间的接口，现泛指所有网络节点之间的接口）。

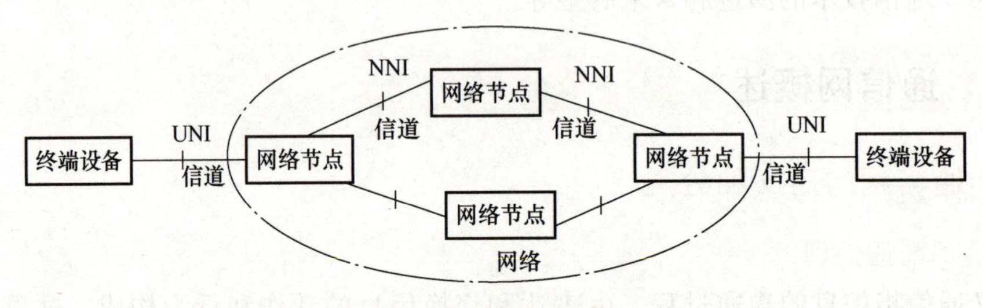

图 1.1　通信网的基本构成

1. 终端设备

终端设备（Termination Equipment）是通信网中信息的源点和终点，它除对应于信源和信宿之外，还包括一部分变换器和反变换器。

（1）信源和信宿

信源（Information Source）：发出信息的基本设施，也就是信息的发送者。

信宿（Information Sink）：信息传输的终点，也就是信息的接收者。

在有人参与的通信中，信源和信宿指的是直接发出和接收信息的人和终端设备，如手机。

（2）变换器和反变换器

变换器（Convertor）：将信源发出的信息按一定的要求进行变换，通过变换器的变换，信源发出的信息被变换成适合在信道上传输的信息。反变换器（Inverter）的工作过程是变换器的逆过程。变换器和反变换器可以通过终端设备（如调制解调器）或边缘交换节点来实现。

2. 网络节点

网络节点，也称为网元，可以是光纤通信网中实现复用、交叉连接和光电转换功能的传输节点；电信网中的基站、电路交换机、软交换控制器、服务器；数据通信网中的分组交换机、路由器、交换机、DNS（域名服务器）、Web 服务器；信令网中的信令转接点等。大体上，网络节点可以分为传输节点、交换节点、业务节点、管理与控制节点等。

3. 信道

信道（Channel）：指网络节点之间以及网络节点和终端之间的单向或双向信息通

道，是信息传输介质和中间设备的总称。不同的信源形式所对应的变换处理方式不同，与之对应的信道形式也不同。通常情况下，信道的划分标准有：按传输介质的不同可分为无线信道和有线信道；按传输信号形式的不同可分为模拟信道和数字信道；按协议栈可分为逻辑信道、传输信道和物理信道。

逻辑信道是指携带信息的信道，它定义了传送信息的类型，通常产生于数据链路层。

传输信道是在对逻辑信道信息进行特定处理后，加上传输格式等指示信息后的数据流，通常是指物理信道和逻辑信道之间的连接转换。

物理信道指承载信息的载频、码道、波道、电路（时隙）等物理通道，产生于物理层。物理信道根据传输介质不同分为无线信道和有线信道。

（1）无线传输信道

无线通信中，信息主要是通过自由空间进行传输的，但必须通过发射机系统、发射天线、接收天线和接收机系统才能使携带信息的信号正常传输。发射机系统、发射天线、接收天线和接收机系统以及自由空间中的无线载波组成了无线传输信道。根据无线波长的不同，无线信道分为长波信道、中波信道、短波信道、超短波信道、微波信道等类型。如果通过卫星作为中继站转发无线电信号，相关信道又称为卫星信道。

（2）有线传输信道

在有线通信中，电磁波是沿有形介质传播的，而且通常是构成信息传输的直接通路，适合于基带传输或频带传输。常见的有线传输介质包括：

1）平衡电缆：也称双绞线，由两根具有绝缘保护层的铜导线按一定密度绞合而成，每一根导线在传输中辐射出来的电波会被另一根导线上发出的电波抵消，有效降低了信号干扰的程度。

2）同轴电缆：由金属内导体、绝缘隔离层、金属外导体屏蔽层和绝缘保护层构成。常用的同轴电缆有两种：一种是外径为 4.4mm 的细同轴电缆；另一种是外径为 9.5mm 的粗同轴电缆。

3）光纤：由石英玻璃或者塑料纤芯、包层、涂覆层及保护层组成的光导传输材料，以光为载波构成通信信道。

另外，在通信网中与信道相关的还有电路、链路、路由等概念。

电路（Circuit）：强调物理层（或节点设备接口）的连接能力，一条电路就是两个或多个节点之间的一条物理路径。如果在链路层讨论电路的概念，通常称为虚电路或逻辑电路。另外，通过交换机指定连接的电路，又分为永久电路（PC）、永久虚拟电路（PVC）等。

链路（Link）：强调的是与数据链路层有关的、由链路控制协议来建立的连接。链路通常是指两个相邻节点间或终端设备和节点之间，具有某种特性的一段信道（或电路）。链路也是特定的信源与特定的用户之间，所有信息传送中的状态与内容的名称，如无线接口的上行、下行链路。有些书中也将物理层的电路称为物理链路。有时，链路和电路统称为信道（Channels）、线路（Lines）、通路（Paths）等。

路由（Route）：指把数据从一个网络传送到另一个网络、带有方向性的某个连接通路，是不同节点间链路的组合。通常在信令网、路由器中强调路由的概念。

1.1.3 通信网协议

通信网协议也称标准或规范，指通信网中进行信息交流的双方的约定。一号（No.1）信令方式、七号（No.7）信令方式是公共电话交换网中的主要协议；X.25 是公共分组数据交换网的主要协议；TCP/IP 协议簇则是包括局域网、城域网、广域网在内的互联网的协议体系。

按照其实现的功能，可以把通信网协议分为不同的类型，如编码协议、路由协议、传输协议、控制协议、访问协议、管理协议等。国际标准化组织（ISO）的开放系统互联（OSI）七层模型是现代通信网的协议框架，所有通信协议都对应着 OSI 七层模型中的一层或多层。

从协议制定和发布组织来说，现代通信网的协议主要包括 ITU-T 协议、3GPP 协议、IEEE 协议、IETF 协议等。ITU-T 为国际电信联盟电信标准部门的简称。ITU-T 是 3G 之前通信网络协议的主要制定者；3GPP（3rd Generation Partnership Project，第三代合作伙伴计划）是 WCDMA 等 3G 系统、LTE 4G 系统以及 5G 系统无线网络和核心网协议的主要制定者；3GPP2（第三代合作伙伴计划 2）是 CDMA 2000 网络协议的主要制定者；IEEE 是美国电气电子工程师学会的简称，是以太网协议的主要制定者；IETF（因特网工程任务组）是 TCP/IP 协议簇的主要制定者。本书第 3 章将对现代通信网的协议进行专门介绍。

1.1.4 现代通信网的特征

我们很难以一个确定的时间点或严格的定义来界定现代通信网。但一般来说，现代通信具有以下特征。

1）广泛使用各种现代信息处理技术，包括数字技术（如编解码器、数字信号处理器等）、软件技术（如程控时分交换、分组交换、软交换等）、微电子技术（如超大规模集成电路和微机电、微光电模块等）、光子技术和光电子技术（如光纤通信、光纤传感、激光器件、光电子集成等）、微波技术（如卫星通信、微波传输系统、超高频移动通信等）。

2）采用开放的协议。现代通信网设备之间、复杂设备内部各系统之间采用公开的接口和开放的协议。这样有利于不同设备之间、不同系统之间的互联互通，并有效地定位网络故障，不同厂家、运营商之间可以形成良好的竞争与合作关系，从而形成良好的通信生态系统。

3）业务的全面性，以“在任何时间（Whenever）、任何地点（Wherever）、任何人（Whoever）可以与任何人（Whomever）进行任何业务（Whatever）的通信”为目标。

4）服务的质量保障。现代通信网提供的是有 QoS（服务质量）保障的服务。QoS 的关键指标主要包括可用性、吞吐量、时延、时延变化（包括抖动和漂移）等。服务质量保障使现代通信网真正融入了人们的日常生活和人类社会的运转，成为信息社会最重要的基础设施。随着 5G 网络的大规模建设，通信网将承载更多的时间关键、容量关键任务，对于自动驾驶、远程手术等新型服务，通信网的质量保障尤为意义重大。

5）网络控制管理。现代通信网是一种可控可管的网络，既强调信息的分布式处理，又重视集中化的网络控制、管理和运维。

1.2 通信网的发展

1.2.1 通信网的发展阶段及其技术演进

1. 通信网的发展阶段

通信网的发展大致经历了以下 3 个阶段。

第一阶段是电报通信阶段。1837 年，莫尔斯发明电报机，并设计了莫尔斯码。电报机的发明开启了电报通信时代。1895 年，马可尼发明了无线电设备，使电报可以通过无线通道传送，加快了电报通信的普及过程。从西方国家开始，各国纷纷建立了连接主要城市的电报网，以及跨域不同国家的电报路由，进行语言文字形式的信息传递。本阶段通信网的特征：只能进行文字信息的传递，信息转换、输入、输出等环节均需要人工实现；容量小、速度慢。

第二阶段是电话通信阶段。1876 年，贝尔发明了电话机，开启了电话通信时代。随着步进制交换机、纵横制交换机、数字程控交换机等的发明和走向应用，固定终端的电话通信首先在发达国家和中国等新兴发展中国家普及。1978 年，美国贝尔试验室成功研制了全球第一个移动蜂窝电话系统——先进移动电话系统（AMPS），人类迎来了移动电话通信时代。本阶段通信网的特征：主要进行语音信息的传递，支持传真等文字信息的传递；语音信息可以自动交换、实时传递。

第三阶段是现代通信阶段，典型特征是通信技术数字化、软件化，通信网络多样化、融合化。移动通信网、光纤通信网、卫星通信网快速发展，数据业务流量大规模超越语音业务，以多媒体应用为基础的新型通信业务层出不穷。

移动通信从以 AMPS、TACS（全接入通信系统）为代表的第一代蜂窝模拟系统（1G），演进到以 GSM（全球移动通信系统）、CDMA（码分多址）为代表的第二代的数字移动网络（2G）；之后，WCDMA（宽带码分多址）、TD-SCDMA（采用时分双工技术的同步码分多址）和 CDMA-2000 等第三代移动网（3G）开启了人类移动互联时代的大门；相比 3G 网络，以 LTE（长期演进）技术为代表的第四代移动通信网络（4G）的带宽得到数十倍的提升，宣告了人类全面进入移动互联时代；目前，在全球如火如荼建设的第五代移动通信网络（5G）及基于 5G 的边缘计算等应用以万物互联、超高带宽接入、低延时响应、云化服务为主要特征，将带来人类生产、生活的一次全新革命。

以光通信技术、分组交换技术为核心的传输网从 SDH（同步数字体系）、MSTP（多业务传输平台）发展到 WDM（波分复用）、OTN（光传输网），以及 4G 时代的 PTN（分组传送网）、IP-RAN（无线接入网 IP 化）和 5G 时代的 SPN（切片分组网），带宽、时延等指标不断提升。商用光纤通信系统的单波长带宽已经达到 400Gbit/s，SPN 的端到端时延可以短于 1ms。

传统的固定电话网在完成交换节点软交换改造后，以 DSL（数字用户环路）技术

实现了对互联网的接入。随着光进铜退的进程，传统的交换节点不断收缩合并，固定电话网与移动网、广电网和互联网逐步融合，使用PON（无源光网络）技术已经实现了1Gbit/s的家庭宽带。

2. 通信技术的演进

通信网的发展有强烈的技术驱动特征。通信网技术的演进可以概括如下：

信息内容：由文字（电报）到语音，再到图像、视频、4K高清视频、8K高清视频、VR（虚拟现实）、AR（增强现实）等。

信息处理形式：从模拟发展到模拟/数字混合，再发展到全数字。

调制解调：从模拟调制的AM（调幅）、FM（调频）、PM（调相），到数字调制的GMSK（高斯最小频移键控）、OQPSK（正交四相相移键控）、QAM（正交振幅调制）等。

纠错编码：从奇偶校错码、CRC（循环冗余校错），到卷积码、交织编码、Turbo码等。

复用方式：从传统的空分、频分、时分复用，发展到统计时分、码分、正交频分复用，以及密集波分、极化波复用等。

控制方式：从机电到电子，从存储程序控制（SPC）到现在的智能控制等。

信令方式：从随路信令发展到公共信令，再到现在基于分组网的各种宽带信令和协议。

多址方式：有频分复用多址、时分复用多址、码分复用多址和正交频分复用多址等。

交换网络：从金属接点发展到数字开关（分立器件→集成器件→光开关）。

交换技术：从电路交换到分组交换、ATM（异步传送方式）交换，再到软交换、IMS（IP多媒体子系统）。

传输方式：由基带到载波，由微波到卫星，由PDH（准同步数字系列）到SDH（同步数字系列）、MSTP（多业务传输平台），再到DWDM（密集波分复用）、OTN（光传输网）、PTN（分组传送网）、SPN（切片分组网）。

传输带宽：无论是从有线到无线，还是从铜线到光纤，都实现了从窄带到宽带的演进。

1.2.2 各类通信网络之间的相互关系

各类主要的通信网络之间的相互关系如图1.2所示，以下对各网分别介绍。

1. 传输网

传输网是通信网的基础网络，为各种网络提供统一的传输平台，网络结构主要分为核心网（或主干网）、汇聚网和接入网。传输网需要连接同步网提取时钟信号，接入电信管理网（TMN）实现统一管理。

2. 支撑网

支撑网是业务网可靠运行的保证，包括No.7信令网、数字同步网和电信管理网（TMN），其中：

No.7信令网包含信令点（SP）、低级信令转接点（LSTP）和高级信令转接点

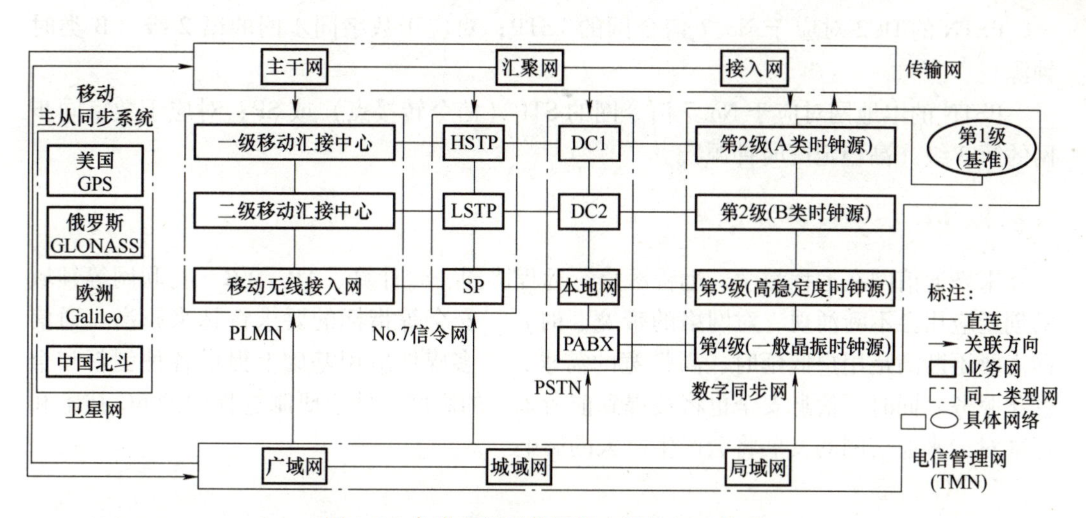

图 1.2 各类主要通信网络之间的相互关系

(HSTP)。No. 7 信令网需要通过传输网进行连接，接入电信管理网的统一管理。

数字同步网由第 1 级至第 4 级时钟源构成，不同级别的网络节点（交换局所）对应不同的时钟源。同步网除支撑业务网外，其本身也需要传输网的连接和电信管理网的统一管理。

卫星网也可作为同步网，为移动通信系统提供同步信号。

电信管理网（TMN）是为各种网络提供的统一的操作维护管理平台，主要由 IP 宽带网（计算机网络）连接到所管理网络的各个节点并对其实行有效管理。同样，IP 宽带网也是通过传输网连接的。

3. 业务网

业务网主要包括公共交换电话网（PSTN）、公共分组交换数据网（PSPDN）、公共陆地移动通信网（PLMN）、窄带综合业务数字网（N-ISDN）、宽带综合业务数字网（B-ISDN）、智能网（IN）和多媒体通信网等。其中：

PSTN 为三级网络：DC1（一级长途局）、DC2（二级长途局）和本地局，以电话业务为主，局间信令由 No. 7 信令网完成；交换节点之间的信息传送由传输网承担；网络的管理维护由 TMN 负责；频率和时间同步信号由同步网提供。PSTN 与 PLMN 等其他业务网通过网关设备连接。

PLMN 指移动网，一般由一级移动汇接中心、二级移动汇接中心和移动无线接入网构成。局间信令由 No. 7 信令网实现。4G 以后实现了移动网的扁平化，信令由相关 IP（网络协议）实现。移动网交换节点之间以及核心网到无线网之间的信息由传输网承载；网络的管理维护由 TMN 负责；频率和时间同步信号由卫星［GPS（全球定位系统）或中国北斗等］及时间同步网提供。移动网与 PSTN 等其他业务网通过网关设备连接。

【例 1.1】 根据图 1.2，说明 PSTN 与 No. 7 信令网和数字同步网的对应关系。

PSTN 的 DC1 对应于 No. 7 信令网的 HSTP；对应于数字同步网的第 2 级（A 类时钟源）。

PSTN 的 DC2 对应于 No. 7 信令网的 LSTP；对应于数字同步网的第 2 级（B 类时钟源）。

PSTN 的本地网对应于 No. 7 信令网的 STP（信令转接点）或 SP；对应于数字同步网的第 3 级（高稳定度时钟源）。

1. 2. 3　6G 展望及其新技术

未来通信网在远程教学、远程医疗、远程协同、云计算、AR、VR、物联网等领域的创新应用会不断涌现，对网络的带宽、时延、安全等指标的要求将越来越高。通信网需要不断满足用户低延时、高带宽的需求，在多媒体应用基础上提供各种创新和个性化服务。同时，信息安全也将被提到前所未有的高度。处于研制过程中的 6G 技术和标准对未来通信网的发展将会产生巨大的影响。

1. 6G 展望

第六代通信系统（6G）的目标是实现一个集地面通信、卫星通信、海洋通信于一体的全连接通信世界。展望 6G 网络，它能够使用比 5G 网络更高的频率（太赫兹通信），并提供更高的容量和更低的延迟。6G 网络的目标之一就是支持 1μs 甚至亚微秒延迟的通信。6G 的传输能力可以比 5G 提升百倍以上，有望支持 1Tbit/s 的速度。这种级别的容量和延迟将是空前的，它将提升 5G 应用的性能，并扩展功能范围。从网络覆盖角度看，6G 网络将致力于沙漠、无人区、海洋等当今移动通信系统无法实现连续覆盖的“盲区”，有望在这类地区实现信号全覆盖。从应用角度看，6G 将会被应用于空间通信、智能交互、触觉互联网、情感和触觉交流、多感官混合现实、机器间协同和全自动交通等领域。

6G 将面临真实与虚拟共存的多样化通信环境，业务速率、系统容量、覆盖范围和移动速度的变化范围等的进一步扩大，意味着传输技术将面临性能、复杂度和效率的多重挑战。6G 是多用户、多小区、多天线、多频段的复杂传输系统，信号接收与检测是高维优化问题，因此，针对 6G 需要制定支持人、机、物、灵融合的全新网络架构，开展分布式边缘智能定义网络等理论与核心技术的研究；研究终端的协同通信、协同计算、协同存储和协同供能等关键技术，以实现去中心化的通信、计算、存储及分布式的供能服务。

2. 6G 新技术

（1）极化码

极化码基于差异化原理进行编码，非常适合未来 6G 移动通信灵活多变的业务需求。为了构建 VPS（虚拟专用服务器）空间，6G 需要支持超高速数据传输，极化编码 MIMO（多入多出）系统具有性能优势，可以满足未来数据传输的需求。引入极化编码的非正交多址接入（NOMA）将成为 6G 移动通信的代表性多址接入技术。

（2）深度学习

主要包括 3 个方面：①利用多维相关性，进一步挖掘空间维度，设计多域信号的联合调制与解调方案，提升调制解调效率；②基于深度学习提供准确可靠的信道估计技术，快速调整 MU-MIMO（多用户多入多出）的波束，提高链路传输效率；③面对未来复杂的多小区场景，基于深度学习的干扰检测与抵消。

（3）意念驱动网络

针对未来网络环境动态复杂的特点，利用人工智能技术对网络资源分布情况与变化规律以及业务服务质量进行监控和建模分析，结合集中管控的思想，实现网络的路由、传输和资源分配等策略的自适应推演。通过网络编码技术，将流媒体内容按块转化为编码数据进行传输和缓存，提高数据传输效率。另外，利用人工智能和边缘计算技术，对高安全性的服务内容进行特征信息提取，并将信息回传至云计算中心，降低回程网络压力，提高用户服务质量。

（4）广义信息论

6G需要满足各种真实与虚拟场景以及元宇宙的网络通信，因此，需要结合AI（人工智能）理论，研究真实与虚拟通信重叠的通信网络优化，不仅要采集与传输数字信息，也要处理语义信息，这就要求突破经典信息论的局限，发展广义信息论，构建语义信息与语法信息的全面处理方案。面向6G的广义信息论的研究内容包括3个方面：①融合语法与语义特征的信息定量测度理论；②基于语义辨识的信息处理理论；③基于语义辨识的信息网络优化理论。

拓展阅读

中国工农红军第一部电台的来历

中国工农红军创建初期，通信手段极为原始，各部队之间的联系全靠人工送信，常常因为通信不畅而贻误战机。无线通信具有千里眼、顺风耳之称，快速建立红军的无线电通信队伍迫在眉睫。但在当时的环境和技术条件下，要自己生产和购买根本办不到，唯一的办法就是战场缴获。时任红一方面军总政委毛泽东、总司令朱德在1930年8月24日的命令中明确规定：各部队所缴获的电台，“不得擅自破坏，违者严究”。

1930年12月30日，红一方面军在第一次反“围剿”的龙冈战斗中，一举全歼国民党“围剿”主力第18师，活捉了师长，还缴获了一部15W的无线电台。这部电台的发报机已坏，只能收不能发，但它却成为红一方面军最早的电台。

此次战斗对粉碎国民党第一次“围剿”起到了关键性作用，同时也俘虏了10名国民党军队电台操作员。红军积极对他们做政治思想工作，宣传人民军队的宗旨，落实红军的俘虏政策，并在生活上给予极大的关心与帮助，使他们深受感动，从根本上认清了红军是真正为国家独立、民族解放而奋斗的队伍，全部自愿参加了中国工农红军，成为红军的第一批电台工作人员。其中王诤、刘寅等人在参加红军的第4天，受到了毛泽东、朱德等领导同志的亲切接见，毛泽东和蔼地对他们说：欢迎你们当红军。无线电是个新技术，你们参加了红军，希望你们为建立红军的无线电通信而努力工作。党的关怀和信任，更加坚定了他们的革命意志。

红军的第一部电台，为我军培养了大批优秀的无线电通信骨干，也见证了人民军队无线电通信从无到有的光辉历程。

习 题

一、填空题

1. 按通信的性质进行分类，通信网可分为________、________和支撑网。________进一步分类为电话网、数据网、计算机通信网。

2. ________和________是公共交换电话网中的主要协议；________是公共分组数据交换网的主要协议；________则是包括局域网、城域网、广域网在内的互联网的协议体系。

3. 常见的有线传输介质包括________、________和________。

二、简答题

1. 什么是通信网？人们通常所说的“三网”指的是哪 3 种网络？

2. 通信网由哪些部分组成？说明通信网各部分的作用。

3. 辨析信道、链路、电路和路由等概念。

第2章 交换技术

交换从狭义上讲是指通信网节点的信息交互功能；广义上看交换还包括通信网络节点上信息链路之间的所有交叉连接。本章将围绕通信网的各种交换技术展开介绍，从最为基础的电路交换、分组交换到路由交换、IP 多媒体子系统（IMS）以及网络功能虚拟化。

2.1 交换技术概述

2.1.1 交换技术的发展

早期的交换技术是为了解决人们的语音通信需求而研发的，以克服人工交换低效率、长时延及易出错等缺点，先后经历了步进制交换机、纵横制交换机以及数字程控交换机等发展阶段。数字程控交换机采用先进的计算机控制技术和电路交换技术，在系统容量、处理效率等方面得到了质的飞跃，开启了大众通信时代的序幕，在世纪之交的 2000 年左右达到了市场最高峰。

随着计算机技术的快速发展，诞生了计算机之间进行信息交互的报文交换技术，在此基础上，又出现了分组交换、X. 25、帧中继和 IP 路由等基于数据分组的交换技术。异步传输模式（ATM）技术结合了电路交换技术和分组交换技术的优点，在 3G 移动通信系统中得到了广泛应用。互联网时代，为满足用户新型业务需求，多协议标签交换（MPLS）、段路由（SR）和以呼叫初始化协议（SIP）为代表的协议、标准纷纷涌现，促生了软交换、IP 多媒体子系统（IMS）等新的分组交换技术生态。

移动核心网的演进代表了现代交换技术的发展历程，如图 2.1 所示。在移动核心网中，电路域实现语音业务交互，分组域实现数据业务交互。2G 以前核心网只有电路域；进入 3G 后电路域就逐步由电路交换过渡到分组交换，3GPP R4 将电路域改为软交换，3GPP R5 又将软交换升级到 IMS，接口部分为 ATM；4G 核心网只有分组域，将语音业务回落到 2G/3G 或走基于 IMS 的语音（VoIMS），并在 IMS 基础上实现了业务、控制、承载之间的分离；5G 核心网广泛使用了软件定义网络（SDN）技术，在云端实现了网元功能虚拟化（NFV），控制面和用户面完全分离，并将部分用户面功能下沉到网络边缘。

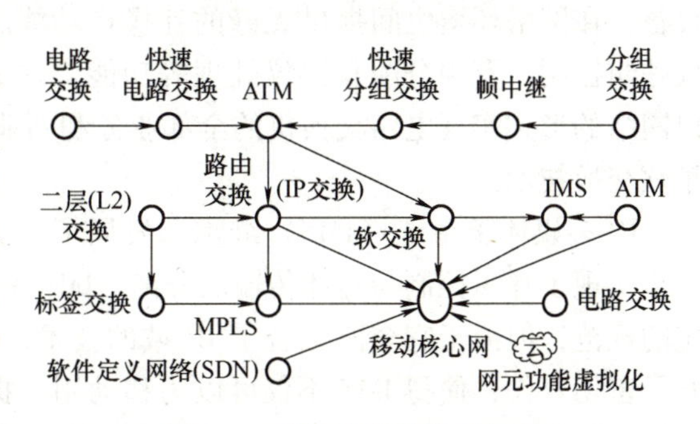

图 2.1 交换技术的发展关系

2.1.2 典型交换技术

电路交换（CS）是一种基于TDM（时分数字复用）的物理层直接交换方式。每次通信开始之前，都在要信源和信宿之间建立一条临时的专用传输通道。这条通道由多个节点之间的传输路径（链路）组成，链路选择由相关节点通过一定的算法产生。

分组交换（PS）采用存储转发方式，将用户要传送的长报文切割为若干分组，以减少报文整体到达的时间并降低对设备处理能力的要求。分组交换最具代表性的是X.25协议，在早期的TMN（电信管理网）中得到了广泛的应用。在现代移动通信系统中，除电路交换以外的其他交换方式基本上都属于分组交换的范畴，如基于MAC（媒体接入控制）地址的以太网交换机、基于IP地址的路由器、3G核心网中的软交换以及在软交换基础上功能分离更进一步的IMS等。

帧交换（FS）基于X.25协议，但只有X.25协议栈的最下面二层，所以加快了处理速度。通常在第三层上传输的数据单元称为分组，在第二层上传输的数据单元称为帧（Frame），帧交换是在第二层，即数据链路层实现的交换方式。

ATM（异步传输模式）是ITU-T确定的用于宽带综合业务数字网（B-ISDN）的复用、传输和交换技术。ATM在综合了电路交换和分组交换优点的同时，克服了电路交换方式中网络资源利用率低、分组交换方式信息传输时延长和抖动大的缺点，提高了网络的效率。

路由交换（IP交换）属于三层交换，主要包括路由处理和数据包转发两个过程。其中，路由处理是指执行路由协议［如RIP（路由信息协议）和OSPF（开放最短路径优先）协议］，构造和维护路由表的过程；数据包转发包括数据包有效性验证、目的IP地址解析和路由表查找、数据包生命周期控制等操作。

在标签交换基础上发展起来的MPLS（多协议标签交换）既具有ATM的高速性能，又具有IP交换的灵活性和可扩充性，可以在同一网络中同时提供ATM和IP等多种业务。

软交换是一种分布式的、软件控制的交换系统，可以基于各种不同技术、协议和设备，在网络环境之间提供无缝的互操作功能。软交换的核心是软交换控制设备，完成呼叫控制、资源分配和协议处理等功能。软交换以功能分散的方式，通过多个节点以网络的形式实现电路交换机的全部业务和新业务。WCDMA核心网的R4版本就采用了软交换技术。

IP多媒体子系统（IMS）继承和发展了软交换，在业务与控制分离的基础上，进一步实现了呼叫控制与媒体传输的分离。IMS是3GPP为移动用户接入多媒体服务而制定的规范，但由于它全面融合了IP域的技术，在其开发阶段，3GPP就和其他组织进行了密切合作，使得IMS不仅可以为移动用户提供呼叫会话服务，还可以为其他类型的用户提供呼叫会话服务。WCDMA R5版本以后的核心网开始采用IMS，其在LTE、5G核心网中得到了广泛的应用。

软件定义网络（SDN）的核心理念是以软件的方式灵活定义和调度网络。作为一种新型网络架构，SDN倡导控制、管理与数据交换（转发）分离，实现智能控制、业务灵活调度的新型开放网络。5G核心网采用了SDN技术。

2.1.3 分组交换实现方式

按照实现方式的不同，分组交换技术分为虚电路方式和数据报方式。

1. 虚电路方式（VC）

虚电路交换采用面向连接的工作方式，两个用户的终端设备在开始收发数据之前需要通过网络建立逻辑上的连接，该连接直至用户停止收发数据时才被清除。这种逻辑连接与电路交换中的物理电路连接不同，是建立在物理层以上的连接，因此称为虚电路。虚电路是从信源到信宿，由一系列的链路和分组交换节点组成的一条路径，路径上的每条链路以虚电路标识（VCID）作为标签，分组交换机的转发表中记录了虚电路标识之间的接续关系。ATM、MPLS、帧中继（FR）等都属于虚电路交换方式。

2. 数据报方式（DG）

数据报交换采用无连接的工作方式，交换网把进入节点的任一个分组都当作独立的小报文来处理，作为基本传输单位的“小报文”称为数据报。数据报方式没有呼叫建立过程，因此也不存在信源、信宿之间逻辑上的虚电路。在数据报方式下，信源设备独立地发送每一个数据分组，每一个数据分组都包含信宿设备地址的完整信息，分组到达的网络节点要为每一个分组独立地选择路由并进行转发。用户数据报协议（UDP）、路由交换等属于数据报交换方式。

虚电路和数据报对比见表2.1。

表2.1 虚电路和数据报对比

实现方式	虚电路	数据报
连接方式	面向连接	无连接
地址信息	节点之间通过虚电路号寻址	节点之间通过源和目的地址寻址
选路方法	建立连接时进行路由选择，此后由虚电路转发	每个分组（数据报）都要独立选路
是否按序到达	是	否，需要接收端对数据报排序

2.2 电路交换

电路交换指每次通信之前，在信源和信宿之间建立一条专用的物理电路，属于物理层的交换。实现电路交换的关键设备为数字程控交换机，其核心为由交换单元构成的数字交换网络（DNS）。

2.2.1 交换单元

交换单元是完成交换功能的基本单位。从外部看，交换单元由一组入线、一组出线、控制端、状态端构成，可以把任意入线的信息交换到任意出线上去，或者实现同一入线、同一出线上不同时隙之间的信息交换。从内部看，不同的交换单元分别由语音存储器（Speech Memory，SM）、控制存储器（Control Memory，CM）和交叉矩阵等构成。下面介绍两种基本交换单元。

1. 时分交换单元

时分交换单元进一步划分为两种类型：共享存储器型交换单元与共享总线型交换单元。时间接线器（T 接线器）是典型的共享存储器型交换单元，用于完成一条同步时分复用线上各个时隙之间信息编码的交换。其输入是一条同步时分复用线（简称为入复用线），输出也是一条同步时分复用线（简称为出复用线）。时间接线器主要由语音存储器（SM）与控制存储器（CM）构成。

（1）基本概念和结构

时隙是在脉冲编码调制（PCM）帧中的最小时间单位，每个输入/接入端口对应一个时隙，交换机内部的每一条信道或电路也由时隙构成，是一条单向电路，而完成一个通话过程需要双向电路，也就是两个时隙。由于每个终端对应一个端口，即一个时隙，收发信息都在这个时隙内进行，因此需要将自己发出去的语音信息送到对端的时隙，将对端发出的语音信息接收到自己的时隙，这个过程就是交换，由于每个时隙对应于一条电路，所以称为电路交换。

时间接线器的结构如图 2.2 所示，其中 SM 用于暂存语音信息编码，SM 的单元数等于入复用线（或出复用线）上的时隙（信道）数，每个单元的位数取决于语音编码位数，一般为 8 位；CM 用于控制语音存储器的读或写，它存放的内容是语音存储器在当前时隙内应该写入或读出的地址。CM 与 SM 单元数相等，CM 单元的位数 m 与 SM 单元数目 n 之间的关系：$n=2^m$。

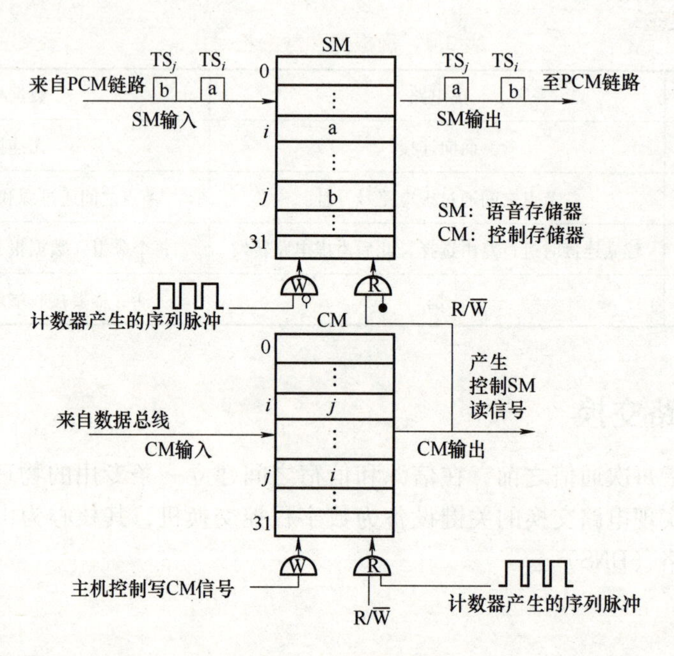

图 2.2　T 接线器的结构

（2）控制方式

CM 对 SM 的控制方式分为输出控制方式与输入控制方式。输出控制方式可以描述为“顺序写入，控制读出”。假如占用 TS_i 的用户 A 的语音交换到用户 B 占用的 TS_j，在输出控制方式下，入复用线上的用户语音信息按照时隙（TS）顺序写入 SM 相对应

的单元中，即 TS_i 的语音编码在第 i 个时序脉冲到来时存入 SM 地址为 i 的单元；SM 中的语音信息读出到出复用线上则受 CM 的控制，第 j 个时序脉冲到来的时候，从 CM 中读出第 j 单元中的信息“i”，以 i 为单元地址读取 SM 中的语音编码 a 放到出复用线上传输，这样就完成了把用户 A 的语音交换给用户 B 的任务。

数据通信双向的特点决定了还需要将占用 TS_j 的用户 B 的语音交换到用户 A 占用的 TS_i。假设 $j>i$，在输出控制方式下，TS_j 的语音编码在第 j 个时序脉冲到来时存入 SM 地址为 j 的单元；下一个帧周期的第 i 个时序脉冲到来的时候，从 CM 中读出第 i 个单元中的信息“j”，以 j 为单元地址读取 SM 中的语音编码 b 放到出复用线上传输，这样就完成了把用户 B 的语音交换给用户 A 的任务。

输入控制方式可以描述为“控制写入，顺序读出”，即在 CM 控制下，将入复用线上的语音编码读入到 SM 中，暂存在由 CM 中保存的地址信息决定的位置。SM 中的语音编码以地址顺序读出到出复用线。

在这里，“顺序写入”和“顺序读出”中的顺序指按照 SM 的地址顺序接收时序脉冲，进行语音编码的写入和读出；“控制读出”和“控制写入”中的控制指按 CM 中内容（地址信息）控制 SM 中语言编码的读出和写入，CM 的内容又是在专门的处理器的控制下，通过数据总线写入和清除的。

通过上述的过程描述，可以看到 T 接线器进行时隙交换的过程中，语音编码会在 SM 中暂存若干个时序脉冲的时间，这段时间不超过 1 个帧周期。也就是说，T 接线器会造成一定的时延。帧周期和 SM 单元的存取时间决定了 T 接线器的最大容量。计算公式为：

$$C=125/(2t_c)$$

式中，C 为 T 接线器的最大容量；125 为帧周期（μs）；t_c 为 SM 单元的平均读/写时间。假设 $t_c=60\text{ns}$，可以计算出 T 接线器的最大容量约为 1024 个 SM 存储单元，即 1024 个用户话路。

2. 空分交换单元

空分交换单元，又称空间接线器（S 接线器），用于在多条复用线之间信息编码的交换。

（1）基本结构

S 接线器主要由交叉矩阵与一组控制存储器构成，其结构如图 2.3 所示。图中 n（$n=8$）条输入复用线与 n 条输出复用线共同组成了一个交叉阵列，这个阵列有 n^2 个交叉点，每个交叉点有接通与断开两种状态，其状态由其连接的输入复用线或输出复用线所对应的控制存储器控制。

S 接线器的控制存储器也称为 CM，它控制输入复用线与输出复用线上的各个交叉点开关在什么时候打开或闭合。CM 的数量等于输入或输出复用线数，而每个控制存储器所含有的单元数等于复用线上的时隙数。CM 单元的位数 m 则取决于 PCM 出/入复用线数量 n，关系为：$m=\log_2 n$。

（2）控制方式

S 接线器与 T 接线器类似，也有输入控制与输出控制两种工作方式。如果 CM 按照入复用线配置，即按照每条入复用线控制交叉点的开关状态，则为输入控制方式；如

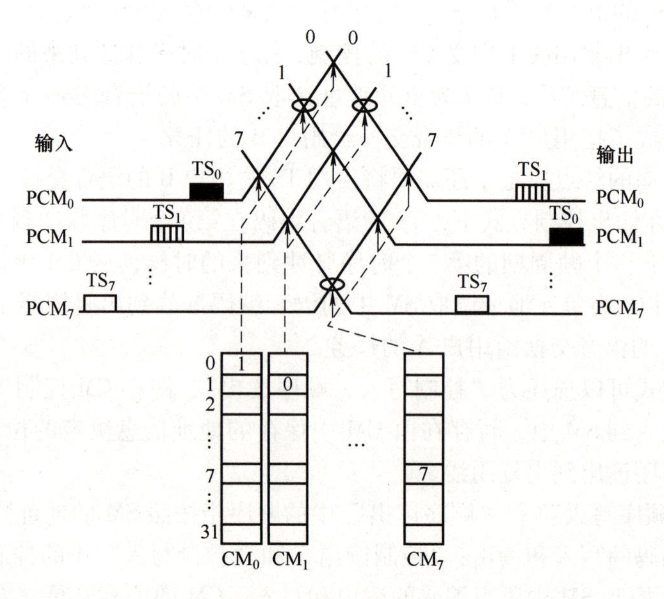

图 2.3　S 接线器的结构

果控制存储器按照输出复用线配置，即按照每条出复用线控制交叉点开关的状态，则为输出控制方式。

在图 2.3 中，CM 是按照入复用线配置的，即 S 接线器工作在输入控制方式。图中，CM_0 单元 1 的内容为 1，表示将入复用线 0 的 TS_0 信息编码交换到出复用线 1 的 TS_1；CM_1 单元 2 的内容为 0，表示将入复用线 1 的 TS_1 的信息编码交换到出复用线 0 的 TS_2；CM_7 单元 8 的内容为 7，表示入复用线 7 的 TS_7 的信息编码没有被交换到其他复用线上。

可以看出，S 接线器不能完成时隙之间的信息交换，只能完成时隙的搬移，即将一条 PCM 复用线的时隙搬移到另一条 PCM 复用线上。

2.2.2　交换网络

交换网络是由交换单元按照一定的拓扑结构连接而成。从外部看，交换网络也是由一组入线与一组出线、控制端、状态端构成的。内部看，交换网络则是各种交换单元的排列组合。常用的交换网络是由前述的 T 接线器和 S 接线器组成的多级网络，有 TST、STS、TSST、TTT 等多种类型。这里给出 TST 网络的结构示意，如图 2.4 所示，两侧为 T 接线器，中间为 S 接线器。

该 TST 网络的输入级和输出级分别有 8 个 T 接线器，各连接 1 条 PCM 复用线，共 8 条复用线。中间是一个 8×8 的 S 接线器。该 TST 网络的 T 接线器分别采用“顺序写入、控制读出”和“控制写入、控制读出”的工作方式，S 接线器采用“输入控制”工作方式。

【例 2.1】　如图 2.4 所示，假设主叫用户的时隙为 PCM_0 的 TS_5，被叫用户的时隙为 PCM_1 的 TS_8，时隙中存放的就是各自的语音信息，试分析两个用户时隙相互交换的过程。

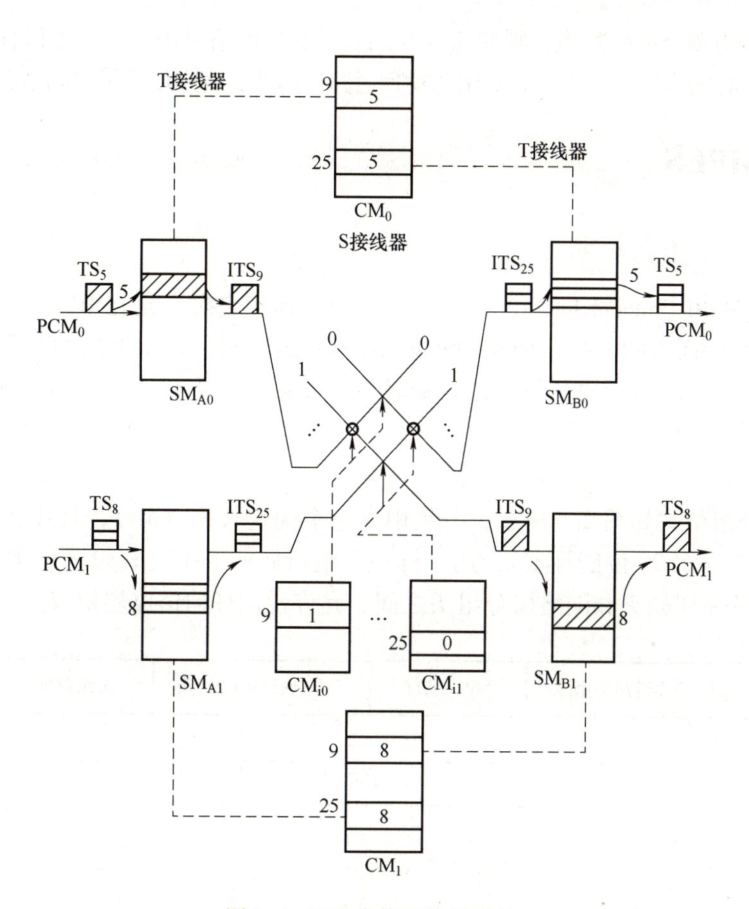

图 2.4 TST 交换网络的结构

先来分析去话（主叫到被叫）电路的建立过程，首先，需要为去话路由分配连接两侧 T 接线器的 S 接线器复用线上的一个空闲时隙（称内部时隙 ITS），这里分配的是内部复用线 0 的 ITS_9，即处理机在 CM_{i0}的 9 号单元中放入了主叫时隙 5 所要输出到的内部复用线的编号“1”。

在输入级 T 接线器，PCM_0 的 TS_5 上的语音信息顺序写入 SM_{A0}的 5 号单元，CM_0 控制将 SM_{A0}的 5 号单元中的语音信息在第 9 个时序脉冲到来时读出到内部复用线 0 的 ITS_9；中间 S 接线器 CM_{i0}的 9 号单元内容为 1，故在 ITS_9 时刻将内部入复用线 0 和内部出复用线 1 接通，使 ITS_9 交换到内部出复用线 1 上；在输出级 T 接线器，因为 T 接线器是控制写入的，写入 SM_{B1}的哪个单元由控制存储器 CM_1 决定。由于 CM_1 的 9 号单元的内容预先由处理器设置为 8，因此 ITS_9 被控制写入 SM_{B1}的 8 号单元，并在时序脉冲 8 到来时读出到 TS_8。这样输出 T 接线器就完成了 TS_5 与 TS_8 的时隙交换。经过 TST 交换网络后，PCM_0 上的 TS_5 就交换到了 PCM_1 上的 TS_8，时隙号和复用线号都发生了交换。

用同样的方法，可以分析出来话（被叫到主叫）电路的建立过程，从 PCM_1 上的 TS_8 交换到 PCM_0 上的 TS_5，时隙号和复用线号也都发生了交换。需要说明的是，来话路由的建立使用了内部复用线 1 的 ITS_{25}，该时隙号是通过半帧法计算的，即：$32/2+9=25$。

可以得出电路交换的特点：呼叫建立时间长、交换网络对用户信息不做任何处理、线路利用率低、必须为每个用户建立专用的物理通路。因此，现在使用更多的是分组交换。

2.3 MPLS

2.3.1 MPLS 系统组成

MPLS（Multi-Protocol Label Switching，多协议标签交换）是在 IP 路由交换和 ATM 交换基础上发展而来的，是一种在 OSI 模型的数据链路层和网络层之间操作的数据转发技术。MPLS 支持多种协议报文的快速转发，支持虚拟专用网（VPN）和流量工程，因此得到了广泛的应用。

1. MPLS 标签

MPLS 分组格式如图 2.5 所示，分组中有一个固定长度（4B），且仅在本地有效的头部（主体为一个 20 位的标签），用于标识分组所属的 FEC（转发等价类）。MPLS 头部位于数据链路层帧头和网络层分组头之间，允许使用任何链路层协议。

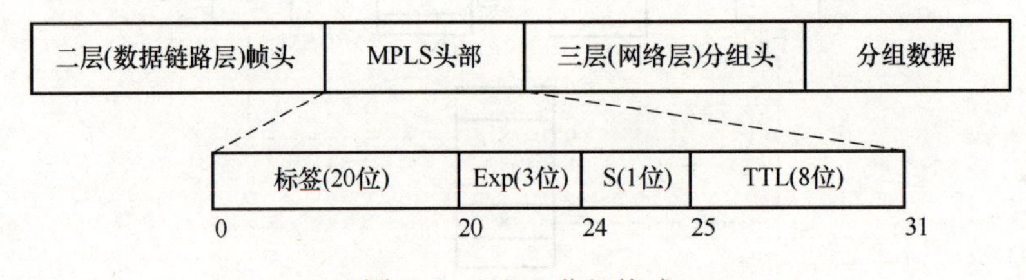

图 2.5 MPLS 分组格式

MPLS 头部包含 4 个字段，分别为：

MPLS 标签：20 位的标签值。

Exp：3 位的扩展字段。通常，此字段用作服务类别（CoS）字段。当发生拥塞时，设备会优先处理该字段值较大的分组。

S：1 位的标签堆栈底部标识。MPLS 支持多个标签的嵌套（头部嵌套），当 S 字段为 1 时，表示标签位于标签堆栈的底部。

TTL：8 位的分组生存时间值，与 IP 分组中的 TTL 字段含义相同。

2. MPLS 系统组成

MPLS 系统的组成如图 2.6 所示，图中的节点有两种类型，分别称为标签交换路由器（LSR）和标签边缘路由器（LER）。LSR 也称为核心节点（或 P 节点）。LER 也称为边缘节点（或 PE 节点），包括入口节点和出口节点。图中入口 LER 是 IP 分组进入 MPLS 网络的节点，也就是 MPLS 网络的入口路由器。入口 LER 计算出 IP 分组归属的 FEC（转发等价类），并把相应的标签（Label）置入 IP 分组前，构成 MPLS 分组。出口 LER 是 MPLS 分组离开 MPLS 网络的节点，也就是 MPLS 网络的出口路由器。出口 LER 将标签从 MPLS 分组弹出，将弹出标签后的 IP 分组发送到传统的路由系统中。

从功能角度看，LSR 及 LER 包括控制面和转发面，其结构如图 2.7 所示。控制面的功能是生成和维护路由信息及标签信息；转发面的功能则是实现 MPLS 分组的转发，

而 LER 的转发面还要完成 IP 分组的转发。

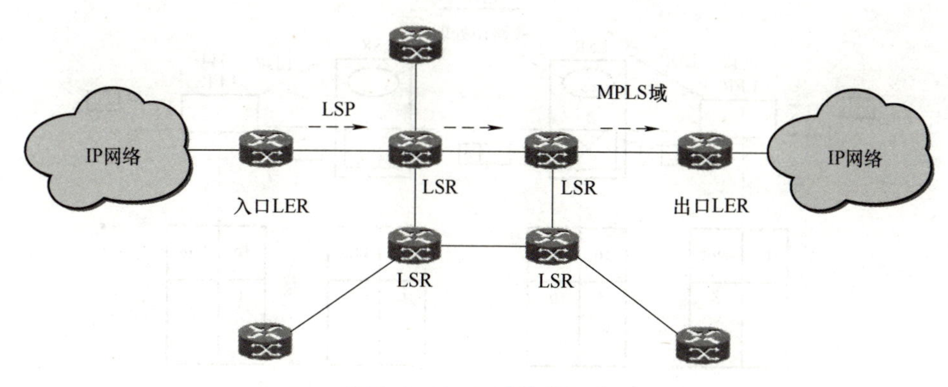

图 2.6　MPLS 系统的组成

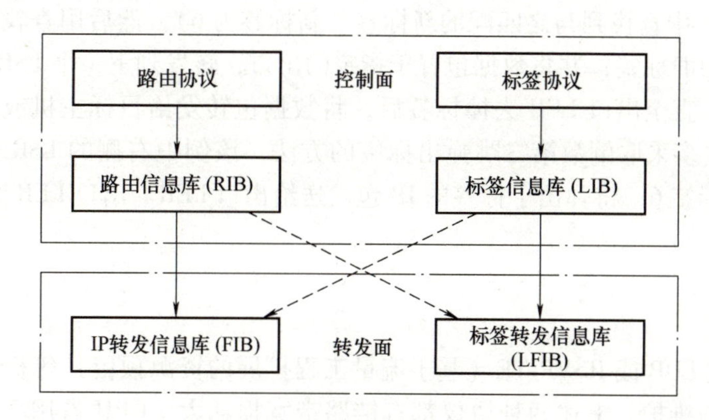

图 2.7　标签交换路由器的组成

2.3.2　标签交换

MPLS 系统应用标签交换协议（LEP）进行标签分配以及分配结果的传输、标签交换路径（LSP）的建立和维护。标签分发协议（LDP）是应用最多的标签交换协议，其使用路由表中开放最短路径优先（OSPF）、内部网关路由协议（IGRP）等选路协议自动生成的路由信息，创建连接入口 LER 和出口 LER 的标签交换路径。

当 IP 分组（或帧 ATM 信元等）进入入口 LER 时，入口 LER 根据分组头计算分组归属的 FEC，并把相应的标签添加到分组头，这样的分组称为 MPLS 分组。入口 LER 将 MPLS 分组输出到标签对应的端口（链路）上。网络中的 LSR 节点则对收到的 MPLS 分组进行标签交换式转发，而无须查找路由表。出口 LER 或前一跳的 LSR 对到达的 MPLS 分组进行标签弹出操作，还原为原来的 IP 分组，按 IP 路由规则转发至目标主机或目的网络。

【例 2.2】　根据图 2.8，概述 MPLS 网络中标签交换的过程。

入口 LER 接收一个未加标签的数据包（假如是 IP 数据包，其地址为 IP 地址），完成第三层处理后确定 FEC 及路由，并分配相应的标签（标签为 3），然后进行转发。MPLS 网络内部的 LSR 接收到带有标签的数据包后，使用该标签作为索引，到标签转发

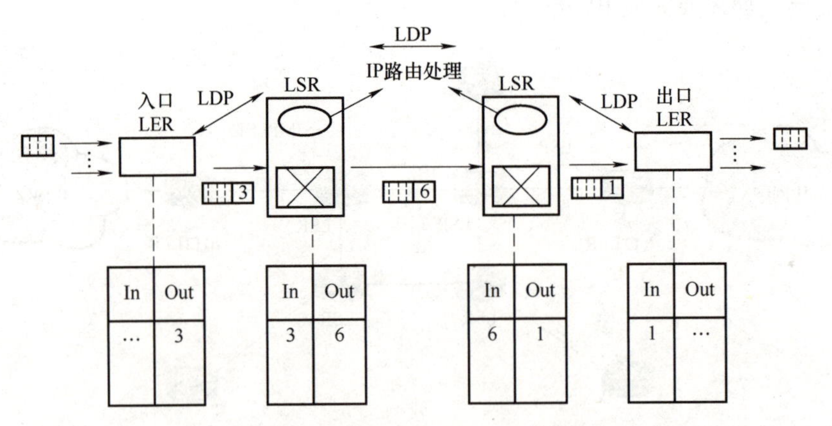

图 2.8 MPLS 网络中的标签交换过程

信息库（LFIB）中查找到与之匹配的新标签（新标签为 6），然后用查找到的新标签替换数据包头中的旧标签，并将数据包置于指定的出口，转发到下一个 LSR。下一个 LSR 重复上述工作，直至出口 LER 去掉标签后，将数据包转发给目标主机或目的网络。现在 MPLS 网络更多采取倒数第二跳弹出标签的方法，该例中右侧的 LSR 的另外一种工作方式是弹出标签 6，将弹出了标签的 IP 包发送给出口 LER。出口 LER 直接进行 IP 分组的转发。

2.3.3 SR 交换

MPLS 通过 LDP 或 RSVP-TE（基于流量工程扩展的资源预留）等标签交换协议实现标签的分发与维护。上述两种协议都有链路带宽损耗大、CPU 占用率高的缺点，且 LDP 不支持流量工程，而 RSVP-TE 协议复杂。这种情况下，被称为“下一代” MPLS 的 SR（分段路由）便应运而生。SR 交换不再部署 LDP 等标签协议，通过对内部网关协议（IGP）扩展 SR 属性，由 IGP 分发标签。同时，可以在网络中部署控制器，将 MPLS 网络中分散在各个节点的控制功能集中实现。

SR 将网络路径划分为多个 Segment（段），每条邻接链路或者每个路由前缀、SR 路由器被设置为一个段，分配一个 Segment ID（段 ID），这里的段 ID 相当于 MPLS 网络中的标签。因为段与 SR 域中的邻接链路或者节点对应，因此，分配的段 ID 与 LSP（标签交换路径）数量无关，从而减少了所需资源的数量。根据转发平面的不同，SR 分为两种类型，分别为基于 MPLS 转发平面的 SR-MPLS 和基于 IPv6 转发平面的 SRv6。

【例 2.3】 依据如图 2.9 所示的拓扑结构，描述 SR-MPLS 的转发过程。

在 SR 域的边缘，进入节点 A 的 IP 分组，在其二层首部和 IP 首部之间插入一个标签栈，按照隧道路径（A→B→D→E→G→H），依次将各邻接段的 ID 以反序压入（Push）该标签栈，即在标签栈中分别压入段 ID：708、506、403、202、101。然后按照栈顶的段 ID 查找转发出口，之后将栈顶的段 ID 弹出（Pop），即将邻接链路 A→B 的段 ID（101）弹出，再将弹出栈顶段 ID 后的 SR 分组发往下一个节点（节点 B）。

节点 B、D、E、G 分别对到达的 SR 分组按照栈顶的段 ID 查找转发出口，并将栈顶的段 ID 弹出，将弹出栈顶段 ID 后的 SR 分组发往下一个节点。在 SR 域的另一侧边

缘，节点H对于达到的不带段ID的分组，按照IP地址进行转发。

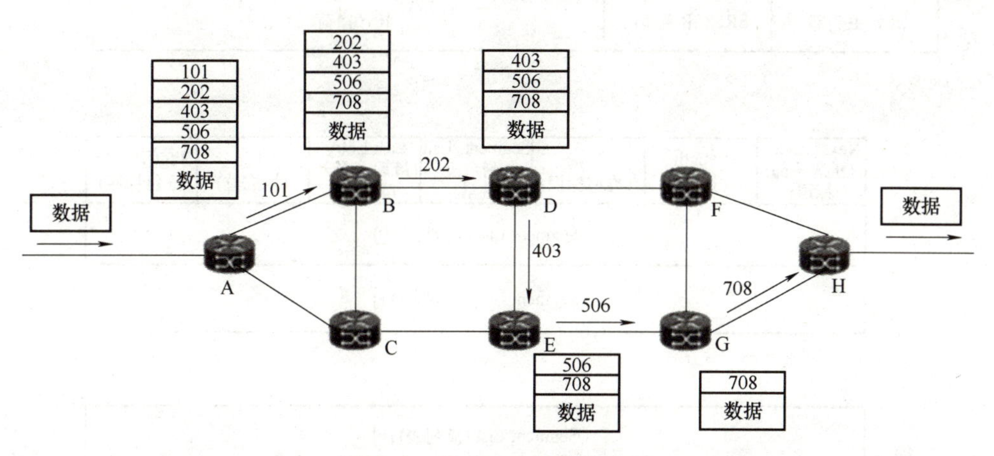

图2.9 SR-MPLS的转发过程

本例为SR-MPLS流量工程（SR-TE）模式。在这种模式下，SR域中的每条邻接链路都分配了一个段ID，并在入口节点定义了与一条隧道对应的多个邻接段的段ID列表，从而可以指定任何严格的显式路径。在SR-TE模式下，路径调整和流量优化可以集中处理，便于通过软件定义网络（SDN）的方式实现。

2.3.4 SRv6

SRv6其实就是SR+IPv6，即通过SR域转发IPv6分组。IPv6使用两种不同类型的头部：IPv6主头部和IPv6扩展头部。IPv6主头部等效于IPv4基本报头。典型的IPv6数据包中不存在扩展头部，如果数据包需要对其路径上的节点进行特殊处理，则可在数据包中添加扩展头部。扩展头部位于IPv6主头部和净荷之间。SRv6源节点使用了称为SR头部（SRH）的扩展头部置入一个或多个中间节点、邻接路径的IPv6地址信息，使得数据包在去往最终目的地的路径上经过这些节点或路径。因此，源节点可以使用SR头部来实现数据包的源路由。

1. SRv6分组结构

SRv6分组结构如图2.10所示，将段路由信息置入IPv6头部，以此实现统一的分组转发。当中间节点不支持SRv6功能时，也可以根据IPv6路由方式来转发报文。

Next Header字段表示IPv6路由扩展头，其取值为43。如果Type=4，表明是SRH路由扩展头。Segment List为SRv6的段ID（Segment ID）列表，段ID为128位，分为以下3个部分：

Locator（位置标识）：SR节点的标识，可以用于路由和转发数据包。Locator有两个重要的属性，可路由和聚合。

Function（功能）：转发指令的ID值，该值用于表达需要设备执行的转发动作，相当于计算机指令的操作码。

Args（变量）：执行转发指令所需参数，包含流、服务或任何其他相关的可变信息。

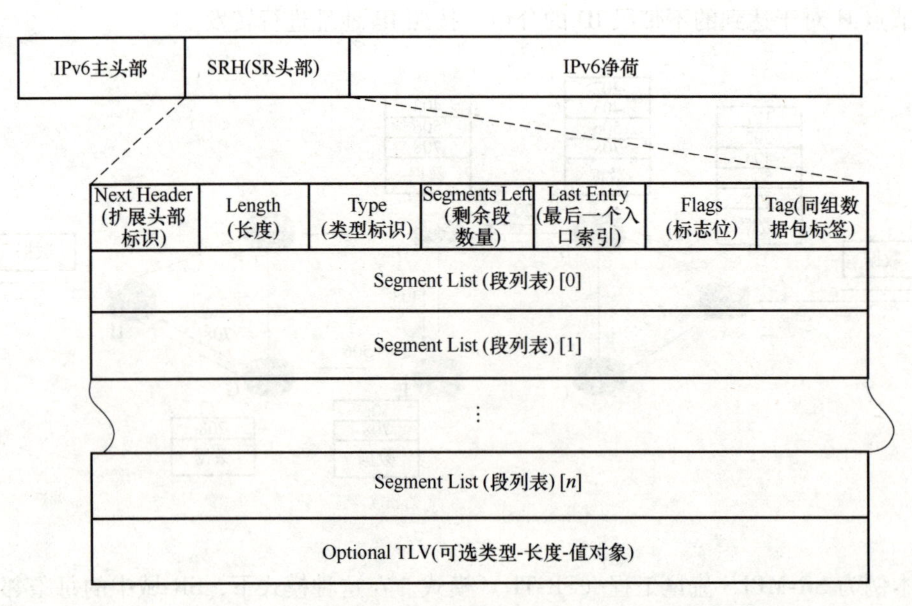

图 2.10　SRv6 分组结构

SRv6 同时具有路由和标签两种转发属性，可以融合两种转发技术的优点。

2. SRv6 转发过程

SRv6 与 MPLS 类似，其节点也分为边缘节点（入口节点、出口节点）和中间节点。中间节点分为 SRv6 端点和转发节点，分别进行 SRv6 标签转发和 IPv6 路由转发。

SRv6 分组转发过程如下。

1）入口 SRv6 节点：将包括节点段 ID（END SID）和邻接段 ID（END. X SID）的路径信息，封装在 SRH 扩展头。初始化剩余段数量（Segment Left）值，并将该值指示的段 ID 复制到 IPv6 主头部，作为目的 IPv6 地址。之后，入口 SRv6 节点根据主头部的目的地址查路由表，转发分组到下一个节点。

2）SRv6 端点处理：对于到达的分组，根据主头部的 IPv6 目的地址查找本地段 ID（Local SID）表。如果为 END. X SID，则执行 END. X SID 的指令动作：Segment Left 值减 1，将 Segment Left 指示的 SID 复制到 IPv6 主头部，作为目的 IPv6 地址，同时将分组转发到 END. X 关联的下一个节点；如果为 END SID，则执行 END SID 的指令动作：Segment Left 值减 1，将 Segment Left 指示的 SID 复制到 IPv6 主头部，作为目的 IPv6 地址，根据路由表转发分组到下一个节点。

3）转发节点处理：节点直接根据到达分组的主头部的目的地址，查询 IPv6 路由表进行转发，不再读取 SRH 扩展头信息。

4）出口 SRv6 节点：因为到达分组的 Segment Left 值已经减为 0，出口节点（Exgress）将移除 IPv6 主头部和 SRH 扩展头部并处理有效负载，如将移除了 IPv6 主头部和 SRH 扩展头部的分组转发到 IPv4 网络。

2.4　软交换

软交换（Software Switch）的基本含义就是把交换中的承载与呼叫控制分开，通过

软件实现呼叫控制功能。广义的软交换是一个体系，包含分布在业务层、控制层、承载层、接入层的多种设备，狭义的软交换指实现软交换系统控制功能的软交换控制设备，也称为软交换控制器或软交换机。

2.4.1　软交换协议体系

软交换机作为一个开放的实体，与外部的接口采用开放的协议。图 2.11 描述了软交换系统中的功能实体和主要协议。

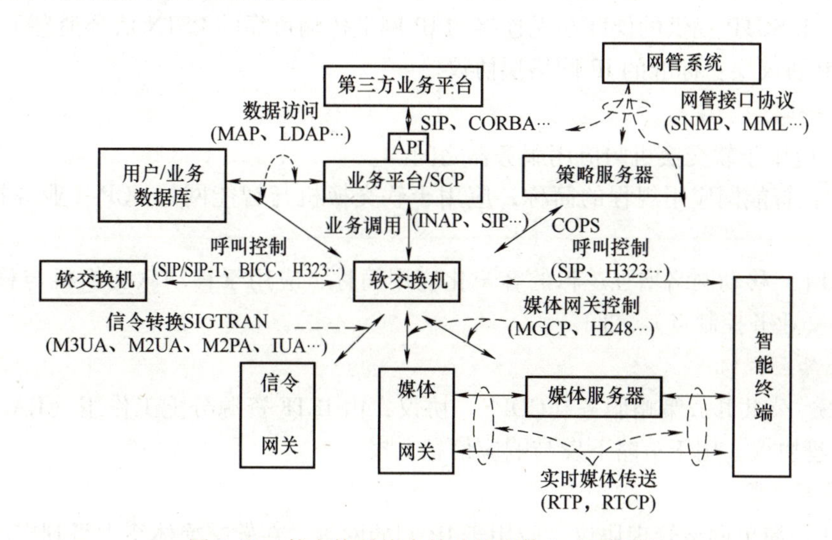

图 2.11　软交换系统中的功能实体和主要协议

1. 呼叫控制协议

H323：由 ITU-T 推出的基于二进制的 IP 电话、视频通信协议体系，主要应用于软交换机与 H323 GW（网关）/终端之间。

SIP：即会话初始协议，主要应用于软交换机之间、软交换机与 SIP 终端之间。

SIP-T：SIP 的扩展，可在软交换机之间透明传输 ISUP（综合业务用户协议）的负载消息。

BICC：即独立于承载的呼叫控制协议，是与承载网络无关的呼叫控制协议。

2. 网关控制协议

网关控制协议是软交换机（网关控制器）与网关之间的主从控制协议，包括：

MGCP：早期使用的网关控制协议，应用于软交换与媒体网关（MG）之间。

H248/MAGACO（媒体网关控制协议）：由 ITU 和 IETF 共同制定，功能与 MGCP 类似，但在多媒体业务实现、协议维护管理等方面比 MGCP 有优势。

3. 媒体流传输协议

RTP：IP 实时媒体流传输协议，用于承载各类编码的语音、视频信号。

RTCP：IP 实时媒体流传输控制协议，与 RTP 同时使用，用于媒体流 QoS 信息反馈。

4. SIGTRAN

SIGTRAN（信令传输）是一个协议栈，实现在 IP 网中传递 No.7 信令，完成分组

网和 No. 7 信令网的协议互通。SIGTRAN 协议栈利用 IP 作为底层传输，其由以下 3 个功能层组成。

1）信令适配层：支持特定的原语和通用的信令，SIGTRAN 协议栈的适配层定义了 M2UA（MTP-2 用户适配协议）、M2PA（MTP-2 用户对等适配协议）、M3UA（MTP-3 用户适配协议）、SUA（SCCP 用户适配协议）、IUA（ISDN Q. 921 用户适配协议）和 V5UA（V5 用户适配协议）共 6 种适配协议。

2）信令传输层：为保证信令信息在 IP 网可靠传输，采用流控制传输协议（SCTP），由 SCTP 提供的偶联在无连接的 IP 网上传输可靠的 PSTN 信令消息。

3）IP 协议层：标准的 IP 网络层协议。

5. 业务调用协议

SIP：应用于软交换机与应用服务器之间。

INAP：智能网应用规程的简称，应用于软交换机与智能网的 SCP（业务控制点）之间。

CAMEL：移动网络增强逻辑的客户化应用简称，应用于移动软交换机与移动智能网的 SCP（业务控制点）之间。

6. 策略控制协议

COPS：公共开放策略服务（COPS）协议，由 IETF 资源分配工作组（RAP）制定的维护管理协议，用于策略下发与响应信息上报。

7. 网管协议

SNMP：简单网络管理协议，应用于 IP 网的网管，在软交换体系中得到广泛应用。

Q3：TMN（电信管理网）接口协议，适用于由 PSTN 交换机改造的软交换。

MML：人机命令接口，部分软交换系统采用。

2. 4. 2 软交换应用

软交换应用体系结构如图 2. 12 所示，作为核心的软交换控制设备完成呼叫处理控制功能、接入协议适配功能、业务接口提供功能、互连互通功能、应用支持系统功能等。

【例 2. 4】 根据图 2. 12，简述终端（A）到终端（B）通过软交换的呼叫过程。

终端（A）拨号→PSTN（A）→STP（A）→SG（A）→软交换机（A）→软交换机（B）→SG（B）→STP（B）→PSTN（B）。其中，PSTN 至 SG 走 ISUP 信令；SG 通过 SIGTRAN 协议，实现 No. 7 信令网的 MTP/ISUP 信令和软交换机的 SCTP/IP 信令的转换；软交换机之间通过 SIP 连接。

若终端（B）为空闲状态，PSTN（B）将应答信号送到 PSTN（A），即：PSTN（B）→STP（B）→SG（B）→软交换机（B）→软交换机（A）→SG（A）→STP（A）→PSTN（A）。

软交换机（A）通过 H. 248 发送命令至 MG（A），打通 PSTN（A）到达 MG（A）通路。

软交换机（B）通过 H. 248 发送命令至 MG（B），打通 PSTN（B）到达 MG（B）通路。

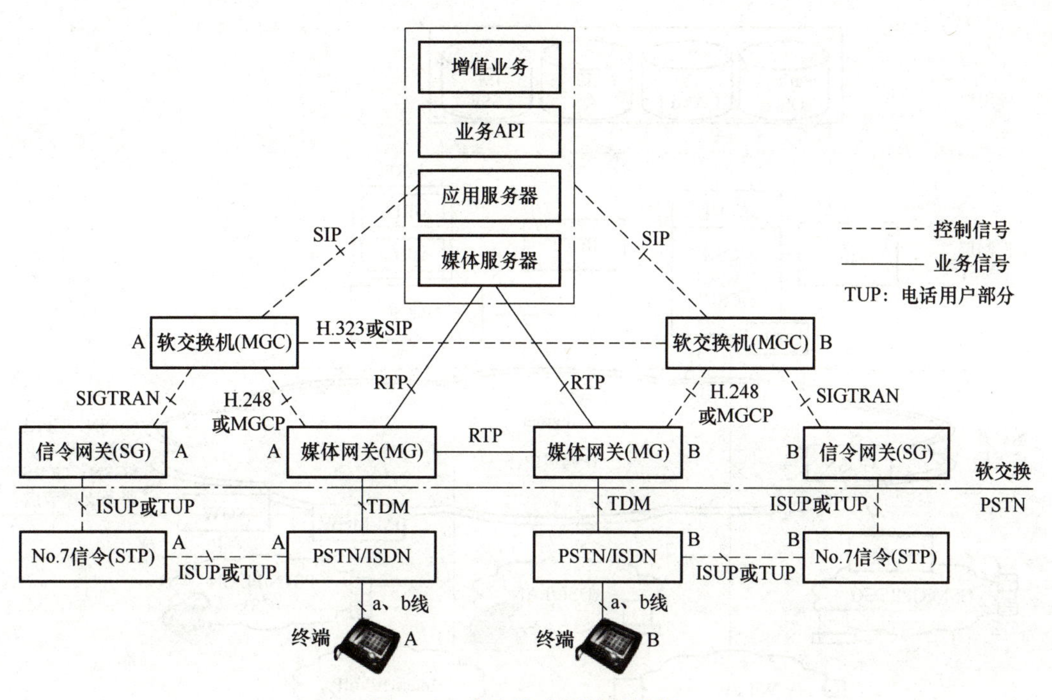

图 2.12 软交换应用体系结构

软交换机（B）将回铃音信号通过 MG（B）→MG（A）→PSTN（A），送达终端（A）。其中，PSTN 至 MG 通过时分复用（TDM）连通；MG 之间通过 RTP 连通。

终端（B）摘机，进入通话状态：终端（A）↔软交换机（A）↔MG（A）↔MG（B）↔PSTN（B）↔终端（B）。

2.5 IMS

IMS 是提供多媒体业务的通用交换架构，其交换过程体现在注册、会话等各个流程。

2.5.1 IMS 体系结构

IMS 体系结构如图 2.13 所示，网络分为 3 个层次：承载及接入层、控制层和应用层。

1. 承载及接入层

支持各类基于分组交换的承载网，可实现网络之间的信令转换，完成与传统 PSTN/PLMN 间的互通等功能。承载层的 IM-MGW（IP 多媒体网关）是负责媒体流在 IMS 域和 CS 域互通的功能实体，以解决语音互通问题。

2. 控制层

支持各类网络控制服务器，负责管理呼叫以及会话设置、修改和释放，实现所有 IP 多媒体业务的信令控制，实现了呼叫会话控制功能和媒体网关控制功能的分离。

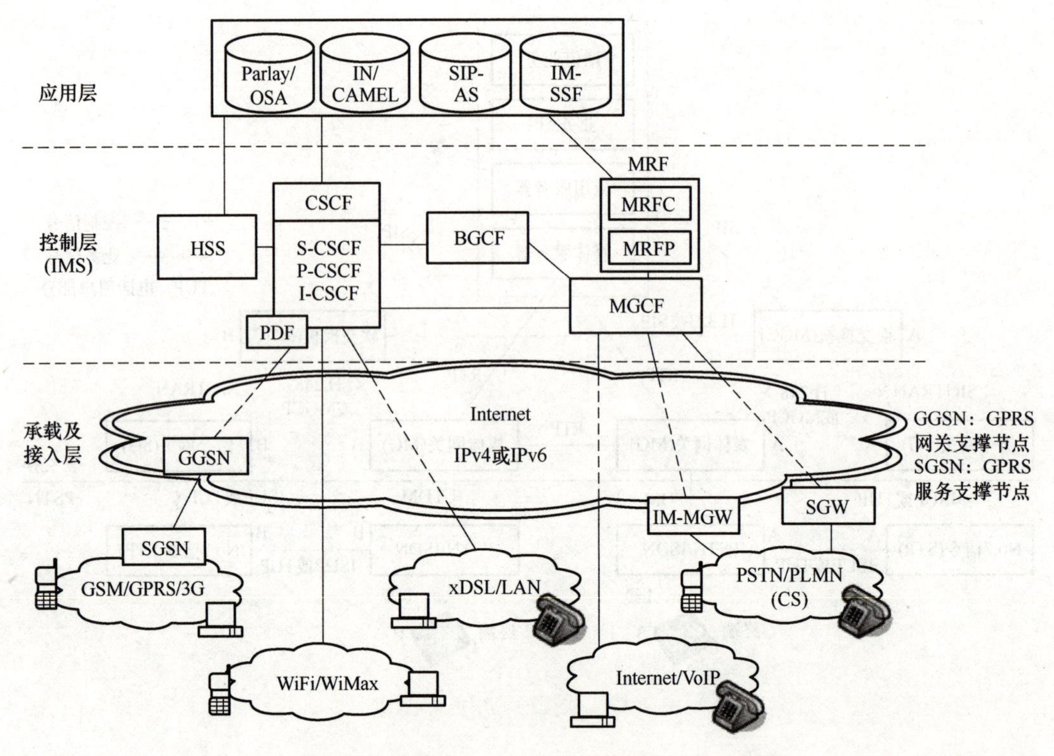

图 2.13 IMS 体系结构

1）呼叫会话控制功能实体（CSCF），根据其位置和功能的不同，可以分为 3 种：

代理 CSCF（P-CSCF）：在终端请求 IMS 服务时，代理 CSCF 是第一个联系节点；

查询 CSCF（I-CSCF）：网络所有用户呼叫的转接点或漫游用户的服务接入点；

服务 CSCF（S-CSCF）：执行会话控制功能。不同的 S-CSCF 可以有不同的功能。

2）媒体网关控制功能实体（MGCF），其功能包括：控制 IMS-MGW 中的媒体信道的连接；与 CSCF 通信，根据路由号码为来自传统网络的入局呼叫选择 CSCF 等。

3）媒体资源功能实体（MRF），包括 MRFC（多媒体资源功能控制器）和 MRFP（多媒体资源功能处理器）。MRFP 发出或处理多媒体流，MRFC 控制在 MRFP 中的媒体流资源。

4）出口网关控制功能实体（BGCF），用来选择与 CS 域接口相连的网络。

5）信令网关（SGW），完成传输层的信令转换，将 No. 7 信令与基于 IP 的信令进行转换，也就是在 SCTP/IP 和 No. 7 信令 MTP 间进行转换。

6）归属用户服务器（HSS），用于维护终端的业务属性信息，包括 IP 地址、漫游信息、呼叫业务定制信息及语音邮件设置等，为 I-CSCF 选择合适的 S-CSCF。

7）策略决策功能实体（PDF），具有存储会话和媒体相关信息（IP 地址、端口号、带宽等），提供授权决策等功能，可根据从 P-CSCF 处获得的会话和媒体信息来制定策略。

3. 应用层

支持各类应用服务器，负责为用户提供增值业务和第三方业务，主要网元为通过

CAMEL、Parlay/OSA（开放业务架构）和 SIP 等协议提供多媒体业务的应用平台。其中，CAMEL 是 GSM 原有的智能业务及用于移动通信网与智能网互联的协议规范；Parlay/OSA 是用于开放网络资源和能力的 API（应用程序接口）规范，允许上层应用通过该 API 对网络资源和能力进行安全可控的接入，并与具体承载网络无关。

【例 2.5】 根据图 2.13，简单说明 IMS 融合组网情况下，各网元的功能。

CSCF 完成呼叫控制功能，根据业务流程将 SIP 消息正确地转发到应用服务器；MRF 负责提供和控制媒体流资源，如播放通知音、媒体流的混合等；MGCF 负责 PSTN 承载与 IP 流之间的连接，根据被叫号码和呼叫属性选择 CSCF，并完成 PSTN 与 IMS 之间的呼叫控制协议转换，如将从 CSCF 接收到的 SIP 消息转换为 ISUP 消息，并通过 IP 数据包发送到信令网关（SGW）；BGCF 主要实现呼叫路由功能，为呼叫选择适当的 PSTN 接口，若发现该接口与自己在同一网络，则选择本网络的 MGCF 与 PSTN 交互。若发现接口在另一网络，则将会话信令转发给另一网络相应的 BGCF。

2.5.2 IMS 注册与呼叫流程

UE（用户设备）在 IMS 域中注册意味着如果网络条件满足要求，可以使用 IMS 域提供的音频、视频会话服务。所谓 P-CSCF 发现，就是 UE 在 IMS 注册之前，必须获得一个 IP 连接，并且发现 IMS 的入口 P-CSCF。会话初始化是会话建立流程的第一个子过程，主叫用户将呼叫建立消息发送给被叫用户，之后主、被叫双方将按照 SIP 进行消息交互，建立起承载通道并开始会话。以下分别给出两种注册流程和呼叫初始化流程。

1. IMS 常规注册流程

以移动用户 A 请求接入注册为例，IMS 常规注册流程如图 2.14a 所示，步骤如下。

①：用户 A 向拜访网络的 P-CSCF 发送 Register（注册）请求消息，消息中包含自己的身份标识和归属 IMS 域的名称，启动注册过程。

②：P-CSCF 处理 Register 消息，查询 DNS 获得归属网络的 I-CSCF 入口，向归属网络的 I-CSCF 转发 Register 消息。

③~④：I-CSCF 查询 HSS，获得为用户 A 服务的 S-CSCF 地址，如果没有指定为该用户服务的 S-CSCF，HSS 指示 I-CSCF 按照规则分配一个 S-CSCF 为该用户服务；I-CSCF 转发 Register 消息给相应的 S-CSCF。

⑤~⑥：S-CSCF 查询 HSS，下载用户 A 的属性文件和业务触发信息；如果存在相关的注册业务，S-CSCF 还将触发相应的应用服务器（AS），向 AS 发送注册信息。

⑦~⑨：S-CSCF 返回注册确认信息，并沿着 I-CSCF、P-CSCF 路径逐级传回至用户 A。

2. IMS 带认证的注册流程

图 2.14b 为带认证的注册流程，与常规注册不同之处表现在：S-CSCF 返回鉴权挑战信息，要求用户 A 重新认证。Auth-Challenge（鉴权挑战）消息沿着 I-CSCF、P-CSCF 路径逐级传回用户 A（第⑦~⑨步）；用户 A 在认证 IMS 网络合法后，利用共享密钥和 RAND 计算鉴权响应（RES），并重新发起注册过程（第⑩步）。新的注册过程遵循常规注册流程，S-CSCF 将用户 A 的鉴权响应（RES）值与其计算的期望鉴权响应值进行比较，如果两者相等，则认证通过，向用户 A 返回注册确认消息。

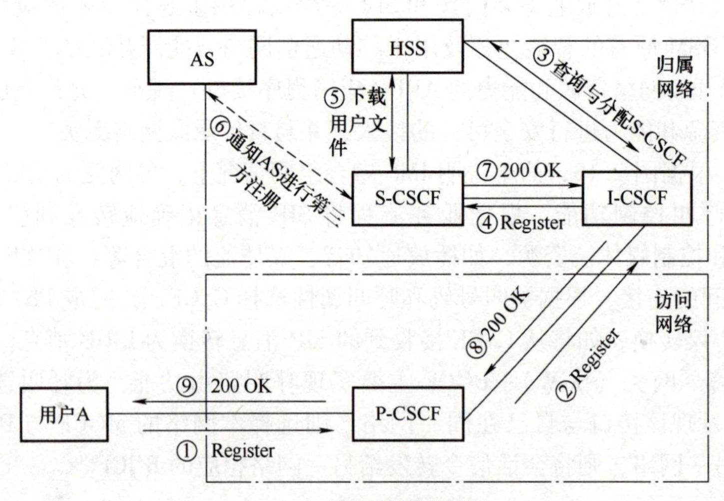

a) 常规注册流程

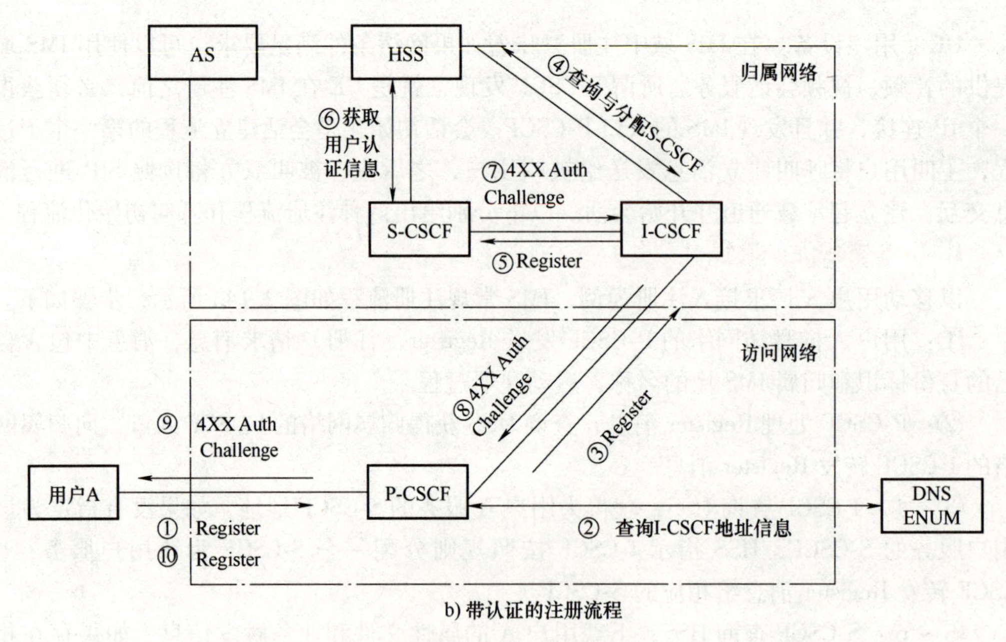

b) 带认证的注册流程

图 2.14 IMS 注册流程

3. IMS 域内基本会话初始化流程

同一个 IMS 域的会话初始化流程如图 2.15 所示，假设主叫用户 A 和被叫用户 B 分别通过 IP-CAN（IP 连接接入网）接入核心网，呼叫初始化步骤如下。

①~②：用户 A（主叫）向拜访网络的 P-CSCF 发送 Invite（会话请求）消息，该消息包含主被叫用户的公共用户身份、拜访网络 P-CSCF 的 IP 地址、用户 A 注册的 S-CSCF 等信息。

③~⑥：S-CSCF 触发业务，AS 进行业务逻辑控制，S-CSCF 将 Invite 消息转发给 I-CSCF；I-CSCF 通过 HSS 查询得到用户 B（被叫）注册的 S-CSCF，并将 Invite 消息转发给被叫用户注册的 S-CSCF。

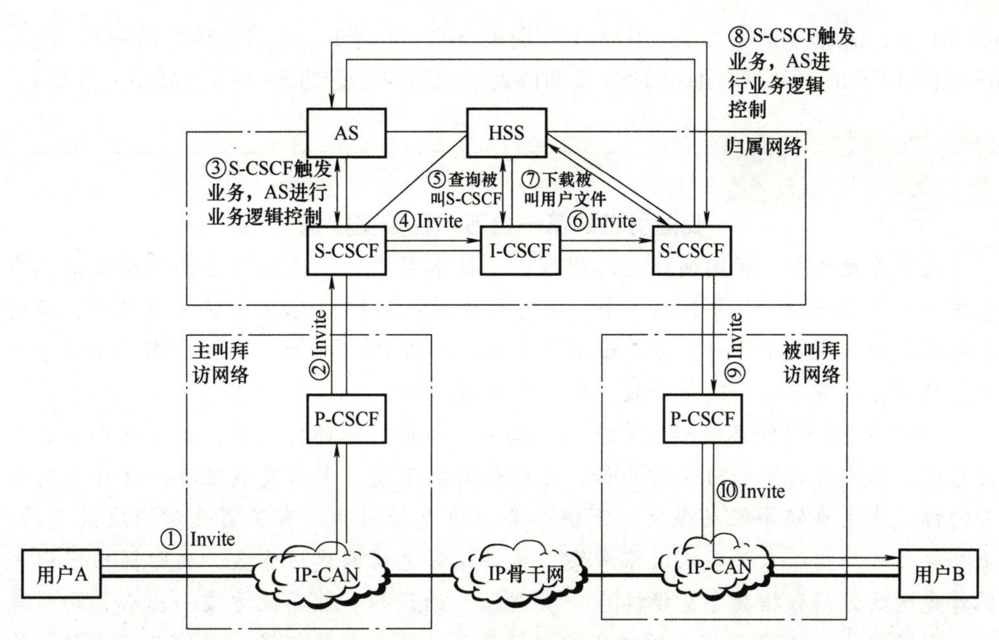

图 2.15　IMS 会话初始化流程

⑦~⑧：被叫用户注册的 S-CSCF 下载用户 B 的数据文件，触发业务，AS 进行业务逻辑控制。

⑨~⑩：被叫用户注册的 S-CSCF 将 Invite 消息转发给用户 B 当前拜访网络的 P-CSCF；P-CSCF 将 Invite 消息转发给被叫用户 B。

4. IMS 域间基本会话初始化流程

主叫用户 A 和被叫用户 B 归属不同 IMS 域的会话初始化流程如图 2.16 所示，其与同一个 IMS 域内会话初始化流程的主要区别在第④~⑥步，即：假设主叫用户 A 注册的 S-CSCF 不知道被叫用户 B 归属的 IMS 域地址，其将查询 DNS，获取用户 B 归属 IMS

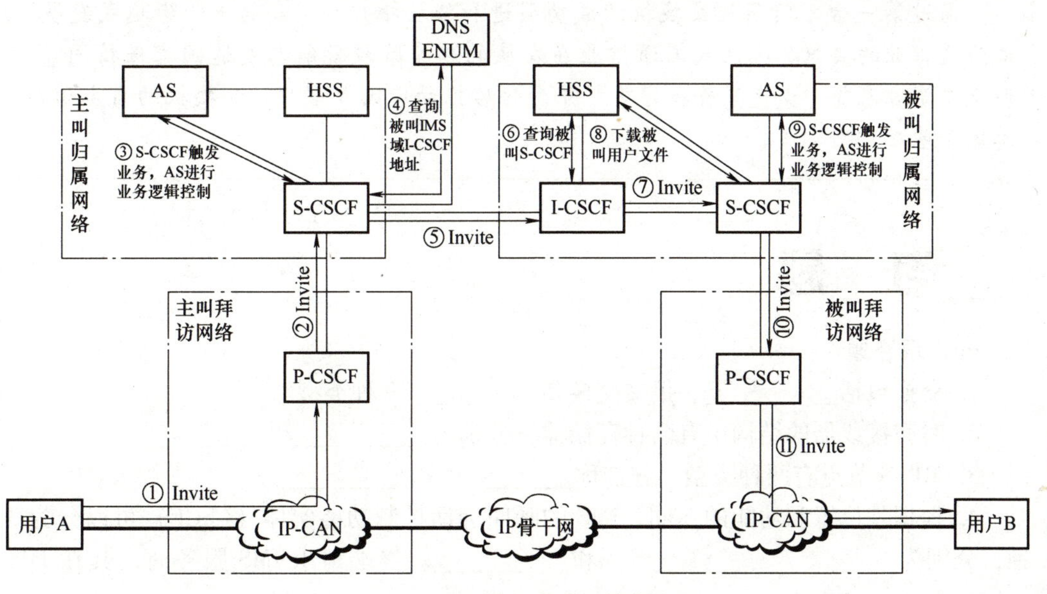

图 2.16　IMS 域间会话初始化流程

域的 I-CSCF 地址（第④步）；用户 A 注册的 S-CSCF 将 Invite 消息转发给用户 B 归属 IMS 域的 I-CSCF；I-CSCF 通过 HSS 查询得到被叫用户注册的 S-CSCF（第⑤~⑥步）。

拓展阅读

我国引进的第一台万门程控交换机

改革开放之初，我国通信网络规模小、技术层次低、通信质量差，整体仅相当于发达国家 20 世纪 30 年代的水平。此时的福州市是 14 个沿海开放城市之一，从过去的国防前线变成了开放前沿，但市话普及率不到 1%，长途电话至少需要十多分钟才能接通，严重影响了改革开放、发展经济的进程。

1979 年，一艘法国商船停靠在福州码头，船员给总部打电话，花了 5 个小时都没打通，临走时留了一句气愤的话：连电话都打不通，怎么发展经济！这件事对当时的福建省主要领导触动很大，下决心要解决电话问题。有了省政府的决策支持，省邮电管理局组织人员多次进京考察，多番比对电话网建设方案，大胆提出了引进国外先进的万门程控数字交换机“一步到位”的设想。然而此方案一出台，却引发了激烈的争论。1979 年底，福建省核心领导层认为：发展经济，通信必须先行。他们力排众议，采取果断措施，从全省仅有的 1000 万美元外汇中，拿出 600 万用于通信设备引进。此后一年里，福建省邮电管理局先后与 8 家外国公司展开了 17 轮谈判，最终于 1980 年 12 月，以较优惠的价格与日本富士通签订了引进 F-150 程控数字交换机系统的合同。

设备引进之后，福建省、福州市邮电部门的职工加班加点进行机房设施改造和设备安装。1982 年 11 月 27 日 0 点，福州市在全国率先开通全数字万门程控电话系统。一夜之间，从步进制跃升到全数字程控交换，“福州模式”为全国各地邮电部门提供了宝贵经验。至 1985 年底，北京、深圳、广州和天津等城市相继开通了程控数字电话交换系统，为我国改革开放、经济腾飞插上了翅膀。

通过第一台万门程控交换机的成功引进和经验推广，“高起点、跨越式发展”成为通信业的共识。这让我国通信业在发展的起步阶段就能与发达国家保持同步，避免了资源浪费，少走了许多弯路，并为此后推动中国大型程控交换机的自主研制奠定了基础。

习　题

一、填空题

1. 交换包括__________、报文交换和__________ 3 种类型。

2. 时间接线器的结构中有两种存储器，分别为__________和__________。

3. MPLS 节点有两种类型，分别称__________和__________。

4. 根据其位置和功能的不同，IMS 的呼叫会话控制功能实体（CSCF）可以分为 3 种，分别为__________、__________和__________。终端请求 IMS 服务时，其在 IMS

域中的第一个联系节点是__________。

5. 软交换系统中的业务调用协议包括__________、__________和__________。

二、选择题

1. 虚电路方式分组交换的特征不包括（　　）。

A. 面向连接　　B. 通过虚电路标识寻址
C. 按序传输，不乱序　　D. 只能由主机负责流量控制

2. 数据包方式分组交换的特征不包括（　　）。

A. 不需要建立连接　　B. 通过数据包中的目的地址寻址
C. 按序传输，不乱序　　D. 主机负责流量控制

3. 关于空间接线器（S 接线器），以下说法中错误的是（　　）

A. 结构包括交叉连接矩阵
B. 输入控制与输出控制两种工作方式
C. 结构包括语音存储器
D. 只能实现不同复用线相同时隙之间的交换

4. 关于 MPLS 标签，以下说法中错误的是（　　）。

A. 可以有标签嵌套
B. 标签空间大小为 2^{10}
C. 支持服务类别（CoS）定义
D. TTL 的含义与 IP 分组中 TTL 字段含义相同

5. 以下选项中，不属于软交换呼叫控制协议的为（　　）。

A. H323　　B. BICC
C. SIP-T　　D. MGCP

6. 以下选项中，不属于虚电路方式的分组交换方式为（　　）。

A. IP 路由交换　　B. FR
C. MPLS　　D. ATM

三、简答题

1. 简述 MPLS 标签交换的过程和特点。
2. 对比分析 SR 交换与 MPLS 标签交换的异同。
3. 简述软交换的组成及软交换机的功能。
4. 简述 IMS 的组成及 CSCF 的功能。

第3章 通信协议

通信协议就是在网络中各网元、设备间通信时使用的规则、标准或者约定的集合。只有在协议的支撑下，通信网才能高效、协调和可靠地运行，有效地实施网络维护管理及保障 QoS 性能。通信协议几乎贯穿于本书的每个章节，本章侧重于协议的归类和关键协议的分析，首先介绍传统电话网的信令，然后对现代通信网的流控制传输、实时传输、会话控制、安全认证和空间接口等新兴协议进行介绍。

3.1 电话网信令

通信网的发展历程中，电话网在很长一段时间内占据主角的位置。信令是电话网中的一个专门术语，是电话网上的用户终端设备（电话机）与其接入的电话交换机之间，以及网上各交换机（或交换局）、网管中心、计费中心之间互连互通的一种“语言”，分为随路信令和公共信道信令。传输信令的网络称为信令网，信令属于一种特殊通信协议。

3.1.1 信令的分类和作用

1. 信令分类

（1）用户线信令和局间信令

按工作区域不同，信令可分为用户线信令和局间信令。

用户线信令是通信终端和网络节点之间的信令，又称用户-网络接口（UNI）信令。网络节点包括交换系统、网管中心、服务中心和计费中心等，主要包括以下信令。

① 请求信令：由终端发出，反映终端由空闲转为工作状态，如主叫摘机信令。

② 地址信令：传输地址路由信息的信令。

③ 释放信令：由终端发出，反映终端由工作转为空闲状态，如挂机信令。

④ 来话提示信令：由网络节点发出，表示外来呼叫到达，如振铃信令。

⑤ 应答信令：作为对来话提示信令的响应，使终端转入工作状态，如摘机信令。

⑥ 进程提示信令：网络节点在呼叫的各个阶段向终端发出的信令，表明呼叫处理的进展情况，如拨号音、回铃音、忙音等。

局间信令是在网络节点之间传输的信令，也称网络-网络接口（NNI）信令，它除了满足呼叫处理和通信接续的需要外，还要提供各种网管中心、服务中心等之间的与呼叫无关的控制、管理信息传递，因此局间信令要比用户线信令复杂得多，如 No. 7 信令就是局间信令。

（2）随路信令和公共信道信令

按照信令传输通路与话路之间的关系来划分，信令又可分为随路信令和公共信道信令。

随路信令是用传输语音的通路来传输与该话路有关的信令，信令通路与话路一一对应，如图 3.1a 所示，中国 No.1 数字型线路信令就是随路信令。

图 3.1b 为公共信道信令方式示意图，两个网络间的信令通路和语音通路是分开的，即把各电话接续通路中的各种信令集中在一条双向的信令链路上传输。No.7 信令即为公共信道数字型线路信令。公共信道信令系统的优点是传输速度快、信号容量大、可靠性高。

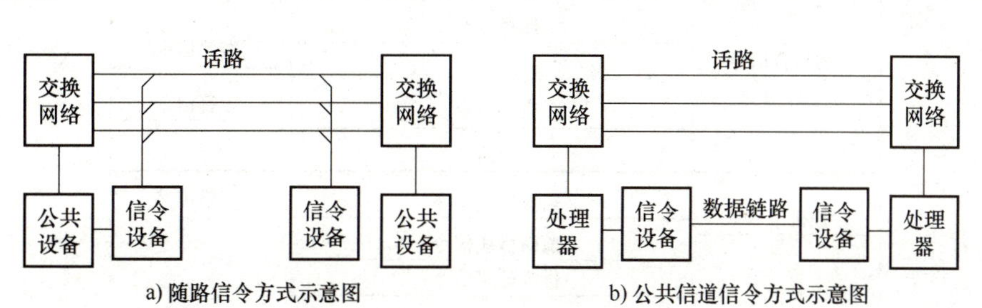

图 3.1　随路信令和公共信道信令

原则上，我国通信网的信令系统在数字网使用 No.7 公共信令方式，模拟网使用随路信令方式。No.7 信令方式容量大、传递速度快，一条 No.7 信令链路可传输千条以上语音信道（简称话路）建立电路连接和释放电路连接所需的信令信息。

（3）线路信令、路由信令和管理信令

按照信令的功能来分，又可分为线路信令、路由信令和管理信令 3 大类。

线路信令又称监视信令，用来表示和监视中继线的呼叫状态和条件，以控制接续的进行。

路由信令又称选择信令或记发器信令，用来选择路由、选择被叫用户。

管理信令是具有操作功能的信令，用于通信网的管理和维护。

（4）前向信令和后向信令

根据信令的传输方向，信令可分为前向信令和后向信令；前向信令指信令沿着从主叫到被叫的方向传输；后向信令指信令沿着从被叫到主叫的方向传输。

2. 信令作用

通信系统各终端与网络节点之间，网络节点之间相互通信、相互交流设备状态监视和控制信息等，都是按一定的协议和规约进行的，这样就构成了通信网的信令系统。信令系统是通信网重要的神经系统，下面通过举例说明信令和信令系统的作用。

【例 3.1】　根据图 3.2，简述局间电话接续的基本信令流程。

首先，主叫用户摘机，用户线直流环路接通，向发端交换机送摘机信令。发端交换机收到摘机信令后，向主叫用户送拨号音，主叫用户听到拨号音后，开始拨被叫用户号码。

发端交换机经过分析收到的被叫号码，选择一条到收端交换机的空闲中继线，并向收端交换机发中继线占用信令，同时或者通过选择信令发送被叫号码。

收端交换机分析收到的被叫号码，如果被叫用户空闲，则建立连接，向被叫用户振铃，并向主叫用户送回铃音。被叫用户摘机应答后，发应答信令给收端交换机，收

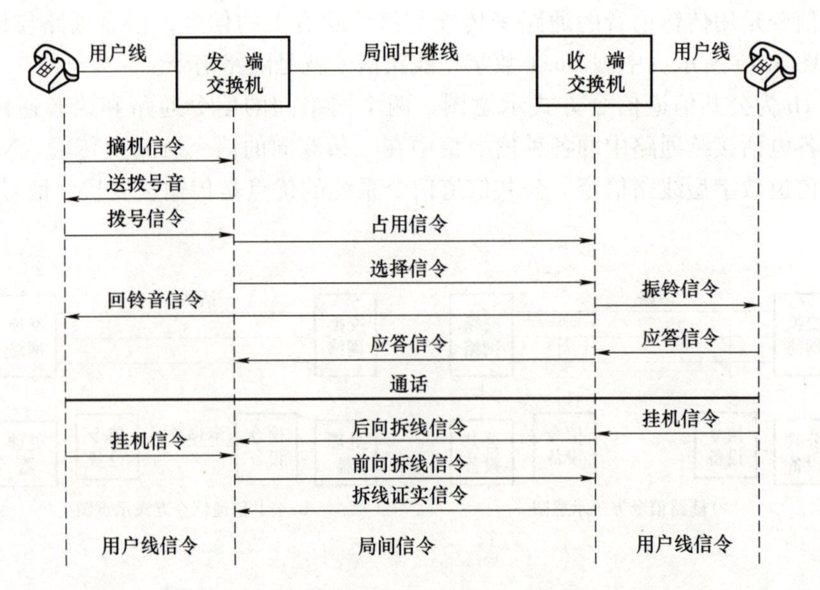

图 3.2　电话接续的基本信令流程

端交换机再向发端交换机发被叫应答信令，发端交换机启动计费，双方开始通话。

如果被叫用户先挂机，收端交换机发现被叫挂机后，向发端交换机发送后向拆线信令，发端交换机回前向拆线消息；若主叫先挂机，发端交换机直接向收端交换机发前向拆线信令。收端交换机收到前向拆线消息后释放话路，并向发端交换机发拆线证实信令，发端交换机收到后释放相关设备资源并停止计费。

从以上流程可以看出，信令就是通信时用于网络中各设备协调动作的各种控制命令。

3.1.2　No.7 信令协议

1. No.7 信令结构

我国建成的三级 No.7 信令网，包括全国长途信令网和本地二级信令网，广泛应用于电话网、综合业务数字网、智能网和移动通信网。信令网中的各种信令点分别实现 No.7 信令系统的完整处理功能或只实现消息传递功能。No.7 信令系统的功能结构如图 3.3 所示。

消息传递部分（MTP-1～MTP-3）分别相当于 OSI 模型中的物理层、数据链路层和网络层。MTP 的功能是保证用户消息的可靠传递，在系统故障或信令网故障时能提供信令网重新组合的能力，以恢复正常的业务信令。

电话用户部分（TUP）规定了用户话务建立和释放的信令程序，以及实现这些程序的消息和消息编码，并能支持部分用户补充业务。

数据用户部分（DUP）用来传输采用电路交换方式的数据通信网的信令信息。

信令连接控制部分（SCCP）是 MTP 的一个用户部分，它与 MTP-3 一起，共同完成 OSI 中网络层的功能，以满足移动通信等应用，SCCP 补充了 MTP-3 的网络层功能。

中间业务部分（ISP）相当于 OSI 七层结构中的 4～6 层，只是形式上存在。

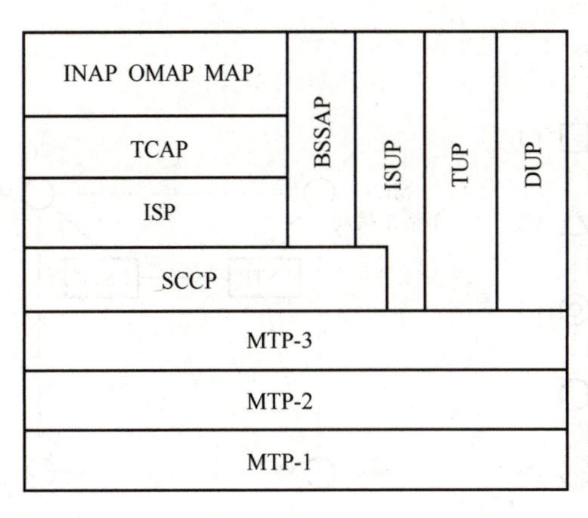

图3.3 No.7信令系统的结构示意图

事务处理能力应用部分（TCAP）为各种应用层和网络层业务之间提供公用接口协议，它本身属于应用层，但是与具体的应用无关。

移动基站系统应用部分（BSSAP）是SCCP的一个子系统，BSSAP用于基站和交换机之间的接口上，传递基站和交换机之间与电路有关或无关的信令。

综合业务数字网用户部分（ISUP）是在TUP的基础上扩展而成的，当ISUP传输与电路相关的信息时，只需得到MTP的支持，而在传输端到端信令时，则要依靠SCCP来支持。

2. 信令网

信令网按结构可分为无级信令网和分级信令网。无级信令网不采用信令转接点，信令点间采用直连方式；分级信令网则要引入信令转接点。组成信令网的三要素是信令点（Signaling Point，SP）、信令转接点（Signaling Transform Point，STP）和信令链路（Signaling Link，SL）。

中国No.7信令网由高级信令转接点（HSTP）、低级信令转接点（LSTP）和信令点（SP）三级组成。第1级HSTP为A、B平面连接方式，平面内各个HSTP网状相连，在A和B平面内成对的HSTP互连。LSTP至SP及HSTP至LSTP为星状连接。

No.7信令网是支撑网，它与电话网的关系如图3.4a所示，电话网的C1、C2和NTS（国际局）对应于No.7信令网的HSTP，电信网的C3、C4、C5对应于No.7信令网的LSTP。目前C1和C2合并（称DC1），C3和C4合并（称DC2），构成三级电话网，DC1和DC2分别对应于No.7信令网的HSTP和LSTP。我国大中城市本地电话网常设汇接局和端局，对应两级信令节点（LSTP、SP），如图3.4b所示。

3. 信令点编码

我国No.7信令网的信令区划分与信令网的三级结构是对应的，即HSTP对应的是主信令区，LSTP对应的是分信令区，SP对应的是信令点。1993年原邮电部颁布实施，并于1998年修订的《中国No.7信令网技术体制》中规定采用24位的信令点编码，其中主信令区、分信令区、信令点各占8位，保证各信令点在信令网中编码的唯一性，其编码格式如图3.5所示。

NTS
C1
HSTP
HSTP
C2
LSTP
LSTP
C3
C4
C5
MLS
市话汇接局
MLS
LSTP
LSTP
端局
SP
SP

a) No.7信令网和原电信网的对应关系　　b) 汇接局和端局采用两级信令

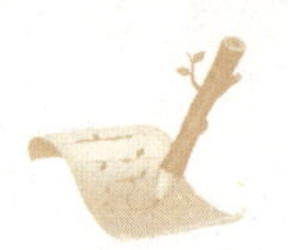

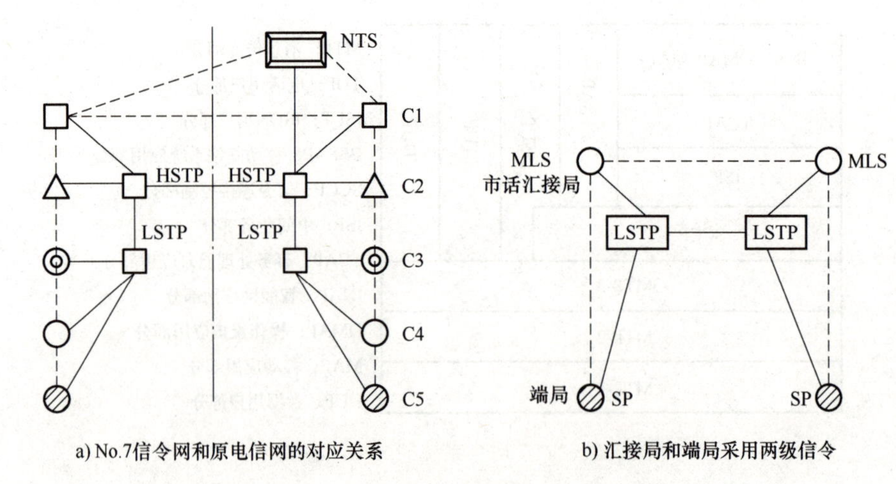

图 3.4　No. 7 信令与电信网的对应关系

主信令区编码	分信令区编码	信令点编码
8位	8位	8位

首发比特位→

图 3.5　24 位编码格式

例如，一个 SP（24 位）信令点编码为 OD2032（BCD 码），则主信令区编码为 00001101（二进制数）；分信令区编码为 00100000；信令点编码为 00110010。以上编码对应的 No. 7 操作系统输入数据（十进制）为：信令点编码：50；分信令区编码：32；主信令区编码：13。

4. 高层应用协议

No. 7 信令应用部分有智能网应用部分（INAP）、移动网应用部分（MAP）、电话网用户部分（TUP）、综合业务数字网用户部分（ISUP）等。下面给出 TUP 的一般呼叫接续流程，如图 3.6 所示，具体流程结合例 3.1 就不难理解了。

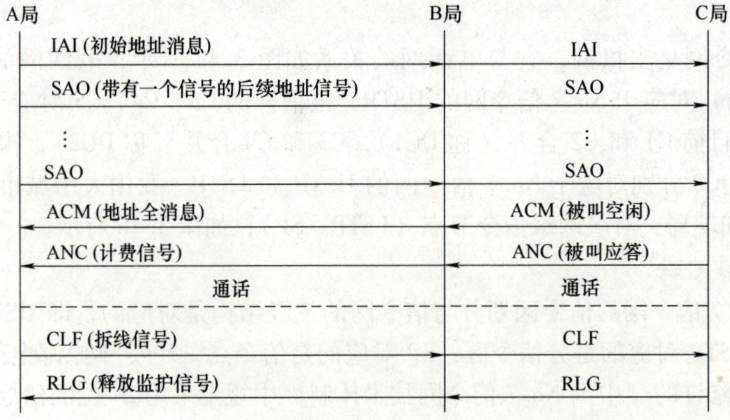

A局
B局
C局
IAI (初始地址消息)
IAI
SAO (带有一个信号的后续地址信号)
SAO
⋮
⋮
SAO
SAO
ACM (地址全消息)
ACM (被叫空闲)
ANC (计费信号)
ANC (被叫应答)
通话
通话
CLF (拆线信号)
CLF
RLG (释放监护信号)
RLG

图 3.6　TUP 呼叫接续流程图

5. 支持 IP 的信令网

随着信令 IP 化的发展趋势，我国 No.7 信令网升级为支持 IP 网元并与 IP 承载网直联，实现 IP LSTP/HSTP 信令网结构。LSTP/HSTP 和新建的 IP LSTP/HSTP 连接，需要本端网元能够判断出对端哪些网元支持 IP 信令，并选择正确的路由。IP 信令网组网通过将支持 IP 信令的网元设置为特殊号段 ID 的方式实现，不支持 IP 信令的网元只与现有 LSTP 相联，由 LSTP 负责判断将省际信令送至现有长途信令网，还是 IP LSTP/HSTP 信令网。

与现有长途信令网平行，建设一张全新的 IP 信令网，需要在支持 IP 信令的网元与不支持 IP 信令的网元之间实现互通，路由策略组网方案如图 3.7 所示。省内信令通过现有 LSTP 疏通，支持 IP 信令的网元之间、支持 IP 信令的网元与不支持 IP 信令的网元之间的省际信令为两级组网方式。提供 IP 信令的网元有 MSCS（移动交换中心服务器）、SMSC（短消息控制系统）、SCP（智能网业务控制部分）、TSG（中继信令网关）、SGSN（GPRS 业务支撑节点）和 Softswitch（软交换机）等。

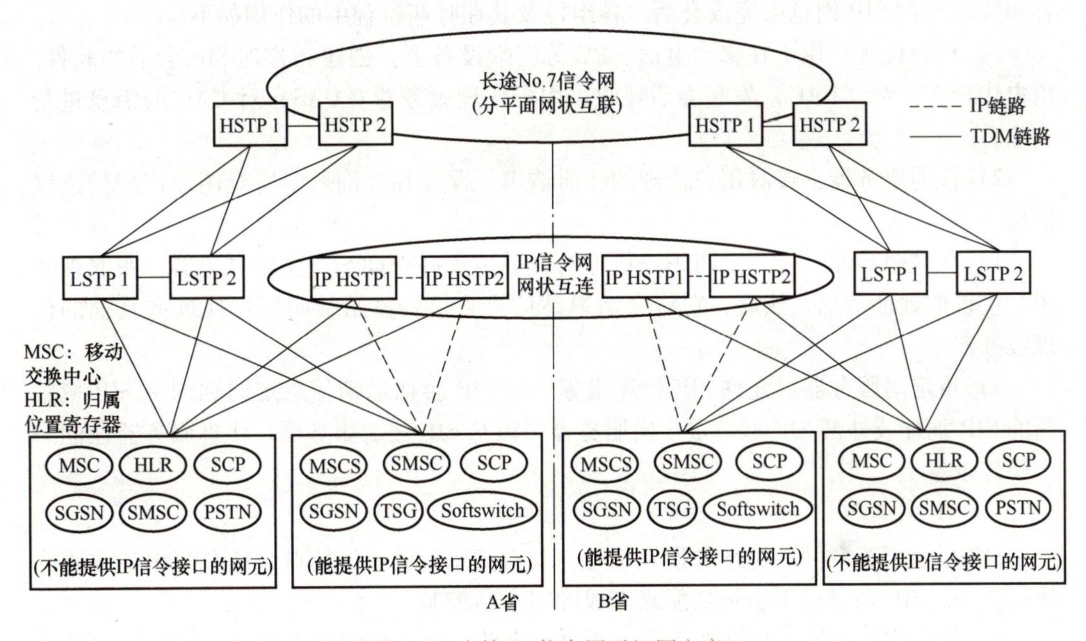

图 3.7 支持 IP 信令网元组网方案

3.2 呼叫控制协议

呼叫控制协议的功能是建立、修改、拆除呼叫连接。这里的呼叫可以是双方呼叫或者多方呼叫，呼叫参与者可以是人或者机器。No.7 信令系统中的 TUP、ISUP 等是基于 TDM 的以语音为主的呼叫控制协议。在基于分组网的多媒体通信中，主要有两种呼叫控制协议，即 H.323 和 SIP。其中 H.323 协议栈包括总体框架（H.323）、视频编解码（H.263）、音频编解码（H.723.1）、系统控制（H.245）、数据流的复用（H.225）等协议，整个系统控制由 H.245 控制信道、H.225.0 呼叫信令信道和 RAS（注册、许可、状态）信道提供。H.323 沿用传统的电话信令模式，在 VoIP 等领域有大量成熟的应用。限于篇幅，本节主要介绍 SIP。

3.2.1 SIP 会话结构和功能

SIP（Session Initialization Protocol，会话初始协议）是由 IETF（因特网工程任务组）制定的多媒体通信协议。SIP 用于创建、修改和释放一个或多个参与者的会话，这些会话可以是 Internet 多媒体会议、IP 电话或多媒体分发及文本传输等。会话的参与者可以通过组播（Multicast）、网状单播（Unicast）或两者的混合形式进行通信。SIP 使用 Internet 的会话描述协议（SDP）来描述终端设备的特征。SIP 与负责语音质量的资源预留协议（RSVP）互操作，还与若干个其他协议进行协作，包括负责用户终端定位的轻型目录访问协议（LDAP）、负责身份验证的远程用户拨号认证服务（RADIUS）、Diameter（RADIUS 协议的升级版本）以及负责实时传输的 RTP 等协议。

1. SIP 会话构成

SIP 会话系统主要包括四个组件，组件之间通过传输包括 SDP（用于定义消息的内容和特点）的 SIP 消息来完成会话。各组件及其在呼叫过程中的作用如下。

1）用户代理：用于在移动电话、PC 等终端设备上，创建和管理 SIP 会话的软件。用户代理客户端（UAC）发起会话呼叫；用户代理服务器（UAS）对 UAC 的消息进行响应。

2）注册服务器：接收用户代理的注册请求，保存和查询域中所有用户代理的位置信息。

3）代理服务器：接收主叫用户代理的会话请求并查询 SIP 注册服务器，获取被叫用户代理的地址信息。然后，它将会话邀请信息直接转发给被叫用户代理或其他的代理服务器。

4）重定向服务器：允许 SIP 代理服务器将 SIP 会话邀请信息定向到同一 SIP 域中新的 SIP 地址或外部 SIP 域。重定向服务器可以与 SIP 注册服务器、代理服务器在同一个硬件设备上。

2. SIP 会话功能

SIP 借鉴了互联网的标准和设计思想，具有简单、灵活等特点，是 IMS 中最重要的协议之一，SIP 通过以下逻辑功能来完成呼叫会话控制。

1）用户定位功能及移动性支持：通过一个单一的、位置无关的地址来到达被呼叫方，即使被呼叫方改变位置，也可以通过定位确定参与通信的终端的位置。

2）呼叫者和被呼叫者鉴权：通过鉴权进行相关消息的加密和完整性验证。

3）用户通信能力协商功能：确定参与通信的终端类型和具体参数。

4）用户意愿交互功能：确定某个终端用户是否要加入某个特定会话中。

5）呼叫建立与更改：包括向被叫“振铃”、确定主叫和被叫的呼叫参数、呼叫重定向、多方呼叫邀请、呼叫转移、终止呼叫等。

3.2.2 SIP 消息及其流程

1. 常用 SIP 消息

SIP 是客户端/服务器（Client/Server）协议，SIP 消息分为请求和响应两种消息。下面分别进行介绍。

（1）请求消息（SIP 客户端发给服务器）

INVITE：表示主叫用户发起会话请求，邀请其他用户加入一个会话。也可以用在呼叫建立后更新会话（此时 INVITE 又称为 Re-invite）。

ACK：对 INVITE 等请求的最终确认。

BYE：表示终止一个已经建立的呼叫。

CANCEL：在收到对端的最终响应之前取消该请求，对于已完成的请求则无影响。

REGISTER：表示客户端向 SIP 服务器注册，注册对应一个指定的地址信息。

OPTIONS：表示查询被叫的相关信息和功能。

（2）响应消息（服务器发给 SIP 客户端）

100：试呼叫（Trying）。

180：振铃（Ringing）。

181：呼叫正在前转（Call is Being Forwarded）。

200：成功响应（OK）。

302：临时迁移（Moved Temporarily）。

400：错误请求（Bad Request）。

401：未授权（Unauthorized）。

403：禁止（Forbidden）。

404：用户不存在（Not Found）。

408：请求超时（Request Timeout）。

480：暂时无人接听（Temporarily Unavailable）。

486：线路忙（Busy Here）。

2. 注册流程

典型的 SIP 注册是通过代理服务器（Proxy）进行的，如图 3.8 所示。假设认证服务器采用 AKA 认证协议，以终端 A 为例，其注册流程如下。

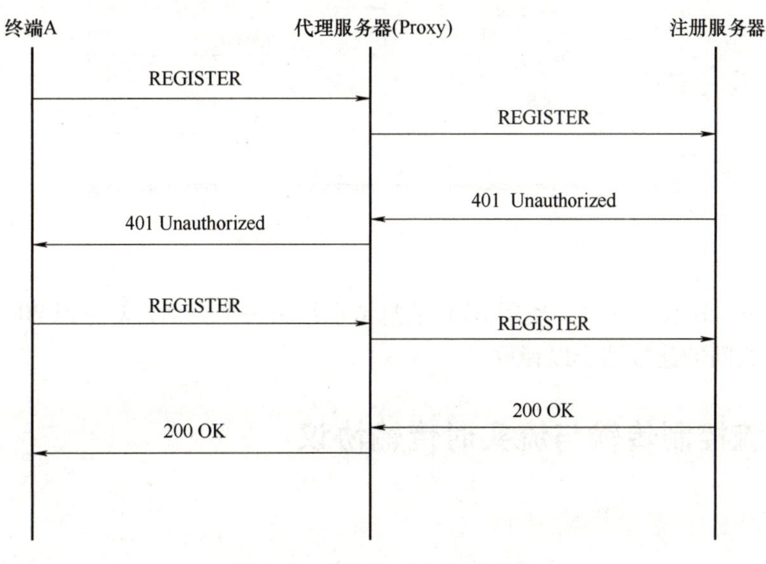

图 3.8 典型的 SIP 注册流程

1）终端 A 向 Proxy 发送 REGISTER 请求，REGISTER 请求被 Proxy 转发到注册服务器。

2）注册服务器收到 REGISTER 请求后，查询发现终端 A 是未认证用户，通过 Proxy 向终端 A 回送 401 Unauthorized（未授权），其中包含安全认证所需的认证令牌等信息。

3）终端 A 根据认证令牌相关参数完成对注册服务器的认证，生成一个响应值（RES），使用 REGISTER 消息携带 RES，再次通过代理服务器向注册服务器申请注册。

4）注册服务器收到 REGISTER 消息，将 RES 与期望的响应值进行比较，若相同，即验证成功，将向终端 A 返回（注册）成功响应消息 200 OK，同时将数据库中用户 A 的状态改为已经注册。

3. 呼叫流程

典型的 SIP 呼叫是通过 Proxy 进行的，如图 3.9 所示。主叫（终端 A）生成 INVITE 消息，消息中包含被叫（终端 B）的 URI（统一资源标识符）信息。该消息首先会发送给 Proxy，Proxy 判断终端 A、终端 B 已经注册，即向终端 A 回复 100 Trying 消息，告诉主叫呼叫正在被处理，使终端 A 不重复发送 INVITE 消息；Proxy 将 INVITE 消息转发给终端 B。如果终端 B 空闲，则指示终端 B 振铃，回复 180 Ringing 消息，告诉主叫终端 A：终端 B 可达并处于振铃状态，该消息通过 Proxy 发送给终端 A。终端 B 应答后通过 Proxy 向终端 A 发送 200 OK，指示主被叫之间的连接已经建立。最后，终端 A 通过 Proxy 向终端 B 发送 ACK 消息，告诉终端 B 其已经接收 200 OK 消息，如果消息体为空，双方使用 INVITE 中的会话描述建立 RTP/RTCP 通道，如果消息体非空，双方使用消息体中的会话描述建立 RTP/RTCP 通道。

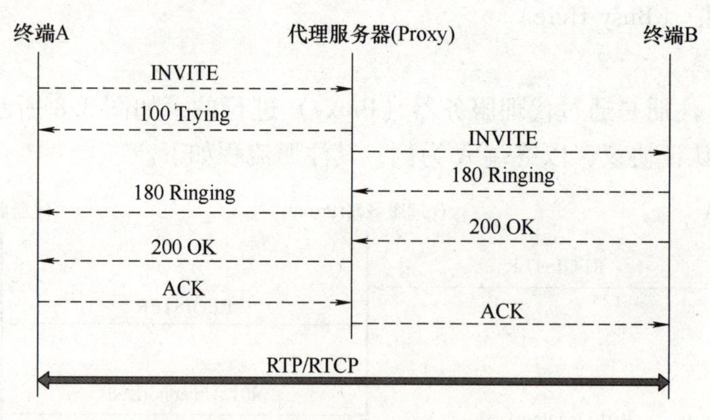

图 3.9　典型的 SIP 呼叫流程

主被叫 A、B 双方都可以使用 BYE 消息请求结束一个会话，对方以 200 OK 作为回复，主被叫之间的连接即予以释放。

3.3　流控制传输与流实时传输协议

3.3.1　SCTP 的基本概念和特点

由于 TCP 不支持多归属以及易受拒绝服务攻击等局限性，IETF 的 SIGTRAN（信令

传输）工作组提出了一种在传输层的面向多媒体通信的 SCTP（Stream Control Transmission Protocol，流控制传输协议）。SCTP 提供面向连接的、点到点的可靠传输，任何基于 TCP 的应用都可以被移至 SCTP。此外，SCTP 提供了许多对于信令传输很重要的功能，在移动通信网的内部网元连接中得到了广泛应用。

1. SCTP 的基本概念

（1）传输地址（IP 地址：SCTP 端口号）

SCTP 传输地址就是指套接字，即 IP 地址加 SCTP 端口号。如 SCTP 对应网络层的 IP 地址为 10.105.28.92、传输层端口号为 1024，则 SCTP 传输地址为 10.105.28.92：1024。

（2）主机（Host）和端点（SCTP Endpoint）

主机配有一个或多个 IP 地址，是一个典型的物理实体。

端点是 SCTP 数据报的逻辑发送者和接收者，属于逻辑实体。一个传输地址标识唯一一个端点，一个端点可以由多个传输地址进行定义，而对于同一个目的端点而言，这些传输地址中的 IP 地址可以配置成多个，但必须使用相同的 SCTP 端口号。

（3）偶联（Association）和流（Stream）

偶联就是两个 SCTP 端点通过 SCTP 进行数据传递的逻辑联系或通道。SCTP 规定在任何时刻两个端点之间仅能建立一个偶联；SCTP 偶联中的流是用来指示需要按顺序递交到高层协议的用户消息序列。流就是在一个 SCTP 偶联中，从一个端点到另一个端点的单向逻辑通道。一个偶联由多个单向的流组成。各个流之间相对独立，使用流 ID 进行标识，每个流可以单独发送数据而不受其他流的影响。SCTP 端点、传输地址、偶联和流的关系如图 3.10 所示，其中 eth 表示以太口。

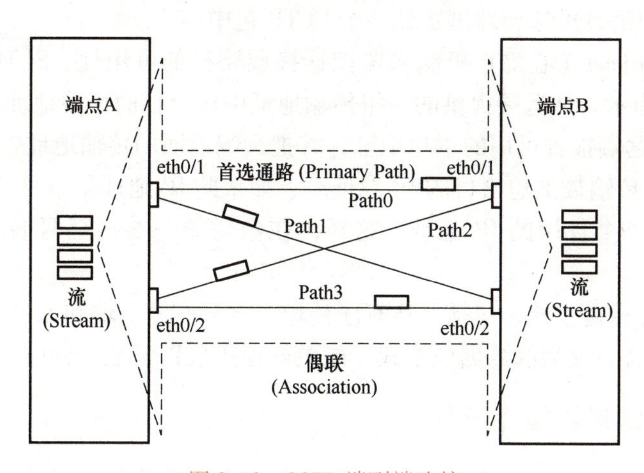

图 3.10　SCTP 端到端连接

（4）通路（Path）和首选通路（Primary Path）

通路是一个端点将 SCTP 分组发送到特定目的端点传输地址的路由。首选通路是在默认情况下，SCTP 分组发到对端端点的通路。

如果可以使用多个目的地址作为到达一个端点的目的地址，则这个 SCTP 端点为多归属。一个偶联的两个 SCTP 端点可以配置多个 IP 地址，这样一个偶联的两个端点之间具有多条通路，即 SCTP 偶联的多地址。一个偶联可以包括多条通路，但只有一条首

选通路。

【例 3.2】 端点 A 包括两个传输地址（90.10.23.14：2005 和 90.10.23.15：2005），端点 B 包括两个传输地址（90.10.23.16：2004 和 90.10.23.17：2004）。若建立一个 SCTP 偶联，最多有几条通路?

由于一个偶联的两个 SCTP 端点都向对方提供一个 SCTP 传输地址，所以 SCTP 的两个端口偶联中最多可有 4 条通路，如图 3.11 所示。

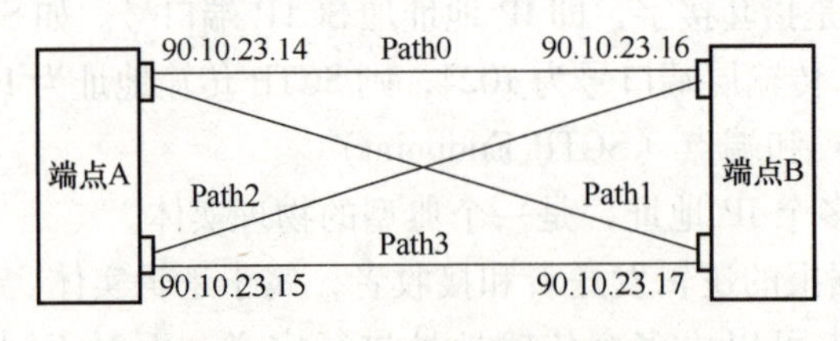

图 3.11 一个 SCTP 偶联的建立

2. SCTP 的特点

SCTP 在继承 TCP 功能的基础上，还具有以下特点。

1）流在 TCP 中指一系列的字节，而在 SCTP 中是指发送应用层协议的一系列的用户消息。这些消息是有顺序的，SCTP 确保在给定流中消息按顺序发送。

2）使用选择性确认（SACK）用于数据包丢失发现，SCTP 反馈给发送端的是丢失的并且要求重传的消息序号。SCTP 的拥塞控制技术包括慢启动、拥塞避免和快速重传等。

3）多个用户消息可选择地绑定到一个 SCTP 包中。

4）通过 heartbeat（心跳）机制来监控连接或路径的可用性。SCTP 路径管理负责按照 SCTP 用户指示，从远端提供的一组传输地址中选择目的传输地址，同时还负责在建立链路时，向远端报告可用的本地地址，并把远端返回的传输地址告诉 SCTP 用户。

5）当 SCTP 传输数据包给目的 IP 地址时，如果此 IP 地址是不可达的，SCTP 可以将消息重路由给一个备用的 IP 地址。这样，在偶联的一端甚至两端，可容忍网络级错误。

6）支持多种传输模式，包括严格有序传输、部分有序传输和无序传输。

7）SCTP 具有更灵活的数据包格式，能更好地扩展以满足各种应用的需求。

3.3.2 SCTP 结构及信令流程

一个 SCTP 分组由一个公共分组头以及一个或多个数据块组成，SCTP 公共分组头和数据块格式如图 3.12 所示。公共分组头中的校验标签（Tag）是偶联建立时，本端端点为该偶联生成的一个随机值。偶联建立过程中，双方交换彼此的标签；数据传递时，发送端在公共分组头中携带标签的值以备对方校验。

(1) 公共分组头格式

源端口号：16bit，为发送端 SCTP 端口。

目的端口号：16bit，为接收端 SCTP 端口。

验证标签：32bit，是偶联建立时，本端端点为这个偶联随机生成的一个标识。

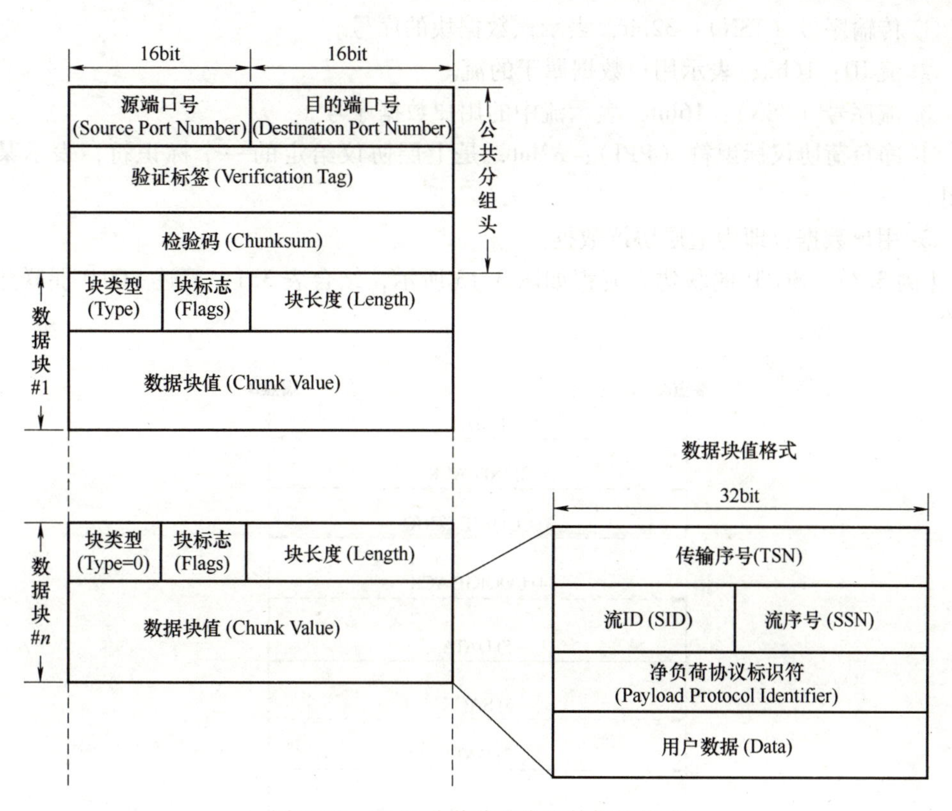

图 3.12 SCTP 公共分组头和数据块格式

检验码：32bit，使用 ADLET-32 算法生成。

(2) 数据字段格式

块类型：8bit，指块值中的消息类型。SCTP 支持的主要块类型见表 3.1。

表 3.1 SCTP 支持的主要块类型（简表）

Type 值	块类型	说明
0	DATA	用户数据块
1	INIT	控制块，发起偶联建立过程
2	INIT ACK	对 INIT 的确认
3	SACK	对 DATA 的确认
10	COOKIE ECHO	由偶联发起端点发送至对端，以完成偶联的建立
11	COOKIE ACK	对 COOKIE ECHO 的确认

块标志：8bit，用法取决于块类型。一般情况下置 0，而且被接收端忽略。

块长度：16bit，表示数据块的总长度，总长度必须为 4B 的整数倍，包括块类型、块标志位、块长度和块值字段的长度。

数据块值：即块的内容，或块实际传递的信息，由块类型决定，长度可变。块类型 Type＝0 时，其值为用户数据，格式内容如下。

① 传输序号（TSN）：32bit，表示该数据块的序号。

② 流 ID：16bit，表示用户数据属于的流。

③ 流序号（SSN）：16bit，表示流中的用户数据序号。

④ 净负荷协议标识符（PPI）：32bit，是上层协议给定的一个标识符，表示某个应用。

⑤ 用户数据：即为上层协议数据。

【例 3.3】 SCTP 偶联建立流程如图 3.13 所示，结合表 3.1，简述 SCTP 偶联建立步骤。

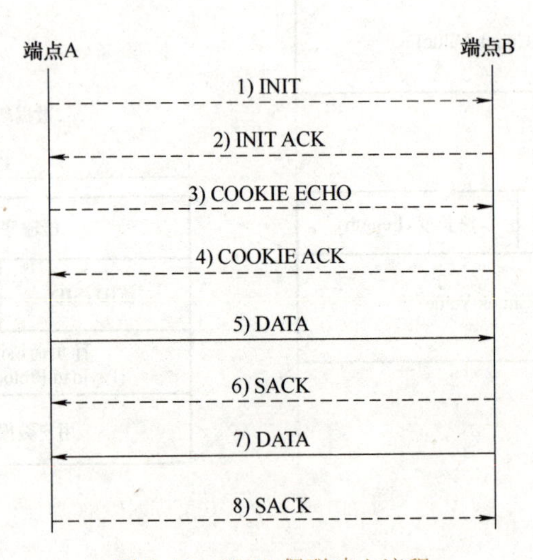

图 3.13　SCTP 偶联建立流程

1）端点 A 向端点 B 发送 INIT 控制块，块中包含启动标签（对端验证标签）、期望的输出流数量、允许的最大输入流数量等信息。

2）端点 B 向端点 A 回复 INIT ACK 控制块，块中包含端点 B 的启动标签、状态 Cookie 参数（由生命期、时间戳、加密后的摘要等组成）、最大输入流数量、最大输出流数量、传输地址（IP+SCTP 端口号）等信息。

3）端点 A 向端点 B 发送 COOKIE ECHO 控制块，将 INIT ACK 中的状态 Cookie 参数原封送回。

4）端点 B 收到 COOKIE ECHO 后，对状态 Cookie 参数中的摘要进行验证。如果验证通过，而且收到的时间戳生命期有效，则向端点 A 回送 COOKIE ACK。至此，端点 A、端点 B 之间偶联建立，可以开启数据传输。发送数据和对发送数据的证实分别使用 DATA 块及 SACK 控制块。

3.3.3　流实时传输协议（RTP）

流实时传输协议包括 RTP 和 RTCP。RTP（Real-time Transport Protocol，实时传输协议）用于实现多媒体数据流的实时传输；RTCP（Real-time Transport Control Protocol，实时传输控制协议）对 RTP 数据传输提供流量控制和拥塞控制服务。这里只介绍 RTP 的功能和格式。

RTP 的功能为实时传输媒体信息、消除抖动和对数据包进行排序，在一定场合下，如 VoIP 通信中，可以传输 DTMF（双音多频）信号、信号音和信令。RTP 报文是作为 UDP 数据报的净荷传输的，报文格式如图 3.14 所示，报文头各个域的含义见表 3.2。

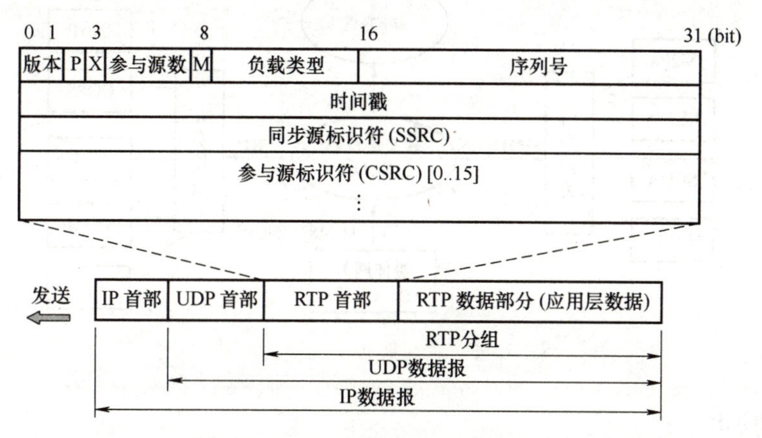

图 3.14 IP 包中的 RTP 报文格式

表 3.2 RTP 报文头各个域的含义

域名	长度/bit	含义
版本（V）	2	定义了 RTP 的版本
补齐位（P）	1	如果补齐位被设置为 1，一个或多个附加的字节会加在 RTP 报文头的最后。补齐是一些加密算法所必需的
扩展位（X）	1	如果设置为 1，一个头部扩展会加在 RTP 报文头后
参与源数（CC）	4	定义本头部包含的参与源的数目
标志（M）	1	在 IP 电话静音后的第一个 RTP 数据报文中置 1，其余情况置 0
负载类型（PT）	7	定义 RTP 负载的格式
序列号（SN）	16	接收端根据它检测丢包和重建数据包。序列号的初始值是随机的，每发送一个 RTP 数据包，序列号递增
时间戳（timestamp）	32	RTP 数据包中第一个比特的抽样瞬间，以便同步和抖动计算
同步源标识符（SSRC）	32	用于识别 RTP 报文发送者。标识符随机生成，在一个网关内部没有任何两个相同的 SSRC 标识符
参与源标识符（CSRC）	0~480	0~15 段，每段 32bit，定义包中的 CSRC，其个数由前面的 CC 子段决定，最多有 15 个 CSRC 可定义

3.4 信令网与 IP 网互通协议

3.4.1 软交换及其互通协议

软交换包含非对等和对等两类协议，非对等协议主要指 H.248 等媒体网关控制协

议；对等协议包括 SIP、H. 323 和 BICC 等。图 3. 15 所示为软交换协议之间的关系，各协议作用如下。

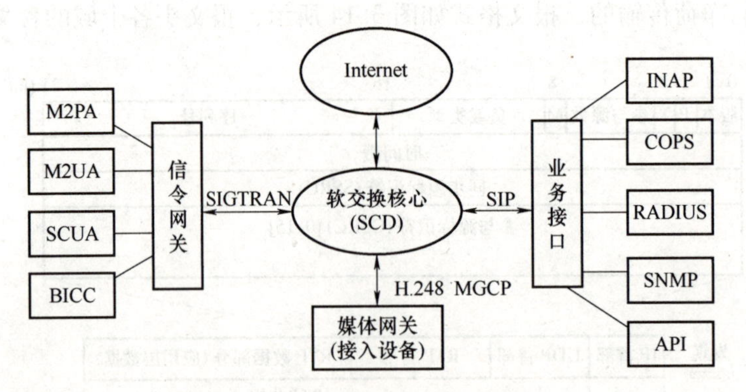

图 3. 15　软交换协议之间的关系

（1）MGCP

MGCP（媒体网关控制协议）是 IETF 较早定义的媒体网关控制协议，主要从功能的角度定义媒体网关控制器和媒体网关之间的行为。MGCP 共 9 条命令，分别是：端点配置（Endpoint Configuration）、通报请求（Notification Request）、通报（Notify）、创建连接（Create Connection）、通报连接（Notify Connection）、删除连接（Delete Connection）、审核端点（Audit Endpoint）、审核连接（Audit Connection）和重启进程（Restart in Progress）。

（2）H. 248

H. 248 是在 MGCP 的基础上，结合其他媒体网关控制协议的特点发展而成的，它提供媒体网关控制流程的建立、修改和释放机制，同时也可携带某些随路呼叫信令，支持传统网络终端的呼叫。软交换和媒体网关之间应用了 8 种 H. 248 命令：添加（Add）、减去（Subtract）、移动（Move）、修改（Modify）、审核值（Audit Value）、审核能力（Audit Capabilities）、通知（Notify）和业务改变（Service Change）。

（3）SIP

SIP（会话初始协议）是 IETF 制定的多媒体通信系统框架协议之一，独立于底层协议，用于建立、修改和终止 IP 网上的双方或多方多媒体会话。SIP 借鉴了 HTTP、SMTP 等协议，支持代理、重定向、用户登记定位等功能，支持用户移动，与 RTP/RTCP、SDP、实时流传输协议（RTSP）、DNS 等协议配合，支持音频（Voice）、视频（Video）、数据（Data）、邮箱（E-mail）、聊天（Chat）和游戏（Game）等应用。

（4）SIP-T

SIP-T 补充定义了如何利用 SIP 传输电话网 ISUP 信令的机制。其用途是支持 PSTN/ISDN 与 IP 网络的互通，在软交换系统之间的网络接口中使用，主要应用环境是 PSTN-IP-PSTN，即 IP 中继应用。

（5）BICC 协议

随着数据网和语音网融合的业务越来越多，64kbit/s（PSTN）、N×64kbit/s 的承载能力局限性太大，分组承载网络除 IP 网络外，还有 ATM 网络，同时 IP 分组网不总是

具备运营级质量。为了在扩展的承载网络上实现PSTN、ISDN业务，就制定了BICC（Bearer Independent Call Control，与承载无关的呼叫控制）协议。BICC协议由ISUP演变而来，解决了呼叫控制和承载控制分离的问题，使呼叫控制信令可在各种网络上承载。BICC协议属于应用层控制协议，可用于建立、修改、终接呼叫，承载全方位的PSTN/ISDN业务。

BICC协议是直接用ISUP作为IP网络中的呼叫控制消息，在其中透明传输承载控制信息；而SIP-T仍然是用SIP作为呼叫和承载控制协议，在其中透明传输ISUP消息。显然，BICC并不是用于SIP体系的，它只可能与H.323网络配合，IP终端或网关和网守之间采用H.225.0协议，网守之间采用BICC协议。

（6）H.323协议

H.323协议是一套在分组网上提供实时音频、视频和数据通信的多媒体通信协议标准，它比SIP、H.248的发展历史更长，扩展性不是很好，SIP+H.248协议可取代H.323协议。

在软交换系统互通方面，目前固网中应用较多的是SIP-T，移动网应用的是BICC；在软交换与媒体网关之间的控制协议方面，H.248继承了MGCP的所有优点并取代了MGCP；无论软交换与终端之间的控制协议方面，还是软交换与应用服务器之间，SIP是主流的呼叫控制协议，用于软交换、IMS、SIP服务器和SIP终端之间的通信控制和信息交互；在需要媒体转换的地方可设置媒体网关，H.248为媒体网关控制器（MGC）协议，用于控制媒体网关，完成媒体转换功能。

3.4.2 信令网关协议

SIGTRAN建立了一套在IP网络上传输PSTN信令的协议，实现了用IP网络传输电话网信令消息的协议栈。SIGTRAN利用标准的IP传输协议作为底层，通过增加自身功能来满足信令传输的要求。SIGTRAN协议栈的组成如图3.16所示，包括3部分：信令适配层、信令传输层和IP协议层。信令适配层用于支持特定的原语和通用的信令传输协议，包括针对No.7信令的M3UA等协议，还包括针对V5协议的V5UA等；信令传输层支持信令传输所需的一组通用的可靠传输功能，主要指SCTP；IP协议层为标准的IP。

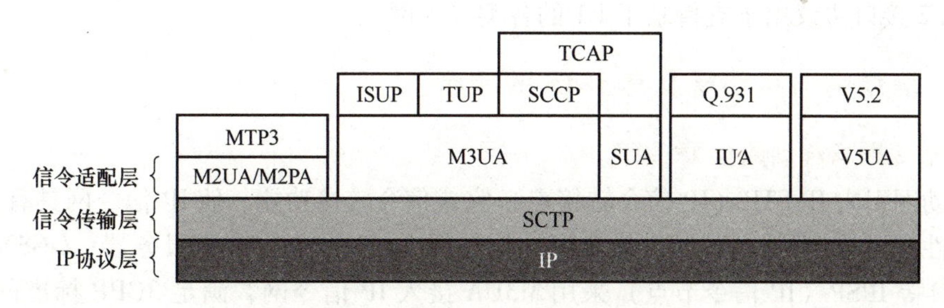

图3.16 SIGTRAN协议栈组成示意图

通过SIGTRAN，可在信令网关单元和媒体网关控制器单元之间（SG-MGC）、媒体网关单元和媒体网关控制器单元之间（MG-MGC）、分布式媒体网关控制单元之间

(MGC-MGC)以及在电话网的信令点或信令转接点所连接的两个信令网关之间(SG-SG)传输电话网的信令(主要指No.7信令)。SIGTRAN协议栈主要协议如下。

(1)SCTP

SCTP用于在IP网络上可靠地传输PSTN信令;与TCP相比,SCTP实时性更好,信息传输更可靠、更安全;一个偶联的两个SCTP端点都向对方提供一个SCTP端口号和一个IP地址表,这样,每个偶联可以有多条通路进行信令传输。在一个无连接的IP网络上通过SCTP为M2UA、M3UA、H.248和BICC等提供可靠的信令传输服务。

(2)M2UA

在IP网中,端点保留No.7信令的MTP3/MTP2间的接口,M2UA(MTP2用户层适配协议)可用来向用户提供与MTP2向MTP3所提供业务相同的业务集,支持对MTP2/MTP3接口边界的数据传输、链路建立和释放等。

(3)M2PA

M2PA(MTP2层用户对等适配层协议)是把No.7信令的MTP3层适配到SCTP层的协议,它描述的传输机制可使任何两个No.7信令节点通过IP网上的通信完成MTP3消息处理和信令网管理功能,因此能够在IP网连接上提供与MTP3协议的无缝操作。

(4)M3UA

M3UA(MTP3层用户适配层协议)是把No.7信令的MTP3层承载的用户信令适配到SCTP层的协议。它描述的传输机制支持全部MTP3用户消息(TUP、ISUP、SCCP)的传输、MTP3用户协议对等层的无缝操作、SCTP传输和话务的管理等。

(5)SUA

SUA(SCCP用户层适配协议)定义了如何在两个信令端点间通过IP传输SCCP用户消息,支持SCCP用户互通、面向连接的业务、用户协议对等层之间的无缝操作等。

(6)其他

TCAP(事务处理能力)为No.7协议之一,为各种应用和网络业务提供一系列的通信能力。

Q.931协议定义了用于信令和控制的ISDN第3层协议。

V5.2接口协议用于支持基于E1的各类接入网。

3.4.3 信令网与移动网及其IMS的融合

1. 信令网与移动网全IP融合

移动网引入IP STP(IP信令转接点)完成信令转接功能,使IP信令网具有良好的可扩展性和可维护性。移动IP信令网结构如图3.17所示。MSC服务器、GGSN、SCP和SMSC等IPSP(IP信令节点)采用M3UA接入IP信令网,满足3GPP标准的要求。IP STP间使用MTP3/M2PA/SCTP/IP协议栈,在IP信令网中保留MTP3功能可以继承原有的信令网管理和维护体制,同时又实现了基于IP的信令传输,降低了信令消息的传输成本,实现了信令传输的IP化。同一地域IP STP成对设置,不同地域IP STP之间网状相连,不同于No.7信令网中分平面网状相连;各IPSP点与成对IP STP均相连。

LTE、5G，以及DN（数据网）和各类服务器（如Web），也可以通过IP承载网与IP STP相连，实现信令网与移动网及其相关网络的互联互通。

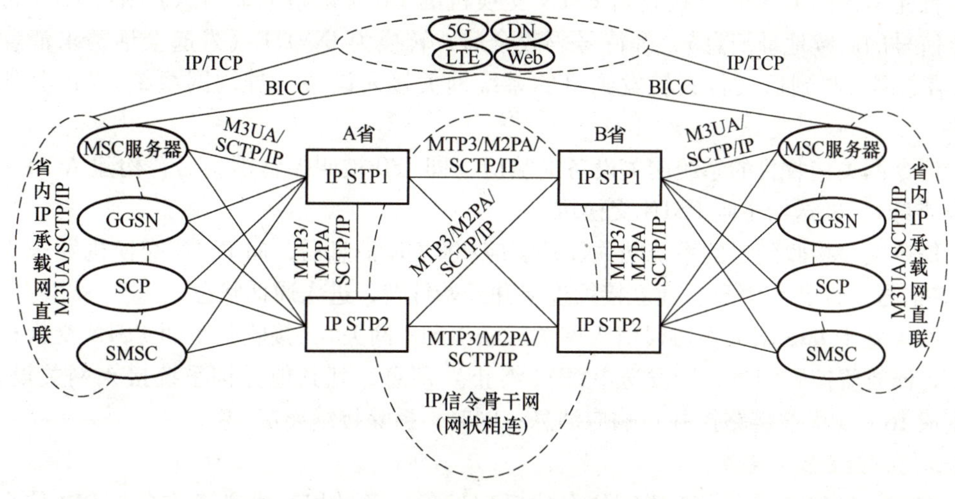

图3.17 移动IP信令网结构

2. 信令网关与基于IMS架构的网络互通

信令网实现与基于IMS架构的网络互通，是融入IP的必然选择，目前IMS架构得到了广泛的应用，移动通信在超三代（B3G）以后都采用了IMS，IMS的呼叫控制采用SIP。图3.18为采用信令网的PSTN通过信令网关连接IMS的SIP网关的信令流程。

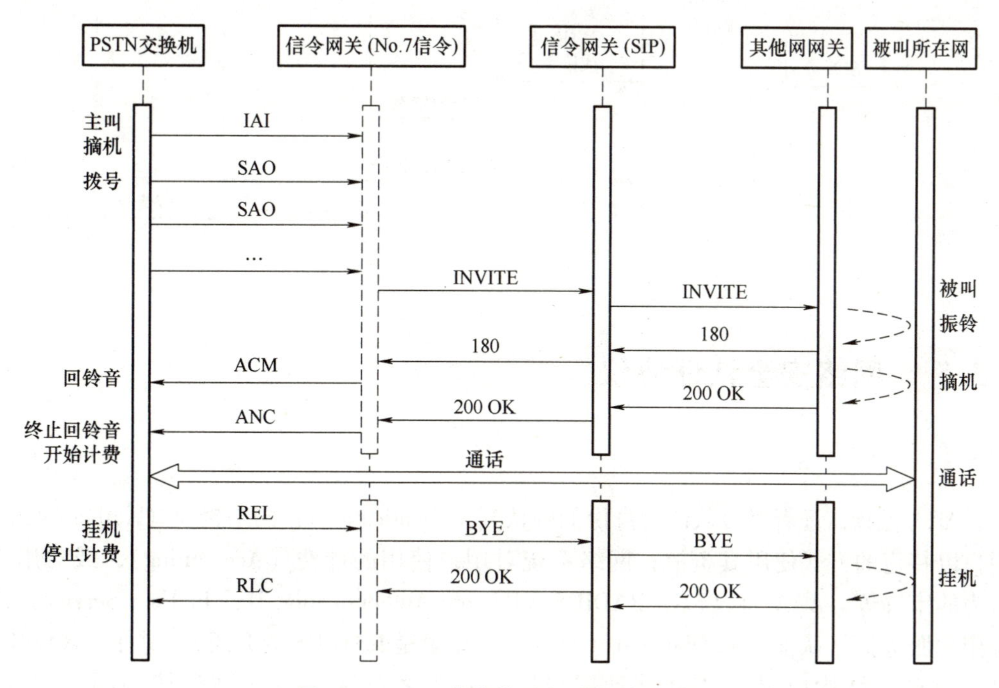

图3.18 No.7信令接入主叫呼叫流程图

【例 3.4】 依据图 3.18，写出主叫为 PSTN 交换机用户，通过 IMS 架构呼叫外网被叫用户的信令流程。

首先信令网关（SG）接收到 PSTN 交换机的 IAI（初始地址消息）和 SAO（带有一个信号的后续地址消息），等待号码收全后，转换为 INVITE（发起会话请求消息），SIP 信令网关收到后又将其转发到目的系统网关接入设备（异构网系统），即其他网网关。

信令网关接收目的系统网关设备的响应，即 180 被叫振铃消息后，构建 ACM（地址全消息），发送给主叫 PSTN 交换机。

信令网关接收到目的系统网关设备响应 200 OK 消息后，向 PSTN 交换机发送 ANC（应答信号、计费）消息，建立接续连接并开始计费，进入通话状态。

如果基于 IMS 架构多协议信令网关设备（SIP 网关），接收到主叫 PSTN 交换机的 REL（释放监护）消息，则发送 BYE（终止）消息，到其他异构系统接入网关设备，并生成 RLC（无线链路控制）响应消息；同时，拆除接续连接。

3. 多网络信令融合

在用户发起呼叫时，要执行信令的适配过程，通过相关协议或信令与 SIP 信令网关、或 ATM 信令网关、或 No. 7 信令网关，进行相应的呼叫控制和状态转换操作，其网关适配转换流程如图 3.19 所示。

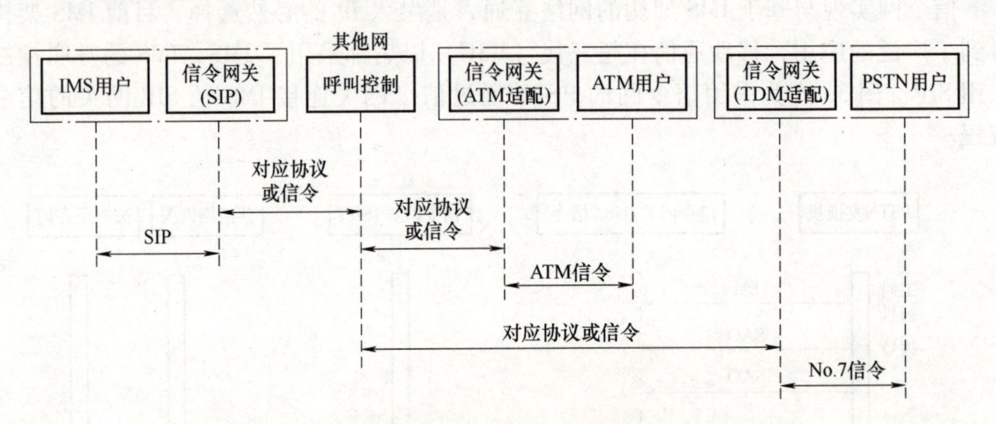

图 3.19 信令网关适配转换流程

3.5 网络安全认证协议

3.5.1 AAA 概述

AAA 是指认证者对被认证者身份的确认（Authentication）；网络授权（Authorization）用户以特定的方式使用其资源；网络系统对用户使用的计费（Accounting），或对用户行为的审计等。AAA 协议包括 RADIUS（Remote Authentication Dial In User Service，远程用户服务拨号认证）和 Diameter（直径，意味着是 RADIUS 的升级）。其中，RADIUS 是一种 C/S 结构协议，UE（移动用户终端）为客户端，CN（移动核心网）网元、AAA 服务器等为服务器端。Diameter 为对等（Peer-to-Peer）模式协议，两侧 Peer 都可

以配置为客户端或者服务器。

1. Web 远端用户的认证流程

C/S 是用户常用的网络访问方式，Web 远端用户的认证管理工作流程如图 3.20 所示。

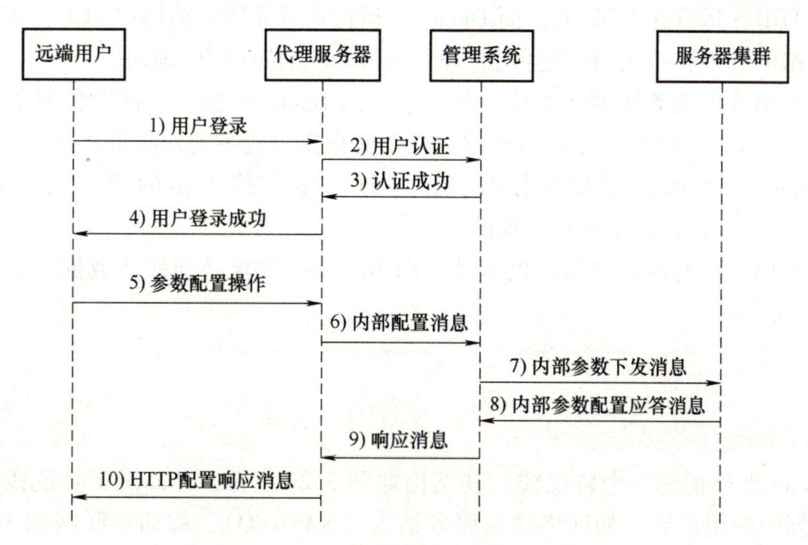

图 3.20 Web 远端用户的认证管理工作流程

1）远端用户使用 IE 浏览器登录 Web 管理软件界面，输入用户名及密码。

2）Web 代理服务器向管理系统进行用户合法性认证。

3）管理系统响应认证并将认证结果送回给 Web 代理服务器。

4）IE 浏览器显示用户是否登录成功，若登录成功则进入 Web 管理界面。

5）登录成功后，远端用户可进行参数配置操作。

6）Web 代理将远端用户的 HTTP 请求，转换为内部配置消息发送给管理系统。

7）管理系统根据内部消息类型，发送内部参数下发消息到应答的服务器。

8）服务器将内部参数配置应答消息返回给管理系统。

9）管理系统将响应消息送到 Web 代理服务器。

10）Web 代理服务器发送 HTTP 配置响应消息给浏览器，浏览器呈现配置结果。

2. RADIUS 协议认证流程

RADIUS 是一种可扩展的协议，广泛应用于小区宽带上网、IP 电话、预付费移动通信等业务。RADIUS 协议认证机制可以采用 PAP（口令认证协议）、CHAP（质询响应协议）、AKA（认证与密码协商）等多种方式。

RADIUS 的移动用户认证流程概括如下：UE 接入 NAS（移动空口非接入层），NAS 向 RADIUS 服务器发出接入请求（Access-Require）数据包，提交包括用户名、密码等相关信息，其中用户密码是经过 MD5 加密的，双方使用共享密钥；RADIUS 服务器对用户名和密码的合法性进行检验；如果认证（Authentication）为合法用户，则允许访问，NAS 向 RADIUS 服务器提出计费请求（Account-Require），RADIUS 服务器响应（Account-Accept），对用户相关业务进行计费。

3. RADIUS 协议与 Diameter 协议的对比

Diameter 协议是 RADIUS 协议的升级版，协议的实现与 RADIUS 类似，支持移动 IP、NAS、移动代理的认证、授权和计费。Diameter 与 RADIUS 相比，有以下特点：

1）RADIUS 采用 C/S 模式，Diameter 采用了点到点（peer-to-peer）模式。

2）RADIUS 运行在 UDP 上，而 Diameter 运行在可靠的传输协议 TCP、SCTP 之上。

3）RADIUS 不支持失败恢复机制，而 Diameter 支持应用层确认。

4）RADIUS 的服务器不能主动发起消息，而 Diameter 指定了两种消息类型：重认证请求和重认证应答消息，使得服务器可以随时根据需要主动发起重认证。

5）Diameter 支持认证和授权分离，可以同步支持更多的用户接入请求，而 RADIUS 认证与授权必须是成对出现的。

6）RADIUS 没有涉及数据的机密性，而 Diameter 要求必须保证数据的机密性和完整性。

3.5.2 Diameter 协议

1. Diameter 协议栈

Diameter 严格说是一个协议栈，其结构如图 3.21 所示。Diameter 协议栈包含基础协议和不同的应用扩展，如网络接入服务请求（NASREQ）、移动互联网和 3GPP 移动网等应用。Diameter 基础协议和 Diameter CMS（密码消息语法协议）定义了所有 Diameter 的应用及其支持的消息格等。TLS（安全传输协议）为通信双方应用程序之间提供保密性和数据完整性。

Diameter 移动IP应用	Diameter NASREQ应用	Diameter 3GPP应用	Diameter 其他应用...
Diameter 基础协议			Diameter CMS应用
TLS			
TCP		SCTP	
IP/IPsec			

图 3.21　Diameter 协议栈

每一个支持 Diameter 协议的功能节点都称为 Peer。任何一个 Peer 充当如下角色中的一种或多种，分别是：Diameter Client（客户端）、Diameter Server（服务器）、Diameter Relay（中继）、Diameter Proxy（代理）、Diameter Redirector Server（重定向服务器）、Diameter Translation Server（翻译服务器）。发起请求消息的 Peer 被称为客户端；接收并处理请求的 Peer 被称为服务器；中继和代理的区别在于代理可以对 Diameter 消息进行修改。

2. Diameter 消息格式

Diameter 消息格式如图 3.22 所示。其中，命令标志指示一个消息为请求消息或者响应消息，以及是否可以被代理、中继、重定向；应用层标识是指哪种应用层的消息；

命令代码指示消息的类型。逐跳标识用来对应请求消息和响应消息；端到端标识用于检测重复消息。

<table>
<tr><td>Version
(版本号，8位)</td><td>Message Length
(消息长度，24位)</td></tr>
<tr><td>Command Flags
(命令标志，8位)</td><td>Command-Code
(命令代码，24位)</td></tr>
<tr><td colspan="2">Application-ID (应用层ID，32位)</td></tr>
<tr><td colspan="2">Hop-by-Hop Identifier (逐跳标识，32位)</td></tr>
<tr><td colspan="2">Peer to Peer Identifier (端对端标识，32位)</td></tr>
<tr><td colspan="2">AVP (属性值对，可变长度)</td></tr>
</table>

图 3.22 Diameter 消息格式

Diameter 消息体有一个或者多个 AVP（Attribute Value Pair，属性值对）单元组成。每个 AVP 单元携带了一个具体的消息参数值。AVP 单元包括认证、授权和计费单元，以及与特定 Diameter 请求或应答消息相关的路由、安全和配置信息单元。

3.5.3 802.1X 协议

802.1X 是基于端口的网络接入认证协议，最初用于解决无线局域网安全认证问题，后来被广泛用于有线局域网。802.1X 体系结构如图 3.23 所示。认证设备和被认证客户端分别对应 EAP（可延伸身份认证协议）中的 Authenticator（认证者）和 Peer（被认证者）。EAPOL（EAP over LAN）为 LAN 上的 EAP，而 RADIUS 或 Diameter 是运行在认证设备和认证服务器之间的协议，为 EAP 消息提供封装传输。

图 3.23 802.1X 认证

802.1X 有两种认证方式。一种方式由认证设备终结 EAPOL 承载的 EAP 报文，并采用 PAP（口令认证协议）或 CHAP（质询握手协议）报文与认证服务器交互，完成认证过程；更常见的是 EAP 中继方式，认证设备使用 EAPOR（EAP over RADIUS）或 EAPOD（EAP over Diameter）封装格式，封装后的 EAP 报文可穿过复杂的网络环境到达认证服务器。

【例 3.5】 EAP-MD5（Message Digest Algorithm 5，消息摘要算法 5）认证过程如图 3.24 所示，以此说明 EAP 中继认证过程。

1）用户有联网需求时，输入用户身份标识（用户名）和口令，802.1X 客户端软件发起 EAPOL 连接请求（EAPOL-Start 报文），启动认证过程。

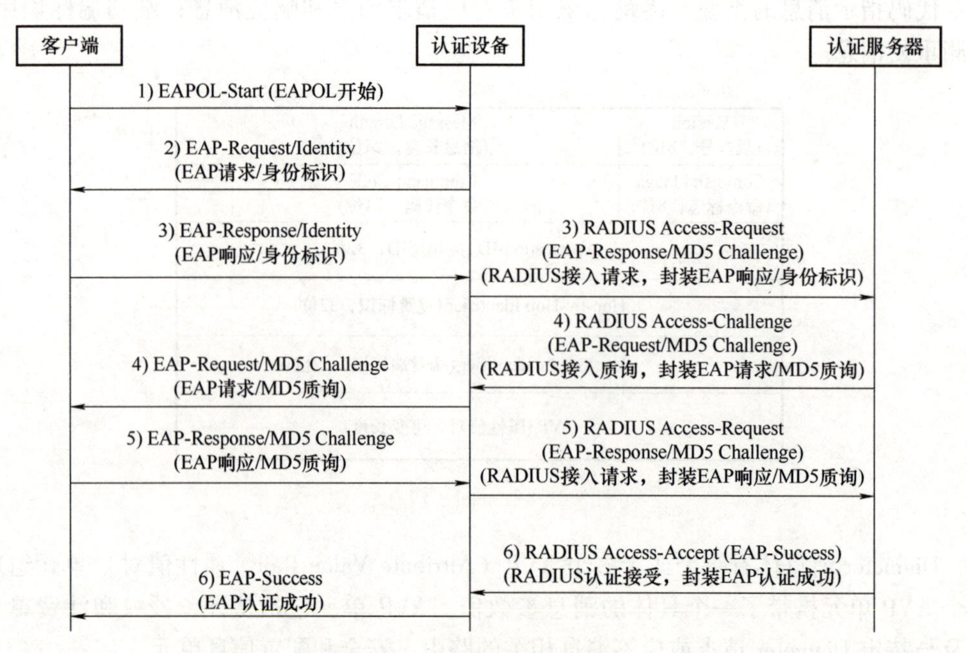

图 3.24　EAP-MD5 认证过程

2）认证设备收到 EAPOL-Start 报文后，发送 EAP-Request/Identity（请求/身份标识）报文，向客户端请求用户身份标识。

3）客户端回送 EAP-Response/Identity（响应/身份标识）报文，传递用户身份标识。认证设备将 EAP 报文封装到 RADIUS Access-Request（接入请求）消息中，送给认证服务器。

4）认证服务器将收到的用户身份标识与数据库中的用户账户列表对比，找到该用户对应的口令信息，使用随机产生的加密字对用户口令进行加密处理，并将此加密字通过 RADIUS Access-Challenge（接入质询）消息传递给认证设备，由认证设备通过 EAPOL 上的 EAP-Request/MD5 Challenge（请求/MD5 质询）报文发给客户端。

5）客户端利用收到的密码字对用户输入的口令进行加密处理，生成 EAP-Response/MD5 Challenge（响应/MD5 质询）报文送给认证设备，认证设备将其封装为 RADIUS Access-Request 消息交由认证服务器。

6）认证服务器将收到的客户机的口令密文与自己计算的口令密文对比，如果一致即认为用户信息合法，通过 RADIUS Access-Accept（认证接受）消息通知认证设备。认证设备则使用 EAPOL 上的 EAP-Success（认证成功）报文通知客户端。同时，认证设备将客户端所连接端口状态改为授权状态，用户认证成功并接入网络。

3.6　移动接入网协议

移动网所用协议众多，以 LTE 为例，协议栈如图 3.25 所示。图中，UE、eNB、CN 分别代表用户终端、无线网络和核心网。不同制式的移动网的空中接口协议，尤其物理层协议差异巨大，但其基本框架结构是类似的。

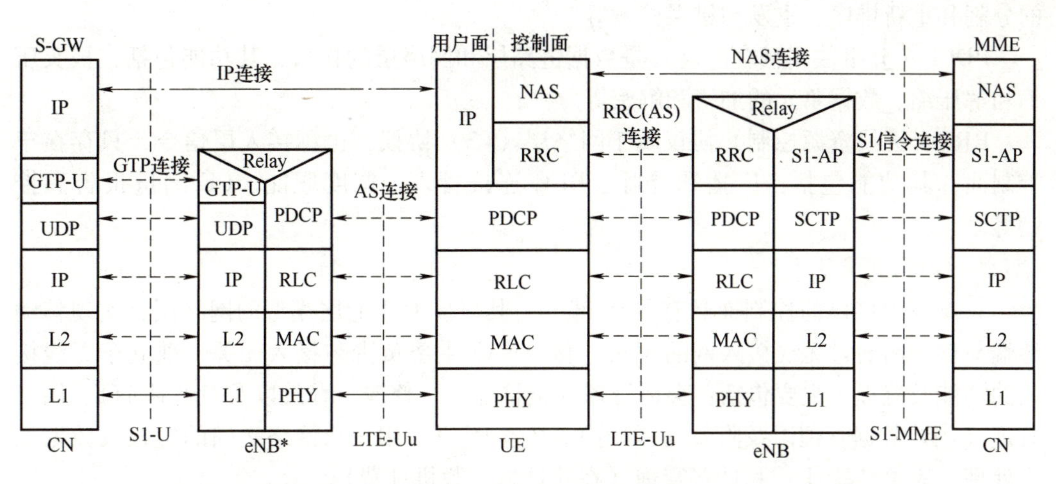

图 3.25 LTE 移动网协议栈

3.6.1 空中接口协议

1. 空中接口概述

空中接口（简称空口）是移动终端与移动网络之间的无线接口，如图 3.25 中的 LTE-Uu，在架构上是三层两面协议栈通用模型。图中，eNB* 与 eNB 为同一网元。

所谓三层，就是指空口底层协议栈可以分为物理层（L1）、数据链路层（L2）和网络层（L3）。物理层的主要功能是提供移动终端与无线接入网之间的可靠传输；数据链路层包含分组数据融合协议（PDCP）、RLC 和 MAC 子层协议，主要功能是信道复用和解复用、数据格式的封装、数据包调度等；网络层包含 IP、无线资源控制协议（RRC）和非接入层（NAS），主要功能是寻址、路由、连接建立和控制、资源配置等。

所谓两面，是指用户面和控制面，用户面的功能是承载用户业务数据；控制面的功能是传递和处理移动终端与无线接入网、核心网的交互控制信息。用户面和控制面的网络层功能是由不同物理实体实现的。

空口协议可以分为 AS（Access Stratum，接入层）和 NAS（Non Access Stratum，非接入层）两部分，5G 空中接口 AS 和 NAS 协议的结构及功能与 LTE 类似。

2. AS 协议

AS 对应 OSI 七层模型的物理层、数据链路层，实现移动终端与无线网络的连接。当然，它不仅限于无线接入网及终端的无线部分，也支持一些与核心网相关的特殊功能，由于无线接入网的全 IP 化，AS 还可以实现一些网络层的功能。AS 支持的功能主要包括：无线承载管理，包括无线承载分配、建立、修改与释放；无线信道处理，包括信道编码与调制；移动性管理，包括用户切换、小区选择与重选等。各子层及其功能如下：

MAC（媒体接入控制），其功能包括：逻辑通道和传输通道之间的映射、多路复用/解复用、调度信息报告、HARQ（混合自动重传请求）进行纠错等。

RLC（无线链路控制），其功能包括：传输数据单元的分段和重新组装、数据单元

的分割和重新排序、重发和错误检测等。

PDCP（分组数据融合协议）是数据链路层和网络层的接口，其功能包括：报头压缩和解压缩、数据单元的加密和解密等。

RRC（无线资源控制）协议属于网络层（L3）协议，也称接入层信令，只存在于控制面，其功能包括：广播和寻呼、RRC 连接管理、调度职能、UE 测量报告和控制等。

3. NAS 协议

只有空中接口的控制面具有 NAS 部分，其对应 OSI 七层模型的网络层，实现移动终端与核心网通过无线接入网的逻辑连接。NAS 主要负责与接入无关、独立于无线接入的功能及流程，主要包括：会话管理（会话建立、修改、释放以及 QoS 协商）、用户管理（用户数据管理以及附着/去附着）、安全管理（用户与网络之间的鉴权及数据加密处理、完整性验证）和计费管理（在线计费、脱机计费）。

LTE 的 NAS 层包括 EMM（EPS 移动性管理）和 ESM（EPS 会话管理）。EPS 为 LTE 的演进分组系统，将在第 7 章重点介绍。

（1）EMM

EMM 定义了移动终端的注册（Registered）与去注册（Deregistered）状态，以及与终端移动性管理相关的系列流程，包括由网络侧发起的 GUTI（全球唯一临时 ID）分配、终端与网络相互认证、安全与加密等普通流程以及由移动终端发起的终端附着、去附着、位置跟踪更新等指定流程。EMM 还定义了终端与网络之间相关的连接状态和流程，其功能被称为 ECM（EPS 连接管理），包含连接（Connected）与空闲（Idle）两种状态。

（2）ESM

ESM 定义了与数据传输（会话）相关的状态和流程，包括 ESM 空闲（Idle）和 ESM 连接（Connected）两种状态以及默认承载上下文激活、专用承载上下文激活、承载上下文修改、承载上下文去激活等流程。如果存在为数据传输而建立的端到端会话，则为 ESM 连接状态，否则，为 ESM 空闲状态。ESM 也定义了事务相关的流程，包括：分组数据网（PDN）连接建立、PDN 连接释放、承载资源分配和承载资源释放等。

4. 小区无线承载

LTE 无线承载与信道的关系如图 3.26 所示，RRC 的无线承载分为小区系统级静态无线承载和用户专用动态无线承载，用户专用动态无线承载包括 SRB（信令无线承载）与 DRB（数据无线承载）。无线承载（RB）是 RRC 协议的概念，是 eNB 为 UE 分配不同层协议实体及配置的总称，包括 PDCP 实体、RLC 协议实体、MAC 协议实体和 PHY（物理层）分配的一系列资源等。

小区系统级的静态无线承载包括：

1）MIB（主信息块）和 SIB（系统信息块）消息的无线承载，通过小区级的 BCCH（广播控制信道）发送。在 UE 的呼叫建立（Cellsetup）阶段，UE 搜索小区并与小区取得下行同步，得到小区的 PCI（物理小区标识），并检测到系统帧同步信号。接着，UE 需要获取到小区的系统信息，这样才能知道该小区是如何配置的，以便接入该小区。系统信息为 MIB 和多个 SIB，是小区级别的信息，对接入该小区的所有 UE 有效。

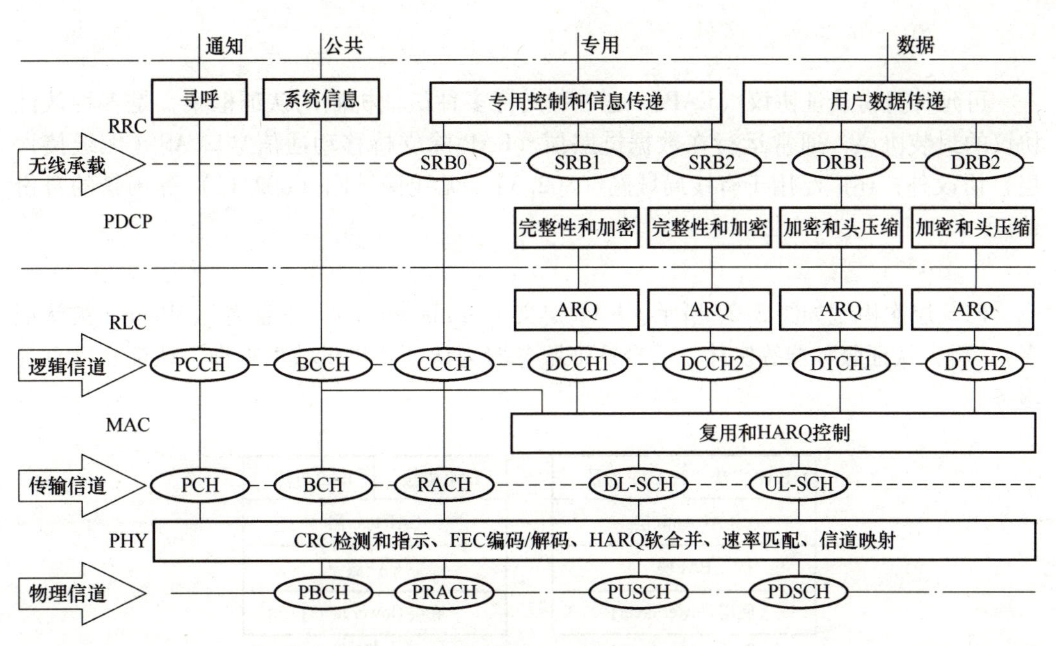

图 3.26 LTE 无线承载与信道关系

2）寻呼消息的无线承载。在呼叫建立阶段，通过小区级的 PCCH（寻呼控制信道）发送。

3）UE 随机接入的无线承载。一个特殊的无线承载，在呼叫建立阶段，为所有 UE 共享，并通过 RACH（随机接入信道）发送与接收。

5. 用户专用级动态信令无线承载（SRB）

信令无线承载（SRB）定义为仅仅用于 RRC 和 NAS 消息传输的无线承载（RB），包括 PDCP-C 协议实体、RLC 协议实体、MAC 协议实体和 PHY 分配的一系列资源。SRB 定义的消息有 3 种：

1）SRB0 用于连接建立之前的 RRC 消息，使用 CCCH（公共控制信道）。SRB0 在 RLC 实体的传输类型是 TM（透明模式），不需要加密。SRB0 是随机接入成功后，为终端建立的默认信令承载。

2）SRB1 用于 RRC 消息，使用 DCCH（专用控制信道）；对于 NAS 消息，SRB1 先于 SRB2 建立，RLC 实体的传输类型是 AM（确认模式）或 UM（非确认模式）。

3）SRB2 用于 NAS 消息，使用 DCCH 信道，后于 SRB1 建立。

每个终端不同的信令承载，都需要创建相应的底层（包括 PDCP、RLC、MAC 层）实体。

6. 数据无线承载（DRB）

数据无线承载（DRB）定义为用于 UE 和 eNB 之间空口用户面 IP 数据包的无线承载，包括 PDCP-U（用户面）实体、RLC 实体、MAC 实体和 PHY 分配的一系列资源等。DRB 是接入 DTCH（专用业务信道）之后，为 UE 建立的专有数据承载。UE 与 eNB 之间最多可同时建立 8 个 DRB。DRB 承载的不是 RRC 消息，而是终端与核心网数据网关之间的 IP 数据包。

3.6.2 可延伸身份认证协议（EAP）

可延伸身份认证协议（EAP）是一个支持多种认证机制的认证框架，是多种认证协议的封装协议，通常运行在数据链路层。EAP 除支持移动通信空口 AS（无线接入层）协议外，还广泛用于有线局域网（802.3）、无线局域网（802.11）等场景的身份认证。

1. EAP 分层模型

EPS 层次模型如图 3.27 所示。EAP 定义了 Authenticator（认证者）、Peer（被认证者）、后台认证服务器等实体。后台认证服务器为认证者提供数据查询、认证、计算等服务。

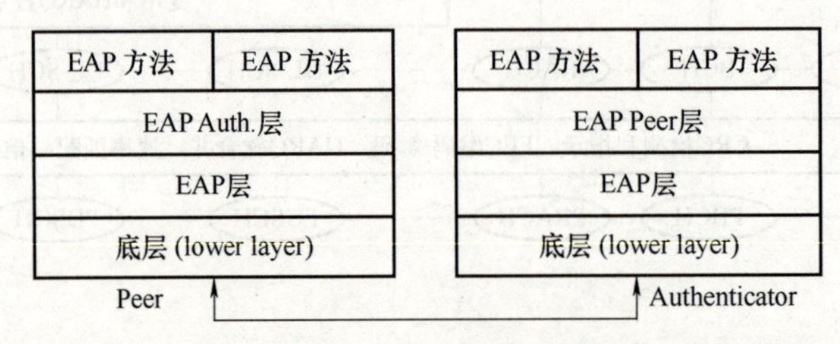

图 3.27　EPS 层次模型

底层：收发 Peer 和 Authenticator 间的封装 EAP 帧，该层包括 PPP、802.3、AS 等协议。

EAP 层：经由底层收发 EAP 分组，并向 EAP Peer/Auth. 层递交或接收 EAP 报文。

EAP Peer 层：为被认证方提供 Peer 功能，仅接收 EAP 请求、成功或失败分组。

EAP Auth. 层：为认证方提供 Authenticator 功能，仅接收 EAP 响应分组。

EAP 方法层：实现多种认证算法，收发 EAP 报文，支持 EAP 分组分段和重组。

2. EAP 消息格式

EAP 消息格式如图 3.28 所示，各字段内容如下。

编码：EAP 消息代码，编码值为 1~4，分别表示：Request（认证请求）消息、Response（认证响应）消息、Success（成功）消息和 Failure（失败）消息。

标识：用于在认证实体之间传递被认证者的身份信息。

长度：表示 EAP 包的长度，单位为字节。

数据：表示 EAP 包的内容，由编码（Code）决定。

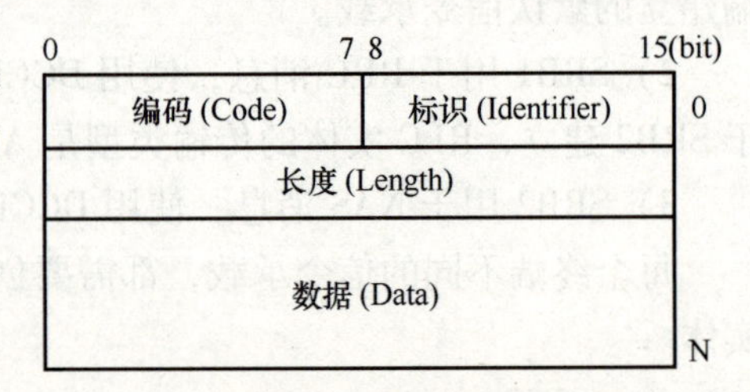

图 3.28　EAP 消息格式

3. EAP 应用

EAP 支持 PAP（口令认证协议）、CHAP（质询响应协议）等认证方式。下面举例说明。

【例 3.6】 Authenticator 与 Peer 之间的 CHAP 认证流程如图 3.29 所示，简述认证过程。

首先认证者（Authenticator）发起身份认证请求（Request），被认证者（Peer）回复其身份标识（Response）。如果该身份标识在认证者或者认证服务器的数据库中存在，则认证者会发起质询过程（Request），被认证者对质询进行响应（Response）。如果被认证者的响应符合预期，则认证者回复认证成功（Success），否则回复认证失败（Failure）消息。

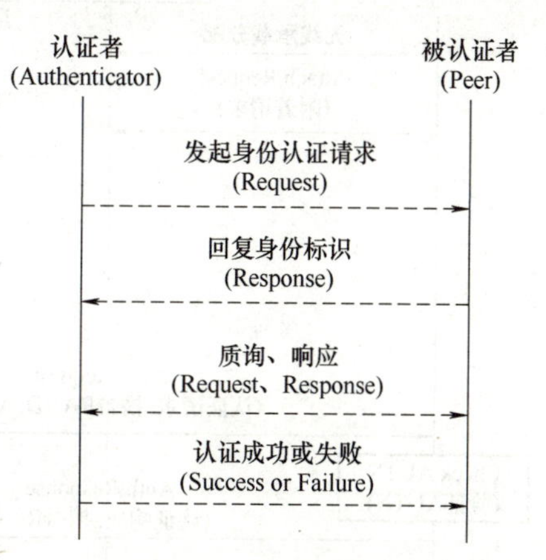

图 3.29 CHAP 认证流程

3.6.3 认证与密码协商（AKA）协议

AKA（Authentication and Key Agreement，认证与密码协商）是移动通信领域广泛使用的接入认证协议。本质上来讲，AKA 采用的是“Challenge-Response”（挑战-响应）的机制，即认证方向被认证方发送一个“挑战”，一般是一个随机数；被认证方基于双方共有、任何第三方不知道的密钥，以及挑战中所包含的信息计算出一个“响应”。

不同制式的移动通信系统，其 AKA 协议不相同。GSM-AKA 是 GSM 网络的认证协议；UMTS-AKA 是 WCDMA/TD-SCDMA 网络的认证协议；EPS-AKA 是 LTE 网络的接入认证协议；5G-AKA 是 5G 网络接入认证协议，认证过程相对于 EPS-AKA 又有所增强。在 5G 以前，归属网络将认证向量交给拜访网络之后，就不再参与后续认证流程。5G-AKA 实现对漫游用户的认证，增强了归属网络对认证的控制。

从 LTE 开始，移动网络就支持 AKA 以外的其他认证协议。为支持移动终端通过 WLAN 接入移动网络，LTE 使用 EAP-AKA（EAP 承载 AKA 消息）作为补充认证协议。5G 采用了统一的认证框架，即各种接入方式可以用一套认证体来支持，将 EAP-AKA 认证方式提升到和 5G-AKA 并列的位置；另一方面，EAP-AKA 认证和 5G-AKA 认证在网络架构上使用了同样的网元，5G 的认证网元在标准上同时支持多种认证方式。

【例 3.7】 LTE 网络的接入认证如图 3.30 所示，根据流程简述 AKA 协议的工作过程。

在 UE 通过 eNodeB（简称 eNB）完成无线承载分配，并向 MME 发送附着请求消息后触发 EPS-AKA 认证过程。MME 向位于归属网络的 HSS 发送包括 UE 标识（即 IMSI）和拜访网络标识符的认证请求。HSS 基于密钥 K（与 UE 共享）执行加密操作，导出一个或多个认证向量（AV），通过认证响应消息发送给 MME。AV 由认证令牌（AUTN）、期望认证响应（XRES）、随机数（RAND）以及加密秘钥（CK）、完整性秘钥（IK）组成。

从 HSS 接收到认证响应消息之后，MME 向 UE 发送认证请求消息，消息中包括认证令牌（AUTN）和随机数（RAND）。UE 基于 K 和 RAND 生成独立的认证令牌和认证响应（RES），使用所生成的身份令牌通过比较来验证从 MME 收到的 AUTN 令牌。如果验证成功（两者相同），UE 认为网络合法，并将包括 RES 的认证响应消息发送回

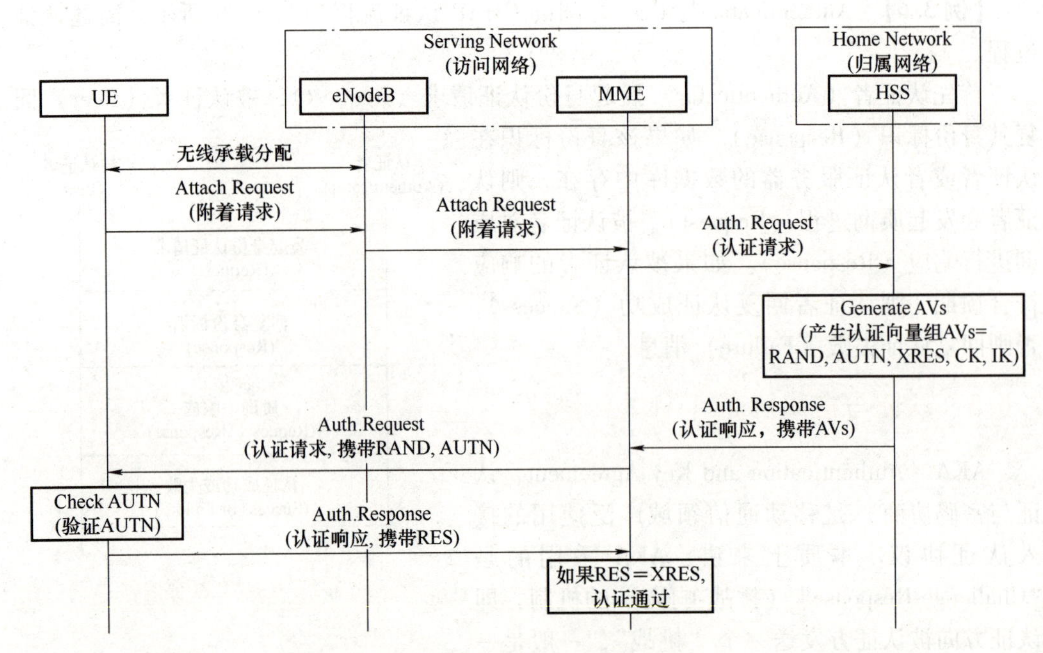

图 3.30　LTE 网络的接入认证过程

MME。MME 将 RES 与期望认证响应（XRES）进行比较，如果相等，则 UE 被认证为合法用户。

之后，以 MME 收到的加密秘钥（CK）、完整性秘钥（IK）为根秘钥，通过相关协议流程，MME、eNodeB、UE 之间完成各种密码的计算和协商。

拓展阅读

我国第一台万门程控数字交换机的诞生

提起交换机，现在的年轻人可能觉得是很平常的设备，并没有什么特别之处，但在 20 世纪 80 年代，它却是通信网的核心装备。那时我国的通信设备产业十分落后，外国的程控交换机大量涌入，出现了“七国八制”的现象，即来自 7 个国家的 8 种制式（日本的 NEC 和富士通、德国的西门子、瑞典的爱立信、比利时的 ITT-BTM、美国的朗讯、法国的阿尔卡特和加拿大的北电）程控交换机垄断了我国市场。由于进口设备价格昂贵，当时居民装一部电话要花掉近万元的初装费。

在此背景下，我国的一些研究机构、高校和企业相互结合，开启了大型程控数字交换机的研发和生产之路。解放军信息工程学院信息技术研究所邬江兴所长率领年轻的技术团队，与洛阳邮电电话设备厂紧密合作，经过近 3 年的日夜苦战，攻克了一个个技术难关，终于在 1991 年研发出了我国第一台万门数字程控交换机——HJD04。1991 年 12 月 7 日，HJD04 机在洛阳邮电电话设备厂通过邮电部技术鉴定，并正式批量投产。HJD04 机的诞生，粉碎了西方“中国人不能研制大型程控交换机”的预言，标志着“七国八制”长期垄断我国市场格局的终结，从根本上扭转了

我国电信网络现代化建设受制于人的被动局面，同时也树立了中国人自主建设国家信息基础设施的信心和决心。

随着HJD04机在通信领域影响力的不断加深，信息通信制造业受到了党和国家的高度重视，行业发展步伐进一步加快。在很短的时间内，就有很多国内知名厂家纷纷加入到HJD04机生产的行列里，其中有北京兆维集团（前身是北京有线电总厂，即国营738厂）、东方通信股份有限公司（前身是杭州通信设备厂，即邮电部522厂）、洛阳邮电电话设备厂（邮电部537厂）、长春邮电电话设备厂（邮电部513厂）、重庆通信设备有限公司（邮电部515厂）、郑州通信设备有限公司（国营4057厂）和深圳市信诺电讯股份有限公司等，这些几乎都是原电子部、邮电部下属的国有企业，当时从电话机到计算机、从电台到手机、从纵横制到程控交换机等通信设备，大部分都由这些厂家制造，随后他们又共同出资组建了规模庞大的巨龙通信设备有限公司，并于1995年3月2日在北京正式成立。

在党和政府的支持下，短短几年的时间内，我国程控数字交换机技术得到了飞速的发展，出现了靓丽的“5朵金花”景观。“5朵金花”分别指巨龙通信的HJD04机、深圳华为的08机、石家庄54研究所的EIM601机、大唐电信的DS30机和中兴通讯的ZXJ10机。巨龙通信、大唐电信、中兴通讯和华为技术成为通信领域的领头羊，并被称为“巨大中华”。虽然这些通信厂家之后的命运各不相同，但他们曾经对我国通信事业的蓬勃发展做出了巨大贡献，奠定了坚实的基础，也为我国培养造就出大批的通信人才，在我国通信史上都留下了浓墨重彩的一笔。

比西方同类产品性能更优越的HJD04机被国人称为“争气机”，是我国高端通信设备制造的开山之作。邬江兴被誉为“中国大容量程控数字交换机之父”，于2003年当选为中国工程院院士。

习 题

一、填空题

1. 按照功能的不同，电话网的信令可分为__________、__________、__________3大类。

2. SIP请求消息中，主叫用户发起会话请求消息的名称为__________；客户端向SIP服务器注册消息的名称为__________；终止一个已经建立的呼叫消息的名称为__________。

3. SIP响应消息中，响应码为100的消息表示__________；响应码为180的消息表示__________；响应码为200的消息表示__________。

4. 两个SCTP端点通过SCTP进行数据传递的逻辑联系或通道称为__________。

5. 流实时传输协议包括：__________和__________。__________用于实现多媒体数据流的实时传输；__________用于提供流量控制和拥塞控制服务。

6. AAA是3个英语单词的缩写，3个A分别表示__________、__________、

__________。

7. Diameter 协议栈包含不同的应用扩展，应用扩展包括__________、__________和__________等。

8. EAP 定义了__________、__________、__________等实体。

二、选择题

1. 关于 No. 7 信令系统，以下叙述中错误的是（　　）。

A. 实现电话业务的部分是 TUP

B. BSSAP 是 MTP3 的用户

C. SCCP 是 MTP3 的用户

D. TCAP 用户主要有 INAP、MAP 和 OMAP

2. 以下选项中，不属于 SIP 会话系统组件的是（　　）。

A. 用户代理　　　　B. 注册服务器

C. 代理服务器　　　　D. 认证服务器

3.（多选）作为一种块传输协议，SCTP 支持的块类型包括（　　）。

A. INIT　　　　B. DATA

C. INIT ACK　　　　D. SYN

4.（多选）SIGTRAN 协议栈的信令适配层包含的协议有（　　）。

A. M2UA　　　　B. M3UA

C. M2PA　　　　D. M3PA

5. NAS 协议的功能不包括（　　）。

A. 会话管理　　　　B. 移动性管理

C. 无线承载管理　　　　D. 安全管理

6.（多选）移动网络中使用的 AKA 认证协议包括（　　）。

A. UMTS-AKA　　　　B. EPS-AKA

C. 5G-AKA　　　　D. EAP-AKA

三、简答题

1. 哪些协议具有呼叫控制功能？简述 SIP 与 H. 323 的区别。

2. SCTP、RTP 各属于哪一层协议？描述其主要功能和使用场景。

3. 软交换及网关涉及的主要协议有哪些？简述其功能。

4. 通信网络的安全认证有哪些主要协议？简述各协议的主要特点。

5. 移动网络空口有哪些协议类型？解释 AS、NAS。

第4章 传输网

传输网为各类业务网、支撑网等提供节点之间的信息通道，是实现各类信息传输的平台。进入5G时代，传输网要求具备高效、动态和按需切片的能力，以满足承载不同业务时的带宽、可靠性和时延需求，以及更好融合IP，实现跨域、跨层的带宽和资源协同，以保证端到端业务的服务质量要求。本章主要介绍SDH（同步数字系列）、MSTP（多业务传输平台）、WDM（波分复用）、OTN（光传输网）、PTN（分组传送网）、SPN（切片分组网）和PON（无源光网络）等传输网。

4.1 数字传输技术概述

目前，关于传输、传送和承载概念是混用的，可以这样理解其差异：传输是整体的概念，也特指网络节点间的物理电路；传送是包含虚连接在内的端到端连接，强调可靠性；而承载特指网络信道能力。习惯上，将基于电路的主干网、核心网称为传输网，基于分组的城域网称为传送网，移动通信中基于IP的传送称为承载网。在早期的电信网中基本上只有传输网的概念，本书也习惯将传送网、承载网统称为传输网。本节将从数字传输技术基础开始讲起。

4.1.1 数字信号复用

1. PCM帧结构

脉冲编码调制（PCM）技术是对模拟信号进行抽样、量化、编码，变换成64kbit/s的数字信号，再复接成2048kbit/s的基群信号，形成30/32路的时分复用PCM系统，如图4.1所示。具体地讲，在传统的电话通信中，语音的抽样频率为8kHz，也就是说每隔125μs抽样一次，对每个话路来说，每次抽样值经过量化后可编成8bit的PCM码组，即为1个时隙。帧是指这样一组相邻的数字时隙，其中各时隙的位置可根据帧定位信号来识别。根据需要，有时由几个帧构成一个复帧，或把一个帧分成几个子帧。PCM帧主要包含以下内容。

1）帧定位信号及服务比特：帧定位信号即帧同步信号，它是用来保证获得并保持帧同步的特征信号。服务比特是指保障设备正常工作并能提供各种便利的一些数字信号，如告警信号及其他指示或控制信号。一般将TS0作为帧同步时隙。

2）信息位：主要的传递内容。例如，TS0~TS15、TS17~TS31可作为话路时隙。

3）信令位：指在通信网络中与接续的建立和控制以及网络管理有关的信息位。信令总是和话路配合使用，在基群设备中占有规定的时隙。例如，可将TS16作为信令时隙。

从时域上讲，1个复帧为2ms，1帧占125μs，而一个时隙占3.9μs。每时隙为

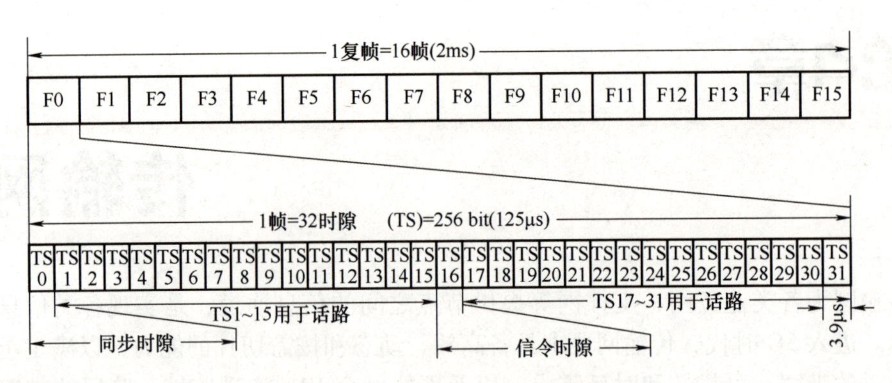

图 4.1 30/32 路 PCM 基群帧结构

8bit，即每 bit 占 488ns。

从码率上讲，由于抽样频率为 8000Hz，也就是每秒钟传输 8000 帧，每帧有 32×8bit = 256bit，因此总码率为 256bit/帧×8000 帧/s = 2048kbit/s。对于每个话路来说，每秒钟有 8000 个时隙，每时隙为 8bit，所以每一路码率为 8×8000bit/s = 64kbit/s。

2. PDH 各个高次群的速率

采用数字信号复用技术，可以将多路数字信号进行复用并调制到光纤上进行传输，以获得更大的容量，PDH（Plesiochronous Digital Hierarchy，准同步数字系列）是光纤通信发展初期使用的复用系列（制式）。所谓“准同步”是指各级比特速率相对于标准值有一个规定范围的偏差，而且可以是不同的源。

世界上有两大互不兼容的 PDH 系列：北美和日本等采用 24 路系统，即以 1.544Mbit/s 作为 PDH 一次群的数字速率系列；欧洲和中国等采用 30/32 路系统，即以 2.048Mbit/s 作为 PDH 一次群的数字速率系列，各次群的速率如图 4.2 所示。

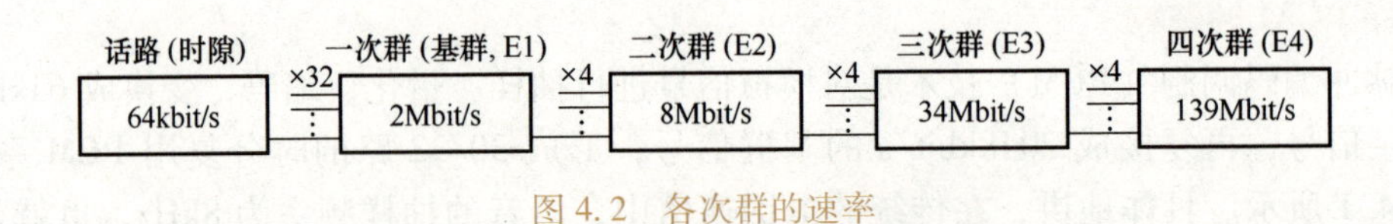

图 4.2 各次群的速率

为了克服 PDH 存在的两个系列互通困难、上下电路不便、无统一的光接口标准等问题，ITU-T 推出了 SDH（Synchronous Digital Hierarchy，同步数字系列）光纤通信体系。SDH 的基本同步传输模块（STM-1）的速率为 155.520Mbit/s，更高速率的同步传输模块可通过简单地将 STM-1 信号进行字节间插复接而成。SDH 更适合于高速大容量光纤通信系统。

3. 光纤通信基本模型

图 4.3 所示为数字光纤通信基本模型（单向），各个部分作用如下。

光发送机：主要由光源、驱动器和调制器组成，将电端机输入的电信号转换为光信号，并将光信号最大限度地注入（耦合）到光纤中传输，是完成电/光转换的光端机。

光接收机：将光纤传输来的光信号，经光检测器转变为电信号，然后再将电信号

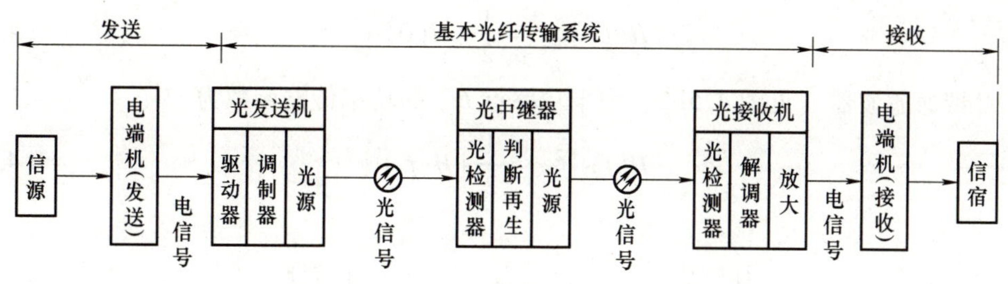

图 4.3 数字光纤通信基本模型（单向）

放大到足够的电平，送入接收电端机，是完成光/电转换的光端机。

光纤或光缆：传输光信号的介质。

光中继器：主要由光检测器、判决再生和光源组成，起补偿光衰减和矫正波形失真的作用，兼有收/发光端机两种功能。

电端机：将各低速的支路信号进行复接以及将群路信号分接为各个支路信号，从而达到提高传输效率的目的。

4.1.2 系统带宽和信号带宽

1. 系统带宽

由于基带信号的能量集中在零频附近，所以采用低通滤波器；带通（频带）信号的能量集中在某个载频上，所以采用带通滤波器。

带宽是传输系统的一个主要性能参数，即系统可提供的频带资源。可以用等效噪声带宽定义系统带宽：假定一个系统的传输函数为 $H(f)$，则等效噪声带宽为

$$W_n = \frac{1}{H_{\max}(f)}\int_0^{\infty} H(f)\,df \tag{4.1}$$

式中，$H_{\max}(f)$ 是 $H(f)$ 的最大值。对低通滤波器，等效噪声带宽 W_n 如图 4.4a 所示。

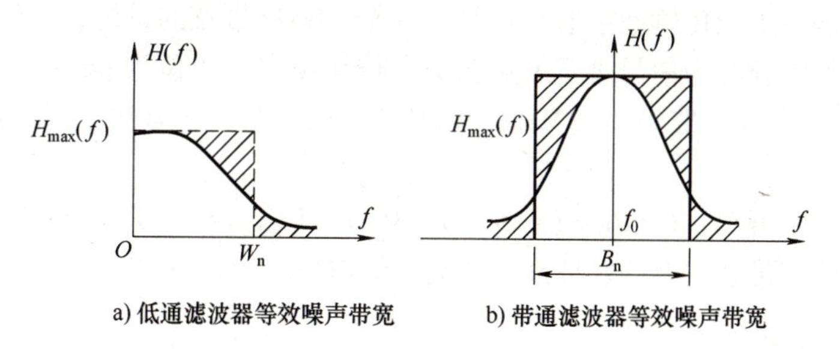

图 4.4 滤波器噪声等效带宽

对带通滤波器，等效噪声带宽 B_n 如图 4.4b 所示，f_0 为中心频率，B_n 的表达式与式（4.1）的 W_n 相同。

半功率点带宽如图 4.5 所示，即信号功率衰减到 1/2 时 $[20\lg(1/0.71) \approx -3\text{dB}]$ 的频率，可用功率传输函数来定义半功率点（或称为 3dB）带宽，对低通滤波器（见图 4.5a），在半功率点 $W_{1/2}$ 的功率传输函数为

$$|H(f)|^2_{W_{1/2}}=\frac{1}{2}|H(0)|^2 \tag{4.2}$$

对带通滤波器（见图 4.5b），在半功率点 $B_{1/2}$的功率传输函数为

$$|H(f)|^2_{B_{1/2}}=\frac{1}{2}|H(f_0)|^2 \tag{4.3}$$

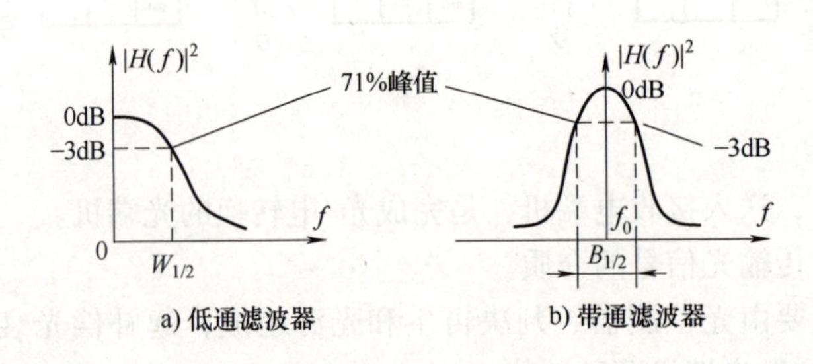

图 4.5　半功率点带宽

可采用功率下降多少来定义带宽，但不特定下降 3dB，而是任意选定的数值，如 6dB 带宽等。对某些低通滤波器，如环路滤波器常使用等效噪声带宽定义；对带通滤波器，常使用 3dB 带宽定义或能量百分比来定义。

2. 信号带宽

前面讲到，可以将可用功率传输函数下降一定百分比（dB）定义系统带宽，也可把此概念用于定义信号带宽，只要用信号的傅里叶变换 $|X(f)|^2$ 代替 $|H(f)|^2$ 即可。对于随机信号，平均功率用谱密度 $S_x(f)$ 替换 $|X(f)|^2$。同样也可有信号的 1dB 带宽、3dB 带宽、90%功率能量带宽等表述。

系统带宽和信号带宽之间相当于路与车的关系。例如，天线主瓣带宽是信号带宽对系统带宽的要求；比如，要用 BPSK（二进制相移键控）调制方式传输 32kbit/s 语音信号，一般要求系统带宽为 64kHz；另一种是系统带宽限制传输信号的带宽，比如，一般的数字语音信道不能传输数字彩色信号。一个 14kHz 带宽的系统，可传输 2×16kbit/s 的语音信号。可以理解为信号带宽就是指数字传输速率（单位为 bit/s）。

【**例 4.1**】　某系统带宽为 3MHz，信噪比（S/N）为 1000，求该系统的信号带宽。

根据香农公式可得：$C=B\log_2(1+S/N)=3\times10^6\times\log_2(1+1000)\text{bit/s}=29.9\times10^6\text{bit/s}$

在这里，信道带宽（B）就是系统带宽，信道信号容量（C）就是信号带宽。

4.1.3　传输网主要技术

典型的城域网结构如图 4.6 所示，包含 SDH、WDM 和 PTN 等多种类型的传输网络，以下将对其技术做简要介绍，数字微波和卫星通信技术则在后面单独介绍。

1. SDH/MSTP 技术

SDH 是在 PDH 的基础上发展而来的同步数字系列传输网络，其电路调度仍采用 TDM 技术，即将一帧（125μs）分成若干个小的时间片（时隙），每个时隙就是一条传输信道。为了适应 IP 业务需要，在 SDH 基础上诞生了 MSTP（基于 SDH 的多业务传输

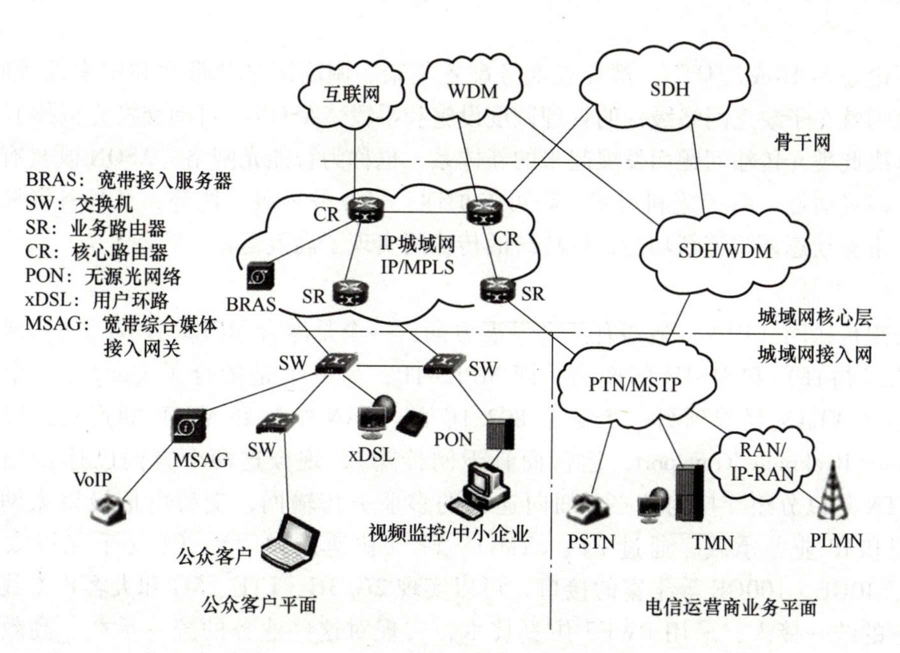

图 4.6 传输城域网结构

平台），MSTP 技术发展可以划分为以下三代。

第 1 代 MSTP 只提供以太网点到点透传。

第 2 代 MSTP 支持以太网二层交换，MSTP 节点可以在用户以太网接口与 SDH 虚容器之间实现基于以太网链路层的数据帧交换，可提供基于 802.3x 的流量控制、多用户隔离与 VLAN 划分、基于 MSTP 的以太网业务层保护等功能。

第 3 代 MSTP 引入了中间的智能适配层、通用成帧规程（GFP）、虚级联和链路容量调整机制（LCAS）等技术，为以太网业务提供了全面的支持。

2. WDM/OTN 技术

波分复用（WDM）就是将多个波道的信号放到同一条通路（光纤）中进行传输，可根据波道间隔大小分为两类：间隔为 20nm 的是稀疏波分复用（CWDM）；间隔为 1.6nm、0.8nm、0.4nm 的是密集波分复用（DWDM）。与 SDH 相比，WDM 传输带宽得到了数十倍的增加，现在的 WDM 不仅在城市主干网使用（城域波分），还在跨市、省的骨干网上使用（长途波分）。

DWDM 波道数由刚开始的 16 或 32 个，扩充到 40、80、160 个，目前已经达到 200 个。为了克服 DWDM 调度不够灵活、管理维护不完善等缺点，ITU-T 在以下方面进行了革新：增加 OAM（运行、维护和管理）开销；在枢纽节点增设调度，如波道间的光层调度和业务间的电层调度；依托调度枢纽，预留部分波道或电路，为所有业务提供完善的保护机制。

OTN（光传输网）即是 DWDM 革新后的光传输网络。OTN 是在 DWDM 基础上，融合了 SDH 的一些优点，如丰富的 OAM 开销、灵活的业务调度、完善的保护方式等。OTN 对业务的调度分为光层调度和电层调度。光层调度可以理解为 DWDM 的范畴；电层调度可以理解为 SDH 的范畴，所以可以认为 OTN 为 DWDM+SDH。

3. ASON 技术

不论是 SDH 或是 OTN，都存在业务配置复杂、调度困难及带宽利用率低等问题，究其原因就在于缺乏网络级别的管理调度设施和手段。ASON（自动交换光网络）就是为了解决此类光传输问题而发展起来的新体系，也称为智能光网络。ASON 既具有高可靠性、高灵活性、高带宽利用率、高可维护性、多业务等级等优势，又具备资源自动发现、带宽动态调整等新功能，使传统的传输网实现了高效运营。

4. PTN 技术

分组传送网（PTN）最初有两个发展方向：一个是融合 MPLS、PWE3（边缘到边缘的伪线仿真）和 MSTP 的产物，即 MPLS-TP；另一个是融合了 QinQ（一个基于 802.1Q 的 VLAN 封装到另一个基于 802.1Q 的 VLAN 中）和 MSTP 的产物，即 PBT（Provider Backbone Transport，运营商骨干网传输），现今这两个方向已逐步趋于一致。PTN 是以分组交换为核心、面向连接的多业务传输网，支持电信级以太网、时分复用和 IP 业务承载。通过 E1、STM-1、FE（快速以太网）、GE（千兆以太网）、10GE、40GE、100GE 等丰富的接口，可以实现 2G/3G、LTE、5G 和大客户专线等各类业务的统一接入；采用 PWE3 仿真技术，实现对这些业务的统一承载，高效满足各种应用场景的承载需求；可支持单端口 100GE 和 40GE 等，同时还具备大规模组网的能力，可以满足多业务时代组建大型传输网络的需求。PTN 为了传输 TDM 业务，以及移动通信系统的时间同步需求，专门开发了时间同步系统 1588V2，支持端到端 QoS，以集中式的网络控制管理，替代传统 IP 网络的动态协议控制，网络管理功能更为完善。

5. SPN 技术

5G 移动通信业务在带宽、时延、分片、同步、网管等方面对承载网提出了新的要求，SPN（Slicing Packet Network，切片分组网）应运而生。SPN 在传统分组网络中引入了 SRv6、FlexE（灵活以太）、SDN（软件定义网络）、动态 L3（第三层）等技术，以满足 5G 及未来网络的承载需求。作为新一代 5G 承载网的核心技术，SPN 具有三大特征：一是面向大带宽和灵活转发需求，引入 L3 灵活调度及 DWDM 光层，同时融合第一层到第三层的转发能力；二是针对超低时延及垂直行业隔离需求，同时支持软、硬隔离切片，融合 TDM 和分组交换；三是引入 SDN 架构，实现转发与控制分离，利用集中化的控制面实现全局视角的业务调度。

6. IP-RAN 技术

IP-RAN（基于 IP 的无线接入网）最初是针对 LTE 基站回传应用场景定制的路由交换整体解决方案，具有接入方式灵活、支持传统业务和多种以太网业务的特点。相比 PTN 技术，IP-RAN 提供了更多的 L3 VPN 支持。IP-RAN 的显著优势是三层无连接服务，现在 PTN 也可以提供该服务，而 IP-RAN 也具备了 PTN 的 1588V2 功能，因此，IP-RAN 和 PTN 的差别越来越小。目前，IP-RAN 在 LTE、5G 网络中得到了广泛应用。

7. EPON/GPON 技术

EPON（以太网无源光网络）采用点到多点结构、无源光纤传输，在以太网之上提供多种业务。它在物理层采用了 PON 技术，在链路层使用以太网协议，利用 PON 的拓

扑结构实现了以太网的接入。GPON（吉比特无源光网络）的物理层同样采用了PON技术，与EPON的主要差异在链路层。和EPON相比，GPON有更远的传输距离，覆盖半径在20km以上；有更高的带宽，每端口的下行速率达到2.5Gbit/s、上行速率为1.25Gbit/s。

4.1.4 数字微波和卫星通信

1. 数字微波系统

微波是波长为1m~1mm或频率为300MHz~300GHz的电磁波。微波频率高、波长短，其电磁波为直线视距的传播方式，每隔50km左右需要设置一个中继站。微波系统结构如图4.7所示，包括微波收/发信设备、调制/解调设备、天线馈线系统、时分复用/分路系统等。

微波站分为两大类，即终端站和中继站。终端站是可以分出和插入数字信号的站，因而站上配有多路复接及调制/解调设备。中继站既不分出也不插入数字信号，只起到信号放大和转发作用。按转接方式的不同，又可分为中频转接站（不需配调制解调器）和再生中继转接站（需配调制解调器）两种。

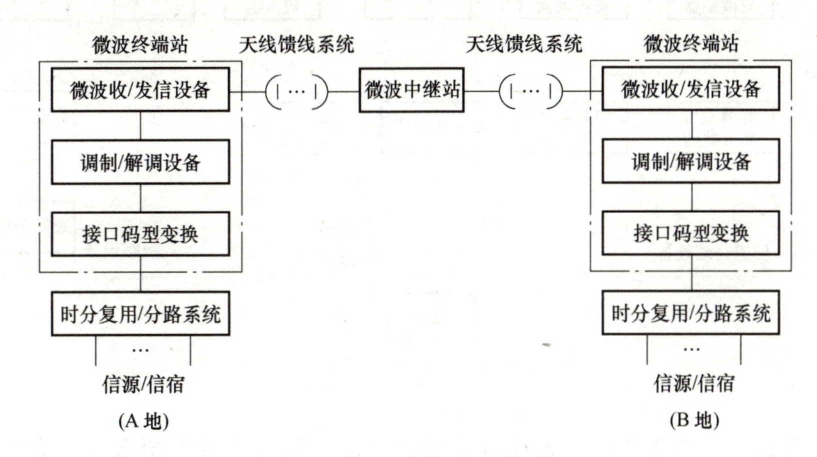

图4.7 微波系统结构

2. 卫星通信系统

卫星通信系统利用地球卫星作为中继站转发微波信号，在两个或多个地球站之间进行通信。卫星通信系统如图4.8所示，一般由通信卫星、地球站、跟踪遥测指令分系统及监控管理分系统4部分组成。作为一条卫星通信线路，由发端地球站、上行传播路径、通信卫星转发器、下行传播路径和收端地球站组成。

地球站是卫星通信系统的主要组成部分，所有的用户终端将通过它们接入卫星通信线路。典型的地球站如图4.9所示，包括以下主要设备。

1）天馈设备。主要作用是将发射机送来的射频信号经天线向卫星方向辐射，同时它又接收卫星转发的信号并送往接收机。

2）发射机。主要作用是将已调制的中频信号经上变频器变换为射频信号，并放大到一定电平，经馈线送至天线向卫星发射。

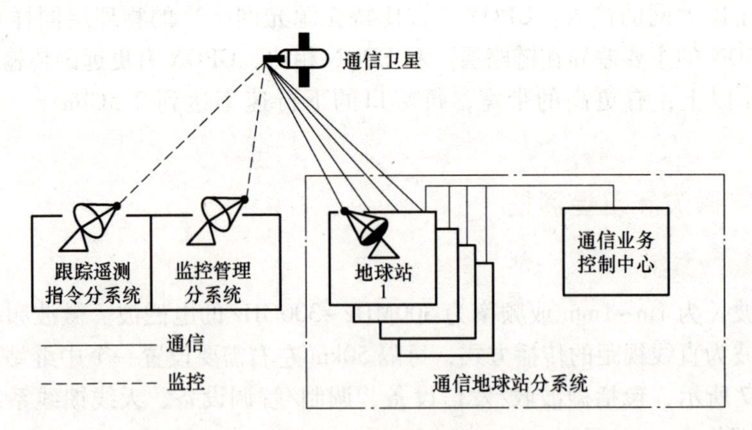

图 4.8　卫星通信系统

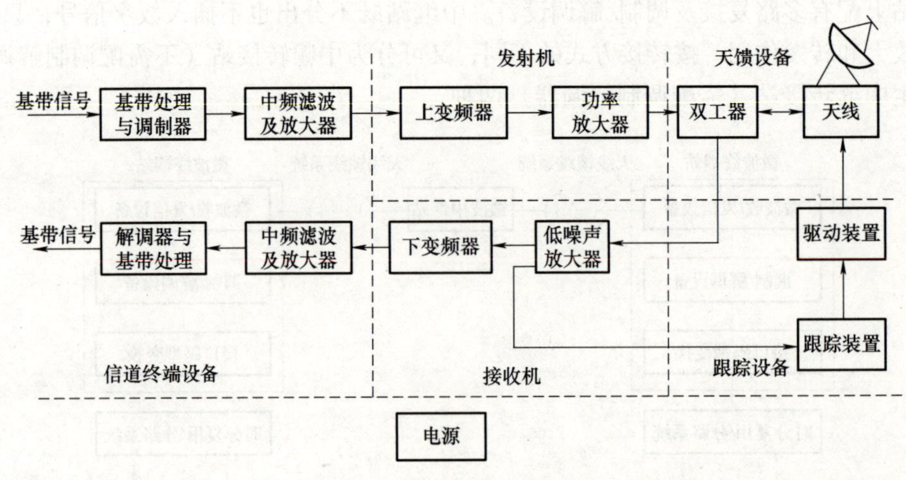

图 4.9　典型的地球站示意图

3）接收机。主要作用是接收来自卫星的有用信号，经下变频器变换为中频信号，送至解调器。由于接收到的信号极其微弱，接收机必须使用低噪声放大器。

4）信道终端设备。主要作用是将用户终端送来的信息加以处理，形成基带信号；对中频进行调制；同时对接收的中频已调信号进行解调以及进行与发端相反的处理，输出基带信号送往用户终端。

5）跟踪设备。主要用来校正地球站天线的方位和仰角，以便使天线对准卫星。

4.2　基于 TDM 的传输网

4.2.1　同步数字传输系列（SDH）

1. SDH 帧结构

图 4.10 所示的是 STM-N 帧结构，由 270×N 列、9 行的字节块组成，字节的传输顺序是从左到右、从上到下。图中 N 的取值范围是以 1 为基数、以 4 为等比的级数，如

1、4、16、64。SDH 的基础设备是 STM（同步传输模块），当 N=1、4、16、64 时的线路码速分别为 155.520Mbit/s、622.080Mbit/s、2488.320Mbit/s 和 9953.280Mbit/s。

为了加强网络的运行、维护和管理（OAM）能力，SDH 帧结构中有丰富的开销，包括段开销（SOH）和通道开销（POH）。其中 SOH 主要提供网络运行、管理和维护使用的字节，SOH 分为再生段开销（RSOH）和复用段开销（MSOH）两部分，RSOH 在帧中位于（1~9）×N 列、1~3 行；MSOH 在帧中位于（1~9）×N 列、5~9 行；POH 在净负荷区域（Payload），是用于通道性能监视、管理和控制的开销字节。

净负荷区是存放待传输信息码的地方，位于（10~270）×N 列、1~9 行。

管理单元指针（AUPTR）在帧结构中位于（1~9）×N 列、4 行，用来指示信息净负荷的第一个字节在帧内的准确位置。由于低速的支路信号在高速 SDH 帧中的位置是有规律的，接收端可根据指针指示，找到信息净负荷第 1 个字节的位置，并将其正确地分离出来。

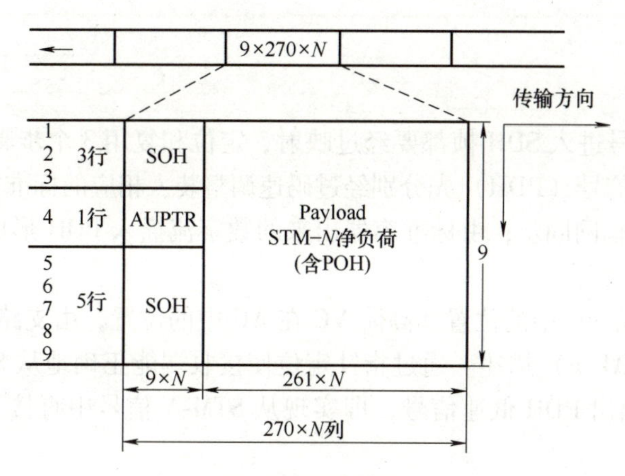

图 4.10 STM-N 帧结构

【例 4.2】 根据图 4.10，计算 STM-1 的速率。

当 N=1 时，帧长=270×9B=2430B，一帧的比特数=2430×8bit=19440bit，一帧时间为 125μs，即速率为：19440bit/125μs =155.520Mbit/s。

2. SDH 复用结构

ITU-T 规定的 SDH 复用结构如图 4.11 所示，各部分作用如下。

容器（C）是完成速率适配功能、用来装载 PDH 信号的标准信息结构。

虚容器（VC）是支持 SDH 通道层连接的信息结构。VC 由信息净负荷（C 的输出）和通道开销（POH）组成。VC 的输出为 TU 或 AU 的信息净负荷。

支路单元（TU）、支路单元组（TUG）是提供低阶通道层和高阶通道层之间适配的信息结构。支路单元由一个 VC 和一个相应的支路单元指针（TU PTR）组成。

管理单元（AU）、管理单元组（AUG）：AU 由一个高阶 VC 和一个相应的管理单元指针（AU PTR）组成。一个或多个在 STM 帧中占有固定位置的 AU 组成管理单元组（AUG）。

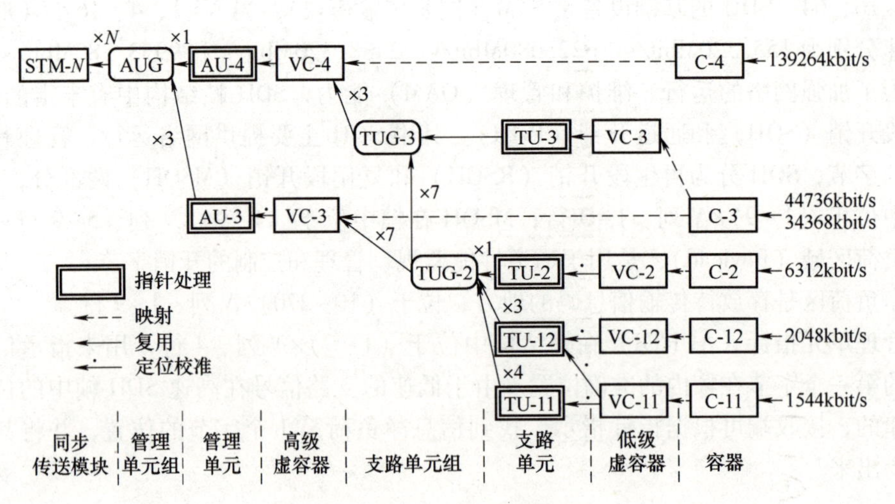

图 4.11　SDH 复用结构

3. 复用原理

各种速率的信号进入 SDH 帧都要经过映射、定位和复用 3 个步骤，在 SDH 网络的边界处，各种速率信号（PDH）先分别经过码速调整装入相应的标准容器（C-n），经过速率适配与 SDH 传输网同步；由标准容器出来的数字流插入 POH 形成虚容器（VC-n），这个过程称为“映射”。

低阶 VC 在高阶 VC 中的位置和高阶 VC 在 AU 中的位置，由支路单元指针（TU-n）和管理单元指针（AU-n）描述。通过指针定位使接收端能正确地从 STM-N 中拆离出相应的 VC，进而分离出 PDH 低速信号，即实现从 STM-N 信号中直接下载低速支路信号的功能。

复用发生在 TUG、AUG 以及 STM-N 中，SDH 的复用是字节间插方式的同步复用。

4. SDH 传输网及其网元

SDH 传输网的组成如图 4.12 所示，传输通道由若干复用段组成，复用段由若干再生段组成，再生段由网络单元的端到端连接而成。

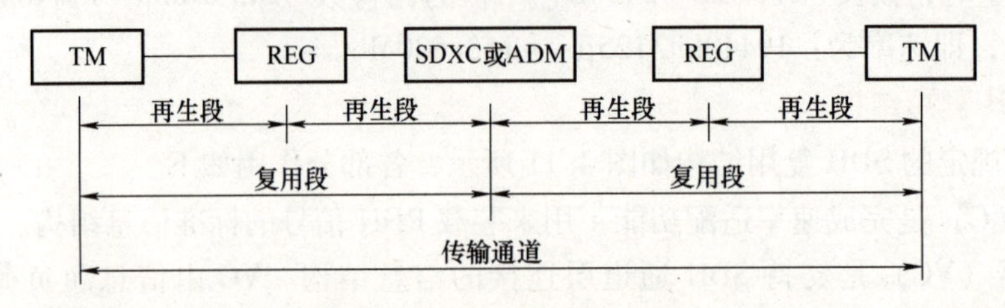

图 4.12　SDH 传输网的组成

SDH 基本网络单元包括终端复用器、再生中继器、分插复用器等，如图 4.13 所示。

1）终端复用器（TM）：如图 4.13a 所示，是双端口器件，用于网络终端站。TM 可以将低速支路信号复用进 STM-N 帧，或完成相反的变换。

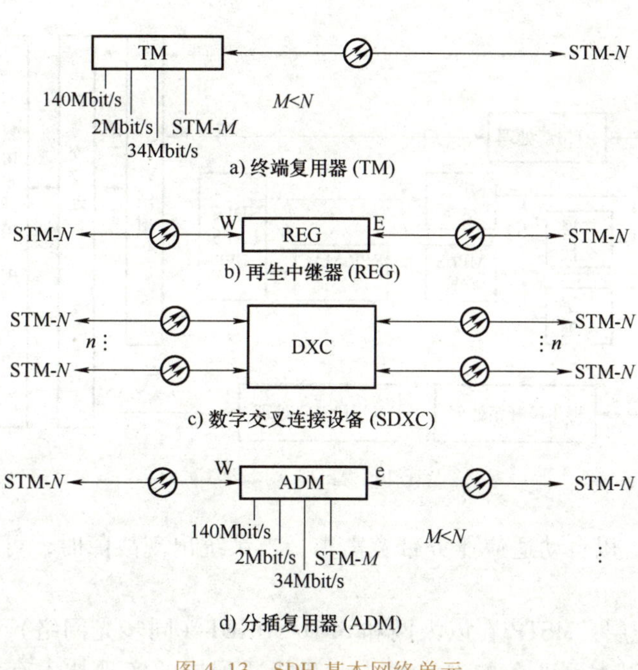

图 4.13　SDH 基本网络单元

2）再生中继器（REG）：如图 4.13b 所示。REG 有两种：一种是纯光的再生中继器，主要进行光功率放大，以延长光传输距离；另一种是电再生中继器，需要进行光电转换，在电层实现信号的放大整形。

3）数字交叉连接设备（DXC）：也称为 SDXC，如图 4.13c 所示，SDXC 是能在端口间提供可控 VC 的透明连接和再连接的设备。

4）分插复用器（ADM）：如图 4.13d 所示，用于 SDH 传输网络的转接站点，它是一个三端口的器件，有两个线路端口和一个支路端口。ADM 的作用是将低速支路信号交叉复用进两侧线路（即上电路），或从线路信号中拆分出低速支路信号（即下电路）。

4.2.2　多业务传输平台（MSTP）

MSTP 的功能结构如图 4.14 所示，它除了具有标准 SDH 的功能外，还具有 TDM 业务、ATM 业务和以太网 IP 业务的接入功能；将上述业务映射到 SDH 虚容器的指配功能以及上述业务的透明传输功能。MSTP 主要用到以下技术。

1）VC 级联：分为相邻级联和虚级联，如果 SDH 中用来承载以太网业务的各个 VC 在 SDH 的帧结构中是连续的，共用相同的通道开销（POH），则称为相邻级联；如果 SDH 中用来承载以太网业务的各个 VC 在 SDH 的帧结构中是独立的，则称为虚级联。通过级联技术，可以实现以太网带宽和 SDH 虚通道之间的速率适配，带宽也能在小的范围内调节。

2）通用成帧规程（GFP）：链路层标准，它既可以在字节同步的链路中传输长度可变的数据包，又可以传输固定长度的数据块，是一种简单而又灵活的数据适配方法。

3）链路容量调整机制（LCAS）：是一种可以在不中断数据流的情况下动态调整虚

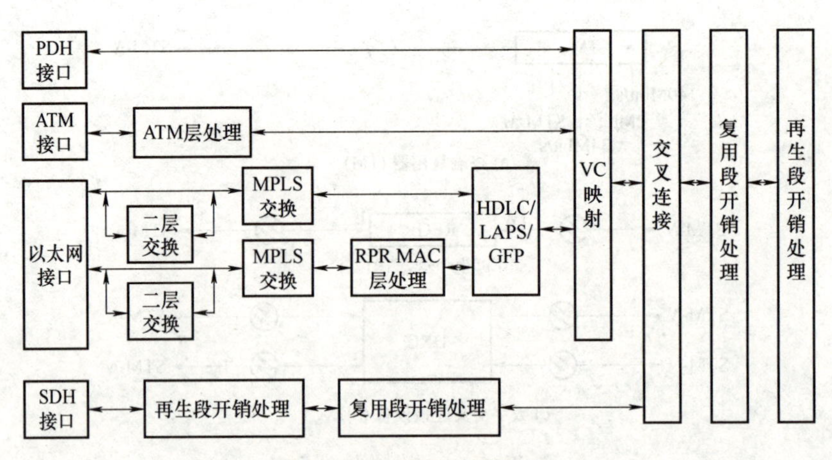

图 4.14　MSTP 功能结构

级联个数的功能，以自动适应业务带宽需求。当系统出现故障时，可以动态调整系统带宽。

4）智能适配层：MSTP 在以太网和 SDH/SONET（同步光网络）之间引入了智能适配层，以处理以太网业务的 QoS 需求。智能适配层的实现技术有多协议标签交换（MPLS）和弹性分组环（RPR）。

【例 4.3】 RPR（弹性分组环）有何特点？并根据图 4.15，简单说明移动基站的传输部署。

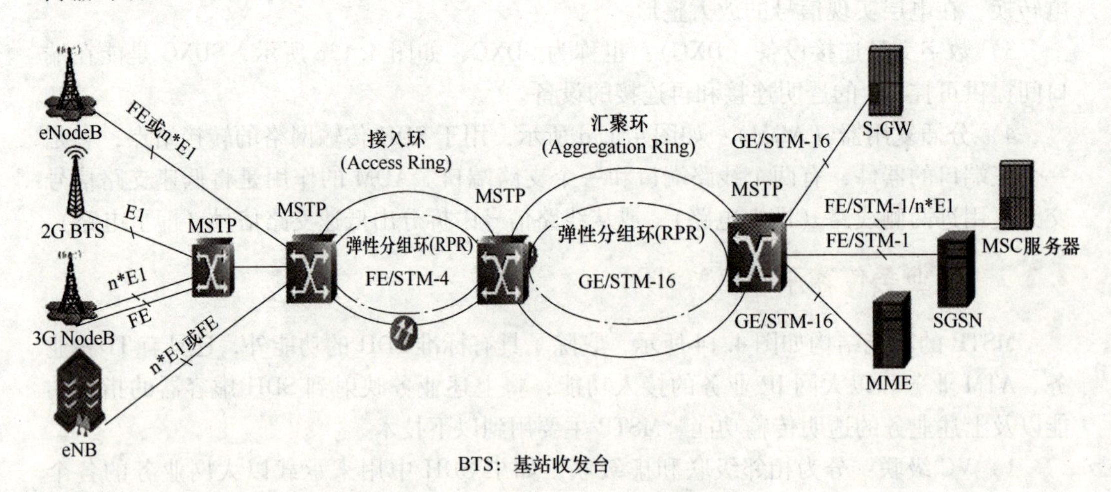

图 4.15　基于 MPLS 移动组网

RPR（Resilient Packet Ring，弹性分组环）技术有 3 个特点，首先是 Resilient（弹性）；再就是 Packet（分组），该技术是基于分组的传输；Ring（环）表示分组的传输要建立在环形拓扑结构上，而且是一种双环结构，每个环上最大的带宽为 1.25Gbit/s，双环最大带宽为 2.5Gbit/s，外环携带内环数据包的管理字节，内环携带外环数据包的管理字节。这样双环互为保护和备份。

eNB 基站业务通过多个 E1 专线或者 FE 接口汇聚到 MSTP 设备中，MSTP 设备通过

树状或者环状拓扑组成城域网络。此种部署方式 eNB 与原有 2G/3G 基站共享传输网络，适合 LTE 网络业务量比较小的场景，能够利用原有的传输设备。其中 eNB 之间的 X2 接口可以通过 MSTP 分配固定带宽的时隙实现。随着 LTE 网络规模的扩大，IP 业务所占比例的不断加大，MSTP“接口分组化、内核电路化”的特点已经不太适应需求，传输设备必将由“分组的接口适应性”向“分组的内核适应性”转变，这样才能提高传输效率。

4.2.3 波分复用（WDM）

1. WDM 系统总体结构

WDM 系统总体结构如图 4.16 所示，波分复用系统的核心部件是光合波器和光分波器，均为光滤波器。光滤波器的类型很多，按照其制造方法可以分为 3 类，即角色散器件、干涉滤波器和光纤耦合器。针对 WDM 系统主要说明以下几点。

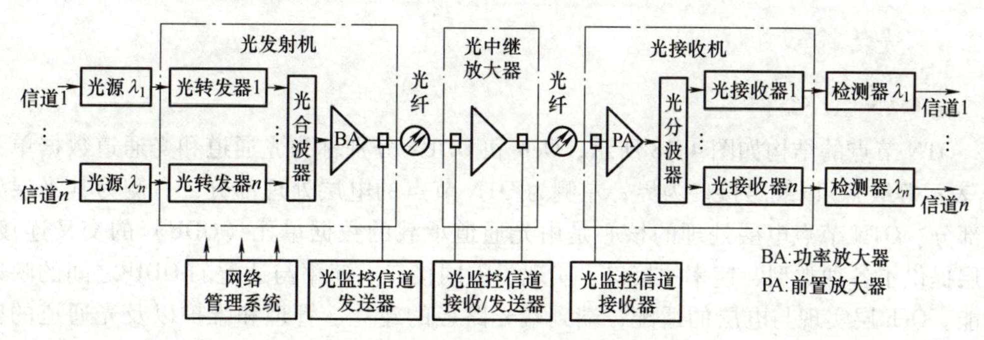

图 4.16 WDM 系统总体结构

1）系统监控：在 DWDM 系统中，一般使用掺铒光纤放大器（EDFA）进行信号放大。当 EDFA 用作功率放大器或前置放大器时，传输系统自身的监控信道就可对它们进行监控，但对于用作线路放大的 EDFA 的监控管理，就必须采用单独的光信道传输监控管理信息。

2）光纤选择：随着光纤中传输功率的提高，光纤的非线性问题变得突出。另外，光纤的色散问题也是不可忽视的一个重要考虑因素，因此 WDM 对光纤要求较高。

3）标称中心频率：为了保证不同 WDM 系统之间的横向兼容性，需要对各个通路的中心频率进行规范。所谓标准中心频率，指的是光波分复用系统中每个通路对应的中心波长。

2. WDM 系统分类

WDM 系统可分为集成式和开放式两大类。集成式 WDM 系统是指 SDH 终端必须具有满足 G.692 的光接口。集成式 WDM 系统中的 TM、ADM 和 REG 设备，都应具有符合 WDM 系统要求的光接口（S_x、R_x），如图 4.17a 所示。开放式 WDM 系统指发送端设备有光波长转发器（OTU），它的作用是在不改变光信号数据格式的情况下，把光波长按照一定的要求重新转换，以满足 WDM 系统的设计要求，如图 4.17b 所示。

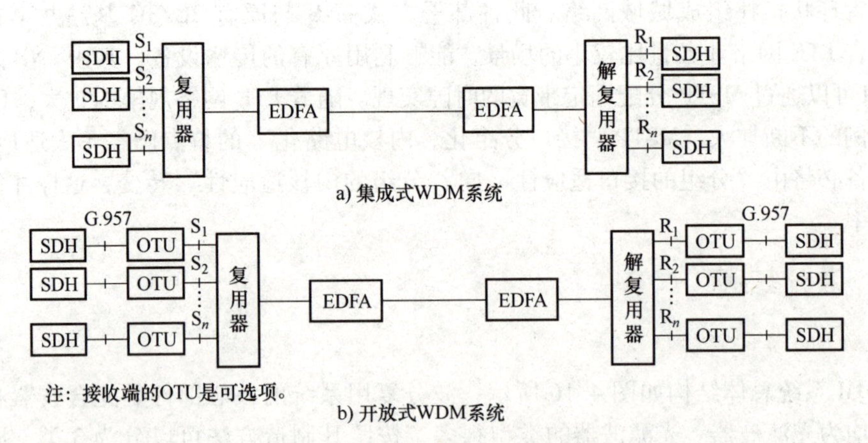

图 4.17　两类 WDM 系统示意图

4.2.4　光传输网（OTN）

1. OTN 系统结构

OTN 节点的结构如图 4.18 所示，Och 和 ODUk 分别称为光通道和光通道数据单元（k 表示等级）。以线路接口为界，左侧为 OTN 节点的电层处理部分，右侧为其光层处理部分。OTN 节点电层处理的核心是由光通道承载的数据单元（ODU）的交叉连接，电层提供了各种类型、速率的接口，实现了不同接口、速率与适配的 ODU 之间的映射功能。Och 层实现与电层的适配，端到端光路径的建立、管理和维护以及光通道的监控；光复用段层实现多波长光信号的联网功能，光复用段的管理与维护；光传输段层实现在不同传输媒质上光信号的传输，传输段的开销处理与维护。

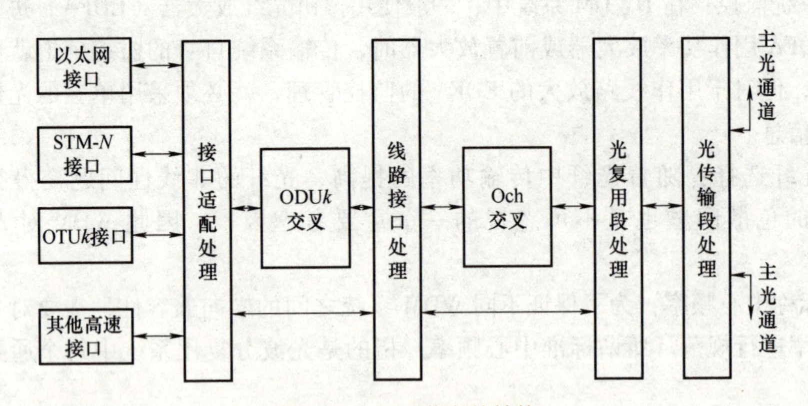

图 4.18　OTN 节点的结构

2. OTN 复用映射

OTN 基本复用映射结构如图 4.19 所示。其中，OPU 表示光通道负荷单元，ODTUG 表示光通道数据支路单元组，OTU［V］表示光通道传输单元（V 指标准功能），OCC 和 OCG 分别表示光通道载波和光通道载波群，OTM 表示光传输模块，Och 表示光信道；r 表示“功能简化”，即没有“非随机开销”；n 为光路载波，也称 n 阶光载波组

（n 个波），m 为颗粒大小；i、j、k 为不同 OCC 模块的光路载波复用数。

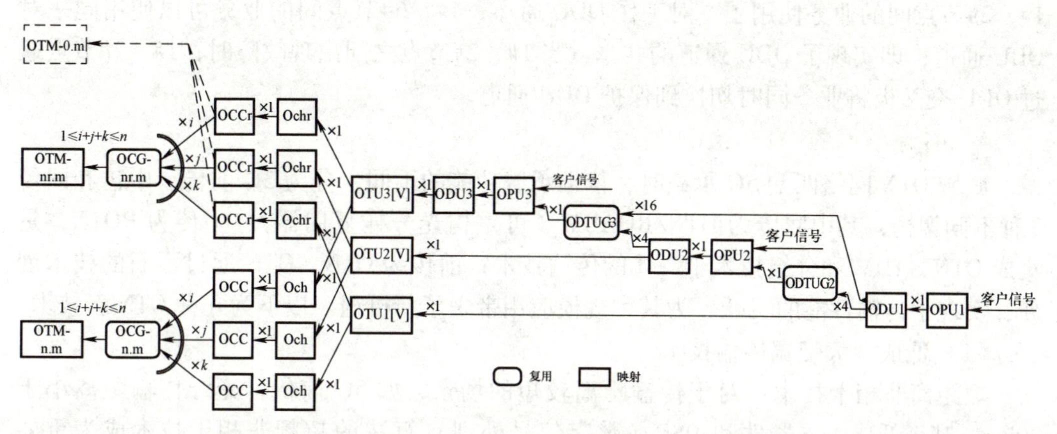

图 4.19 OTN 复用映射结构

OTN 体制存在时分和波分复用。图 4.19 中，4 个 ODU1 信号复用至 1 个 ODTUG2、4 个 ODU2 复用至 1 个 ODTUG3 属于时分复用；多个 OCCr 复用至 1 个 OCG 属于波分复用。

复用映射结构中的 OPU1-ODU1-OTU1、OPU2-ODU2-OTU2、OPU3-ODU3-OTU3 分别对应 2.5GE、10GE、40GE 的速率。还有一些速率在图 4.19 中没有给出，如 OPU4-ODU4-OTU4 对应 100GE，OPU0-ODU0 对应 1.25GE，OPUflex-ODUflex（灵活以太网）对应用户恒定速率业务信号的速率等。

3. OTN 光层保护和电层保护

OTN 支持丰富的开销和 APS（自动保护倒换）协议，OTN 光层保护包括：光线路保护（OLP）、光复用段保护（OMSP）和光通道保护（OCP）。OTN 电层保护主要靠 ODU 交叉板完成，以下介绍两种保护技术。

1）ODUk SNCP 保护，如图 4.20a 所示，是一种点到点保护机制，应用于链形、环形和 MESH 等任何网络结构中，可对部分网络节点或全部网络节点进行保护，主要对线路板及其后面的单元进行保护，采用单端倒换模式。

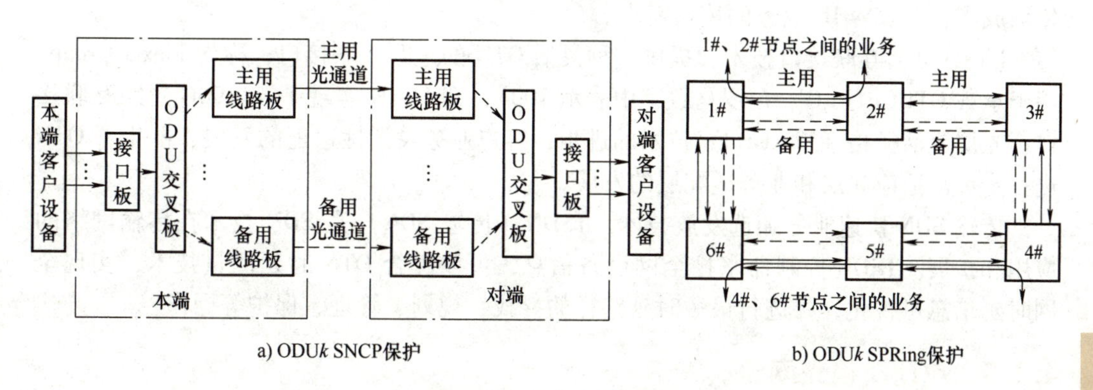

a) ODUk SNCP保护　　b) ODUk SPRing保护

图 4.20 OTN 电层保护

2）ODUk SPRing 保护，如图 4.20b 所示，通过使用两个不相同的 ODUk 通道来实

现对全部站点间分布式业务的保护。要求拓扑结构为环网，采用双端倒换方式。图中1#、2#节点间的业务使用了一对工作 ODU 通道；4#、6#节点间的业务可以使用同一对 ODU 通道，即实现了 ODU 通道的共享。当1#、2#节点之间出现故障时，1#、2#节点通过 ODU 交叉板将业务同时切换到保护 ODU 通道。

4. 5G 承载网的 OTN 组网及新技术

城域 OTN 网络匹配 5G 承载时，依据承载功能的不同，分为 5G 前传、中传和回传 3 种不同架构，其中回传为 OTN/ROADM（可重构光分插复用器）；中传为 POTN，是集成 OTN、TDM 和分组技术于一体的传输技术；前传为 OTN。OTN 通过不断的技术创新，实现了传输性能的飞跃，为其大规模应用带来了新机遇。以下为几种 OTN 新技术。

（1）低成本大带宽传输技术

短距离非相干技术：对于传输距离较短的场景，如 5G 前传，光纤传输距离小于 20km，基于低成本光器件和 DSP（数字信号处理）算法的超频非相干技术成为重要趋势。

中长距低成本相干技术：适用于更长的传输距离和更高的传输速率，例如中/回传网络 50km/60km 甚至上百公里的城域核心网。

（2）低时延传输与交换技术

ROADM 全光组网调度技术：通过光层 ROADM 设备实现网络节点之间的光层直通，免去了中间不必要的光-电-光转换，以满足超低时延的 5G 业务对承载网提出的苛刻要求。基于 ROADM 的光层一跳直达是实现超低时延的最佳选择，目前商用 OTN 设备单点时延一般在 10~20μs 之间。

（3）高智能的端到端灵活调度技术

能够灵活调配网络资源应对突发流量是 5G 网络的关键特征。通过 ODUflex 技术可以实现传输带宽灵活配置和调整，以提高传输效率。对网络进行高效的部署和灵活的动态资源分配，完成业务快速发放，则需要利用 SDN 等新型集中式智能管控技术来实现。

ODUflex 技术：即灵活速率的 ODU，能够灵活调整通道带宽，提供灵活可变的速率适应机制，可根据业务大小，灵活配置容器容量，保证带宽的高效利用，降低每比特传输成本，并兼容 IP 业务的传输需求。

FlexO 灵活互联接口技术：提供一种灵活 OTN 的短距互联接口，称作 FlexO Group，用于承载 OTUC*n*（“C”在罗马数字中表示 100），即 FlexO 实现了 $n\times100$G 短距互联接口。光层灵活栅格（FlexGrid）技术的进步，客户业务灵活性适配的发展，催生了 OTN 进一步灵活适应光层和业务适配层的发展。

传输 SDN 快速业务随选发放技术：TSDN（传输 SDN）是 SDN 技术在传输网络的应用和扩展。TSDN 控制器掌控全网设备信息，可以配合 OTN 时延测量技术，实现全网时延信息可视化，并进行最短时延路径的寻找、规划、管理、保护等操作。

4.2.5 自动交换光网络（ASON）

1. ASON 体系结构

ASON 由传输平面、控制平面及管理平面组成，功能结构如图 4.21 所示。其中

OXC 为光交叉连接，实际应用中也可以包括电交叉连接；OCC 为光交叉连接控制；CCI 为控制平面与传输平面的接口，传输连接控制信息；NMI-A 为管理平面与控制平面的接口，实现网管系统对控制平面的管理；NMI-T 为管理平面和传输平面的接口，实现网管系统对传输平面的管理。

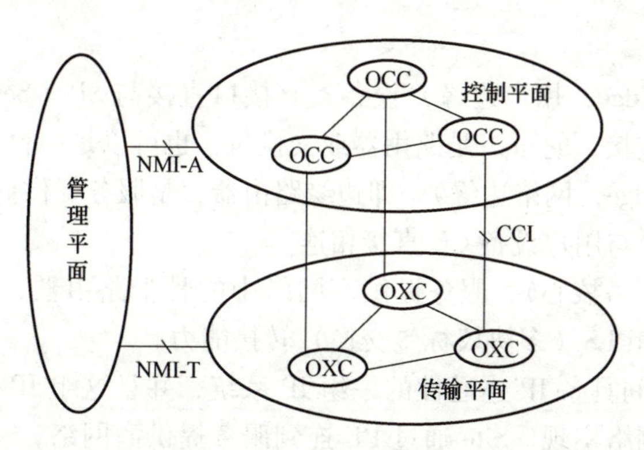

图 4.21　ASON 功能结构

与传统网元相比，ASON 网元增加了管理平面。管理平面主要有信令协议处理、路由协议处理及链路管理协议处理等功能组成。主要信令协议为 RSVP（资源预留协议），实现对连接的管理；路由协议为 OSPF，实现路由计算等功能；LMP 为 ASON 的链路资源管理协议，实现链路管理等功能。

2. ASON 连接类型

1）交换连接（SC）：交换连接的创立过程由控制平面独立完成，先由源端用户发起呼叫请求，通过控制平面内信令实体间的信令交互建立连接，是一种全新的动态连接类型。

2）永久连接（PC）：是在没有控制平面参与的前提下，由管理平面指配的连接类型，沿袭了传统光网络的连接建立形式，管理平面根据连接要求以及网络资源利用情况预先计算并确定连接路径，然后沿着连接路径通过网络管理接口（NMI-T）向网元发送交叉连接命令，进行统一指配，完成 PC 的创建、调整、释放等操作过程。

3）软永久连接（SPC）：由管理平面和控制平面共同完成，是一种分段的混合连接方式。软永久连接中用户到网络的部分由管理平面直接配置，而网络到网络部分的连接由控制平面完成。

3. ASON 组网

ASON 可以与现有传输网络混合组网。目前 ASON 组网方案较多，例如以下几种。

1）ASON+DWDM/OTN 组网：由于 ASON 节点有足够的带宽容量和灵活的调度能力，DWDM/OTN 系统有大容量的传输能力，这种组网方式建网快、成本低，运营费用也低。

2）ASON+SDH 混合组网：根据地理位置和运营商的策略等，ASON 可以分成不同的路由域（RA）。先将所有的 SDH 网络组成一个个 ASON 小岛，然后逐步形成整个的 ASON。

3）ASON+IP/MPLS 混合组网：高度融合了 IP 业务，提升了调度能力，增强了可靠性，实现了资源的最佳配置，促进了传统传输网向业务网方向的演进。

4.3 分组传送网（PTN）

4.3.1 PTN构成

1. PTN技术释义

CE（Customer Edge，用户边缘）设备，有接口直接与SP（Service Provider，服务商）网络边缘设备连接，它可以是路由器或交换机，也可以是一台主机。

PE（Provider Edge，网络边缘），即边缘路由器，是服务提供商网络边缘设备。PE设备用来在网络边缘与用户设备CE直接相连。

P（Provider，网络核心），服务提供商网络中的骨干路由器，不直接与CE相连，只需要具备基本的MPLS（多协议标签交换）转接能力。

Site，指相互之间具备IP连通性的一组IP系统，并且这组IP系统的IP连通性不需要服务商提供的网络实现。Site通过PE连到服务提供商网络，一个Site可以包含多个CE，但一个CE只能在一个Site中。

VLL（Virtual Leased Line，虚拟专线），是一种端到端的二层业务承载技术。

backhaul（回程线路），又称信号隧道，指的是一种配置，就是业务数据、协议消息及信令通过分组交换网络，从一个媒体网关到达另一个媒体网关的可靠传输。

VPN（Virtual Private Network，虚拟专用网络），是专用网络的延伸，多为点对点专用连接的方式，就是通过共享或公共网络，在两个终端之间收发数据，实际上就是传输中的专线。

MPLS（Multi-Protocol Label Switching，多协议标签交换），多协议是指不但可以支持多种网络层的协议，还可以兼容多种数据链路层的协议。

T-MPLS（Transport MPLS，传输多协议标签交换）是一种面向连接的分组传输技术，在传输网络中，将客户信号映射进MPLS帧进行转发。在T-MPLS的基础上，又产生了MPLS-TP（MPLS Transport Profile，多协议标签交换-传输子集）。

E-Line（以太专线），是基于MPLS的L2 VPN（二层透传VPN）业务。E-Line业务为点到点业务，是指客户有两个UNI接入点，彼此之间是双向互通的关系。

IMA（Inverse Multiplexing ATM，ATM反向复用），实现3G传输接口的方法之一，将ATM信元反向复用封装在E1中，在E1内部实现信元的统计复用。也可以考虑通过SDH网络对IMA E1进行SDH复用，例如，通过信道化155Mbit/s与RNC的对接，实现多基站的E1在RNC（无线网络控制器）侧的连接，以减少RNC机房的2Mbit/s电缆。

PWE3（Pseudo-Wire Emulation Edge to Edge，边缘到边缘的伪线仿真），是通过分组网络（IP/MPLS）提供隧道，便于仿真IMA、以太网等业务的二层VPN协议。通过此协议可以将传统的网络与分组交换网络连接起来，实现资源共用和网络的拓展。

2. PTN分层结构

PTN的分层结构如图4.22所示，主要由3层结构组成，它们是传输介质层、虚通路（VP）层和虚通道（VC）层。对于采用MPLS-TP技术的PTN而言，VC层即PW（伪线）层；VP层即为标签交换路径LSP层。传输介质层可采用以太网、SDH等传输

技术。客户业务层在 PTN 网络的最上层，可以是绑定的多个客户或是基于端口的客户。

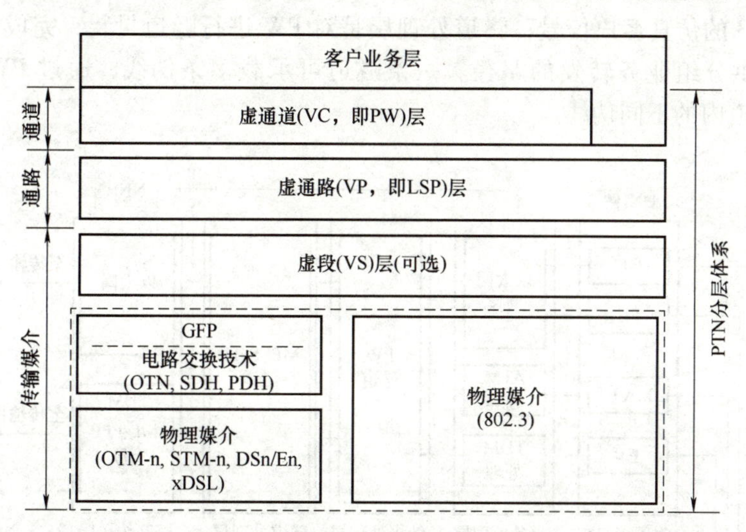

图 4.22　PTN 的网络分层结构

3. PTN 网元分类

PTN 网元可分为网络边缘节点（PE）和核心节点（P）两种类型，如图 4.23 所示。用户边缘设备（CE）是进出 PTN 业务层的源、宿节点，在 PTN 的两端成对出现。P 节点是在 PTN 内部进行 VP 隧道转发的网元。PE 和 P 描述的是对客户业务、VC（PW）、VP（LSP）的逻辑处理功能。从业务角度来看，对于一个指定的 PTN 业务，PE 或 P 的功能只能被一个特定的 PTN 网元所承担。但从网元角度来看。任何一个 PTN 网元，可以同时承载多条 PTN 业务，因而既可以是 PE 节点，也可以是 P 节点。

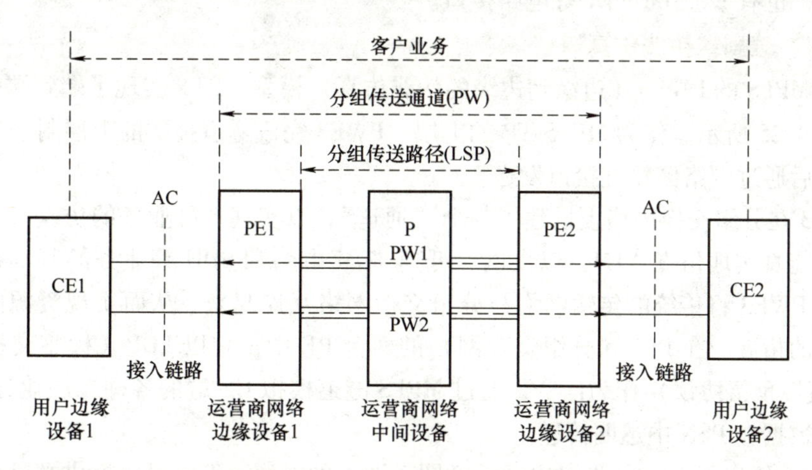

图 4.23　PTN 网元的逻辑分类

4.3.2　PTN 业务处理和伪线仿真

1. PTN 业务传输模型

图 4.24 给出了 PTN 的业务传输模型，其中伪线处理层是对客户报文进行伪线封

装，并提供承载各种仿真后业务数据的方法。针对不同的仿真业务，统一封装成报文格式为 PWE3 的仿真客户信号；隧道处理层是对 PW 进行隧道封装，完成 PW 到隧道的映射，提供分组业务转发的路径。一条隧道可承载多条伪线，通过 PW 标签区分 MPLS-TP 隧道内的不同伪线。

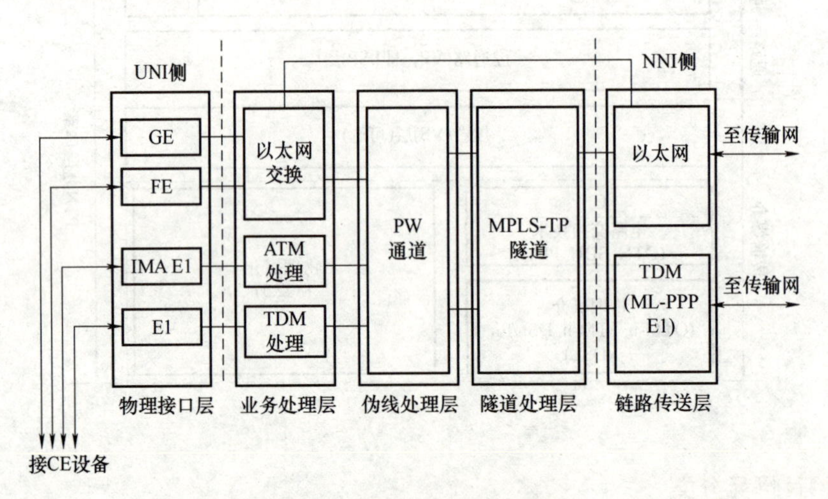

图 4.24　PTN 的业务传输模型

从图 4.24 可以看到，当物理层为以太网时，在 NNI（网络-网络接口）侧通过以太网接口，直接与分组传输网连接；当物理层采用 TDM 时，使用 ML-PPP 封装，在 NNI 侧通过 ML-PPP 接口，直接与 TDM 传输网络连接，如 E1、STM-N 等接口。在 UNI（用户-网络接口）侧，可以接入各种设备，包含分组设备和 TDM 设备，接口有 GE、FE 等数据接口，也有 E1、IMA E1 等电路接口。

2. PTN 端到端伪线仿真模型

基于 MPLS 的 PWE3（边缘到边缘的伪线仿真）模型，PTN 实现了端到端的逻辑通道，如图 4.25 所示。作为 MPLS-TP 的上层，PWE3 完成隧道报文的上层封装后，逐层下移，最后通过网络侧物理接口发送。

PWE3 在分组交换网络上搭建了一个“通道”，以实现各种业务的仿真及传输。在 PTN 中，能真实地仿真 ATM、以太网、低速 TDM 电路和 SDH 等业务的基本行为和特征，通过 PWE3 将传统的传输网络与分组交换网络互连起来，从而实现资源的共享和传输网络的拓展。在 PSN（分组交互网）的两台 PE 中，它以 LDP（标签交换协议）、RSVP（资源预留协议）作为信令，通过 MPLS 隧道模拟 CE 端的各种二层业务，使 CE 端的二层数据在 PSN 中透明传递。

图 4.26 给出了 NNI 侧端口原理示意图，图中的隧道（Tunnel）提供端到端，也就是 PE 的 NNI 侧端口之间的连接；伪线（PW）用来封装客户业务，不同的客户业务由不同的伪线承载。PTN 的 UNI 不存在复用，PE 设备的一个 UNI 只接入一个用户，不同用户业务在 PE-PE 之间传输时，各业务的带宽、QoS 可以得到保障。

3. PWE3 的主要功能

PWE3 的主要功能包括：对信元或者特定业务比特流在入端口进行封装，在出端口

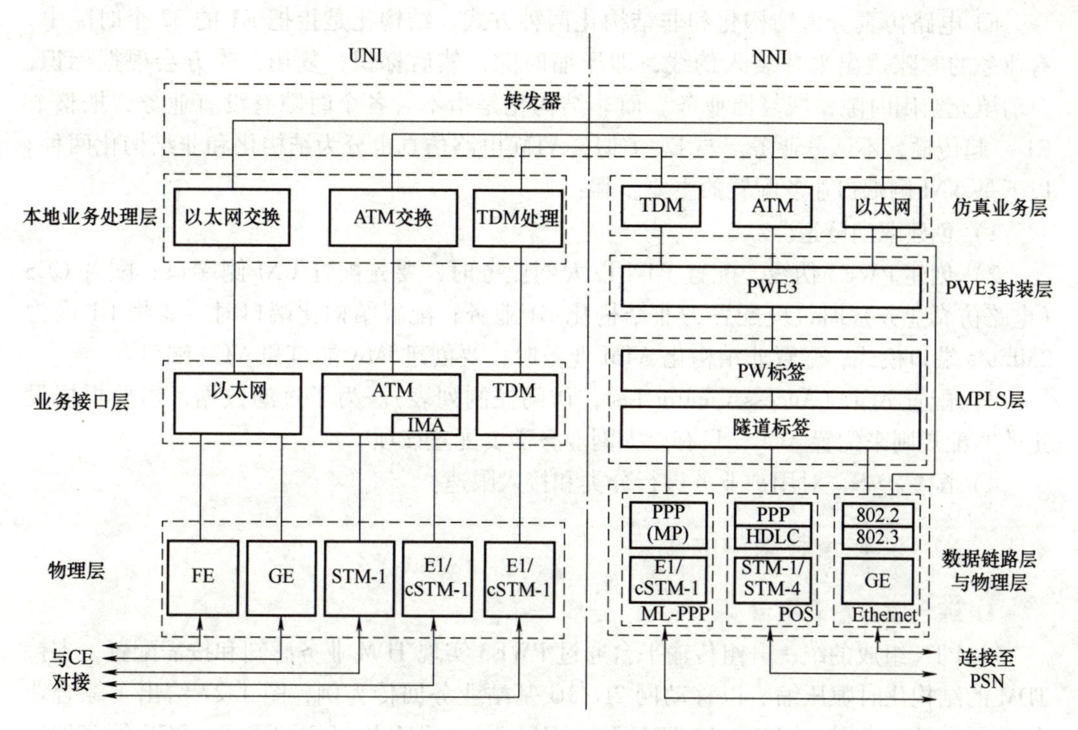

图 4.25　基于 MPLS 的 PWE3 模型

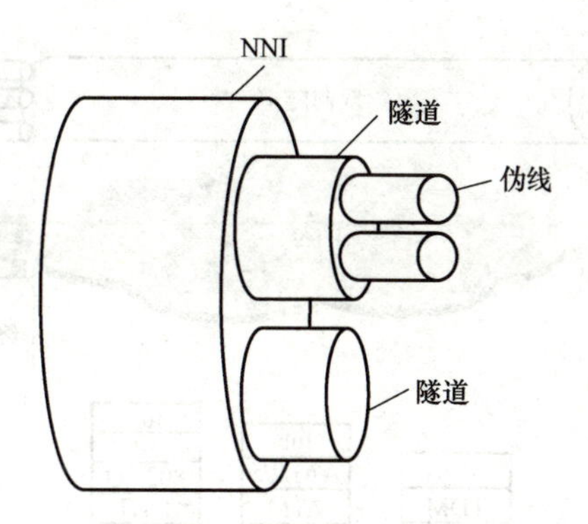

图 4.26　NNI 侧端口的隧道与伪线关系

进行解封装，并携带它们通过 IP/MPLS 网络进行传输；在隧道端点建立 PW，包括 PW ID 的交换和分配；管理 PW 边界的信令、定时等与业务相关的信息；业务的告警及状态管理等。用户边缘（CE）设备感觉不到核心网络的存在，认为处理的业务都是本地业务。

隧道提供 PE 的 NNI 侧端口之间的连通性功能，在隧道端点建立和维护 PW，用来封装和传输业务。用户的数据报文经封装为 PW PDU（协议数据单元）之后通过隧道传输，对于客户设备而言，PW 表现为特定业务独占的一条链路，称之为虚电路（VC），不同的客户业务由不同的伪线承载，或称“业务仿真”。

【例 4.4】 什么是电路仿真结构化和非结构化？描述 NNI 侧端口业务配置步骤。

E1 电路仿真分为结构化和非结构化两种方式。结构化是指把 E1 的 32 个时隙中，有业务的时隙挑出来并装入伪线，即压缩时隙，然后标识、复用，收方会根据标识，自动填充空闲时隙，恢复原业务。而非结构化是指不管各个时隙有没有业务，把整个 E1 一起传输，不区分业务。与 E1 类似，ATM 电路仿真也分为结构化和非结构化两种。以下是 NNI 侧端口业务配置的主要步骤：

1）创建双向隧道。

2）创建 PWE3 伪线。配置 PTN 以太网业务时，要先配置 UNI 侧端口；配置 CES（电路仿真业务）时，应配置为非结构化 E1 业务；配置结构化端口时，要将 E1 设为 2Mbit/s 端口模式；配置非结构化 ATM 业务时，要创建 IMA 端口和 ATM 端口。

3）配置 ACL（Access Control List，访问控制列表）。为了过滤数据，需要根据设定的匹配规则来配置 ACL，只有以太网业务需要配置该项。

4）配置 QoS，对用户业务进行分类和接入限速。

4.3.3 PTN 在承载网中的应用

1. 综合业务承载平台

由 PTN 组成的统一分组传输平台通过 PWE3 实现 TDM 业务感知和按需配置，支持 TDM 的结构化时隙压缩。以移动网 2G/3G 基站业务回传为例，图 4.27 给出了综合业务统一承载示意图。PTN 支持 TDM E1、IMA E1、STM-*N*、FE、GE 和 10GE 等多种接口，例如：

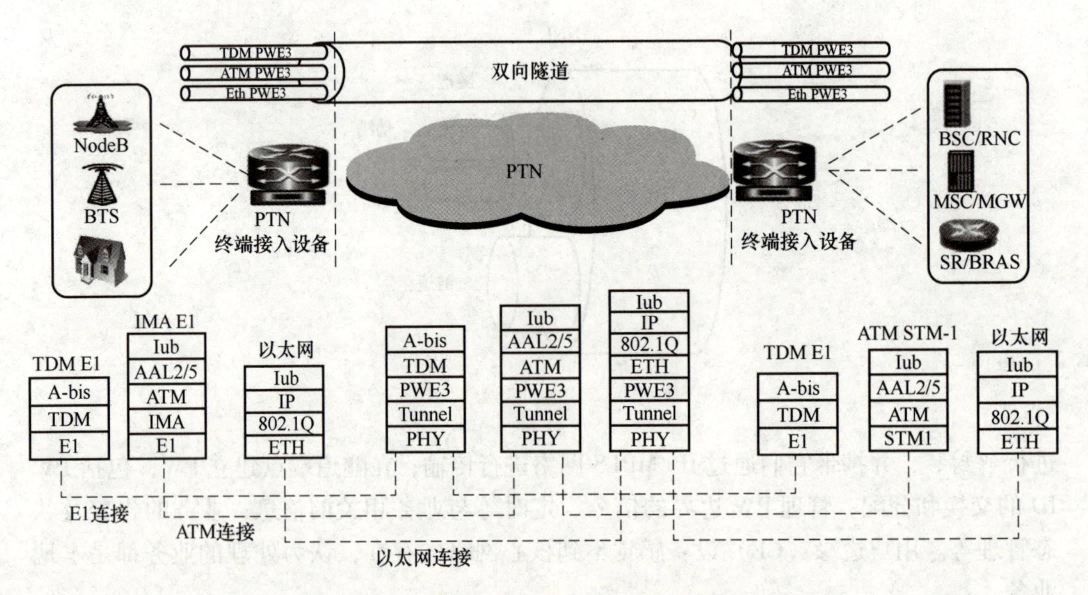

图 4.27 综合业务统一承载示意图

1）2G 的 BTS（RRU）与 BSC（BBU）之间为 A-bis 接口，只有一种连接方式：TDM 的 E1 接口类型，传输介质为同轴电缆，以时隙的方式进/出 PTN。

2）3G 的 NodeB（RRU）与 RNC（BBU）之间为 Iub 接口，有 3 种连接方式：TDM 的 E1 接口类型，通过同轴电缆，以时隙的方式进/出 PTN（图中未给出）；以太网接口

类型，通过光纤或网线，以 IP 的方式进/出 PTN；IMA E1 接口类型，通过光纤或网线，以 ATM 信元的方式进/出 PTN。

3）4G 的 eNodeB 与 EPC 之间为 S1 接口，只有以太网一种连接方式，传输介质为光纤或网线，以 IP 的方式进/出 PTN。

针对 TDM 业务，PWE3 支持非结构化和结构化仿真，支持结构化的时隙压缩；针对 ATM/IMA 业务，PWE3 支持 VPI/VCI 交换和空闲信元去除。

2. LTE 承载应用

LTE 回程网络采用汇聚/接入层 L2 VPN（二层 VPN 透传）、核心层 L3 VPN（三层 VPN 透传）的组网方案。汇聚/接入层采用 E-Line（以太专线）业务模型，将基站业务接入核心层；核心层部署的 L3 VPN，将所有 LTE 业务配置在一个 VRF（虚拟转发和路由）中，根据 VRF 路由配置实现 S1/X2 业务转发；同时在核心层节点实现 L2/L3 桥接功能，一个三层虚接口可以下挂多个基站，节点上可以接入 WDM/OTN 等传输系统。PTN 承载的 LTE 组网如图 4.28 所示，传输网络采用纯 IP 路由的方式，对 S-GW、MME、OMC（操作维护中心）服务器和 eNodeB 等网元以及三层传输设备端口设置相应的 IP 地址，通过 IP 路由实现接入网络中各 VLAN 流量的互联互通。

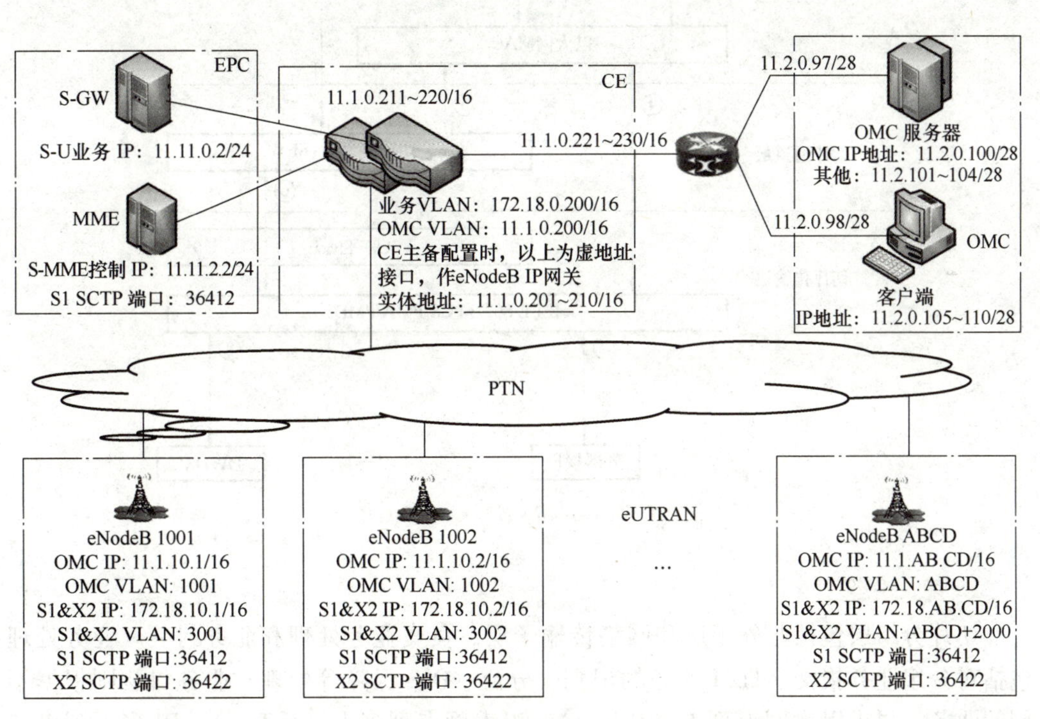

图 4.28　PTN L3 方案承载 LTE 组网方案示意图

【例 4.5】 根据图 4.28 各网元的参考地址，简述基站 eNodeB1001 的地址及有关配置。

S1 端口的 SCTP 地址为：172.18.10.1：36412，所在虚拟局域网为 VLAN3001；X2 端口的 SCTP 地址为：172.18.10.1：36422，所在虚拟局域网为 VLAN3001；OMC IP 地址为 11.1.10.1/16，所在虚拟局域网为 VLAN1001；网关 IP 地址为 11.1.0.200/16。

CE 节点负责将 X2 接口信息按照 IP 地址转发相邻基站，将 S1 接口信息按照 IP 地址转发给 S-GW/MME，以实现多归属需求。

4.4 切片分组网（SPN）

4.4.1 SPN 模型及其功能结构

SPN 模型如图 4.29 所示，由切片分组层（SPL）、切片通道层（SCL）和切片传输层（STL）组成。其中，SPL 用于分组业务处理，包括业务信号的封装处理（L2 VPN 或 L3 VPN）、MPLS-TP 或 SR-TP 隧道处理，以及分组业务与以太网 MAC 映射处理；SCL 基于切片以太网（Slicing Ethernet，SE）技术，提供硬管道交叉连接能力；STL 用于提供 IEEE 802.3（以下简称 802.3）以太网物理层编解码和传输媒介处理。

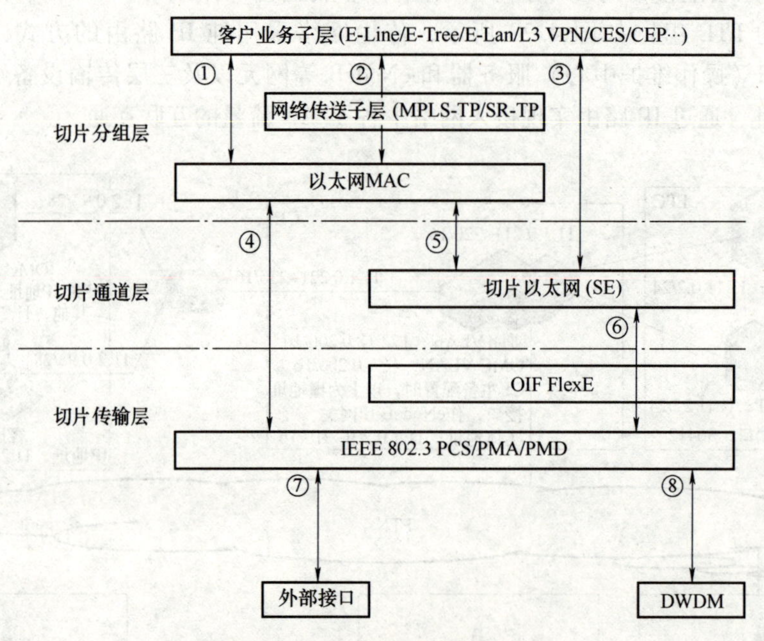

图 4.29　SPN 模型及其复用关系

1. 切片分组层

切片分组层包括业务子层和网络传输子层，负责业务处理和业务封装。业务处理包括对分组业务报文、TDM 业务的识别、分流、QoS 保障等处理。业务封装则根据不同的业务，提供以太网点到点（E-Line）、以太网点到多点（E-Tree）、IP 多点到多点（L3 VPN）、CBR 透传等业务承载服务，以及 TDM 仿真：包含电路仿真业务（CES）和分组交换网中的电路仿真（CEP）。网络传输子层承载 MPLS-TP 或 SR-TP 隧道，包括虚通道层（VC）、虚通路层（VP）、虚段层（VS），以实现分组业务的分层承载。

2. 切片通道层

切片通道层实现业务数据的接入/恢复、数据流的交叉连接、OAM 信息增/删以及通道的监控和保护。SPN 切片通道端到端的切片以太网连接，具有低时延、透明传输

等特征，上层业务在源节点映射到 FlexE 接口，中间节点基于 FlexE 进行交叉连接，目的节点从 FlexE 解映射，恢复上层业务。

3. 切片传输层

切片传输层分为 FlexE Shim 层、802.3 以太网层，以及 DWDM 光层，如图 4.30 所示。其中 802.3 以太网层又包括物理编码子层（PCS）、物理媒介附加（PMA）子层和物理媒介相关（PMD）子层。FlexE Shim 位于切片通道 MAC 子层和 PCS 子层之间，提供多个 FlexE 接口与任意一组 FlexE 链路（FlexE Group）之间的映射，以实现 FlexE 链路的捆绑、通道化及子速率等功能。FlexE Group 是由物理编码子层和 FlexE Shim 层构成的，实现接入数据流的频率和速率适配、数据流在 FlexE Shim 的映射与解映射、开销的插入和提取等功能。802.3 以太网层以及 DWDM 光层为 FlexE Group 链路层或切片分组层提供物理承载服务。

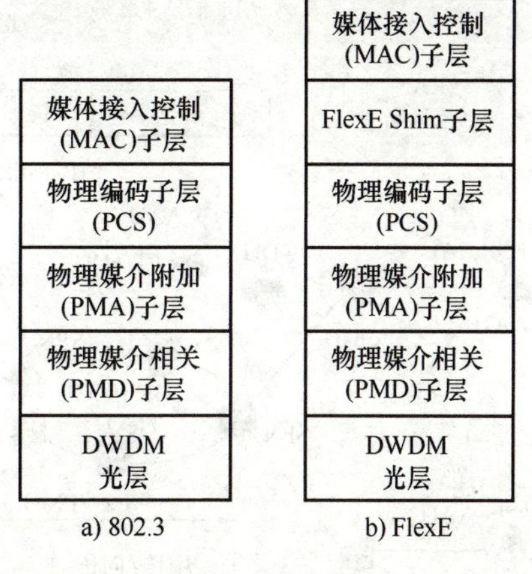

图 4.30 FlexE Shim 层和 802.3 以太网层

4. 层间复用关系

根据不同的业务场景，SPN 选择适配的层间复用，参考图 4.29 圈中数字，各层复用关系如下。

（1）切片分组层复用关系

本地以太网业务、L2 VPN 及 L3 VPN 承载的用户侧业务直接复用进以太网 MAC 层①；L2 VPN 及 L3 VPN 承载的网络侧业务复用到网络传送子层，再复用进以太网 MAC 层②；恒定比特率（CBR）业务直接复用进切片通道层③。切片分组层以太网 MAC 直接复用进切片传输层④，如传统 802.3（非 FlexE）接口业务的处理；切片分组层以太网 MAC 作为源、宿端点复用到切片以太网（Slicing Ethernet）处理⑤。

（2）切片通道层复用关系

切片通道层通过切片以太网（Slicing Ethernet）复用进 Flex 接口后再复用进 PCS/PMA/PMD 子层⑥，如 OIF 标准定义的 Flex 接口处理。

（3）切片传输层复用关系

PCS/PMA/PMD 子层连接外部接口收发数据⑦，如灰光接口处理；PCS/PMA/PMD 子层复用进 DWDM 光层处理⑧，如彩光接口处理。

4.4.2 SPN 组网

按照部署场景，移动业务承载网分为长途骨干传输网和城域传输网。城域传输网由核心、汇聚和接入网组成，如图 4.31 所示。SPN 需要同时满足集中式和分布式无线基站部署方式，以及核心网向网络边缘下沉的部署要求。SPN 前传网络提供逻辑上点到点、树形连接服务，支持 1~10km 的传输距离；SPN 中传网络一般为环形或者 Mesh（网状）组网，支持 40~80km 的传输距离，需要满足分组统计复用和低时延要求；

SPN 回传网络物理组网以环形为主，通过 Mesh 增强业务调度灵活性和网络可靠性，支持 200km 的传输距离。

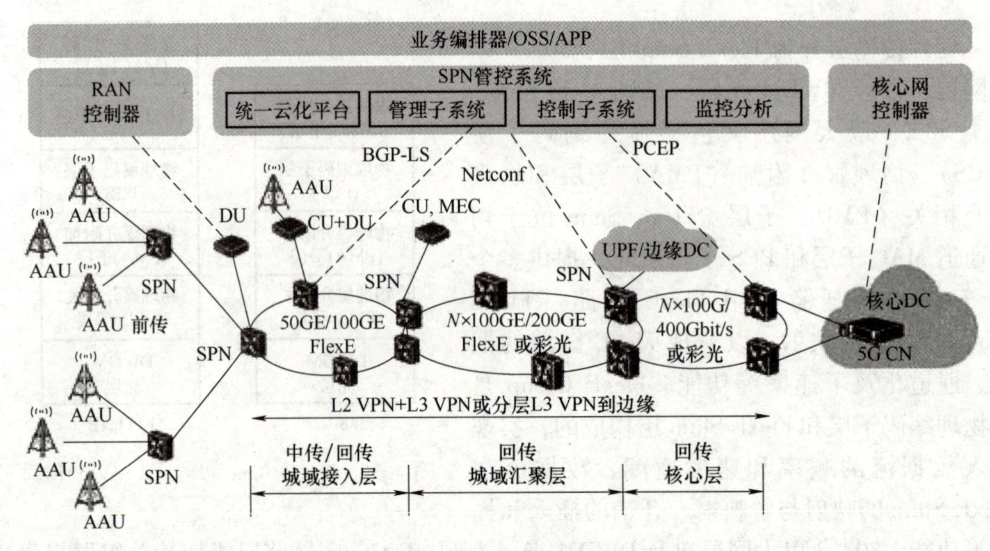

图 4.31　移动业务承载组网

SPN 定位于移动业务、家庭宽带和政企专线等的综合承载，根据 SLA（服务等级协议）需要，选择切片分组层 VPN+MPLS 隧道技术或者切片通道层 SPN 管道技术。

4.4.3　基于 IP 的无线接入网（IP-RAN）

IP-RAN（IP Radio Access Network）指以 IP 方式承载移动业务的网络。5G IP-RAN 数据转发和控制以 IP/MPLS、SPN 等为基础，采用路由交换设备及 BFD（双向转发检测）等关键技术。

从图 4.32 可以看到 2G 至 5G 无线接入网（RAN）的演进过程：2G（GSM）为 BSC（基站控制器）、BTS（基站收发器）；3G 为 RNC（无线网络控制器）、Node B；4G 为 eNode B，又分为 BBU（基带处理单元）和 RRU（射频拉远单元）；5G 为 CU（集中单元）、DU（分布单元），以及 AAU（有源天线单元），合称 gNB。相对于 4G 无线接入网的 BBU、RRU 两级结构，5G RAN 通常采用 CU、DU 和 AAU 三级结构。针对 5G RAN 三级网络，将 DU 和 AAU 间的传输网称为前传（Fronthaul），将 DU 和 CU 间的传输网称为中传（Middlehaul），将 CU 和 5GC 间的传输网称为回传（Backhaul）。5G IP-RAN 组网采用现有的核心、汇聚网加接入网架构。汇聚网和接入网分属不同的 IGP（内部网关协议）进程。通常核心、汇聚网采用口字形结构，接入网采用环形结构。以下介绍前传、回传和中传网络。

1）前传网络：AAU（或 BBU）到 DU 之间定义为前传网络，前传协议从 CPRI 向 eCPRI 演进，能满足大带宽需求。作为对比，4G 网，从 RRU 到 BBU 之间定义为前传网络。

满足 5G 前传接口需求的前传方案主要有：光纤直连方案、WDM-PON（无源 WDM）方案、有源 WDM 方案、PTN/SPN（切片分组网）等。对安全性要求较高的场景，应尽量采用 D-RAN 方式，可采用 PTN/SPN 组环网接入。

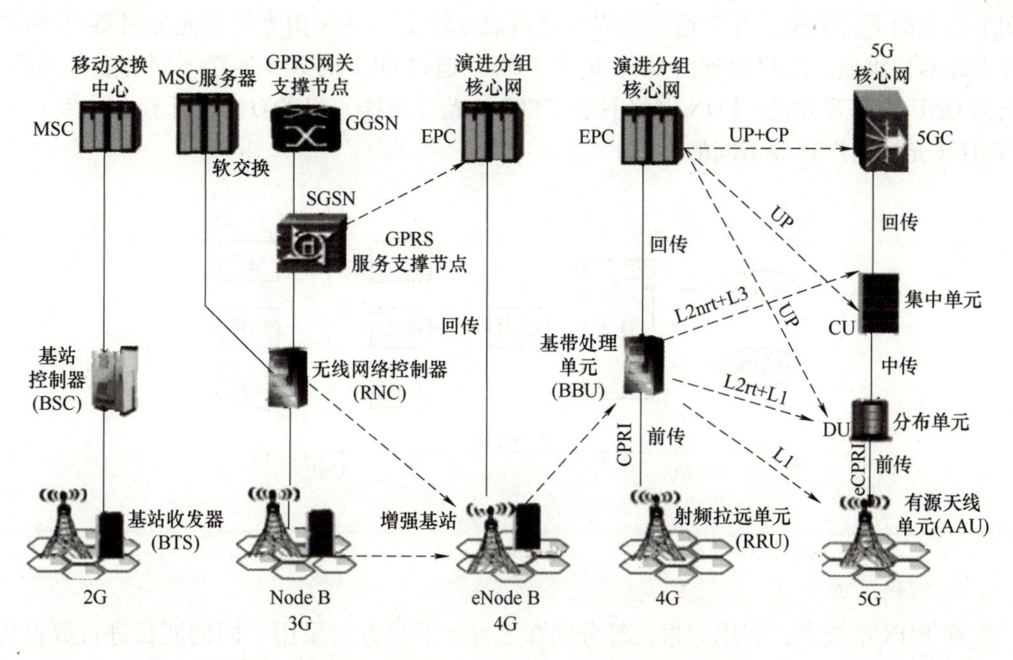

图 4.32　2G 至 5G 无线接入网的演进过程

2）回传网络：在组网形态上将 CU 到 5GC 之间的网络定义为回传，如果 CU 云化部署，则 CU 带宽取决于所管理的 DU 数目，回传网在流量及组网设备层面都具有较好的收敛性。

3）中传网络：或称为二级前传网络，指无线业务云化，DU 和 CU 分离带来的承载需求层次。对于中传网络这一段，网络带宽与可靠性要求较高，收敛特性跟回传网络类似，在网络架构设计时需要按回传网基本特性综合考虑和设计。从承载技术角度看，IP-RAN 网络中传与回传承载没有差异，因为 CU 既可跟 DU 部署在一起，也可以集中云化部署。为了简化运维，中传可以与回传合并到统一承载组网，无须单独的中传网络，以减少网络架构的层次。

4.5　无源光网络（PON）

PON 包括 EPON（以太网无源光网络）和 GPON（吉比特无源光网络）等类型，EPON 的双向传输速率均为 1.25Gbit/s，GPON 的物理层下行速率为 2.5Gbit/s，上行速率为 1.25Gbit/s。

4.5.1　PON 结构及技术

1. EPON 的总体结构

PON 总体结构如图 4.33 所示。PON 位于 SNI（业务网络接口）至 UNI（用户-网络接口）之间，主要分成 3 部分：一个 OLT（光线路终端）、多个 ONU（光网络单元）和连接它们的 ODN（光分配网络）。其中 OLT 设备位于中心局端（CO），充当交换机和路由器的角色。ONU 设备位于用户端，用于暂时存储用户端传来的上行数据或者

OLT 传来的下行数据，并在适当的时候进行数据转发。ODN 由光纤和光分路器/合路器等无源器件组成。用户业务由 ONU 进入 PON，通过 OLT 的 SNI 连接不同的业务网络。根据 ONU 的部署方式，PON 网络具有 FTTB（光纤到楼）、FTTO（光纤到办公室）和 FTTH（光纤到户）等不同的形态。

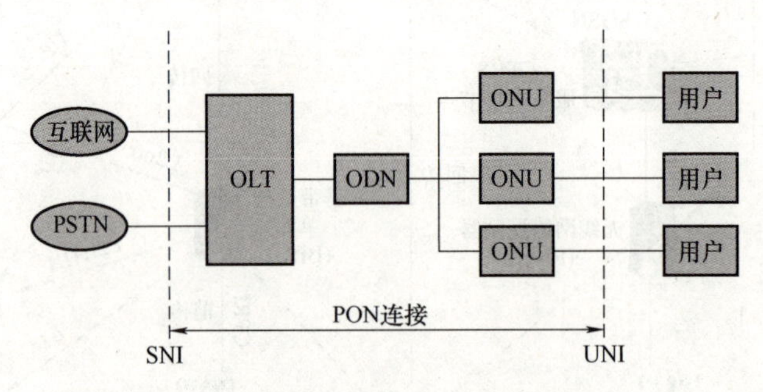

图 4.33 PON 总体结构

2. 传输技术

在 PON 系统中，利用一根光纤分别在上行和下行方向采用不同的波长进行数据传输，上行方向采用 1310nm 波长，下行方向采用 1550nm 波长。EPON 的下行传输方式如图 4.34 所示，数据以变长信息包的形式，从 OLT 下行广播到多个 ONU，信息包的最大长度为 1518B。每个信息包头部中的 LLID（逻辑链路标识）用于标识该数据包的目的 ONU。信息包还可能是发给所有 ONU 的广播信息包或发给特定的 ONU 组的多播信息包。在光分路器中将信号分为相互独立的 N 路信号，每路信号加载有所有 ONU 信息包的全部内容。当数据到达 ONU 时，各 ONU 会接收属于自己的数据包，丢弃其他的数据包。

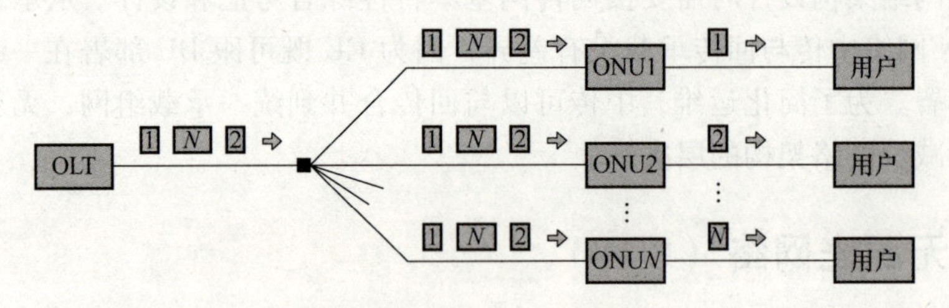

图 4.34 EPON 的下行传输方式

EPON 的上行传输方式如图 4.35 所示，使用 TDMA（时分复用多址）技术，将多个 ONU 的上行信息组织成一个 TDM 信息流传输到 OLT。每个 ONU 的信号在经过不同长度的光纤（不同的时延）传输后，进入连接光分配器的共用光纤，正好占据分配给它的一个指定时隙，不会发生相互碰撞干扰。

3. 多点控制协议

为了支持 ONU 注册以及 OLT 动态分配 ONU 上行时间窗口，IEEE 802.3 在 MAC 子层上定义了 MPCP（多点控制协议）。作为 OLT 和 ONU 之间的控制机制，MPCP 用于协调 ONU 到 OLT 数据的有效发送和接收。

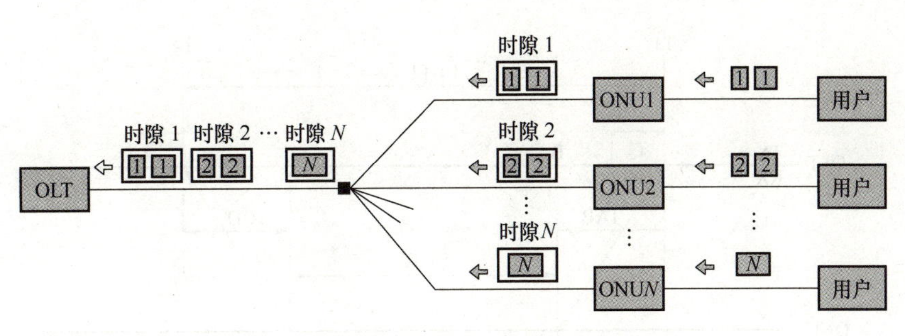

图 4.35 EPON 的上行传输方式

MPCP 在 MAC 子层实现，实现过程如图 4.36 所示。ONU 用发现窗口的信息进行测距等操作以实现同步，OLT 为 ONU 分配逻辑链路 ID 及必需的带宽，ONU 在授权时隙中发送数据帧。OLT 需要产生一个时戳消息作为全局的时钟参考，控制 ONU 的注册过程，为 ONU 测距产生发现窗口，为 ONU 分配授权时隙。

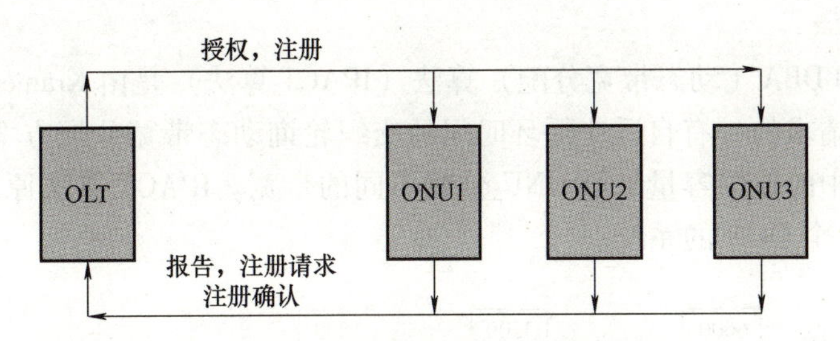

图 4.36 MPCP 的实现过程

4.5.2 PON 系统测距及 DBA 算法

1. 系统同步和测距

EPON 时钟同步采用时间标签方式，在 OLT 侧有一个全局的计数器，下行方向 OLT 根据本地的计数器插入时间标签，ONU 根据收到的时间标签修正本地计数器，完成系统同步；上行方向 ONU 根据本地的计数器插入时间标签，OLT 根据收到的时间标签完成测距。

由于各 ONU 信号到达 OLT 的时延不同，各个 ONU 的上行帧可能发生碰撞，因此必须采用测距技术进行补偿。

在 EPON 系统中，通过 GATE、REPORT 信息交互，完成 OLT 到 ONU 的数据往返时间（RTT）的测量，并通过时间标签实现各个 ONU 到 OLT 的时间同步。OLT 利用 MPCP 中的时间模型及控制帧中的时间标签来计算 RTT，即通过计算接收的时间标签与本地时钟的差值来实现测距。测距原理如图 4.37 所示。RTT 的计算过程如下：

① OLT 在时刻 T1 发送 GATE 帧给 ONU，在 GATE 帧中加时间标签为 T1；

② ONU 在 T2 时刻接收 GATE 帧后，根据时间标签 T1 将自己的本地时钟置为 T1；

③ ONU 在本地时间为 T3 时开始上传 REPORT 帧，在 REPORT 中加时间标签 T3；

④ OLT 在时刻 T4 收到该 REPORT 帧，得到时间标签 T3。

则：RTT=TAB+TCD=(T4-T1)-(T3-T2)=(T4-T1)-(T3-T1)=T4-T3

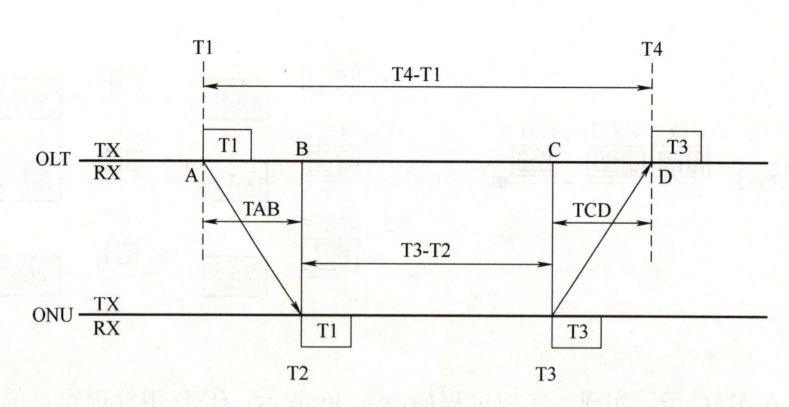

图 4.37　测距原理

由于步骤②的时钟设置，T2＝T1。OLT 只需要将收到 REPORT 帧时的绝对时间 T4，减去收到 REPORT 帧中时间标签的时间 T3，就可以得到 RTT 的值。

2. DBA 算法

间插轮询的 DBA（动态带宽分配）算法（IPACT 算法）是由 Kramer G 等人提出的一种基于授权/请求的、有自适应循环时间的交织轮询动态带宽分配方案，OLT 根据每个 ONU 缓存器中的数据容量来给 ONU 分配不同的带宽。IPACT 算法原理如图 4. 38 所示，考虑只有 3 个 OUN 的系统。

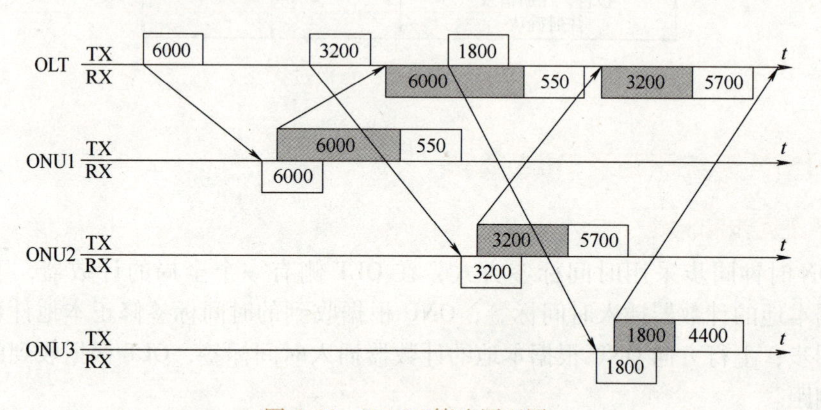

图 4. 38　IPACT 算法原理图

假设在 T0 时刻，OLT 能够精确地知道有多少数据在每一个 ONU 的缓存器中等待传递，以及每一个 OUN 的往返时间（RTT）。例如：在 T0 时刻，OLT 向 ONU1 发送控制信息允许发送 6000B。OLT 以广播方式发送授权信息，消息中包括目的 ONU 的 LLID 以及允许开窗的大小。当 OUN1 接到授权指令时，按照指定字长发送数据到 OLT，然后发送报告消息到 OLT，消息中包括目前缓存器中剩余的字节数 550B。

由于开始传递数据之前要经过一段等待时间（包括实际往返时间、授权指令处理、OLT 接收数据的准备时间和空隙时间），同时 OLT 知道 ONU1 有多少数据要发送，因此，OLT 可以在 ONU1 数据传输完毕之前就给其他的 ONU 发送授权指令，以保证当 ONU1 数据发送完毕之后，其他的 ONU 可以立即发送数据。同时，为了确保 RTT 的波

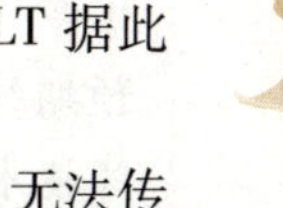

动不会影响数据传输，两个 ONU 发送数据之间应保留一个保护带宽。

在 ONU1 发送完毕之后，可以发出新的报告，刷新在 OLT 中的数据表，OLT 据此调整 ONU1 的带宽。以此类推，实现动态的带宽分配。

在传输过程中，为了防止某一个 ONU 长期占用传输带宽，而导致其他 ONU 无法传输数据，在 OLT 的授权过程中要设置一个门限值，称为最大传输窗口，当 ONU 报告的队列长度大于此门限值时，便授权最大传输窗口带宽。

根据上述算法，需要给每一个 ONU 分配一个最大传输窗口，设为 $W_{\mathrm{MAX}}^{[i]}$，$W_{\mathrm{MAX}}^{[i]}$的选择决定了重负载情况下的最大轮询周期时间 T_{MAX}，有

$$T_{\mathrm{MAX}}=\sum_{i=1}^{N}\left(G+\frac{8W_{\mathrm{MAX}}^{[i]}}{R}\right) \tag{4.4}$$

式中，G 为防护间隔（单位为 s）；N 为 ONU 数；R 为线速度（单位为 bit/s）；系数 8 表示由字节转为比特位。

T_{MAX}过大，会增大所有以太帧的时延；T_{MAX}过小，会使由于防护间隔而浪费的带宽增加。因此，ONU 需要保证将要传输帧的大小与剩余的时隙相符合，若不符合，则此帧将被延时到下一个时隙传输。

除了用来表示最大周期时间外，$W_{\mathrm{MAX}}^{[i]}$值也决定了每个 ONU 的可用保证带宽，用 $\Lambda_{\mathrm{MIN}}^{[i]}$表示第 i 个 ONU 的最小保证带宽，显然有

$$\Lambda_{\mathrm{MIN}}^{[i]}=\frac{8W_{\mathrm{MAX}}^{[i]}}{T_{\mathrm{MAX}}} \tag{4.5}$$

将式（4.4）代入式（4.5），得到

$$\Lambda_{\mathrm{MIN}}^{[i]}=\frac{8W_{\mathrm{MAX}}^{[i]}}{\sum_{i=1}^{N}\left(G+\frac{8W_{\mathrm{MAX}}^{[i]}}{R}\right)} \tag{4.6}$$

在极限情况下，即只有一个 ONU 有数据传输时，这个 ONU 可用带宽为

$$\Lambda_{\mathrm{MIX}}^{[i]}=\frac{8W_{\mathrm{MAX}}^{[i]}}{NG+\frac{8W_{\mathrm{MAX}}^{[i]}}{R}} \tag{4.7}$$

假设所有 ONU 都有相同的保证带宽，即 $W_{\mathrm{MAX}}^{[i]}=W_{\mathrm{MAX}}$，则有

$$T_{\mathrm{MAX}}=N\left(G+\frac{8W_{\mathrm{MAX}}}{R}\right) \tag{4.8}$$

在时分复用接入模式中，OLT 安排好各 ONU 允许发送上行信号的时隙，发出时隙分配帧。ONU 根据时隙分配帧，在 OLT 分配给它的时隙中发出自己的上行数据。这样，ONU 之间就可以共享上行信道，即众多的 ONU 共享有限的上行信道带宽。

拓展阅读

我国的第一根通信光纤

1966 年，英/美籍华人高锟（2009 年诺贝尔物理学奖获得者）首次发表了玻璃可用于通信的论文，奠定了光纤通信的理论基础。1970 年，美国康宁公司用改进型

化学气相沉积法，成功制造出了损耗为17dB/km的光纤。这是世界上首根符合理论预期的低损耗光纤，正式开启了光纤通信的时代。当时科技相对落后的中国，在光纤技术领域，还处于一片空白的阶段。

1972年底，正在武汉邮电科学研究院工作的赵梓森，从一本外国杂志上了解到美英等发达国家已经在研制光纤通信技术，并取得了初步的成功。他敏锐地意识到，光纤通信可能会在我国引起一场通信技术的革命。经过深入研究，赵梓森提出了光纤通信的制造技术方案。方案一出却遭到了国内许多权威专家的质疑：小小玻璃可以通信？简直是天方夜谭。因为当时中国科学家研究的方向，是大气激光通信。赵梓森坚持自己的研究方向，在缺乏研发资料、设备和资金支持的情况下，自己动手在单位办公楼一楼厕所旁边改造出一间实验室，开始了光纤的研制。实验室条件极其简陋，所用设备是破旧机床、电炉、试管、酒精炉、烧瓶；采用的工艺是烧烤；原料是四氯化硅。功夫不负有心人，经过上千次实验，终于在1976年3月成功地拉出一根17m的玻璃细丝——中国第一根石英光纤。赵梓森誉为我国光纤事业的奠基人，并于1995年当选为中国工程院院士。

赵梓森出生于旧上海的一个制衣作坊家庭，从小就喜爱动手，制作过氢气球、矿石收音机和滑翔飞机模型等，并因此对科学研究产生了浓厚兴趣，养成了追求科学、不达目的誓不罢休的坚韧性格，最终成就了他科学报国的理想。

习　题

一、填空题

1. SDH传输网中，STM-4的标准速率为__________。N为__________时，STM-N的标准速率为9953.280Mbit/s。

2. 支路信号进入SDH的STM-N要经过的3个步骤分别为：__________、__________、__________。

3. MSTP的VC级联有两种类型，分别为__________和__________。

4. 按照信道之间波长间隔的不同，WDM分为__________和__________。

5. 按照光接口的兼容性，DWDW系统分为__________和__________两种系统结构。__________式结构在波分复用器前加入了OTU，使不具备G.692光接口的SDH系统可以接入DWDM系统。

6. ASON在传统光传输网的传输平面、控制平面之外，引入了__________平面，以实现自动交换和连接控制。

7. ASON的连接类型包括__________、__________和__________。其中__________连接由管理平面和控制平面共同完成。

二、选择题

1. SDH的网元中，不能提供业务上下和通道交叉连接的网元是（　　）。

A. ADM　　　　B. TM

C. REG　　D. SDXC

2. 按照 OTN 复用映射结构，业务信号复用到 Och 所使用的数据单元不包括（　　）。

A. OTU　　B. ODU

C. OPU　　D. ONU

3. ASON 的连接类型不包括（　　）。

A. 半永久链接（HPC）　　B. 交换连接（SC）

C. 永久连接（PC）　　D. 软永久连接（SPC）

4. 以下选项中，不属于 SPN 网络模型的是（　　）。

A. 切片分组层（SPL）　　B. 切片通道层（SCL）

C. 切片传输层（STL）　　D. 切片业务层（SSL）

5. 以下选项中，不属于 PTN 分层结构的是（　　）。

A. 传输介质层　　B. 客户业务层

C. 虚通路（VP）层　　D. 虚通道（VC）层

6. 关于 PON，以下选项中错误的是（　　）。

A. PON 由 OLT、ODN、ONU 组成　　B. EPON、GPON 帧结构不同

C. PON 使用无源分光器　　D. EPON 支持的最大分光比为 1∶8

三、简答题

1. 简述 SDH 的复用结构。SDH 通常由哪些网络单元组成？说明各网络单元的功能。

2. MSTP 与 SDH 有何区别？

3. 什么是 OTN？OTN 与 SDH 有何区别？

4. 简述 EPON 上行传输过程。

第5章

电　信　网

这里，电信网指以提供语音业务为主的网络，包括公共交换电话网（PSTN）、公共陆地移动网（PLMN）、综合业务数字网（ISDN）和智能网（IN），以及为业务网提供支撑的同步网、信令网和电信管理网（TMN）。除第3章已经介绍过的信令网之外，本章将对上述网络展开讲述。

5.1 固定电话网

固定电话网主要指公共交换电话网（Public Switched Telephone Network，PSTN），ISDN是PSTN的升级网络。程控交换机是PSTN的关键设备，同步网是PSTN的支撑网。

5.1.1 数字程控交换技术

PSTN中的核心设备为数字程控交换机，采用电路交换技术。现代电信网中，数字程控交换机已逐步被软交换等新型交换设备所取代，但作为曾经通信技术的制高点，其交换原理对现代交换技术的演进发挥了巨大的作用。图5.1是数字程控交换机的功能结构，共分为连接、信令、接口和控制4大基本功能，分别通过硬件系统和软件系统实现。

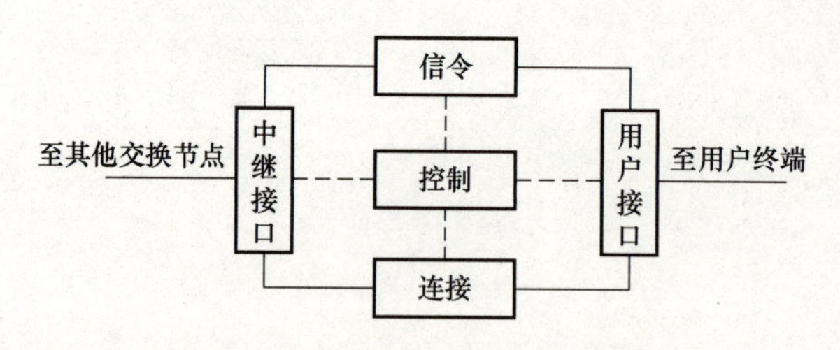

图5.1　数字程控交换机的功能结构

数字程控交换机的硬件结构主要由话路部分和控制部分构成。话路部分的核心是数字交换网络（DSN），外围是大量的用户接口、中继接口和操作维护接口；控制部分主要是各种处理机、信令设备及其他辅助控制设备。交换机总体结构如图5.2所示，可以看出，一个交换系统主要由主处理器、子处理器、交换网络及接口部分组成。两种常用的接口分别为模拟用户接口和数字中继接口。

（1）模拟用户接口

模拟用户接口是数字程控交换机连接电话终端的接口，其功能可归纳为7项，分别为馈电（Battery feeding）、过电压保护（Overvoltage protection）、振铃控制（Ringing

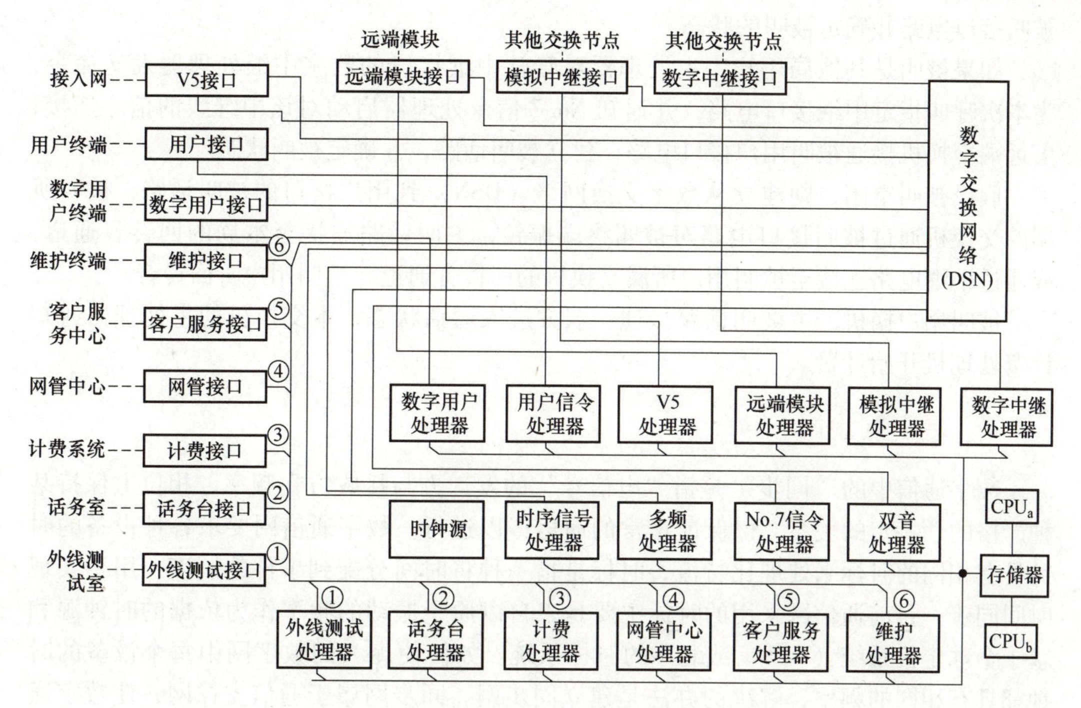

图 5.2 交换机总体结构

control)、监视（Supervision）、编译码和滤波（CODEC & Filters）、混合电路（Hybird circuit）和测试（Test）。这7项功能合在一起称为BORSCHT。

（2）数字中继接口

数字中继接口是数字程控交换机互连或连接其他交换设备的接口，其功能如下。

1）码型变换：中继线上使用的传输码型一般为HDB3码（高密度双极性码），交换机内部的码型一般采用单极性不归零码（NRZ码）。码型变换指上述码型之间的转换。

2）帧和复帧同步：数字中继线上的PCM信号是以帧方式传输的。帧同步就是从接收的数据流中识别到帧同步码，使接收端的帧结构排列和发送端的完全一致。

3）时钟提取：时钟提取的任务就是从输入的数据流中提取时钟信号，以便与远端的交换机保持同步。被提取的时钟信号将作为输入数据流的基准时钟，用来读取输入数据。

4）提取和插入信号：提取和插入的信号主要包括帧同步信号、复帧同步信号和告警信息。

【例 5.1】 根据图5.2，举例说明一个用户呼叫接入交换机的过程。

某个用户终端摘机，本交换机上其对应的用户接口电路状态发生变化，用户信令处理器识别到这个状态变化，通知主处理器（CPUa）建立从数字交换网络（DSN）到用户接口的主叫话路，通过主叫话路向其发送拨号音，用户拨号，双音处理器开始收号，并存入公共信箱。

主处理器从公共信箱中获取号码，判断被叫所在位置。

如果被叫是本局用户，则发信息到管辖被叫用户的用户处理器，用户处理器找到

被叫接口电路并确定被叫的状态。

如果被叫是其他局用户，主处理器对管辖中继接口的数字中继处理器发送命令，为本次呼叫指定中继接口电路，并通知 No. 7 信令处理器启动对该中继线的信令连接，由远端交换机接通被叫用户接口电路，建立被叫话路，并确定被叫状态。

假设被叫空闲，则建立从数字交换网络（DSN）到用户接口的被叫话路，被叫所属的交换机通过被叫接口电路对被叫终端振铃，主叫话路连接至本局的回铃音通道，或通过中继电路连接至被叫用户所属交换机的回铃音通道，主叫用户听回铃音。

被叫用户摘机，主被叫话路接通，双方进入通话状态，本交换机的主处理器通知计费处理机开始计费。

5.1.2　数字同步网

数字通信中的“同步”是指“电信号”的发送方与接收方在频率、相位上保持某种严格的、特定的关系，以保证正常的通信得以进行。数字通信网要求各种设备的时钟具有相同的时标来处理比特流，时标是指一种将时间分配到事件的制度，用于实现时间同步。目前通信网采用的时标主要是来自以原子振动的频率作为依据的时钟源和基于全球定位系统（GPS）或北斗的时标系统。如何使庞大的数字网中每个设备的时钟都具有相同的频率，解决的办法是建立同步网。同步网属于通信支撑网，使数字通信网络中各数字设备内的时钟源相互同步，从而实现设备间时钟频率、相位的一致。

1. 数字同步原理

在数字通信中，要求在传输和交换过程中保持帧的同步。所谓帧同步，就是在节点设备中准确地识别帧标志码，划分比特流的信息段，以达到正确复用/分路的目的。为了防止滑码，必须使两个交换系统使用共同的基准时钟。在图 5.3 所示的数字网中，每个交换局的数字交换机都以等间隔数字比特流将信息送入传输系统，经传输链路传入另一台数字交换机，经转接后再传输给被叫用户。在每台交换机中，数字信息流以

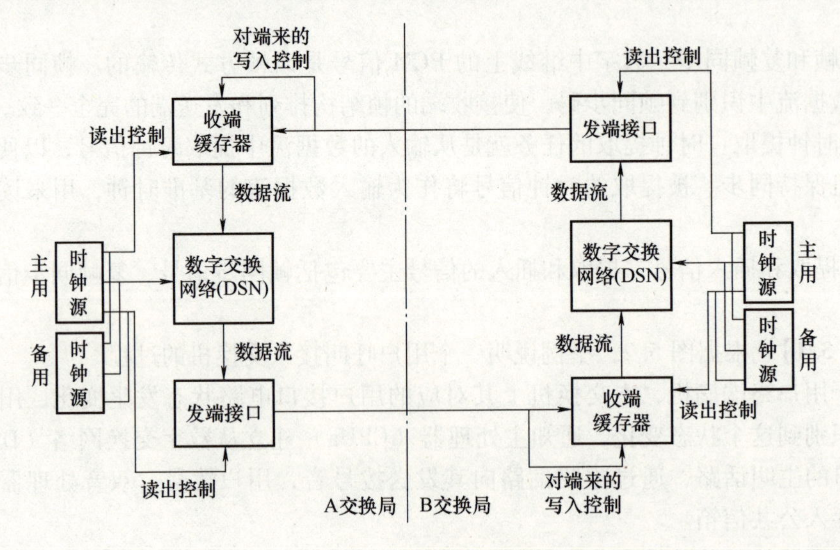

图 5.3　数字同步过程

其流入的比特率接收并存储在缓冲器中，对端局时钟作为写入时钟，而进入数字交换网络（DSN）的信息流的比特率又必须与本局的时钟速率一致，故缓冲器的读出时钟应是本局时钟。很明显，缓冲器的写入时钟速率和读出时钟速率必须相同，否则将会产生两种传输信息差错的情况：写入时钟速率大于读出时钟速率，将会造成存储器溢出，致使输入信息比特丢失；反之，可能会造成某些比特被读出多次，即重复读出。这样都会造成帧错位，使接收的信息流出现滑动。

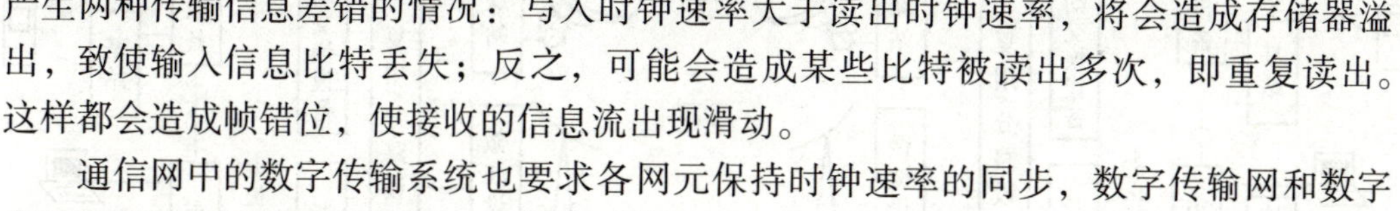

通信网中的数字传输系统也要求各网元保持时钟速率的同步，数字传输网和数字交换机都需要同步网的支撑。如传输系统SDH（同步数字系列）的复用器、数字交叉连接设备等，都要求设备之间的基准时钟差应在一定的范围之内。

2. 同步方式

数字通信系统主要采取主从同步的工作方式。同步网由主时钟节点、从时钟节点及传输基准时钟的链路组成。各从时钟节点通过锁相环电路将本地时钟信号锁定于主时钟频率上，以下给出两种主从同步方式。

（1）直接主从同步方式

各从时钟节点的基准时钟都由同一个主时钟源节点获取。这种方式一般用于在同一通信楼内设备的主从同步方式。

（2）等级主从同步方式

基准时钟是通过树状时钟分配网络逐级向下传输的。在正常运行时通过各级时钟的逐级控制达到网内各节点时钟都锁定于基准时钟，从而实现全网时钟统一。

3. 同步网结构

我国同步网采用4级主从同步结构，确定数字同步网中时钟等级的基本原则是该时钟所在电信局（站）在数字通信网中的地位和在数字同步网中所处的等级。

第1级：数字同步网中最高质量的时钟，是网内时钟的唯一基准，采用铯原子钟组。

第2级：具有保持功能的高稳定度时钟，可以是高稳定度晶体时钟。一级长途交换中心（DC1）用第2级A类时钟，二级长途交换中心（DC2）采用第2级B类时钟。第2级B类时钟应受第2级A类时钟的控制。

第3级：具有保持功能的高稳定度晶体时钟，设置在本地网中的汇接局（Tm）和端局。

第4级：一般晶振时钟，设置在远端模块局和用户交换机（PABX）。

5.1.3　公共交换电话网（PSTN）

电话通信网主要由终端设备、传输系统和交换设备组成，如图5.4所示。终端设备有模拟/数字、移动/固定等；交换设备指完成通信双方的接续、选路和交换的节点，典型的交换设备为程控交换机和软交换；传输设备指传输网，如微波、SDH、PTN和卫星通信等。本节重点介绍公共交换电话网（PSTN）。

1. 网络结构

我国PSTN分为长途网和本地网两个部分。最早采用的是五级结构。第1级（C1）为大区中心，也称为省间中心局，是汇接一个大区内各省之间电话业务的通信中心，

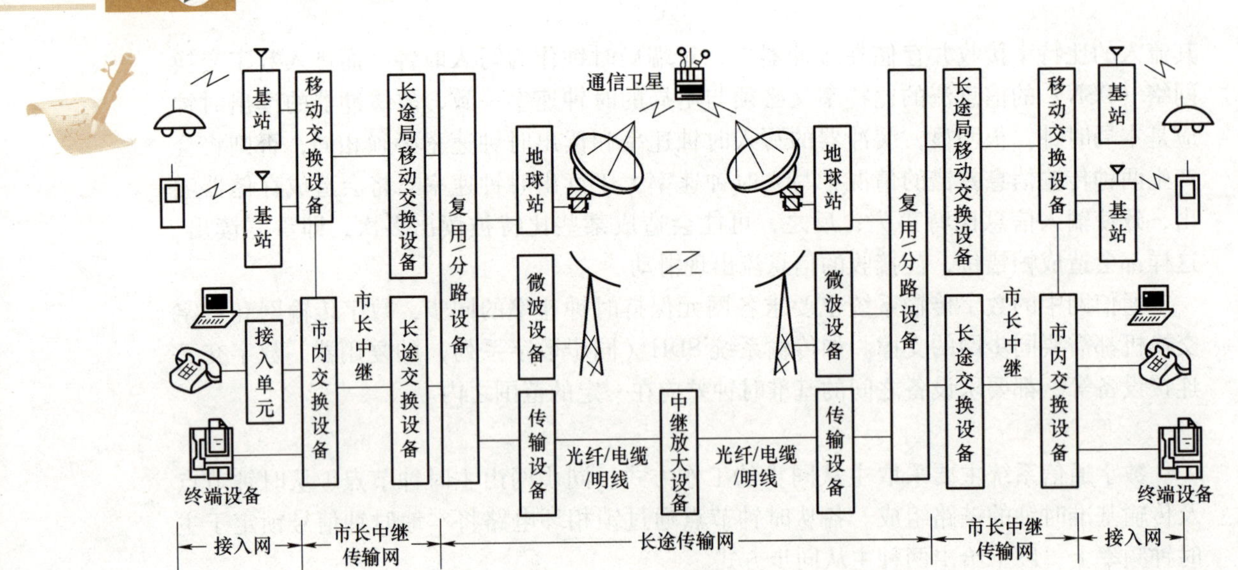

图 5.4 电话通信网示意图

局间都设立直达电路；第 2 级（C2）为省中心局，是汇接省内各地区之间电话业务的通信中心；第 3 级（C3）为地区（市）中心局，是汇接本地区各县（区）电话业务的通信中心，要求地区中心局至本省中心局具有直达路由；第 4 级（C4）为市（县）级中心局，是汇接本市（县）电话业务的通信中心，是终端长途局，到达 C3 局有直达路由；最后接入的是端局 C5。现在我国 PSTN 结构已经完成多级向少级的转变，原来网络中的 C1、C2 合并，C3、C4 合并，形成长途电话网的两级结构，如图 5.5 所示。

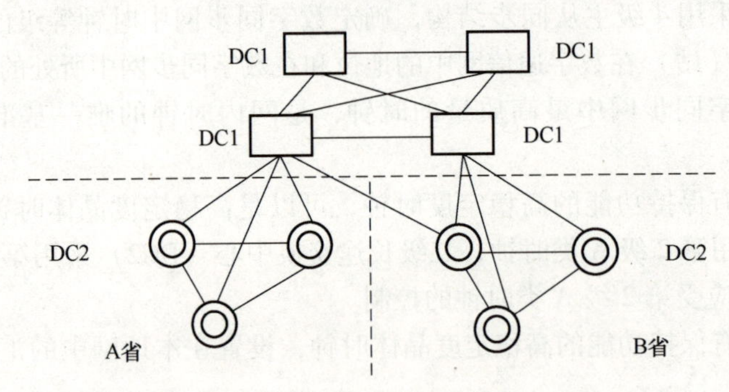

图 5.5 现阶段我国长途电话网的两级结构

图 5.5 中，DC1 为一级交换中心，设在各省会、自治区首府和中央直辖市；DC2 为二级交换中心，也是长途网的终端长途交换中心，设在各省的地（市）本地网的中心城市。

2. 长途局设置

长途网以省级长途交换中心 DC1 为汇接局，在同一个 DC1 长途汇接区内，可设置一个或多个长途交换中心。DC1 间相连成网状网；DC1 与其下属的 DC2 之间为星形网。

3. 本地汇接局设置

将本地网划分成若干个汇接区，每个汇接区内设置两个大容量的汇接局，每个汇接区内的每个端局至这两个汇接局均配置低呼损基干电路群；当某一个汇接区内的两

个汇接局均为纯汇接局时，这两个汇接局之间无须相连。汇接局一般设置在本地网的中心城市并且相互之间采用网状网结构。

4. 中继电路设置

在全国长途电话通信中，两端局间的最大串接电路段数为 5 段，串接交换中心数最多为 6 个。在长途网中，可以建立省间的 DC1 与 DC2 之间的低呼损直达路由和省间的 DC2 之间的高效或低呼损直达路由。

5.1.4　专用电话网

专用电话网（也称私网）是相对公共电话网而言的，它是政府机关、国防和国民经济等某一领域（如煤矿、石油、电力、森林等）完全自建或网点自建并向公网运营部门租用中继电路，专门供本部门内部使用的通信网络。

1. 专用交换机进入公用网的中继方式

专用网入公用网的方式很多。现在有不少专用网作为局用交换机接入公用网，这种方式要占用公用网的号码资源，每个用户都以双号码的形式存在；以前用得较多的是专用网以用户交换机的身份进入公用网，它有不同的出/入中继方式和中继线的传输方向。

（1）半自动直拨中继方式

半自动直拨中继方式指 DOD2+BID 中继方式（中继线可以是单向/双向/部分双向传输）。

其中，DOD2（Direct Outward Dialling-two）为听到二次拨号音后再拨出局用户号码；BID（Board Inward Dialling）为入局时通过话务台转接到专网分机用户。话务台配置方式有人工话务员和计算机话务员两种。

（2）全自动直拨中继方式

全自动直拨中继方式指 DOD1+DID 中继方式（中继线为单向传输）。

其中，DOD1（Direct Outward Dialling-one）为听到一次拨号音后就直接拨出局用户号码（往往要前面加拨一个“0”或“9”）；DID（Direct Inward Dialling）为全自动直拨呼入方式。

（3）混合中继方式

混合中继方式指在呼入时 DID 与 BID 混合使用（中继线可以是单向/双向/部分双向传输），如图 5.6 所示，入局时经过话务员，为半自动直拨；出局时可以直拨出去，也可以经过话务员转接。

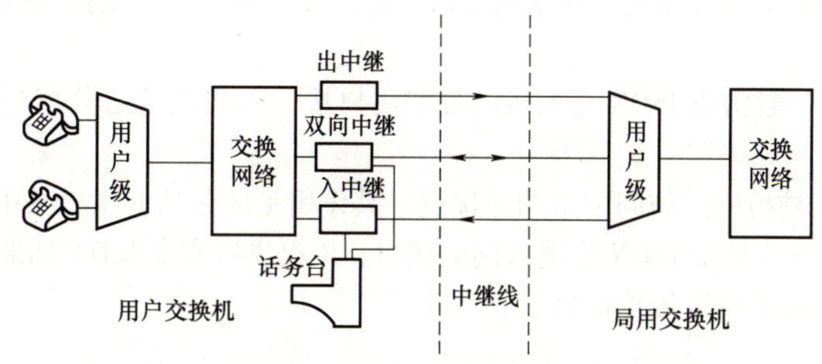

图 5.6　部分双向混合中继方式

2. 专用电话网与公共电话网的连接配置要求

专用电话网与公共电话网的连接配置要求有以下几个方面。

基本原则：专用电话网进入公共电话网可以采取不同中继方式，由双方协调解决。

编号要求：一般采用“0”或“9”，作为专用电话网出局号码；专用电话网也可以分配公用网号码。

信令配合要求：为数字中继时，通常采用 No.7 信令方式；为环路中继时，采用用户线信令方式。

同步要求：数字局接口采用主/从同步方式。

进入公共电话网的组网方式：以用户交换机（PBX 或 PABX）方式进入本地网等。

5.1.5 综合业务数字网（ISDN）

综合业务数字网（ISDN）是以综合数字电话网（IDN）为基础发展演变而成的通信网，能够提供端到端的数字连接，用来支持包括语音和非语音（如数据）在内的多种电信业务，用户能够通过有限的一组标准化的用户-网络接口接入网内。ISDN 可以实现在一对电话线上同时上网和通话。

1. ISDN 的系统模型

用户接入 ISDN 的系统模型如图 5.7 所示。其中，NT1（Network Terminal 1）为用户传输线路终端装置；NT2（Network Terminal 2）包含物理功能、高层业务功能；TE1（Terminal Equipment 1）是 ISDN 的标准终端；TE2（Terminal Equipment 2）是 ISDN 的非标准终端；TA（Terminal Adapter）是 TE2 接入 ISDN 的标准终端。

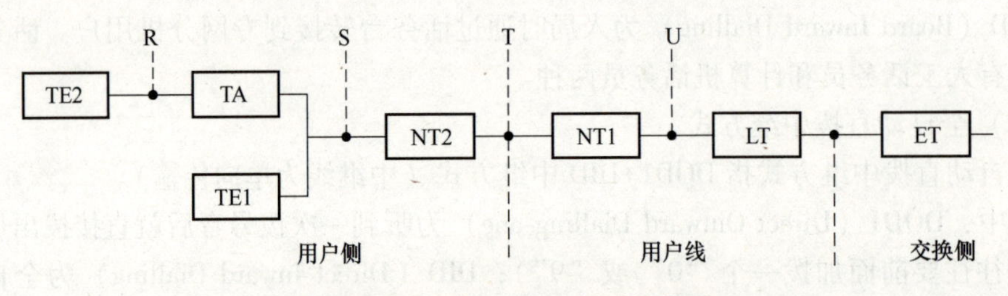

图 5.7 用户接入 ISDN 的系统模型

NT：在实际应用中，在 NT1 实现线路传输、线路维护和性能监控、定时、馈电、复用及接口等功能，以达到用户线传输的要求；NT2 执行用户小交换机（PBX）、局域网（LAN）和终端控制设备的功能。

LT：是 ISDN 交换机和用户环路的接口设备，主要实现交换设备和线路传输端的接口功能。

ET：与 LT 一起构成 ISDN 交换机的数字用户接口，实现信道分离与复合、信令处理等功能。

接入参考点是指用户访问网络的连接点，其作用是区分功能组。其中，T 为用户与网络的分界点；S 为单个 ISDN 终端入网的接口；R 提供所有非 ISDN 标准的终端入网接口；U 为二线全双工数字传输接口。

2. ISDN 接口

用户-网络接口是用来传输用户信息和信令信息的通路。根据传输信息的类别和速率，定义了以下基本类型的通道和接口。

B 通道：64kbit/s 信息通道，用于传递各种用户信息流。

D 通道：16kbit/s 或 64kbit/s 信令通道，用于传输电路交换用的控制信令，也可用来传输分组交换信息。D 通路可以有不同的比特率。

H 通道：信息通道，用于传输各种高速率用户信息流，如电视影像、高质量音频或视频节目等。根据传输速率又可分为 H0（384kbit/s）、H11（153kbit/s）、H12（1920kbit/s）等。

基本速率接口（2B+D）：2B+D 最常见的配置是将话机、传真机和数据终端接在一对用户线上，使用户可以同时利用一对线通话、发送或接收传真以及进行数据通信。

基群速率接口（30B+D）：30B+D 的物理层是以 PCM 一次群的规定为基础制定的，与基本速率接口的物理层协议有许多不同之处，与终端之间只能采用点到点的布线配置。

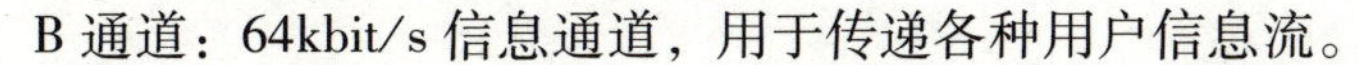

5.2 GSM/GPRS

5.2.1 GSM 网络结构

第二代移动通信系统的主要制式为 GSM（Global System For Mobile Communication，全球移动通信系统），其采用时分复用多址（TDMA）技术，系统框图如图 5.8 所示。GSM 主要由交换网络子系统（NSS）、无线基站子系统（BSS）和操作维护子系统 3 部分组成。

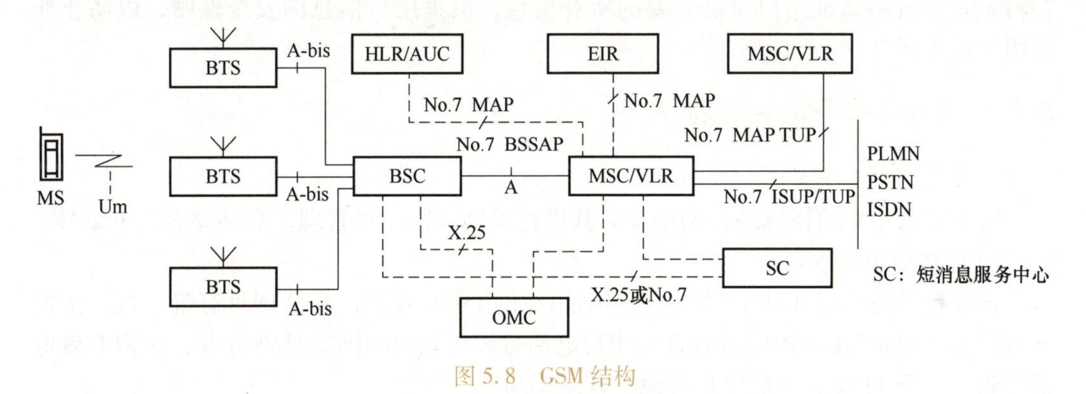

图 5.8 GSM 结构

1. 交换网络子系统

交换网络子系统（NSS）主要完成交换功能和客户数据与移动性管理、安全性管理所需的数据库功能。NSS 由一系列功能实体构成，下面介绍各功能实体。

MSC：移动交换控制中心，是移动台进行控制和完成话路交换的功能实体，可完成网络接口、公共信道信令系统和计费等功能，还可完成 BSS、MSC 之间的切换和辅

助性的无线资源管理、移动性管理等功能。

VLR：拜访位置寄存器，存储MSC为了处理所管辖区域中MS（统称拜访客户）的来话、去话呼叫所需检索的信息，如客户的号码、所处位置区域和向客户提供的服务等。

HLR：归属位置寄存器，是一个数据库，存储管理部门移动客户的数据。每个移动客户都在其所属区域HLR注册登记。HLR主要存储两类信息：一是有关客户的参数；二是有关客户目前所处位置的信息，以便建立至移动台的呼叫连接。

AUC：鉴权中心，用于产生为确定移动客户的身份和对呼叫保密所需鉴权、加密的三参数（随机数RAND、符号响应SRES、密钥Kc）的功能实体。

EIR：设备设别寄存器，存储有关移动台设备的参数，主要完成对移动设备的识别、监视、闭锁等功能，以防止非法移动台的使用。

2. 无线基站子系统

无线基站子系统（BSS）是在一定的无线覆盖区中由MSC控制，与MS进行通信的系统设备，主要负责完成无线信号发送、接收和无线资源管理等功能。BSS功能实体如下。

BSC：具有对一个或多个BTS进行控制的功能，主要负责无线网络资源的管理、小区配置数据管理、功率控制、定位和切换等，是一个很强的业务控制点。

BTS：具有无线接口收/发的设备，完全由BSC控制，负责无线传输，完成无线与有线的转换、无线分集、无线信道加密等功能。

3. 操作维护子系统和移动台

操作维护子系统（OMC）对整个GSM进行管理和监控。通过它实现对GSM内各种设备功能的监视、状态报告、故障诊断等。

移动台（MS）由两部分组成，即移动终端和用户识别（SIM）卡。SIM卡就是“身份卡”，存有认证用户身份需要的所有信息，负责用户信息的安全保密，以防止非法用户进入网络。

5.2.2 GSM编号及区域划分

1. 移动系统编号

由于移动用户的特殊性，网络要对其进行识别、跟踪和管理，必须要有以下编号。

（1）移动台号簿号码

移动台号簿号码（MSDN）也称移动用户的ISDN号码，在全球具有唯一性，由两部分组成：国家号码+国内有效移动用户电话号码。我国的国家号码为86，国内有效电话号码为一个11位数字的等长号码，其结构为

$$N_1N_2N_3+H_0H_1H_2H_3+ABCD$$

其中，$N_1N_2N_3$ 为数字蜂窝移动业务接入号，如中国移动GSM移动网的业务接入号为135~139，中国联通GSM移动网的业务接入号为130~132；$H_0H_1H_2H_3$ 是HLR识别码，$H_0H_1H_2$ 全国统一分配，H_3 省内分配；ABCD为每个HLR中移动用户的号码。

（2）国际移动台标识号

国际移动台标识号（IMSI）是一个唯一能够识别不同国家、不同网络的国际通用

号码，IMSI 的总长度为 15 位；IMSI 编号计划国际统一，不受各国的 MSDN 影响，其结构为

MCC+MNC+MSIN

其中，MCC 为国家号码，长度为 3 位，统一分配，用于唯一识别移动用户所属的国家；MNC 为移动网号，识别移动用户所归属的 PLMN；MSIN 为网内移动台号，用于唯一识别某一 PLMN 中的移动用户。我国的 MCC 为 460，中国移动 900/1800MHz（TDMA）的 MNC 为 00，中国联通 900/1800MHz（TDMA）的 MNC 为 01。MSIN 是一个 11 位的等长号码，由各运营商自行确定编号原则。

IMSI 由运营部门写入移动台卡（SIM 卡）存储芯片，在用户开户时启用。当主叫拨 MSDN 呼叫某一被叫用户时，终端的 MSC 将请求相关的 HLR 或 VLR，将 MSDN 翻译成对应的 IMSI，最后在无线信道上寻找该 IMSI 对应 SIM 卡所在的移动台。

（3）基站识别码

基站识别码（BSIC）供移动台识别使用相同载频的相邻基站的收、发信台，其结构为

NCC+BCC

其中，NCC（3bit）为网络色码，用于识别 GSM；BCC（3bit）为基站色码，用于识别基站组（即使用不同频率的基站的组合）。我国 NCC 表示为 XY_1Y_2，X 表示运营商（如中国移动为 1，中国联通为 0）；Y_1Y_2 的分配由各运营商自行确定。

2. PLMN 区域划分

PLMN（公共陆地移动网）区域划分如图 5.9 所示，由以下几个区域组成。

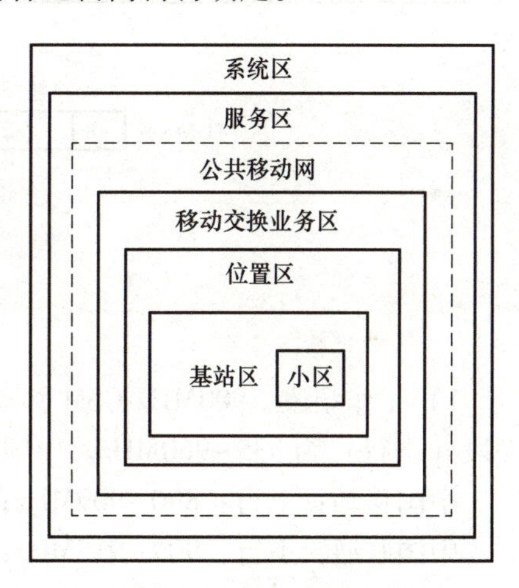

图 5.9 PLMN 区域划分

1）小区：也称蜂窝区，每个小区分配一组信道。理想小区形状是正六边形，基站可位于正六边形中心。如果使用全向天线，称为中心激励，一个基站区仅含一小区；如果使用 120°定向天线，称为顶点激励，一个基站区可含 3 个小区（或扇区）。每个基站包含一个 BTS，其有效覆盖范围取决于发射功率、天线高度等因素。

2）基站区：通常指一个基站收发器所辖的区域，也可指一个基站控制器（BSC）所控制的若干个小区。

3）位置区：每一个 MSC 业务区分成若干位置区，位置区由若干基站区组成，它与基站控制器有关。移动台在位置区内移动时，不需要进行位置更新。当寻呼移动用户时，位置区内全部基站可以同时发寻呼信号。在系统中，以位置区识别码（LAI）来区分 MSC 业务区的不同位置区。

4）移动交换业务区：由一个移动交换中心管辖，一个公共移动网包含多个位置区。

5）服务区：由若干个相互联网的 PLMN 覆盖区组成，在此区内可以实现移动终端漫游。

6）系统区：指同一制式的移动通信覆盖区，在此区域中移动系统所采用的无线接口技术完全相同。

5.2.3 GSM 无线帧结构及系统参数

1. GSM 无线帧结构

GSM 无线帧结构如图 5.10 所示。GSM 所用 TDMA 帧（1 帧 = 8 时隙）的帧长为 4.615ms，每个时隙时长为 576.9μs，每个时隙含有 156.25bit。1 业务复帧 = 26 帧，帧长为 120ms；1 控制复帧 = 51 帧，帧长为 235.4ms，1 超帧 = 51 业务复帧 = 26 控制复帧，帧长为 51×26×4.615ms = 6.12s；1 超高帧 = 2048 超帧 = 2715648 帧。

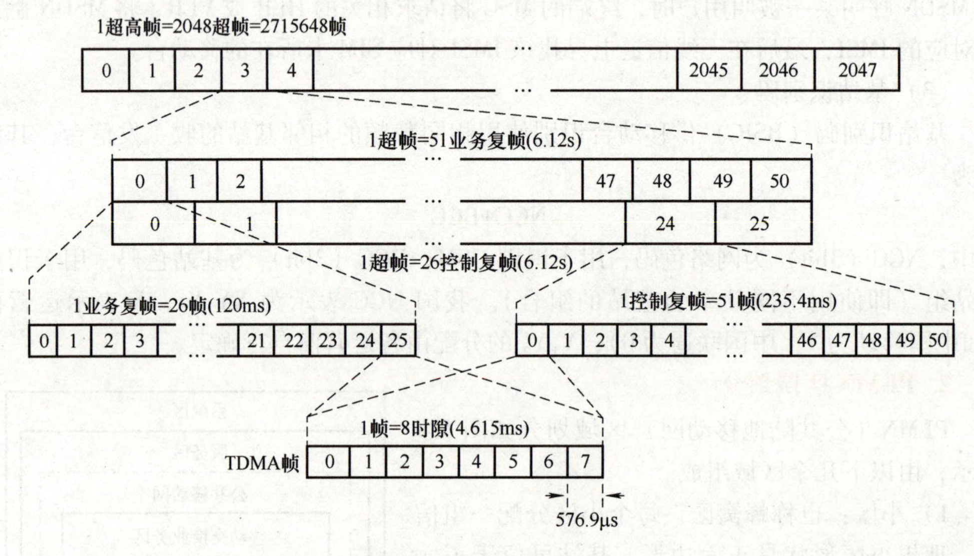

图 5.10 GSM 无线帧结构

2. GSM 系统参数

1）工作频段：900MHz GSM 移动台发送频段（上行）为 890~915MHz；基站发送频段（下行）为 935~960MHz。中国 900MHz 频段频率分配如图 5.11 所示。

中国移动：上行：890~909MHz；下行：935~954MHz；频点：1~95。

中国联通：上行：909~915MHz；下行：954~960MHz；频点：96~125。

蜂窝式移动通信通常使用双工无线信道，基站发往移动台为下行方向，其信道为前向信道；反之为后向信道。GSM 的双工间隔为（935-890）MHz = 45MHz，相邻两频道间隔为 200kHz，每个频道采用 TDMA 复用方式，分为 8 个时隙。

2）频道配置（采用等间隔配置方法），900MHz 频段的频道序号（n = 1~124）和频道标称中心频率的关系为

$fl(n) = 890.200\text{MHz} + (n-1) \times 0.200\text{MHz}$ （移动台发）

$fh(n) = fl(n) + 45.000\text{MHz}$ （基站发）

3）调制方式：采用高斯滤波的最小频移键控（GMSK）方式。

4）发射功率：对于基站，每载波为 500W，其中每时隙平均功率为 62.5（= 500/8）W；实际上，GSM 基站的发射功率在 42W 左右，移动台的发射功率在 2W 左右。

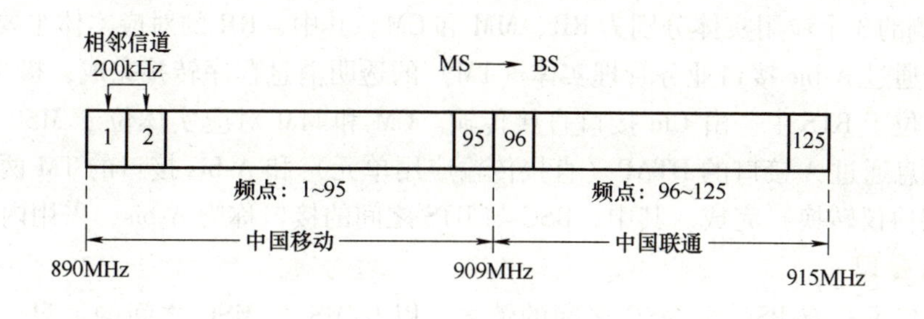

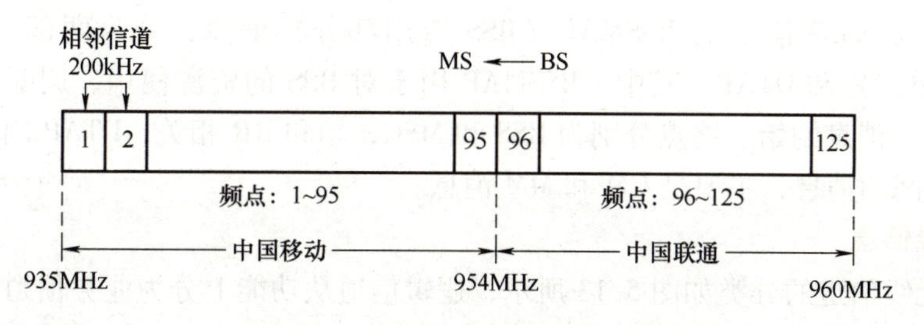

图 5.11　中国 900MHz 频段频率分配图

5）小区半径：通常对于农村，最大半径为 35km；在城市，最小半径为 500m。

6）时间提前量（TA）：根据对移动台传输时延的测量而设定的，其作用是使远离基站的移动台提前在为其指定的时隙发送信息，以补偿传输时延，并保证小区内不同位置的移动台在不同时隙发出的信号抵达基站时不会发生交叠和冲撞。

5.2.4　GSM 接口信令及无线信道

1. 无线接口（Um）

Um、A-bis 和 A 接口上的 GSM 信令协议模型如图 5.12 所示，图中虚线表示协议对等层之间的逻辑连接。Um 接口信令分为物理层、数据链路层和信令层。其中，物理层指射频收发器不同时隙对应的物理信道；数据链路层形成了逻辑信道，MS 至 BTS 采用 GSM 特有的 LAPDm 协议，BTS 至 BSC 采用 LAPD（由 ISDN 修改而成）；信令层是收发和处理信令消息的实体，包含 3 个子层：RR（无线资源管理）、MM（移动性管理）和 CM（连接管理）。

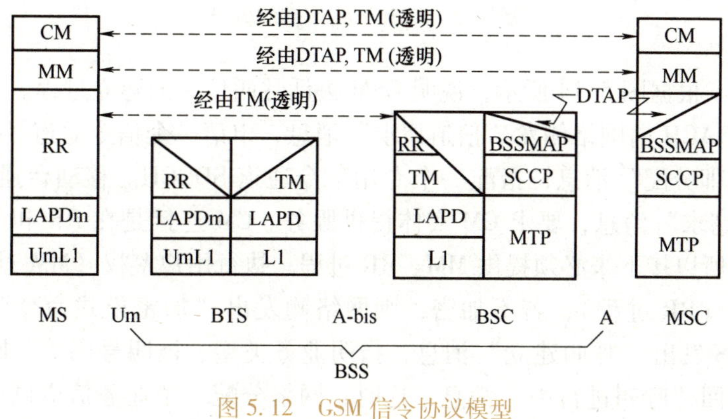

图 5.12　GSM 信令协议模型

MS 侧的 3 个应用实体分别为 RR、MM 和 CM。其中，RR 的对应实体主要位于 BSC 中，消息通过 A-bis 接口业务管理实体（TM）的透明消息程序转接完成；极少量的 RR 对应实体位于 BTS 中，由 Um 接口直接传输。CM 和 MM 对应实体位于 MSC 中，它们之间的消息通过 A 接口的 DTAP（直接传输应用单元）和 A-bis 接口的 TM 两次透明转接（低层协议转换）完成。其中，BSC 与 BTS 之间的接口称为 A-bis，采用内部信令。

2. A 接口

A 接口承载有 BSC 至 MSC 之间的消息，以及 MS 至 MSC 之间的消息，如 CM 或 MM 消息，为 No. 7 信令的 BSSMAP（BSS 应用部分）消息，分为两部分：BSSMAP（BSS 管理单元）和 DTAP。其中，BSSMAP 用于对 BSS 的资源使用、调配及负荷进行控制和监视。消息的始、终点分别为 BSS 和 MSC，均和 RR 相关；DTAP 用于透明传输 MSC 和 MS 间的消息，主要是 CM 和 MM 消息。

3. 无线信道

GSM 无线信道的分类如图 5. 13 所示，逻辑信道从功能上分为业务信道（TCH）和控制信道（CCH）。其中，TCH 用于传输语音信号和数据业务；CCH 用于传输信令消息，共 4 类控制信道，即广播信道（BCH）、公共控制信道（CCCH）、专用控制信道（DCCH）和随路控制信道（ACCH）。

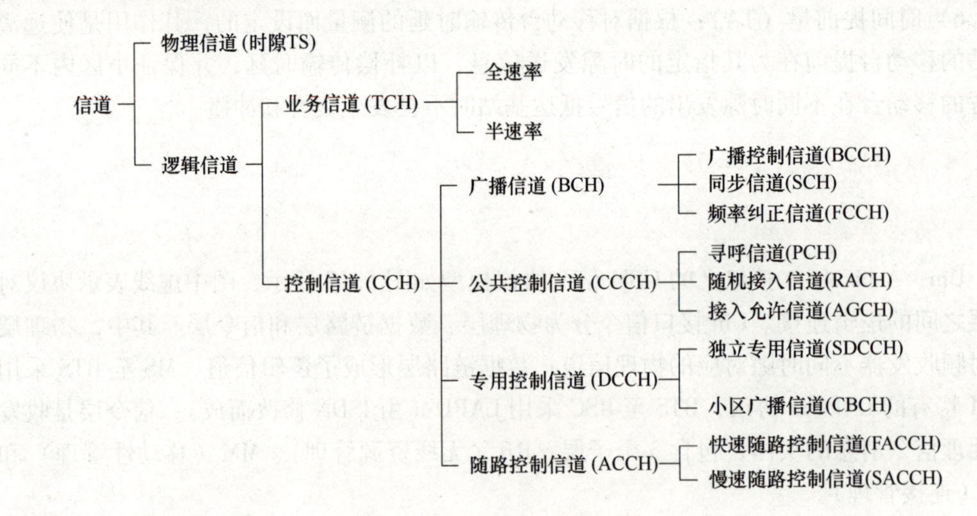

图 5. 13　GSM 无线信道的分类

【例 5. 2】 根据图 5. 14 所示，说明 GSM 去话呼叫信令的建立过程。

MS 通过 RACH 向网络侧发“信道请求”消息，申请一个信令通道。基站经 AGCH 回送一个“立即分配”消息，指配一个专用信令通道 SDCCH。移动台通过 SDCCH 发送“CM 服务请求”消息，要求 CM 实体提供服务。CM 连接是在 RR 和 MM 连接的基础上完成的，所以接下来必须提供 MM、RR 过程。执行用户鉴权（MM 过程），再执行加密模式设定（RR 过程），若不加密，则网络侧发出“加密模式命令”消息，指示“不加密”。MS 发出“呼叫建立”消息，指明业务类型、被叫号码等。网络启动选路进程，同时发回“呼叫进行中”消息。这时，网络分配一个业务信道供以后传输用户数据。此 RR 过程包含两个消息，即“分配命令”和“分配完成”。“分配完成”消息已在新指配的 TCH/FACCH 信道上发送，其后的信令消息转经由 FACCH 发送，原先分配的 SDCCH 释放，因为开始通话前占用一下 TCH 是可以的。当被叫空闲且振铃时，网络向 MS 发送被叫“振铃”消息，MS 可听回铃音。被叫应答后，网络发送“连接”消息，MS 回送“连接证实”消息。此时，FACCH 完成任务，将信道回归 TCH，进入正常通话状态。

MS	消息	网络侧
RACH	信道请求 →	
AGCH	← 立即分配	
SDCCH	CM服务请求 →	
SDCCH	← 用户鉴权请求	
SDCCH	鉴权响应 →	
SDCCH	← 加密模式命令	
SDCCH	加密模式完成 →	
SDCCH	呼叫建立 →	
SDCCH	← 呼叫进行中	
SDCCH	← 分配命令	
FACCH	分配完成 →	
FACCH	← 回铃音信号	
FACCH	← 连接	
FACCH	连接证实 →	
TCH	←	

图 5.14 去话呼叫信令的建立过程

4. 网络接口及接续过程举例

MSC 与 MSC 之间，以及 MSC 与 PSTN 之间关于话路接续的信令，采用 No.7 信令的 TUP/ISUP。网络接口 B～G 的协议为 No.7 信令的 MAP。而在 MSC 和 HLR、VLR、EIR 等网络数据库之间频繁地交换数据和指令，也非常适合 No.7 信令方式传输。

【例 5.3】 如果固定电话呼叫移动台（PSTN→MS），如图 5.15 所示，试分析其接续过程。

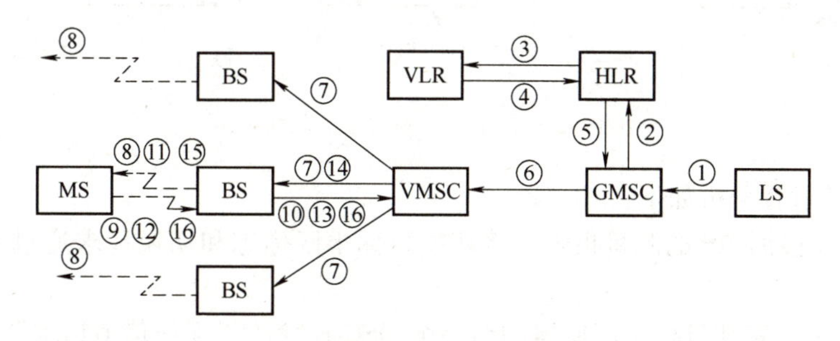

图 5.15 固定台呼叫移动台示意图

接续过程分析如下：

① PSTN 交换机通过号码分析判断为移动用户，将呼叫接至 GMSC（网关 MSC）。

② GMSC 根据 MSDN 确定被叫所属的 HLR，并向 HLR 询问被叫当前位置信息。

③ HLR 检索用户数据库，若该用户已漫游到其他地区，则向所在的 VLR 请求移动台漫游号（Mobile Station Roaming Number，MSRN）。

④ VLR 动态分配 MSRN 后回送 HLR。

⑤ HLR 将 MSRN 转送给 GMSC。

⑥ GMSC 根据 MSRN 选路，将呼叫连接到被叫 VMSC（拜访 MSC）。

⑦ 被访问移动交换中心（VMSC）查询数据库，向被叫所在位置区的所有小区基站发送寻呼命令。

⑧ 各基站通过寻呼信道发送寻呼消息，消息的主要参数为被叫的 IMSI。

⑨ 被叫收到寻呼消息后，若发现 IMSI 与自己相符，即回送寻呼响应消息。

⑩ 基站将寻呼响应转发给 VMSC。

⑪ VMSC 或基站控制器为被叫分配一条空闲业务信道，并向被叫移动台发送业务信道分配消息。

⑫ 被叫移动台回送响应消息。

⑬ 基站通知 VMSC 业务信道已接通。

⑭ VMSC 发出振铃指令。

⑮ 被叫移动台收到消息后，向被叫用户振铃。

⑯ 被叫摘机应答，通知基站、VMSC，开始通话。

【例 5.4】 移动台要完成由不同 MSC 控制的小区间切换，如图 5.16 所示，试分析切换接续过程。

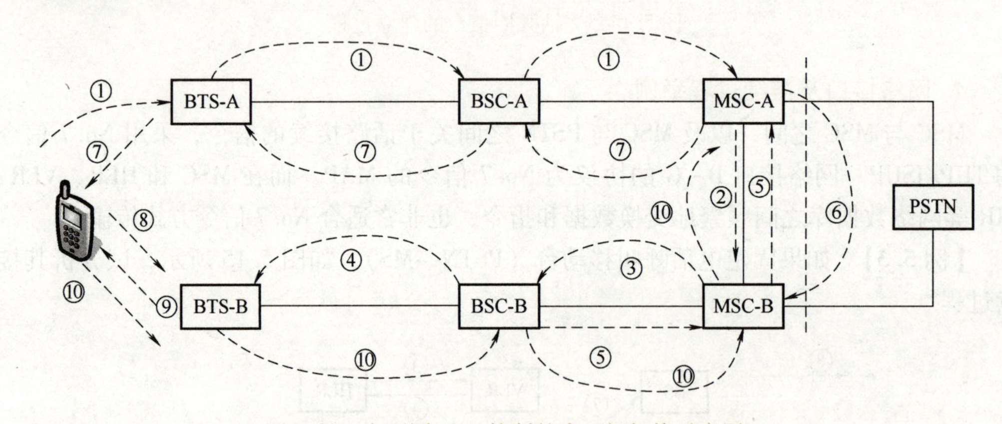

图 5.16 由不同 MSC 控制的小区间切换示意图

切换接续过程分析如下：

① BSC-A 根据 MS 的测量报告，将切换目标小区标志和切换请求通过 BTS-A 发至 MSC-A。

② MSC-A 向管辖目标小区所属的另一个 MSC-B 发送“无线信道请求”消息。

③ MSC-B 指示 BSC-B，分配一个业务信道（TCH），给 MS 切换使用。

④ BSC-B 向 BTS-B 分配一个 TCH。

⑤ MSC-B 收到 BSC-B 发送的“无线信道证实”后，告知 MSC-A 已分配的信道号。

⑥ 一个新的连接在 MSC-A、MSC-B 间建立（建立过程有可能要通过 PSTN）。

⑦ MSC-A 通过 BSC-A 向 MS 发送切换命令，其中包括频道、时隙和发射功率等

信息。

⑧ MS 切换到新的业务信道上，在新频道上通过 FACCH（快速随路控制信道）发送信息告知 BTS-B。

⑨ BTS-B 收到相关信息后，送时间提前量（TA）信息（通过 FACCH）。

⑩ MS 通过 BSC-B 和 MSC-B 向 MSC-A 发送切换成功信息后，MSC-A 通知 BSC-A 释放原来的业务信道，但 MSC-A 不会撤出控制，新的连接仍然要经过 MSC-A。

5.2.5 GPRS 系统架构及其协议

1. 网络系统结构

GPRS（General Packet Radio Service，通用分组无线业务）是在 GSM 基础上的一种叠加网络，主要增加了 GPRS 业务支持节点（SGSN）和 GPRS 网关支持节点（GGSN）。GPRS 网络系统结构如图 5.17 所示，新增网元如下。

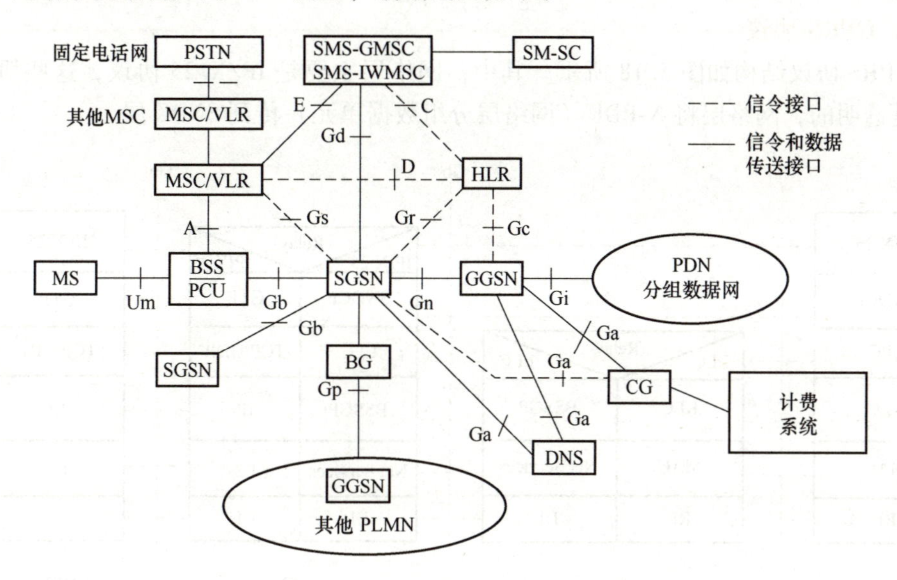

图 5.17 GPRS 网络系统结构

（1）PCU（分组控制单元）

PCU 完成数据链路层 RLC/MAC 功能和 Gb 接口的转换。PCU 可以内置于 BSC，一个 PCU 只连接一个 BSC。也可以是单独实体，一个 PCU 连接多个 BSC。

（2）SGSN（Serving GPRS Support Node，GPRS 业务支持节点）

SGSN 的主要作用就是记录移动台的当前位置信息，并且在移动台和 SGSN 之间完成移动分组数据的发送和接收。SGSN 的主要功能有：用于 IP 与 BSS 和 MS 所用协议之间的转换；编译码和压缩；鉴权和移动管理。

（3）GGSN（Gateway GPRS Support Node，GPRS 网关支持节点）

GGSN 主要起网关作用，可以和多种不同的数据网络（如 ISDN、PDN 和 LAN 等）相连。GGSN 可以把 GSM 网中的 GPRS 分组数据包进行协议转换，从而把这些分组数据包传输到远端的 TCP/IP 网络。GGSN 的主要功能是：为外部网络到 SGSN 的分组数据设置路由；为移动台到外部网络的分组数据设置路由；与外部 IP 网连接；协助分配

动态或固定 IP 地址给移动台等。

（4）DNS（Domain Name System，域名服务器）

DNS 负责提供 GPRS 网络内部的 SGSN、GGSN 等节点域名的解析及 APN（接入点网络）名称的解析。

（5）PDN（Packet switching Data Network，分组交换数据网络）

PDN 是用于提供分组数据业务的外部网络，如 IP、X. 25/X. 75 网等。MS 通过 GPRS 接入不同的 PDN 时，采用不同的分组数据协议地址。

（6）BG（Border Gateway，边界网关）

BG 在 PLMN 之间为不同的 GPRS 用户连接提供一个直接 GPRS 通道。

（7）CG（Charging Gateway，计费网关）

GPRS 计费数据是由网络内部所有的 SGSN 和 GGSN 产生的详细计费信息。CG 把所有的计费数据收集在一起，然后送往计费中心。

2. GPRS 协议

GPRS 协议结构如图 5. 18 所示。其中，网络层主要是 IP/X. 25 协议，这些协议对 BSS 是透明的，网络层将 N-PDU（网络层分组数据单元）传到 SNDC 层。

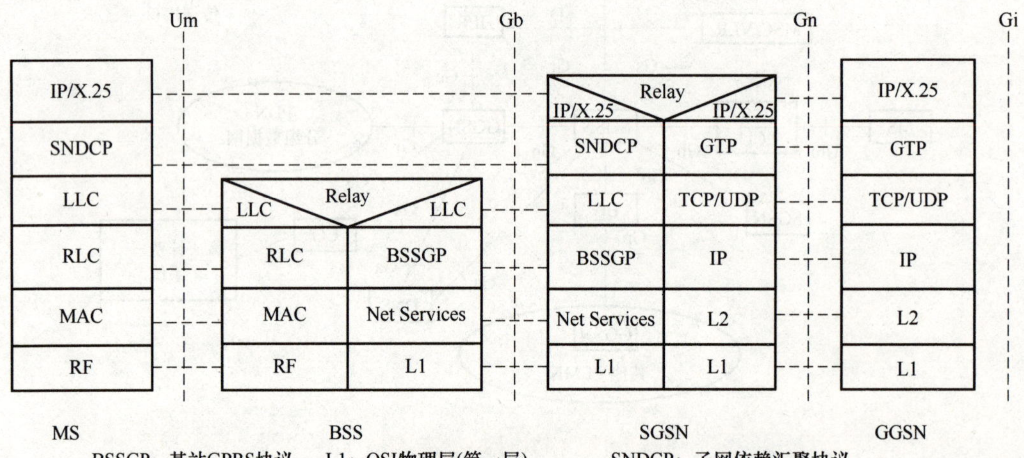

图 5. 18 GPRS 协议结构

SNDC（SubNetwork Dependent Convergence，子网依赖结合）层：数据的分组、打包，确定 TCP/IP 地址和加密方式，将 N-PDU 处理成段送至 LLC 层。该层运行的协议为 SNDCP。

LLC（Logical Link Control，逻辑链路控制）子层：基于 HDLC（高级数据链路规程），将 SNDC 层传来的信息加上 FH（帧头）和 FCS（帧校验序列）形成帧，送至 MAC 层。

RLC（Radio Link Control，无线链路控制）子层：提供与无线传输相关的控制功能。

MAC（Medium Access Control，媒体介入控制）子层：定义和分配空中接口的

GPRS 逻辑信道，使得这些信道能被不同的移动台共享，将帧分段，加上 BH（块头）和 BCS（块校验序列），形成数据块送往物理层。

物理链路层：对数据块进行信道编码，形成无线块（Radio Block），加在物理信道（时隙）上调制后经 RF（射频）发送。

3. GPRS 路由

（1）分组数据传输过程

1）移动台发送数据过程。移动台产生 PDU（分组数据单元），PDU 经过 SNDC 层处理，称为 SNDC 数据单元，SNDC 数据单元经过 LLC 层处理为 LLC 帧，通过空中接口送到 GSM 网络中移动台所属的 SGSN。SGSN 使用隧道协议把数据送到 GGSN。GGSN 把收到的数据包进行解装处理，转换为可在公用数据网中传输的格式（如 PSPDN 的 PDU），最终送给公用数据网的用户。

2）移动台接收数据过程。一个公用数据网用户传输数据到移动台时，首先通过数据网的标准协议建立数据网和 GGSN 之间的路由。数据网用户通过建立好的路由把数据单元 PDU 送给 GGSN。而 GGSN 使用隧道协议再把 PDU 送给移动台所在的 SGSN，SGSN 把 PDU 封装成 SNDC 数据单元，经过 LLC 层处理为 LLC 帧单元，最终通过空中接口送给移动台。

3）移动台处于漫游时数据传输过程。一个数据网用户传输数据给一个正在漫游的移动用户，这种情况下的数据传输必须要经过归属地的 GGSN，然后送到移动用户。

（2）隧道协议

GPRS 中的隧道协议是 GTP（GPRS Tunnelling Protocol），即 GGSN 和 SGSN 之间传输的是 GTP 分组。在 GPRS 骨干网中使用 IP 分组传输 GTP 分组，GTP 分组含有用户分组，或者说用户分组被嵌入到 GTP 分组，即用户分组在“容器”中传输。

5.2.6 GPRS 网络容量规划

GPRS 无线网络规划的一般流程如图 5.19 所示，规划过程可以分为覆盖规划和容量规划。其最终结果是输出满足语音和 GPRS 业务的 BTS 和 TRX（收发器）的数量。GPRS 的无线容量规划一般都是先把数据业务折合成话务量（Erl）后，再计算 PDCH（分组数据信道）的数量，PDCH 由多种信道组合而成。GPRS 的无线容量规划过程如下。

1）假设包含开销在内的忙时每用户数据吞吐量为 200bit/s，忙时每用户数据信令流程的数据流量为 368B。由于信令与用户数据均需要在 PDCH 信道上传输，因此忙时平均每个用户所需 IP 吞吐量应为：$(200+368\times8/3600)\text{bit/s}=200.8\text{bit/s}$。

2）IP 层承载速率也随着编码速率的变化而变化。采用 CS1 和 CS2 编码速率，使用比例为 2∶8，则每个 PDCH 的平均 IP 层承载速率为：$(9.05\times0.2+13.4\times0.8)\text{kbit/s}=12.53\text{kbit/s}$。

3）预测 GPRS 用户数。假设 GPRS 用户占 GSM/GPRS 用户的 10%，则根据每个小区的容量（载频）配置可以折算出 GPRS 的用户数。具体方法是：先根据载频数计算出 TCH 数量；再根据语音业务的 GoS（服务等级），查 Erlang B 表得出语音业务的话务量；最后根据语音业务的每用户话务量，计算出用户数。

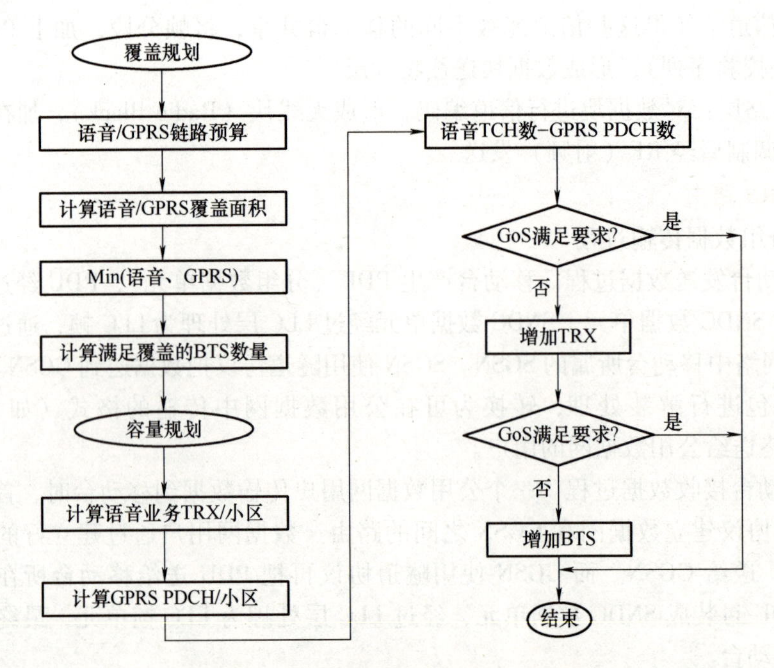

图 5.19　GPRS 无线网络规划的一般流程

1 个 TRX 有 8 个信道，如果考虑半速率，就有 12 个信道可用。再结合 Erlang B 表，查找相应呼损下的话务量。假设呼损为 2%，查 Erlang B 表得话务量为 6.615，每用户平均忙时话务量为 0.025Erl，就可算出单载频能够容纳的用户数量是 256 户，若 GPRS 用户占比为 40%，则 GPRS 用户数约为 100 户。另外，也可以通过公式 $A=C\times T0$ 计算话务量，其中 C 表示每小时的平均呼叫次数，T0 表示每次呼叫平均占用信道的时间。

GSM/GPRS 容量也可以用以下方法估算：载频数乘 8 后，减去 BCCH、SDCCH、其他预留时隙数等，再乘以目标设备利用率，得到可用 TCH 时隙数量，结合单用户忙时业务模型，便可得到小区承载用户数量。

4）每个小区 IP 吞吐量计算。假设某小区有 100 个 GPRS 用户，则该小区内忙时所有 GPRS 用户的平均 IP 吞吐量为

$$\begin{aligned}\text{平均 IP 吞吐量} &= \text{GPRS 用户数}\times\text{忙时平均每用户 IP 吞吐量}\\ &= 100\times 200.8\text{bit/s} = 20080\text{bit/s} = 20.8\text{kbit/s}\end{aligned}$$

5）每小区所需 PDCH 信道数量计算。

$$\begin{aligned}\text{一个小区内所需 PDCH 信道数量} &= \text{小区 IP 吞吐量/每个 PDCH 的 IP 承载速率}\\ &= 20.8/12.53 = 1.66\end{aligned}$$

因此，有 100 个 GPRS 用户的小区，需要配置 2 个 PDCH。这样，规划时就需要考虑语音业务信道转换成 PDCH 后，所剩余的 TCH 是否仍能满足语音业务的 GoS 要求。

6）TRX 及 BTS 数量确定。规划的最终结果是输出满足语音和 GPRS 业务的 BTS 和 TRX 的数量。表 5.1 给出了 1~4 个小区载频（TRX 数）与 GSM 用户数对应关系。

表 5.1 TRX 数与 GSM 用户数对应关系

TRX 数	可用 TCH 数	语音业务话务量（Erl）GoS = 2%	GSM 用户数（按 0.03Erl/用户计算）
1	7	2.9	96
2	14	8.2	273
3	22	14.85	495
4	30	21.9	730

在 GSM 中，通常全向 BTS 基站 TRX 的最大数目为 10；而在定向 BTS 中，每个扇形小区的 TRX 最大数目为 4。依据 TRX 数与 GSM 用户数的关系，首先确定 TXR 数量，然后根据 BTS 的类型，确定 BTS 数量。

5.3 WCDMA

WCDMA 是一种主要的 3G 网络体制，定义了全新的每载频 5MHz 的宽带码分多址接入网，接入系统集中于 RNC（无线网络控制器）统一管理；引入了适于分组数据传输的协议和机制，数据速率理论上可达 2Mbit/s。3GPP 制定了 R99、R4、R5、R6、R7 等版本的 WCDMA 标准，其中 R6 在无线接入部分引入了高速上行链路分组接入（HSUPA）技术，R7 以后版本引入正交频分复用（OFDM）和多入多出（MIMO）技术，也就是现在 LTE 所采用的 MIMO 技术。本节以 R4 版本为主，介绍 WCDMA 的网络结构及相关技术。

5.3.1 WCDMA 网络结构

1. 基本网络结构

WCDMA 系统结构如图 5.20 所示，主要由 UE、UTRAN、CN 等部分组成。

（1）UE（User Equipment，用户终端设备）

UE 主要包括射频处理单元、基带处理单元、协议栈模块以及应用层软件模块等。它通过 Uu 接口与网络设备进行数据交互，为用户提供电路域和分组域内的各种业务功能。UE 包括两部分：ME（The Mobile Equipment），提供应用和服务；USIM（the UMTS Subscriber Module），提供用户身份识别。

（2）UTRAN（UMTS Terrestrial Radio Access Network，陆地无线接入网）

UTRAN 分为基站（Node B）和无线网络控制器（RNC）两部分。UTRAN 包含一个或几个无线网络子系统（RNS）。一个 RNS 由一个无线网络控制器（RNC）和一个或多个基站（Node B）组成。在 UTRAN 内部，RNC 之间通过 Iur 接口连接。RNC 用来分配和控制与之相连或相关的 Node B 的无线资源。Node B 则完成 Iub 接口和 Uu 接口之间的数据流转换，同时也参与一部分无线资源管理。

（3）CN（Core Network，核心网）

CN 负责与其他网络的连接及对 UE 的通信和管理，从逻辑上可划分为电路（CS）域、分组（PS）域和广播（BC）域。CS 域设备是指为用户提供“电路型业务”，或提

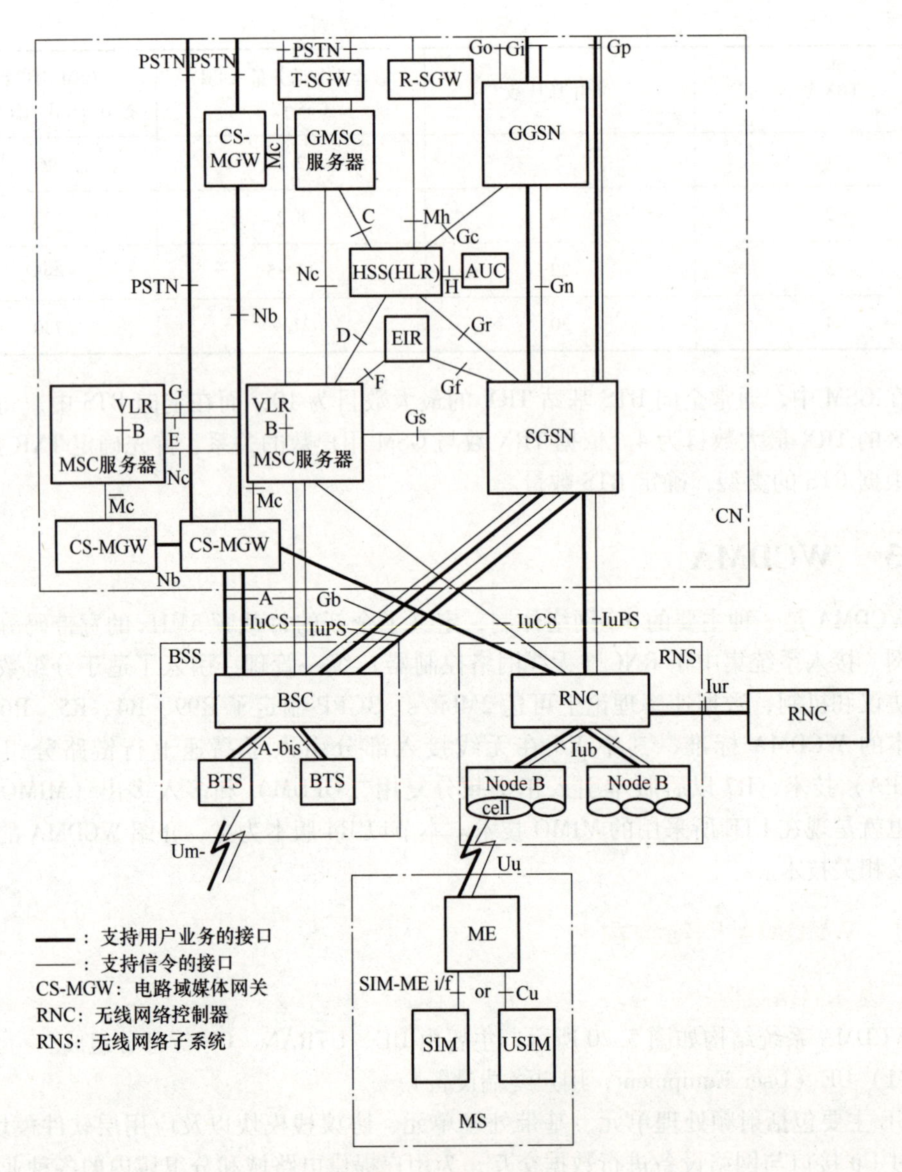

图 5.20　WCDMA 系统结构

供相关信令连接的实体；CS 域特有的实体包括 MSC 服务器、MGW 和 SGW 等；PS 域为用户提供"分组型数据业务"，PS 域特有的实体包括 SGSN 和 GGSN。其他设备如 HLR（或 HSS）、AUC、EIR 等为 CS 域与 PS 域共用；BC 域用于支持小区广播业务，通过 Iu-Bc 接口与 RNC 相连接，也就是与小区广播中心（CBC）相连。小区广播中心通过业务区域广播协议（SABP）将广播业务发送给移动台，如在移动台屏幕上显示城市、地区名称等。

2. 网元功能实体

从 R4 版本开始，WCDMA 将核心网的 MSC 拆分成移动交换中心服务器（MSC Server）和媒体网关（MGW）两个网元，实现了呼叫控制与承载的分离，增加了 R-SGW（漫游信令网关）、T-SGW（传输信令网关），开始向全 IP 的网络架构演进。除此

之外，HLR 被 HSS（归属签约用户服务器）完全替代。下面介绍新的网元。

HSS：用于存储用户签约信息的服务器，主要负责管理用户的签约数据及移动用户的位置信息。HSS 是 HLR 的演进和升级，存储的信息更全面，服务的网元也更多。

RNC：是无线网络控制器，主要完成连接建立和断开、切换、宏分集合并、无线资源管理控制等功能。具体功能如下：执行系统信息广播与系统接入控制功能；切换和 RNC 迁移等移动性管理功能；宏分集合并、功率控制、无线承载分配等无线资源管理和控制功能。

Node B：是 WCDMA 系统的基站（即无线收发信机），通过标准的 Iub 接口和 RNC 互连，主要完成 Uu 接口物理层协议的处理。它的主要功能是扩频、调制和信道编码及解扩、解调和信道解码，还包括基带信号和射频信号的相互转换等功能，同时还完成一些如内环功率控制等无线资源管理功能。它在逻辑上对应于 GSM 网络中的 BTS。

3. IMS

WCDMA R5 以后版本引进了 IP 多媒体子系统（IMS）域，功能实体包括呼叫会话控制功能（CSCF）、媒体网关控制功能（MGCF）、出口网关控制功能（BGCF）、MRF（多媒体资源功能）等。

5.3.2 WCDMA 技术

1. WCDMA 主要技术

WCDMA 无线接入采用直接序列扩频码分多址（DS-CDMA），码片速率为 3.84Mchip/s，载波带宽为 5MHz；主要工作频段：上行使用 1920~1980MHz，下行使用 2110~2170MHz，FDD（频分双工）方式。WCDMA 主要技术如下。

1）RAKE 接收机：不同于传统的调制技术需要用均衡算法来消除相邻符号间的码间干扰，在选择 CDMA 扩频码时要求其有很好的自相关特性。RAKE 接收技术实际上是一种多径分集接收技术，可以在时间上分辨出细微的多径信号，对这些分辨出来的多径信号分别进行加权调整、使之复合成加强的信号。

2）多用户检测技术（MUD）：通过去除小区内的干扰来改进系统性能，增加系统容量。多用户检测技术还能有效缓解直扩 CDMA 系统中的远近效应。

3）调制解调方式：上行调制方式为 BPSK，下行调制方式为 QPSK；解调方式为导频辅助的相干解调。

4）3 种编码方式：在语音信道采用卷积码（$R=1/3$，$K=9$）进行内部编码和 Veterbi 解码；在数据信道采用 Reed Solomon 编码；在控制信道采用卷积码（$R=1/2$，$K=9$）进行内部编码和 Veterbi 解码。

5）软切换技术：即先切换，后断开。CDMA 切换方式包括 3 种：扇区间软切换、小区间软切换和载频间硬切换。由于 CDMA 系统工作在相同的频率和带宽上，因而容易实现软切换技术。更软切换（Softer Handover）是在导频信道的载波频率相同时，同一小区内不同扇区间的软切换，或称为在同一小区的两条不同的信道之间进行的切换。

6）分集技术：移动通信中信道传输条件较恶劣，调制信号在到达接收端前可能经历了严重衰落，这不利于信号的接收检测。分集技术分为空间分集、频率分集和角度分集技术。采用分集技术可以获得分集增益，减轻衰落的影响，提高接收灵敏度。

7）随机接入与同步：随机接入过程指移动台开机，需要与系统联系时，首先要与某一个小区的信号取得时序同步，然后移动台请求接入系统，网络应答并分配一个业务信道给移动台。

8）智能技术：包括智能天线技术、智能传输技术、智能接收技术及智能无线资源和网络管理技术等。

9）IPv6 技术：IPv6 可以更好地支持移动性，与移动通信的结合，为因特网开拓了一个全新的领域。

2. 无线接口物理层技术

根据传输方式或其所传输数据的特性，WCDMA 传输信道分为专用信道（DCH）和公共信道。公共传输信道又分为 6 类：广播信道（BCH）、前向接入信道（FACH）、寻呼信道（PCH）、随机接入信道（RACH）、公共分组信道（CPCH）和下行共享信道（DSCH）。传输信道属于数据链路层。

物理信道与传输信道相对应，分为专用物理信道和公共物理信道。按照方向的不同，物理信道又分为上行信道和下行信道。以下主要介绍上行信道，分为专用上行物理信道和公共上行物理信道。

（1）专用上行物理信道

专用上行物理信道有两类，即专用上行物理数据信道（DPDCH）和专用上行物理控制信道（DPCCH）。DPDCH 属于专用信道（DCH）；在每个无线链路中，DPCCH 用于传输物理层产生的控制信息。上行专用物理信道的帧结构如图 5.21 所示。

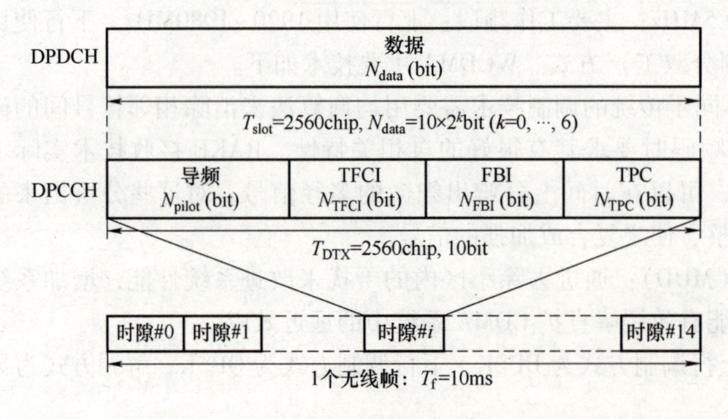

注：DPCCH的格式(bit)

N_{pilot}	N_{TFCI}	N_{FBI}	N_{TPC}
6	2	0	2
8	0	0	2
5	2	1	2
7	0	1	2
6	0	2	2
5	2	2	1

图 5.21　上行专用物理信道的帧结构

WCDMA 无线接口中，传输的数据速率、信道数、发送功率等参数都是可变的。为了使接收机能够正确解调，必须将这些参数通知接收机。这种物理层的控制信息，由为相干检测提供信道估计的导频比特、可选的传输格式组合指示（TFCI）、反馈信息（FBI）、发送功率控制（TPC）命令等组成。TFCI 通知接收机在 DPDCH 的一个无线帧内，同时传输的传输信道的瞬时传输格式组合参数。每一个无线链路中，只有一个 DPCCH。

一般的物理信道包括 3 层结构：超帧、帧和时隙。超帧长度为 720ms，包括 72 个帧；每帧长为 10ms，对应的码片数为 38400chip；每帧由 15 个时隙组成，一个时隙的长度为 2560chip；每时隙的比特数取决于物理信道的信息传输速率。

(2) 公共上行物理信道

公共上行物理信道也分为两类：用于承载 RACH 的物理信道，称为物理随机接入信道（PRACH）；用于承载 CPCH 的物理信道，称为物理公共分组信道（PCPCH）。

这里重点介绍 PRACH，它用于移动台在发起呼叫时的请求信息，可在一帧中的任一个时隙开始传输，如图 5.22a 所示。请求消息由一个或几个长度为 4096chip 的前置序列和 10ms 或 20ms 的消息部分组成。4096chip 的序列由长度为 16 扩频（特征）序列的 256 次重复构成，可占两个物理时隙进行传输。随机接入的发送格式如图 5.22b 所示，由消息的控制部分和数据部分构成。在 10ms 的消息格式中，随机接入消息中的 TFCI（传输格式组合指示）用于传送的信道的格式转换/纠错解码处理；2560chip 是长度为 16 扩频序列再乘扩频因子 128 所得。

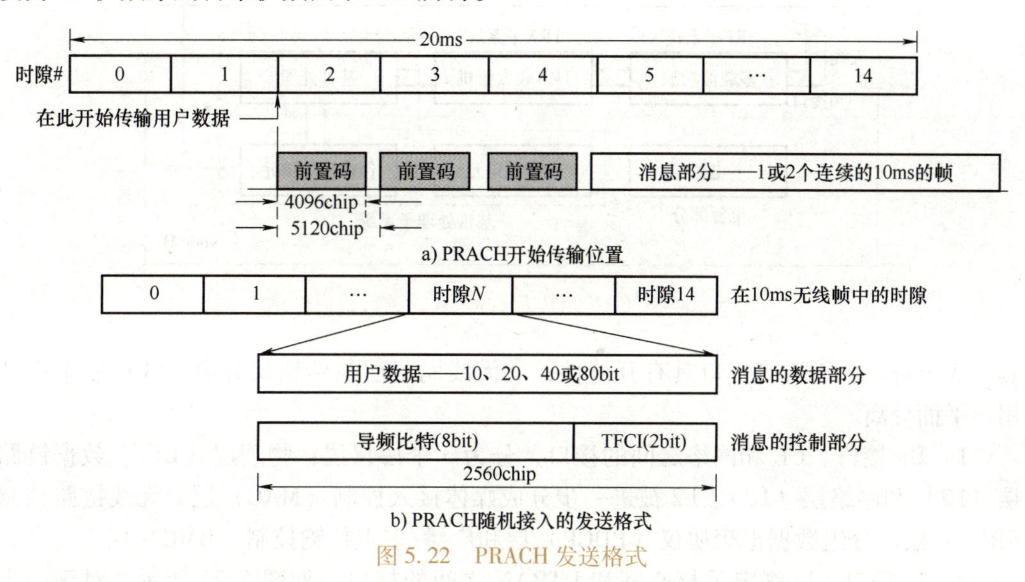

图 5.22 PRACH 发送格式

5.4 TD-SCDMA

TD-SCDMA 是以我国知识产权为主的国际 3G 标准。TD-SCDMA 系统的核心网、业务平台等与 WCDMA 的基本相同。本节主要介绍陆地无线接入网（UMTS Terrestrial Radio Access Network，UTRAN）及 TD-SCDMA 相关技术。

5.4.1 UTRAN 结构

1. UTRAN 组成

UTRAN 是 TD-SCDMA 网络中的无线接入网部分，如图 5.23 所示。UTRAN 由一组无线网络子系统（RNS）组成，每一个 RNS 包括一个 RNC 和一个或多个 Node B。Node B 由 RF 收发放大、射频收发系统（TRX）、基带部分（Base Band）、传输接口单元和基站控制部分构成，通过标准的 Iub 接口和 RNC 互连，主要完成 Uu 接口物理层协议的处理。

2. UTRAN 协议接口

UTRAN 协议的标准接口主要包括 Uu、Iu、Iub、Iur 等，符合该标准的网络接口应

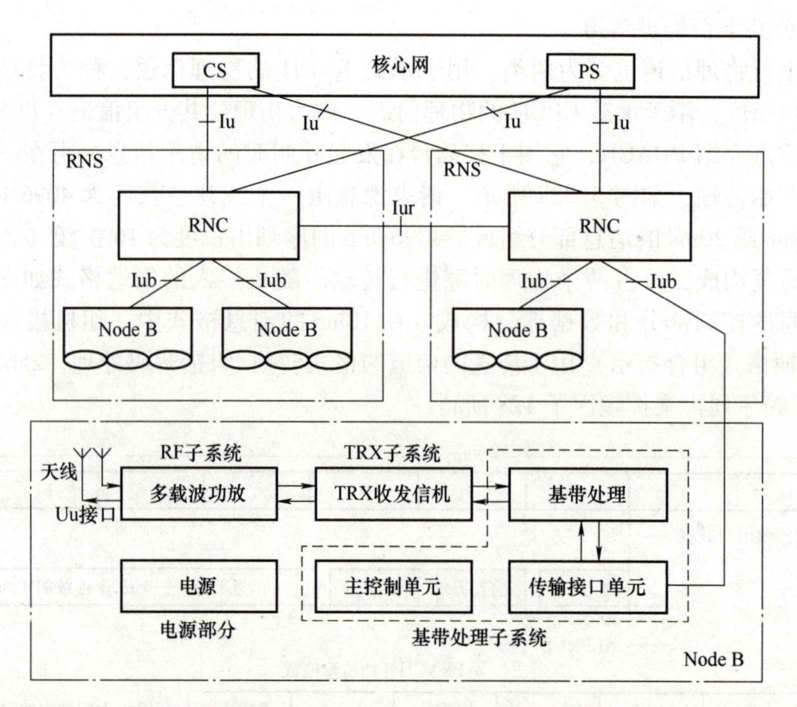

图 5.23　UTRAN 结构及 Node B 的逻辑组成框图

具有 3 个特点：①所有接口具有开放性；②无线网络层与传输层分离；③控制平面和用户平面分离。

1）Uu 接口。UE 和网络之间的接口，分为 3 个协议层：物理层（L1）、数据链路层（L2）和网络层（L3）。L2 被进一步分成媒体接入控制（MAC）层、无线链路控制（RLC）层、分组数据汇聚协议（PDCP）层和广播/多点传输控制（BMC）层。

2）Iu 接口。Iu 规定了核心网和 UTRAN 之间的接口，如图 5.23 所示。对于一个 RNC，最多存在 3 个不同的 Iu 接口：与 CS 域连接的 Iu-CS，与 PS 域连接的 Iu-PS，与 BC 域连接的 Iu-BC。

3）Iub 接口。Iub 接口是 RNC 与 Node B 之间的接口，用来传输 RNC 和 Node B 之间的信令及无线接口的数据。Iub 接口协议结构由两个功能层组成：①无线网络层，规定与 Node B 操作相关的程序；②传输层，规定了在 Node B 和 RNC 之间建立网络连接的程序。

4）Iur 接口。Iur 接口是两个 RNC 之间的逻辑接口，用来传输 RNC 之间的控制信令和用户数据。Iur 接口协议的主要功能是传输网络管理、公共和专用传输信道的业务管理、TDD（时分双工）下行共享传输信道和上行共享传输信道的业务管理、公共和专用测量目标的测量报告等。

5.4.2　TD-SCDMA 技术

1. 主要技术

1）时分双工：适用于不对称的上下行数据传输速率，特别适用于 IP 型的数据业务；TDD 上下行工作于同一频率，对称的电波传播特性使之便于使用诸如智能天线等

新技术。TD-SCDMA 采用 TDD 方式，其上、下行共同使用 2010~2025MHz。

2）智能天线（Smart Antenna）：智能天线是由多天线阵元组成的天线阵列，通过调节各阵元信号的加权幅度和相位来改变天线阵列的方向图，从而抑制干扰，提高信干比。

3）联合检测（Joint Detection）：联合检测技术把同一时隙中多个用户的信号及多径信号一起处理，精确地解调出各个用户的信号。同传统接收机相比，降低了对功率控制的要求。

4）上行同步（Uplink Synchronization）技术：是指在同一小区中，来自同一时隙不同距离的用户终端发送的上行信号能同步到达基站接收天线，即同一时隙不同用户的信号到达基站接收天线时保持同步。上行同步也称同步 CDMA 技术。

5）动态信道分配（Dynamical Channel Allocation，DCA）：在 TD-SCDMA 系统中的信道是频率、时隙、信道化编码三者的组合。动态信道分配指对移动通信系统的频率、时隙、扩频码等资源进行优化配置，根据调节速率可分为慢速 DCA 和快速 DCA。

6）接力切换（Baton Handover）：一种改进的硬切换技术，就是终端接入新小区的上行信道时，下行信道仍与旧小区建立着通信联系。与软切换相比，接力切换可以克服切换时对邻近基站信道资源的占用，能够使系统容量得以增加。

7）多载波方案：系统的每小区/扇区有 N 个载波，包含一个主载波，N-1 个辅载波。所有公共信道均配置于主载波，辅载波仅配置业务信道。

8）基站定位业务：由于 TD-SCDMA 采用智能天线和终端同步技术，使系统能够提供单基站更为精准的信源定位（包括波达方向和时延估计）。

9）软件无线电（Software Radio）：指基于软件定义无线通信协议，操纵、控制传统的“纯硬件电路”的无线通信技术。软件修改较硬件修改更容易，在设计、测试方面更方便，不同系统的兼容性也易于实现。

10）低码片速率模式（Low Chip Rate）：码片速率采用 1.28MHz，为 UTRA/TDD（通用地面无线接入/时分双工）码片速率的 1/3，这有利于 UTRA/TDD 系统的兼容。另外，1.28MHz 码片速率的单个载频占用 1.6MHz 的带宽，由于占用带宽窄，在频谱安排上有很大的灵活性，无须成对频段，其语音频谱利用率与 WCDMA 相比，高达 2.5 倍，数据频谱利用率甚至高达 3.1 倍，而 CDMA2000 需要 1.25×2MHz 带宽，WCDMA 需要 2×5MHz 带宽才能正常完成通信。

2. 无线接口物理层技术

TD-SCDMA 系统的多址接入方案属于 DS-CDMA（直接序列码分多址），码片速率为 1.28Mchip/s，扩频带宽约为 1.6MHz，采用 TDD 工作方式。TD-SCDMA 的下行链路和上行链路是在同一载频的不同时隙上进行传输的，因此 TD-SCDMA 的接入方式为 TDMA 和 CDMA。TD-SCDMA 的基本物理信道特性由频率、码字和时隙决定。其帧结构是将 10ms 的无线帧分成两个 5ms 子帧，每个子帧中有 7 个常规时隙和 3 个特殊时隙。信道的信息速率与符号速率有关，符号速率由码片速率和扩频因子（SF）所决定。上、下行信道的扩频因子在 1~16 之间，因此调制符号速率的变化范围为 80.0k 符号/s~1.28M 符号/s。

TD-SCDMA 的传输信道与 WCDMA 的传输信道基本相同。TD-SCDMA 的物理信道采用 4 层结构：系统帧、无线帧、子帧和时隙/码字。时隙用于在时域上区分不同用户，具有 TDMA 的特性。TD-SCDMA 的物理信道信号格式如图 5.24 所示。

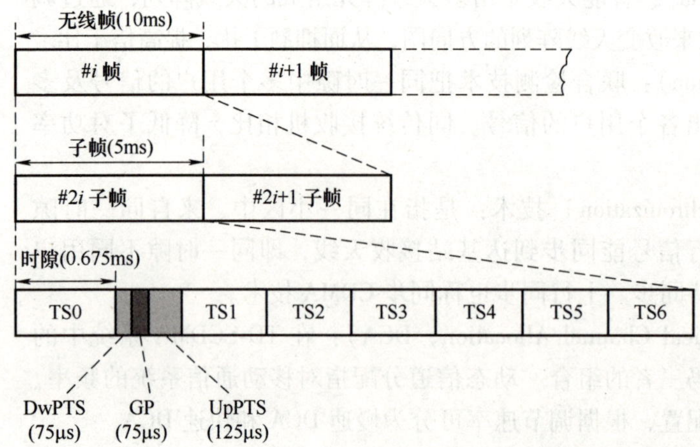

图 5.24 TD-SCDMA 的物理信道信号格式

TD-SCDMA 系统帧结构的设计考虑到了对智能天线和上行同步等新技术的支持。一个 TDMA 帧长为 10ms，分成两个 5ms 子帧。这两个子帧的结构完全相同。每一子帧又分成长度为 675μs 的 7 个常规时隙和 3 个特殊时隙。这 3 个特殊时隙分别为 DwPTS、GP 和 UpPTS。在 7 个常规时隙中，TS0 总是分配给下行链路，而 TS1 总是分配给上行链路。上行时隙和下行时隙之间由转换点分开。每个子帧中的 DwPTS 是作为下行导频和同步而设计的，将 DwPTS 放在单独的时隙，便于下行同步的迅速获取，同时也可以减少对其他下行信号的干扰。

在 TD-SCDMA 系统中，每个 5ms 的子帧有两个转换点（UL 到 DL 和 DL 到 UL）。通过灵活地配置上、下行时隙的个数，使 TD-SCDMA 适用于上、下行对称及非对称的业务模式。TD-SCDMA 帧结构如图 5.25 所示，图中分别给出了 DL/UL 对称分配和不对称分配的例子。这里的 UL 表示上行传输（Up Load）时隙，UL 表示下行传输（Down Load）时隙。

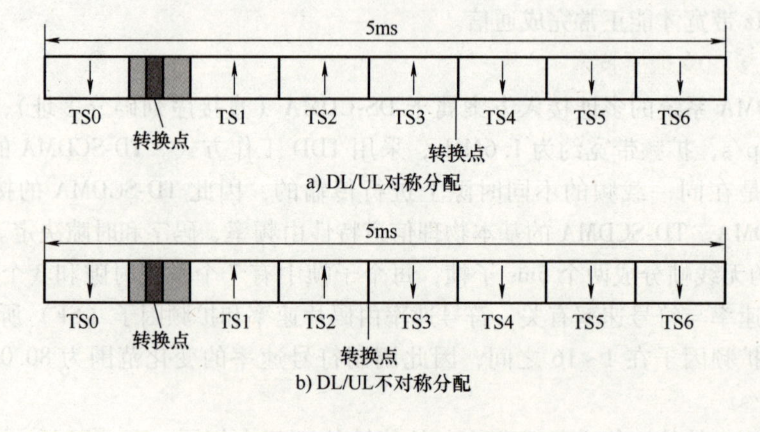

图 5.25 TD-SCDMA 帧结构

5.5 CDMA2000

5.5.1 CDMA2000 结构

1. CDMA2000 概述

CDMA2000 是由窄带 CDMA（IS-95）技术发展而来的宽带 CDMA 技术，也称为 CDMA Multi-Carrier，分为 1x 系统和 3x 系统。CDMA2000-3x 与 CDMA2000-1x 的主要区别是下行信道采用 3 载波方式，即 3 个 1.25MHz，共 3.75MHz 的频带宽度，而 CDMA2000-1x 采用单载波方式。

CDMA2000-1xEV 是 CDMA2000-1x 的增强标准；1xEV-DO（lx Evolution Data Only，优化数据功能的 1x）和 lxEV-DV（lx Evolution Data and Voice，数据与语音功能同时优化的 1x）都使用标准的 1.25MHz 带宽。lxEV-DV 基于 lxEV-DO 的技术方案，在一个载波的宽度内，不仅实现高速的语音和非实时的分组数据业务，而且能够提供实时的多媒体业务。

2. 系统结构

CDMA2000-1x 系统由基站子系统（BSS）、网络子系统（NSS）和操作维护子系统（OSS）组成，其中，NSS 逻辑上又分为电路域和分组域。图 5.26 是简化的 CDMA2000 系统参考模型，部分网元与 IS-95、GSM 的基本相同，以下重点介绍新增网元和部分设备功能。

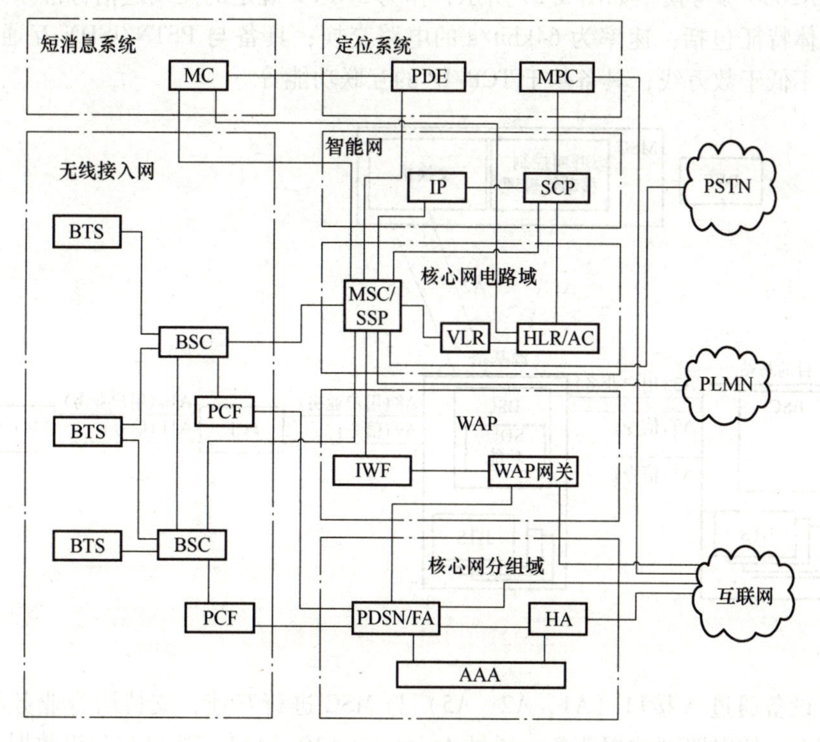

图 5.26 简化的 CDMA2000 系统

(1) 核心网分组域

核心网分组域包括 PCF（分组控制功能）、PDSN（分组数据服务节点）、HA（归属代理）、AAA（认证、授权和计费）。其中，PCF 负责与 BSC 配合，完成与分组数据有关的无线信道控制功能。由于与无线接入部分关系密切，常将 PCF 与 BSC 合设；PDSN 负责管理用户状态，转发用户数据；当采用移动 IP 技术时，需要使用 HA，HA 将发送给用户的数据从归属局转发至漫游地；AAA 负责管理用户信息，包括认证、计费和业务管理。AAA 采用的主要协议为 RADIUS（远程认证拨号用户服务），所以在某些文件中，AAA 直接被称为 RADIUS 服务器。

(2) 智能网部分

智能网部分包括 IP（智能外围）、SCP（业务控制点）等。智能网业务基本上还是针对电路交换业务，而未提供宽带智能业务。

(3) 定位系统

PDE（定位实体）与其他网络实体之间主要通过 SS7（No.7 信令）进行连接。当它接收 MPC（移动定位中心）的位置请求时，PDE 与 MSC、BSC 以及 MS 等相关设备交换信息，利用各种测量信息和数据通过特定的算法完成具体的定位计算，并将最后的计算结果报告给 MPC。

5.5.2 CDMA2000 参考模型及关键技术

1. CDMA 参考模型

CDMA2000 参考模型如图 5.27 所示，作为 3GPP2 规定的无线通信标准系列中的一员，其具体特征包括：速率为 64kbit/s 的电路交换；具备与 PSTN/ISDN 互通的能力；交换能力不低于数万线；具备基于 TCP/IP 的互联功能等。

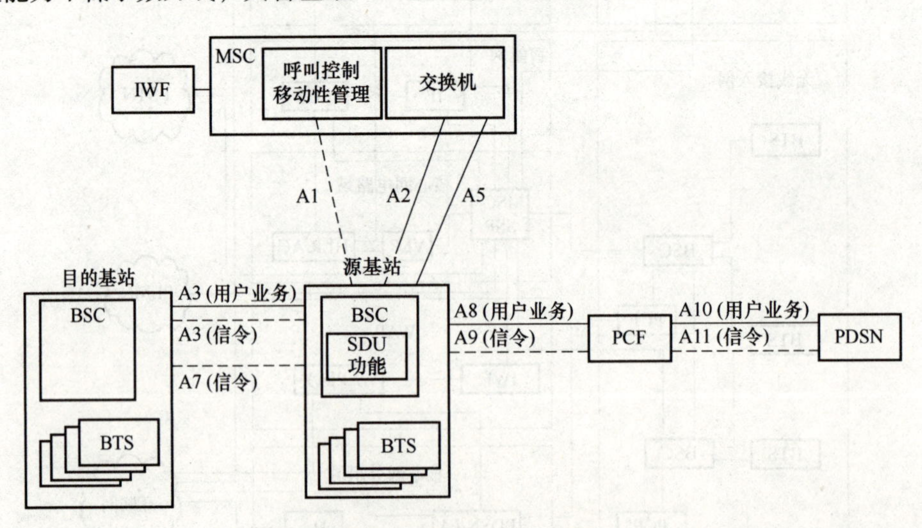

图 5.27 CDMA2000 参考模型

BSC 设备通过 A 接口（A1、A2、A5）与 MSC 进行互连，支持语音业务和最高速率为 64kbit/s 的电路型数据业务；通过 Aquater（A10、A11）接口与分组数据业务支持节点（PDSN）进行互连，支持最高速率为 144kbit/s 的分组数据业务，支持 SIP 业务或

移动IP业务；通过Ater接口（A3、A7）与其他BSC进行连接；BS与PCF之间的连接为Aquinter接口（A8、A9）。

BS和MSC之间的A1接口共有两类信息传递，即DTAP或BSSMAP消息。MSC与BS接口间的协议参考模型如图5.28所示。其中BSAP为基站应用部分，BSSMAP为基站管理应用部分。对于DTAP消息，分配数据单元由两个参数组成：消息区分参数和数据链路连接标识（DLCI）参数。DLCI参数用于MSC至BS和BS至MSC双向消息，表示所传递消息的类型和处理方式。

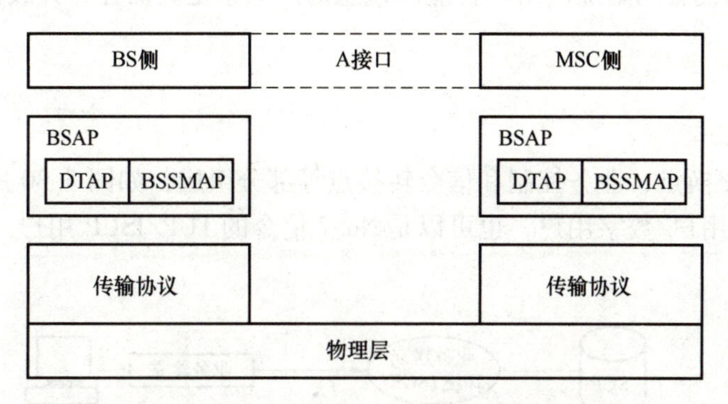

图5.28 MSC与BS接口间的协议参考模型

【例5.5】 根据图5.29，简单说明各接口的特点。

A7信令协议栈如图5.29a所示，用于在BSC间传输支持软切换的信令消息，是基于ATM的接口，通过光纤连接；A9接口传输BSC与PCF（分组控制功能）之间的信令消息，协议栈如图5.29b所示，是基于IP的接口，通过网线连接，传输层采用TCP或UDP；A11接口协议栈如图5.29c所示，用于PCF与PDSN（分组数据服务节点）间的信令消息传输，传输层采用UDP。

a) A7信令协议栈	b) A9接口协议栈	c) A11接口协议栈
IOS 应用		
TCP	A9信令	A11信令
IP	TCP/UDP	UDP
AAL5	IP	IP
ATM 子层	数据链路层	数据链路层
物理层	物理层	物理层

图5.29 A7、A9、A11接口协议栈

2. CDMA关键技术

1）系统接收机的初始同步技术，包括PN码同步、符号同步、帧同步和扰码同步等。

2）无线传输技术，可在IS-95系统的基础上平滑地过渡，保护已有的投资。

3）功率控制技术，采用开环、闭环和外环3种方式，上行信道采用了开环、闭环和外环功率控制技术，下行信道则采用了闭环和外环功率控制技术。

4）前向和反向同时采用导频辅助相干解调，射频带宽从 1.25MHz 到 20MHz 可调；在下行信道传输中，定义直扩和多载波传输两种方式，码片速率分别为 3.6864Mchip/s 和 1.22Mchip/s。

5.6 智能网

智能网（Intelligent Network，IN）是在原有电信网的基础上，为了快速向用户提供新的增值业务而设置的附加网络。智能网概念的三要素是灵活性、开放性和可靠性。

5.6.1 智能网结构及其模式

1. 智能网结构

IN 由业务交换点、业务控制和信令转接点等部分组成，如图 5.30 所示。用户可以是 PSTN 的模拟用户/数字用户，也可以是 No.7 信令的 TUP/ISUP 用户。IN 各部分功能如下。

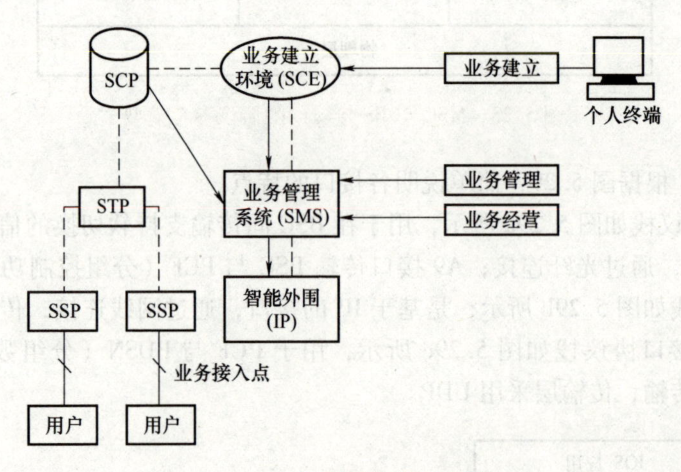

图 5.30 智能网结构示意图

业务交换点（Service Switching Point，SSP）：用于接收用户信息，识别一个呼叫是否是对 IN 的呼叫；与业务控制点（SCP）保持联系；与智能网周边系统（如 IP）协同工作。

业务控制点（Service Control Point，SCP）：存储用户数据和业务逻辑，当收到 SSP 送来的查询信息后，进行比较、验证、地址翻译、证实后再向 SSP 发出呼叫处理命令。

信令转接点（Signal Transfer Point，STP）：沟通 SSP 与 SCP 之间的信号联络（分组交换）。

智能外围（Intelligent Peripheral，IP）：提供各种电信业务能力的网元，允许新技术的引入。

业务管理系统（Service Management System，SMS）：操作、维护、管理、监视 IN 系统，允许用户管理自己的数据、生成报表等。

业务建立环境（Service Creation Environment，SCE）：根据用户的需求生成新的业务，用于建立各种 IN 的运行环境，个人终端用户通过 SCE 来完成自身业务的控制操作。

2. 智能网的 3 种实现模式

依据 IN 结构要求，以下给出 3 种实现模式。

(1) 以已有的交换机为基础

在数字程控交换机等已有交换设备上增加业务控制功能（SCF），该交换机所在的地区内的智能业务均由该交换机处理。也就是说，该地区内的其他交换机只把接收到的智能业务呼叫转移到该交换机去完成。ITU-T 称这种控制节点为业务交换控制点（SSCP），由此构成的智能网称为以 SSCP 为基础的智能网（SSCP Based IN）。

(2) 以计算机为基础

由计算机控制若干台分别承担不同业务处理任务的前置处理器，所有这些前置处理器称为业务电路，并全部连至一台也由控制计算机控制的专用交换机，以实现交换接续功能。

(3) 以独立的 SCP 为核心

以 No. 7 信令网为支撑的智能网，或称以 SCP 为基础的智能网（SCP Based IN）。SCP 与 SSP 之间用 No. 7 信令（MTP、SCCP 和 TCAP）和智能网应用规程（INAP）连接，SCP 与业务管理系统（SMS）之间的联系可通过分组网实现。这种模式是智能网发展的主要模式。

3. 智能网模型

智能网概念模型如图 5. 31 所示，每个层面功能如下。

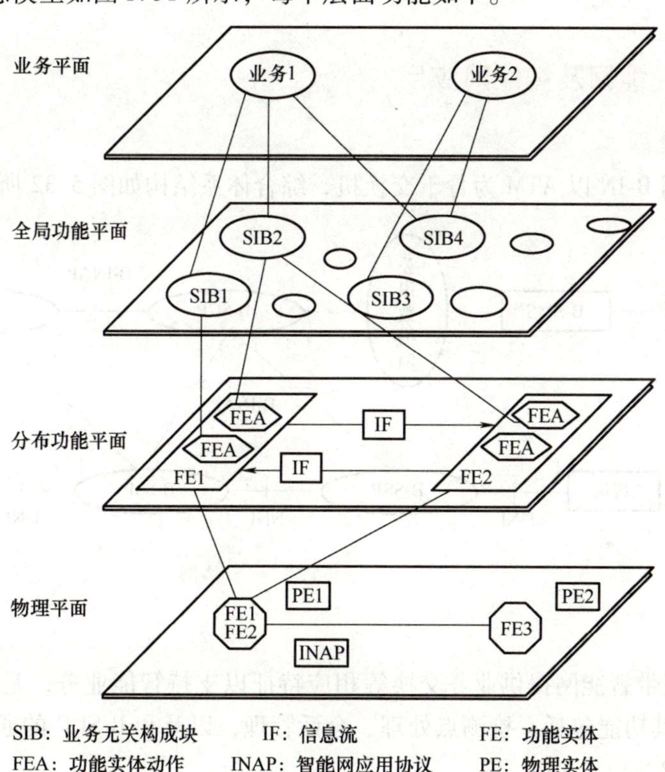

图 5. 31 智能网概念模型

（1）业务平面（Service Plane，SP）

业务平面描述了一般用户业务的外观，只强调业务的性能，不关注其实现的途径。一个业务是由一个或多个业务属性（Service Feature，SF）组合而成的，业务属性是业务平面的最小性能单位。国际电联先后发布了智能网能力集 1（CS-1）和智能网能力集 2（CS-2）。CS-1 规定了 25 种智能业务。CS-2 提供了 16 种新的智能业务。

（2）全局功能平面（Global Functional Plane，GFP）

在这个平面上把智能网看作一个整体，即将业务交换点、业务控制点、智能外设等合起来作为一个整体来考虑，其功能主要是面向业务设计者。SIB（Service Independent-building Block）称为“与业务无关的构成块”，ITU-T 在这个平面上定义了一些标准的可重复使用的 SIB，可以组合成不同的业务属性、构成不同的业务。

（3）分布功能平面（Distributed Functional Plane，DFP）

定义了全局功能平面中各 SIB 的实现方式。由于在全局功能平面下所定义的每个 SIB 都完成某种独立的功能，这种功能具体是由哪几种智能网设备来实现并不复杂。

（4）物理平面（Physical Plane，PP）

物理平面是从网络实施者的角度考虑的，它表明了分布功能平面中的功能实体可以在哪些物理节点中实现。一个物理节点中可以包括一到多个功能实体，但是国际电联规定，一个功能实体只能位于一个物理节点中，而不能分散在两个以上的物理节点中。

5.6.2 宽带智能网及智能网应用

1. 宽带智能网

宽带智能网 B-IN 以 ATM 为骨干交换机，综合体系结构如图 5.32 所示。

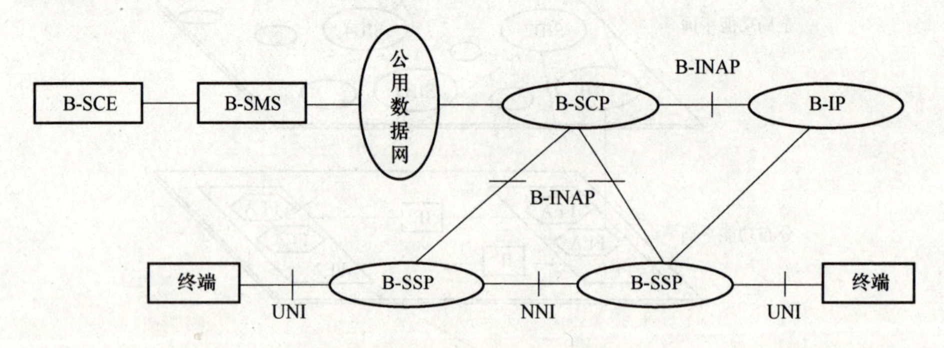

图 5.32 宽带智能网体系结构

（1）B-SSP

B-SSP 为宽带智能网提供业务交换等相应特征以支持智能业务，是具有 IN 功能的 ATM 交换机。其功能包括：检测点处理、会话管理，以及和 B-SCP 的通信。

（2）B-SCP

宽带智能网业务逻辑完全在 B-SCP 内执行。B-SCP 可通过监测 B-SSP 上报的呼叫事件对 B-SSP 控制，根据业务需要，B-SCP 能在网络中寻找合适的 B-IP 来提供特殊

资源。

(3) B-IP

B-IP 是支持用户和业务逻辑之间通信的多媒体代理。B-IP 可引入新的业务。

B-INAP 建立在 No. 7 信令之上，支持宽带网络中新增加的业务能力。

2. 智能网应用

智能网是一个分布式系统。国际电信联盟将智能网各功能实体之间的消息流用一种高层通信协议的形式加以规范定义，即为 No. 7 信令系统的智能网应用协议(INAP)。

【例 5.6】 利用 No. 7 信令系统的 TCAP（事务处理能力应用部分）等协议构造成的智能网系统，如图 5.33 所示，如果终端 A 要呼叫终端 B，需要被叫付费，这就是一项智能网 800 号业务。假设终端 B 已登记过被叫付费业务，简述智能网业务呼叫所涉及的协议及建立过程。

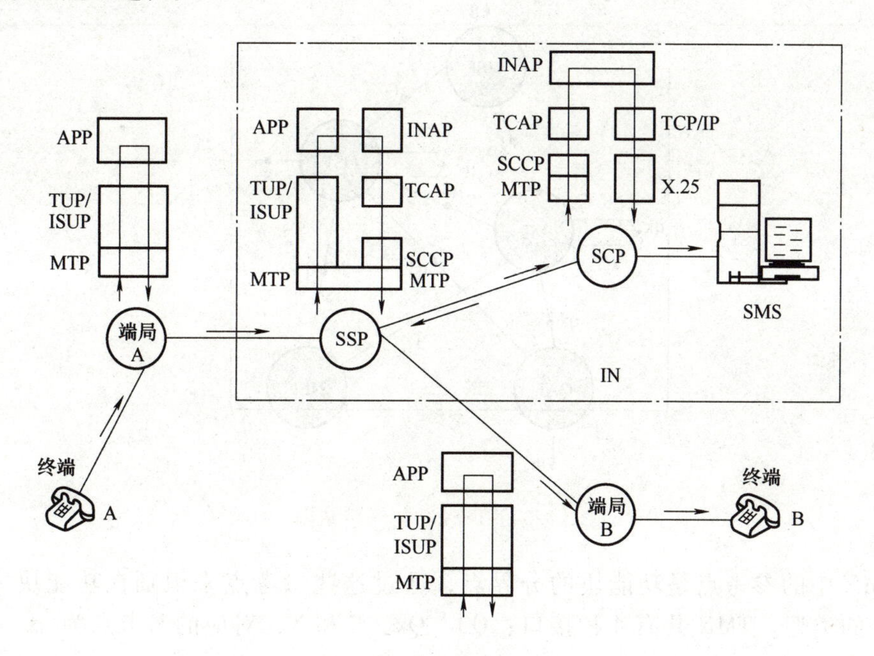

图 5.33 智能呼叫的应用

终端 A 拨号：800+B 号码，端局 A 收到后通过 No. 7 信令系统的 TUP，将该号码转给最近的 SSP，SSP 又通过 No. 7 信令系统的 TCAP/INAP 转给 SCP；SCP 收到后，通过 SMS 查询，发现终端 B 已办理过被叫付费的业务，SCP 把允许被叫付费的信息发送给 SSP；SSP 将 800 “吃掉”，通过 No. 7 信令系统 TUP 发送 B 号码到端局 B，端局 B 进入呼叫终端 B 状态；终端 B 摘机后，双方进入通话状态。通话结束后，SSP 会将通知 SCP 通话时长，由 SCP 完成计费的后续处理过程。

5.7 电信管理网

电信管理网（TMN）是一个有组织的网络结构，采用标准的协议和信息接口实现

操作系统与电信设备之间的互连，以进行管理信息交换，支撑电信网和电信业务的规划、配置、安装、操作及组织。

5.7.1 TMN 功能体系及模型

TMN 的概念就是利用系列化标准接口（包括协议和消息规定），提供一种有组织的结构，使各种不同类型的操作系统与电信设备互连，从而通过所提供的各种管理功能，实现对电信网的自动化和标准化的管理。

1. TMN 的功能体系结构

TMN 的体系结构如图 5.34 所示，包括操作系统功能（OSF）、中介功能（MF）、网络单元功能（NEF）、适配功能（QAF）、以及工作站功能（WSF）等功能模块。

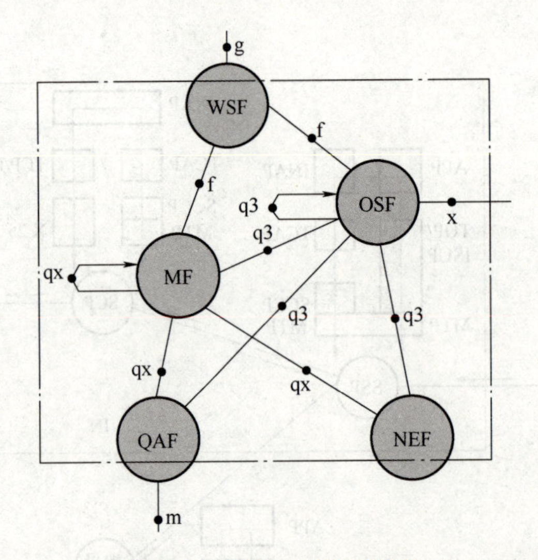

图 5.34 TMN 功能体系结构

TMN 中的参考点是功能块的分界点，通过这些参考点来识别在功能块之间交换信息的类型。TMN 共有 4 种接口：Q3、Qx、F 和 X，对应的参考点为 qx、q3、x 和 f。

Q3 接口是跨越了整个 OSI 七层模型的协议的集合。从第 1 层到第 3 层的 Q3 接口协议标准是 Q. 811，称之为低层协议；从第 4 层到第 7 层的 Q3 接口协议标准是 Q. 812，称之为高层协议。

Qx 接口选取了 Q3 中的主要部分，很多产品采用 Qx 接口作为向 Q3 接口的过渡。Qx 是不完善的 Q3 接口，Qx 上的信息模型是 MF 和 NE 之间的共享信息。

F 接口处于工作站（WS）与具有 OSF、MF 功能的物理构件之间，它将 TMN 的管理功能呈现给人或管理系统，解决相关人机接口的支持能力问题。

X 接口在 TMN 的 x 参考点处实现，提供 TMN 与 TMN 之间，或 TMN 与具有 TMN 接口的其他管理网络之间的连接。

为提高电信网络的管理水平，目前有关厂商已设计了系列的统一网管框架，如：T 系列，表示传输网管；M 系列，表示移动网管；N 系列，表示网络和数据网管；U 系

列，表示未来统一网管等。

2. TMN 管理模型

图 5.35 给出了 TMN 的模型，包含 3 个面：管理功能、管理业务域和管理层次。

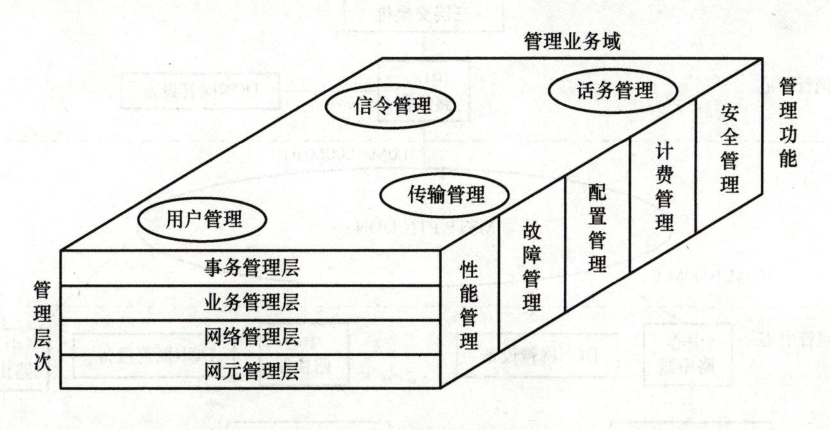

图 5.35　TMN 管理模型

1）管理功能：TMN 根据 OSI 系统功能定义了 5 种管理功能：性能管理、故障管理、配置管理、计费管理和安全管理。

2）管理业务域：TMN 定义了多种管理业务，包括：用户管理、传输管理、信令管理和话务管理等。

3）管理层次：将电信网络的管理划分为 4 个层次：事务（商务）管理层、业务（服务）管理层、网络管理层和网元管理层。

5.7.2　TMN 系统实现

下面简要介绍 TMN 功能单元及其基本功能。

1）网络单元（NE）：简称网元，由受监控的电信设备（或其中一部分）和支持设备组成，为电信网用户提供相应的网络服务，如交换设备、复用/分路设备、交叉连接设备等。

2）操作系统（OS）：用来操作和监控各种管理信息，性能检测、故障检测、配置管理等功能模块都可以驻留在该系统上。

3）中介设备（MD）：专用的连接转换设备，主要完成 OS 与 NE 间的中介协调功能，用于不同类型设备接口之间管理信息的转换，如路由交换设备。

4）工作站（WS）：由云平台或服务器组成。其功能包括安全接入和登录、识别和确认输入、格式化和确认输出、接入 TMN、维护数据库、用户输入编辑等。

5）数据通信网（DCN）：为其他 TMN 部件提供通信手段，主要实现 OSI 参考模型的低三层功能，可由不同类型的通信子网（如 X.25、DDN、IP 网等）互联而成。

图 5.36 是通过 MSTP/PTN/DDN 等作为 DCN（数据通信网）实现 TMN 的示意图。

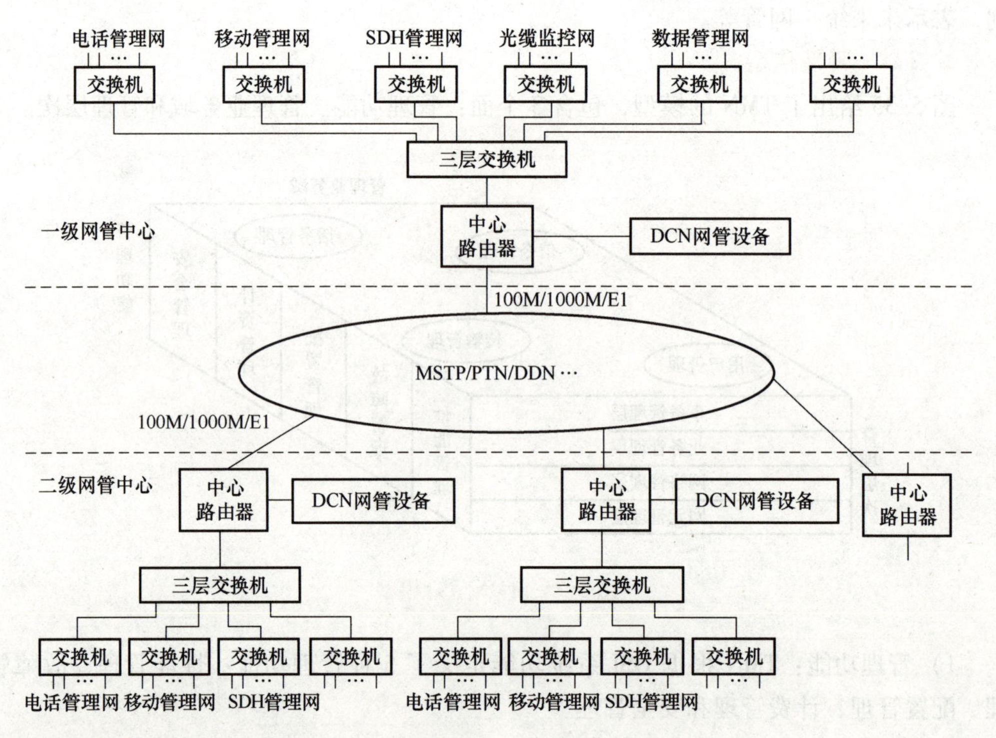

图 5.36 通过 MSTP/PTN/DDN 实现 DCN

拓展阅读

我国第一套蜂窝移动通信系统开通记

改革开放初期，我国以发展固定电话网为通信网络建设的主要方向，大多数人认为蜂窝移动通信价格昂贵，不适合我国国情。作为对外开放前沿的广州市，其政府主要领导认识到移动通信的重要性，利用筹备第六届全国运动会（以下简称“六运会”）的契机，向广州市邮电局提出要求，在六运会前开通移动通信业务。

邮电局接到任务后立即行动。第一件事就是选址，经过考查，很快选中了广州市越秀区西德村作为基站建设地址，因为那里处于广州市中心，紧靠公园且地势高，适合提升信号的覆盖范围。那时，我国移动通信技术非常薄弱，既没有移动系统设备的生产厂家，也没有独立建设蜂窝基站的经验，如何有效引进国外移动设备成为焦点。经过反复研讨，广州市邮电局选定了英国 TACS（全接入通信系统）制式，设备供应商为瑞典的爱立信。

移动设备确定之后，资金又成了问题。广州市邮电局没有“等、靠、要”，他们积极想办法，从香港移动通讯有限公司（CSL 公司）筹借了 500 万美元的无息贷款，再加上银行贷款，交付了首期合同订金。

项目开工时，由于没有专业的移动通信机房施工队，所有的工作，包括整修机房、设备安装、综合布线等重活、累活，都由邮电员工自己干。调试开通阶段，经常是六七个人夜以继日地在简陋的机房里，一遍一遍地摸索、测试。经过半年时间的

艰苦努力，终于完成了中心机房和首批3个基站主设备的安装调测、跳线、传输对通等工作。1987年11月18日，全国首个模拟蜂窝移动网络调试开通，离六运会开幕只差2天时间。六运会开幕式上，时任广东省省长的叶选平在电视镜头下接通了蜂窝移动电话，被人们形象地称为“神州第一波”。

我国第一套移动通信系统在广州建成之后，在全国范围内引起了很大的反响。随后，重庆、北京、辽宁等省市先后开通了移动通信网，中国通信网络的发展掀开了新的篇章。今天，移动通信信号已经覆盖了祖国的山河大地和近海区域。移动通信的快速发展，是全体通信人艰苦奋斗、无私奉献、不懈努力的结果。

习　题

一、填空题

1. 数字程控交换机的硬件结构主要由____________和____________两部分构成。前者的核心是数字交换网络（DSN），外围是大量的用户接口、中继接口和操作维护接口；后者主要是各种处理器、信令系统设备及其他辅助控制设备。

2. 按照功能结构，数字程控交换机的4大功能分别为：连接、______、______和______。

3. 同步时钟网主要由____________、____________和____________组成。

4. ________同步方式的基准时钟是通过树状时钟分配网络逐级向下传输的。

5. 我国新的长途电话网中，________为一级交换中心，设在各省会、自治区首府和中央直辖市；________为二级交换中心，也是长途网的终端长途交换中心，设在各省的地（市）本地网的中心城市。

6. ISDN的主要接口分别是________和__________。前者表示为2B+D，后者表示为30B+D。

7. UTRAN，即陆地无线接入网，包括__________和____________两种网元。

8. TD-SCDMA系统的多址接入方案属于DS-CDMA，码片速率为________chip/s，扩频带宽约为________MHz；采用________工作方式。它的下行链路和上行链路是在同一载频的不同时隙上进行传输的，因此TD-SCDMA的接入方式为________和________。

9. WCDMA物理信道包括3层结构：超帧、帧和时隙。超帧长度为________ms，包括72个帧；每帧长为________ms，对应的码片数为38400chip；每帧由________个时隙组成，一个时隙的长度为2560chip；每时隙的比特数取决于物理信道的信息传输速率。

10. CDMA2000-3x为多载波系统，3x表示3载波，即3个______Hz，共______MHz的频带宽度。

11. TMN定义了5种管理功能：性能管理、故障管理、配置管理、________和________。

二、选择题

1. （多选）ISDN的功能包括（　　）。

A. 电路交换　　　　B. 公共信道信令功能

C. 分组交换　　　　D. 专用线功能

2. （多选）与 GSM 相比，GPRS 增加的网元主要包括（　　）。

A. GGSN　　　　B. PCU

C. SGSN　　　　D. HSS

3. GSM 每个频道采用 TDMA 复用方式，分为 8 个时隙。相邻两频道间隔为（　　）。

A. 200kHz　　　　B. 15kHz

C. 45MHz　　　　D. 45kHz

4. 关于智能网，以下说法中错误的是（　　）。

A. 固定智能网主要使用 INAP

B. 主要由 SCP、SSP、SMS、SCE 及 IP 组成

C. 实现了业务交换和业务控制的分离

D. 核心是 SSP

5. （多选）以下选项中，属于智能网模型定义的智能网组成部分的是（　　）。

A. 业务平面　　　　B. 分布功能平面

C. 全局功能平面　　　　D. 物理平面

6. （多选）智能网的管理层次包括（　　）。

A. 事务（商务）管理层　　　　B. 网络管理层

C. 业务（服务）管理层　　　　D. 网元管理层

三、简答题

1. PLMN 区域有哪些类型？简要说明各种区域的管辖范围。

2. 简述 GSM 的系统组成及 GSM 系统无线帧的参数。

3. 简述 WCDMA 系统的组成和演进。

4. 为什么要开通智能网？简要说明智能网的概念模型。

第6章 数据通信网

传统数据网主要包括数字数据网、分组交换网、帧中继和异步传输模式（ATM）等。随着 IP 路由交换技术的发展，现在的数据通信网主要是由路由器、交换机、服务器等组成的因特网。本章介绍传统数据网和因特网的相关内容。

6.1 分组交换数据网（X. 25）

分组交换数据网（PDN）是指由传统分组交换机组成的早期数据网。分组交换数据网采用 X. 25 协议，在世界范围内实现了数据业务的传输和交换。

6.1.1 公用交换分组数据网（PSPDN）结构

1. 数据通信系统的组成

数据指用数字（或模拟）信号代表的语音、文字、图像等信息，数据通信是以传输和交换数据为业务特征的通信方式，其系统构成如图 6.1 所示。

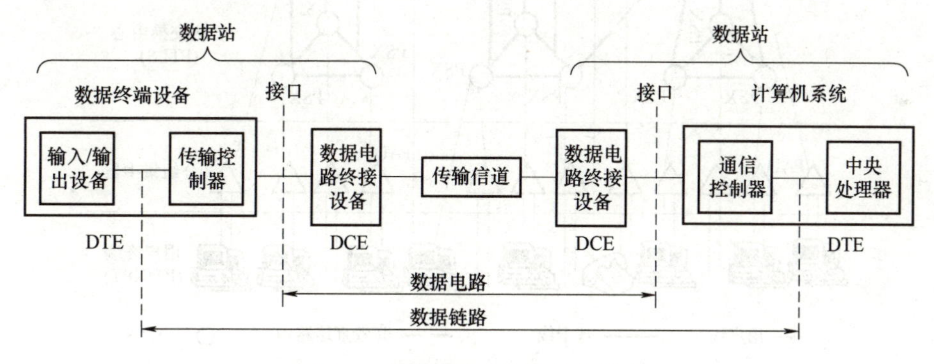

图 6.1 数据通信系统的基本构成

（1）数据终端设备（DTE）

DTE 是处理用户数据的设备，一般指 PC 或 I/O 设备，其主要功能：把人们可以识别的数据变换成计算机能够处理的二进制信息，再把计算机处理的结果变换成人们可以识别的数据；由传输控制器和通信控制器按双方预先约定的控制规程，完成通信线路的控制、收发双方信号同步、工作方式选择、传输差错的检测和校正、数据流量的控制以及数据处理功能。

（2）数据电路终接设备（DCE）

如果传输信道是模拟信道，数据传输采用语音频带，DCE 主要起（频带）调制解调器的作用，即把 DTE 送来的数字信号变换为模拟信号后送往信道，或把信道送来的

模拟信号变换为数字信号后送往 DTE。

如果是数字信道，DCE 由数据服务单元（Data Service Unit，DSU）和信道服务单元（Channel Service Unit，CSU）组成。DSU 的功能是把面向 DTE 的数字信道上的数字信号变化为双极性的数字信号；CSU 完成信道特性的均衡、信号整形、环路检测等。

2. 公用交换分组数据网（PSPDN）

分组交换数据网又称为公用交换分组数据网（Public Switching Package Data Network，PSPDN），由分组交换机、网络管理中心、远程集中器与分组装拆设备、分组终端和传输线路等组成。PSPDN 的汇接点由大容量的分组交换机构成。我国公用交换分组数据网（CHINAPAC）的结构如图 6.2 所示。CHINAPAC 实行两级交换，设立一级和二级交换中心。

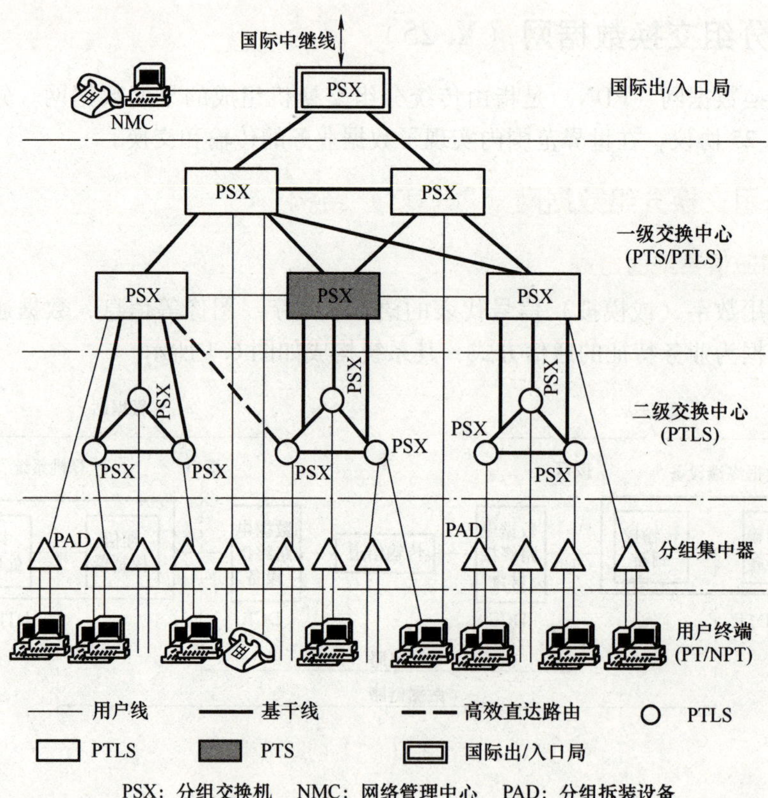

图 6.2　CHINAPAC 的结构

分组交换机是分组数据网的枢纽。根据分组交换机在网中所处地位的不同，可分为中转交换机、本地交换机。一、二级交换中心原则上设置本地/转接合一的分组交换机（PTLS），但对转接量大的一级交换中心，可以设置纯转接分组交换机（PTS）。

6.1.2　X.25 协议

1. X.25 的物理层

X.25 的物理层定义了 DTE 和 DCE 之间的电气接口和建立物理信息传输通路的过程，可以采用的接口标准有 X.21 建议、V 系列建议。其中 X.21 接口所用接口线少，

可定义的接口功能多而且灵活，是较理想的接口标准。

X. 25 各层数据格式及其对应关系如图 6. 3 所示，从第 1 层到第 3 层数据传输分别面向"bit""帧""分组"。当 DTE 向 DCE 传输信息时，第 2 层（链路层）接收到其上一层（分组层）的信息，加上标志后通过下一层，由物理层所提供的接口将信息传输出去。

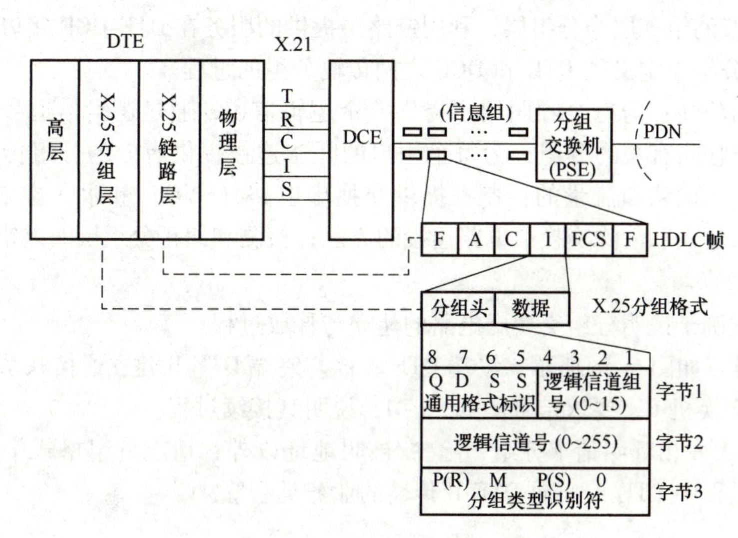

图 6. 3 X. 25 各层数据格式及其对应关系

2. X. 25 的数据链路层

X. 25 协议的第 2 层为数据链路层，规定 DTE 和 DCE 之间线路上交换分组的过程，功能为：在 DTE 和 DCE 之间有效地传输数据；确保接收器和发送器之间信息同步；检测和纠正传输中产生的差错；识别并向高层协议报告规程性错误；向分组层通知链路层的状态。

链路层需要在每个分组前添加 HDLC（高级数据链路控制）规程帧头，以形成 X. 25 第 2 层的 HDLC 帧。HDLC 帧结构如图 6. 4 所示，HDLC 帧类型如下。

1）信息帧：如图 6. 4a 所示，由帧头、信息和帧尾 3 部分组成，用于传输分组层之间的信息。分组层交给链路层的信息都装配成信息帧的格式。

2）监控帧：如图 6. 4b 所示，由帧头和帧尾两部分组成，用于完成 DTE 和 DCE 接口的链路层监控。

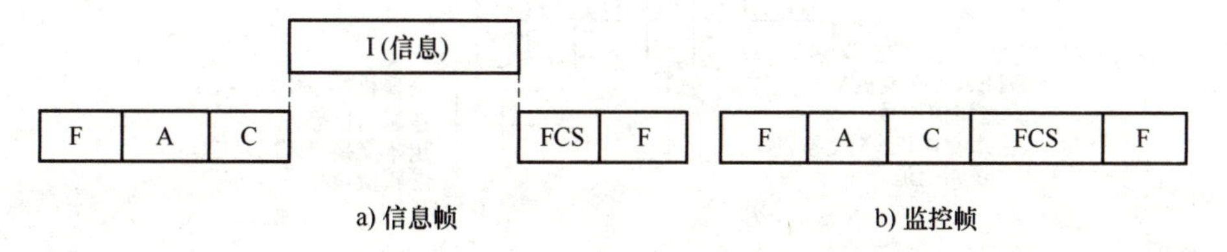

图 6. 4 HDLC 帧结构

帧头由 3 个 8bit 字段组成。其中 F 编码为"01111110"，称为标志字段，用来标志一个帧的开始和结束。A 为帧地址字段，在 HDLC 规程中用它来区别从站地址，在

X. 25 规程的链路层中用于区别命令帧/响应帧或单链路/多链路规程。C 为帧控制字段，用于区分各种不同功能的帧，或者称它为帧识别符。

帧尾由 1 个 FCS 字段和 1 个 F 字段组成。FCS 为帧校验序列，是 16bit 的冗余码。帧尾的 F 字段同时作为下一个帧的开始标志。

3. X. 25 分组层

X. 25 协议的第 3 层为分组层，利用链路层提供的服务在 DTE-DCE 接口之间交换分组。X. 25 的分组层定义了 DTE 和 DCE 之间传输分组的过程。

分组层的功能：为每个呼叫用户提供一个逻辑信道；通过逻辑信道号（LCN）来区分每个用户呼叫有关的分组；为每个用户的呼叫连接提供有效的分组传输，包括顺序编号、分组的确认和流量的控制；提供交换虚电路（SVC）和永久虚电路（PVC）的连接；提供建立和清除交换虚电路连接的方法；检测和纠正分组层的差错。

4. 连接建立与释放过程

下面通过例子说明分组交换虚电路的建立与释放过程。

【例 6.1】 如图 6. 5a 所示，终端 DTE A 欲与终端 DTE B 建立通信联系，中间经过交换机 A 和交换机 B，要求结合图 6. 5b~d，说明其接续过程。

1）DTE A 发出呼叫请求分组，除主/被叫地址以外，请求分组格式中还说明补充业务及呼叫过程中 DTE A 要向 DTE B 传输的业务类型等。

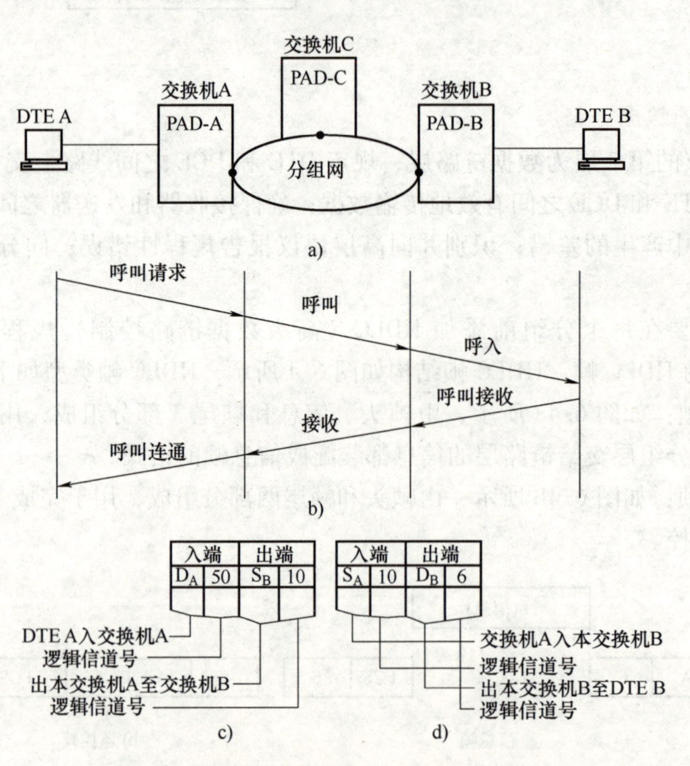

图 6. 5 虚电路的建立过程

2）逻辑信道组号及逻辑信道号有时统称为逻辑信道号，用以表示 DTE A 到交换机的时分复用信道上以分组为单元的信道编号。由于分组交换采用动态复用方式，该逻

辑信道号每次呼叫根据当时实际情况进行分配。

3）交换机A收到呼叫后，根据被叫DTE B地址选择通往交换机B的路由，并由交换机A发送呼叫请求。图6.5c为标记路由表（逻辑信道对应表），入端连接DTE A（D_A）的逻辑信道号为50，出端到交换机B的逻辑信道号为10，交换机将该信道号连接起来。

4）同理，交换机B根据交换机A发来的呼叫请求分组再发送呼叫请求分组到被叫终端DTE B。在交换机内B也建立了一种逻辑信道对应表，如图6.5d所示。

5）DTE B收到交换机B转发的呼叫请求分组，当其可以接收该呼叫时，便发出呼叫接收分组，经交换机B转发给交换机A，交换机A向DTE A发呼叫接通分组。

6）当DTE A接收到呼叫接通分组后，DTE A与DTE B就建立了虚电路，其过程如图6.5b所示。虚电路的信道号序列为DTE A-50→PAD-A-10→PAD-B-6→DTE B。

7）虚电路建立后，进入数据通信阶段，将要传输的数据分解成一个个数据分组传输。因为交换机A、B入/出端口是固定的，所以虚电路一经建立，数据分组只需逻辑信道号表示去向，无须再用DTE地址表示去向。

8）数据交换完成后要进行虚电路释放。主动释放的一方提出释放请求，当DTE A提出释放请求时，经交换机确认后开始释放过程。

6.2 数字数据网（DDN）

6.2.1 DDN的结构

数字数据网（Digital Data Network，DDN）为用户提供专用的数字数据传输信道，或提供将用户接入公用数据交换网的接入信道，也可以为公用数据交换网提供交换节点间用的数据传输信道。DDN一般不具备交换功能，可以理解为是依附在数字传输网上的一个子网，只采用简单的交叉连接与复用装置。DDN结构如图6.6所示。

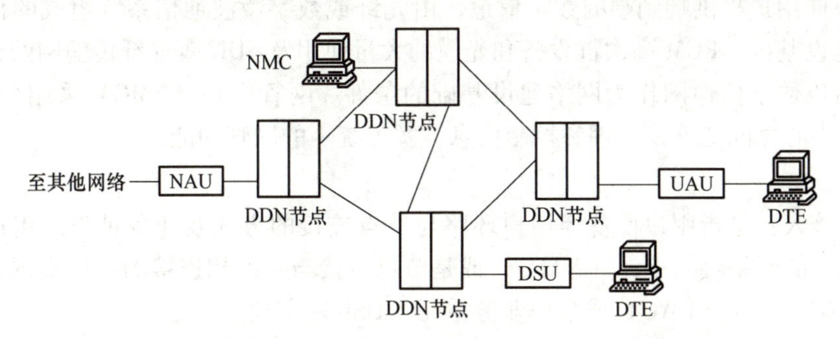

图6.6 DDN结构

1. DDN节点

DDN节点包括时分复用器和数字交叉连接系统，主要完成接入、复用和交叉连接功能。数字交叉连接系统（DACS）用于DDN通信线路的交接、调度管理。它的主要

设备是智能化的数字交叉连接设备（DXC）、带宽管理器以及供用户接入的设备。

DXC 的设备系列代号为“DXC m/n”，其中“m”表示输入数字流的最高复用等级，“n”表示可以交换（或交叉连接）的数字流的最低复用等级。“m”的数值范围是 0~6，其含义如下：

$m=0$，表示 64kbit/s；

$m=1$，表示 2Mbit/s（PDH）或 VC12（SDH）；

$m=2$，表示 8Mbit/s（PDH）或 VC-2（SDH）；

$m=3$，表示 34Mbit/s（PDH）或 VC-3（SDH）；

$m=4$，表示 140Mbit/s（PDH）或 155Mbit/s（SDH）；

$m=5$，表示 622Mbit/s（SDH）；

$m=6$，表示 2.5Gbit/s（SDH）。

按照组网功能的不同，DDN 节点可分为 2M 节点、接入节点和用户节点。

1）2M 节点：主要执行网络业务的转接功能。其主要有 2048kbit/s 数字通道的接口、2048kbit/s 数字通道的交叉连接、$N\times$64kbit/s（$N=1\sim31$）复用和交叉连接、帧中继业务转接等功能。通常认为 2M 节点主要提供 E1 接口；对于 $N\times$64kbit/s 进行复用和交叉连接，起到收集来自不同方向的 $N\times$64kbit/s 电路，并把它们归并到适当方向的 E1 输出的作用。

2）接入节点：主要为各类 DDN 业务提供接入功能。如 $N\times$64kbit/s、2048kbit/s 数字通道的接口；$N\times$64kbit/s（$N=1\sim31$）的复用；小于 64kbit/s 的子速率复用和交叉连接；帧中继业务用户接入和本地帧中继功能；压缩语音/G3 传真用户入网等。

3）用户节点：主要为 DDN 用户入网提供接口，并进行必要的协议转换，包括小容量时分复用设备、LAN 通过帧中继互连的路由器等。

2. 数字通道及网管中心

DDN 向用户提供端到端的数字信道，由光纤或数字微波通信系统组成的传输网是 DDN 的建设基础，PCM 高次群设备和光缆的大量使用及 SDH 等光纤传输网的建设，使 DDN 具有以数字传输网作为网络建设基础的条件。网管中心（NMC）采用分级管理，各级网管中心之间能互换管理和控制信息，实现统一的网管功能。

3. 用户端

用户接入：是指用户设备经用户环路与节点连接的方式及业务种类。用户接入可以通过用户的网络接入单元（NAU），或是节点直接与终端相连接的接口实现；也可以通过用户接入单元（UAU）或数据业务单元（DSU）实现。

用户环路：是指用户终端至本地 DDN 节点之间的传输系统。

用户设备：包括用户终端和连接线。用户设备可以是局域网，通过路由器连至对端，也可以是一般的异步终端或图像设备，以及个人终端、路由交换等设备。

6.2.2 DDN 业务及应用

我国典型的 DDN 是中国数字数据网（CHINADDN），网络结构如图 6.7 所示。CHINADDN 以灵活的组网方式，可以向用户提供传输速率在一定范围内任选的、全透

明的、同步［600bit/s～64kbit/s、N×64kbit/s（N＝1～31）、2Mbit/s］/异步（200bit/s～19.2kbit/s 56kbit/s 等）兼容的数据信道和虚拟专用网（VPN）等业务。

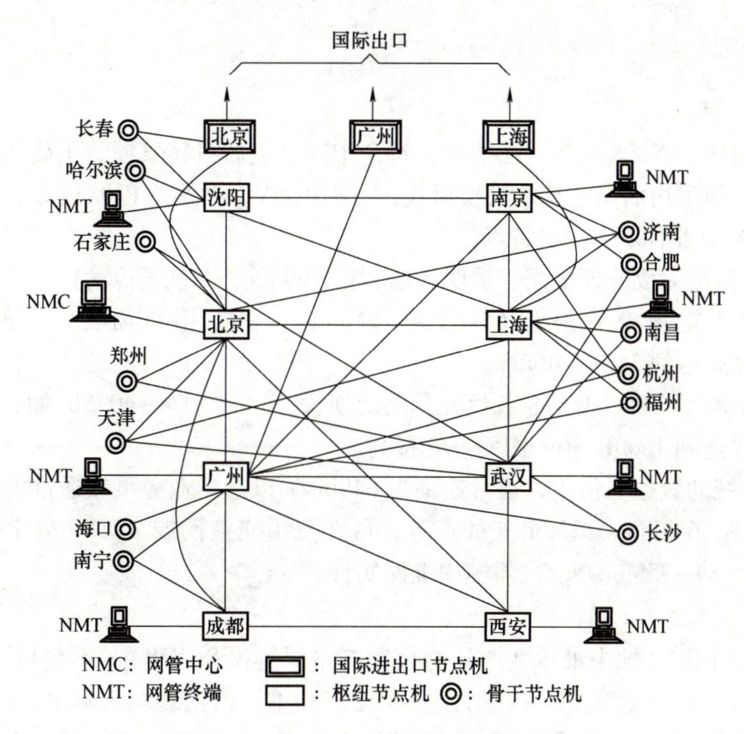

图 6.7　CHINADDN 骨干网的网络结构

1. 提供专用电路业务

基本专用电路：这是规定速率的点到点专用电路。

高可用度 TDM 电路：DDN 通过信道备份、优先级等措施提高电路的可用度。

定时专用电路：用户与网络约定专用电路的连接时间，定时使用专用电路。

多点专用电路：N(N>2）个用户之间的专用电路业务。

2. 提供数据传输信道

DDN 可为公用数据交换网、各种专用网、无线寻呼系统、可视图文系统、高速数据传真、会议电视和 ISDN（2B+D 信道或 30B+D 信道）等提供中继或用户数据信道，可为企业或办事处提供到其他国家或地区的租用专线。

3. 公用 DDN 的应用

DDN 可向用户提供速率在一定范围内可选的同步、异步传输或半固定连接端到端数字数据信道。其中，同步传输速率用得较多的为 600bit/s～64kbit/s；异步传输速率用得较多的有 19.2kbit/s、56kbit/s 等；半固定连接指其信道为非交换型，由网络管理人员在计算机上用命令对数字交叉连接设备进行操作，建立或拆除连接。

6.3　帧中继（FR）

帧中继（Frame Relay，FR）又称快速分组交换，帧中继网络本身不执行数据流控

制、差错检验和校正等，而把它们交由更高层协议去执行，从而提升了数据转发的速度。

6.3.1 帧中继协议

1. 帧中继特点

帧中继简化了 X.25 的第 3 层协议，每个中间节点后只转发帧，不确认帧。帧中继与分组交换一样采用面向连接的交换形式，可提供 SVC 业务和 PVC 业务，一般只提供 PVC 业务。帧中继有以下主要特点。

1）在链路层完成统计复用、透明传输和错误监测（不重复传输）。

2）用户传输速率一般为 64kbit/s ~ 2Mbit/s，根据用户需要，有的速率可为 6.6kbit/s，最高达到 34 ~ 45Mbit/s。

3）交换单元（帧）的信息长度比分组交换长，达到 1024 ~ 4096B/帧，预约的最大帧长度至少要达到 1600B/帧，因而吞吐量高。

4）在传统的数据通信中，通常速率为 64kbit/s 以下的业务可以通过电路交换的半固定连接实现；64kbit/s ~ 2Mbit/s 的业务，可在分组交换网或 DDN（数字数据网）上实现；要达到 34 ~ 35Mbit/s，则需帧中继网实现。

2. 帧中继协议

FR 采用 LAPF（帧中继承载业务的数据链路层协议和规程），不参与第 3 层处理，第 2 层只进行 CRC（循环冗余校验），差错控制和重发留给终端去解决。LAPF 结构中含有两个操作平面：控制平面（C-plane）和用户平面（U-plane）。图 6.8 所示为帧中继的帧结构，以下对其进行说明。

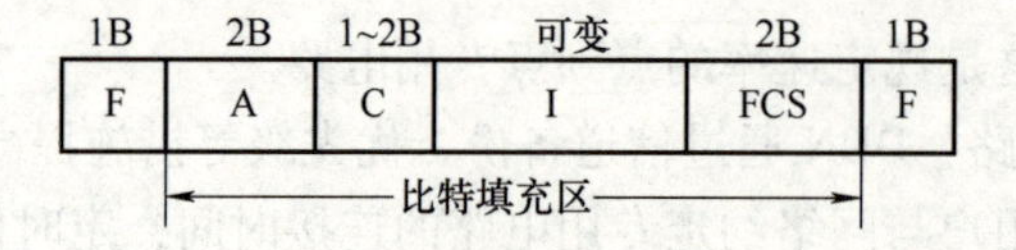

F：标志　A：地址　C：控制　I：信息　FCS：帧检验序列

图 6.8　帧中继的帧结构

1）F：标志位，8 比特组 01111110，表示一帧的开始和结束，帧结构中其余部分为比特填充区。在一些应用中，本帧的结束标志可以作为下一帧的开始标志。

2）A：地址字段，用于区别同一通路上多个数据链路的连接，以便实现帧的复用/分路。其长度通常是 2B，最大可以扩展到 4B。

3）C：控制字段，用于区分帧的类型。LAPF 定义了 3 种类型的帧：

信息帧（I 帧）用来传输用户数据，但在传输用户数据的过程中，可以携带流量控制和差错控制，并且 LAPF 允许 I 帧使用 F 比特。

监视帧（S 帧）专门用来传输控制信息，当流量控制和差错控制不能搭乘 I 帧时，就用 S 帧来传输。

未编号帧（U 帧）用来传输控制信息和按照非确认方式传输用户数据。

4）I：信息字段。由整数倍的字节组成，是用户数据比特序列。默认长度为 260B，

网络支持协商的信息字段的最大字节数至少为1598B。

5）FCS：帧检验序列字段，能检测出任何位置上3bit以内的错误、所有奇数个错误、16bit之内的连续错误。

6.3.2　帧中继网络

我国的帧中继网络为CHINAFRN，国内许多大城市都有独立的帧中继网络。在CHINAFRN的建设上引入的节点机具有1.6Gbit/s的吞吐量，引入的ATM机制能够提供信元处理、X.25和帧中继业务。典型的帧中继网络结构如图6.9所示，它支持各类用户的接入，包括在用户侧的T1/E1复用设备、路由器、前端处理机、帧中继接入设备等。

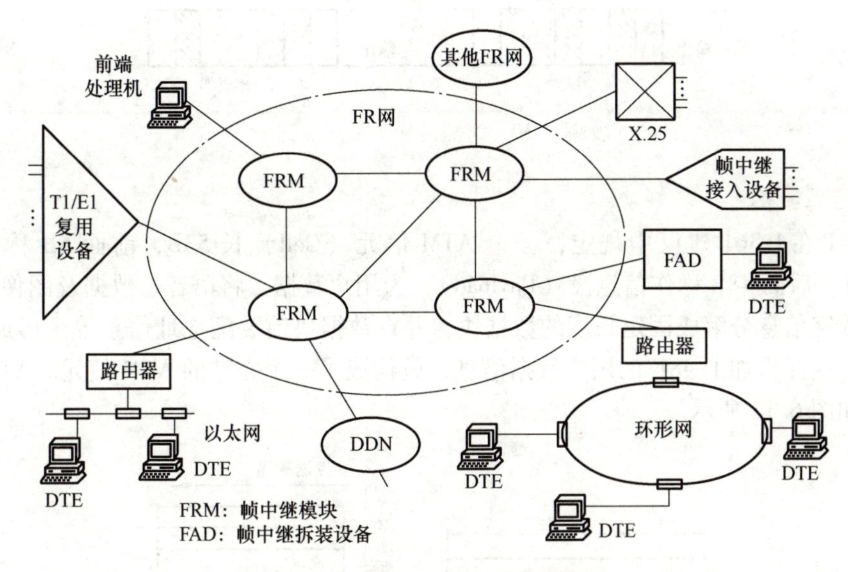

图6.9　典型的帧中继网络结构

6.4　异步传输模式（ATM）

6.4.1　ATM定义及信元结构

1. ATM定义

ATM（Asynchronous Transfer Mode）技术融合了电路交换传输模式，采用统计时分复用和信息分组的设计思想发展而成。ITU-T定义：ATM是一种传递模式，在这一模式中，信息被组织成信元（Cell），包含一段信息的信元不需要周期性地出现，从这个意义上讲，这种传递模式是异步的。

在ATM中，将语音、数据及图像业务的信息分解成固定长度的数据块，加上信元头，形成一个完整的ATM信元。在每个时隙中放入ATM信元，ATM信元在占用时隙的过程中采用统计时分复用的方式将来自不同信息源的信息汇集到一起。也就是说，每个用户不再分配固定的时隙，这样就不能靠时隙号来区别不同用户，而是靠ATM信

元中的信头来区别各个用户，网络根据信头中的标记识别和转发信元。另外，一帧占用的时隙数也不固定，可以有一至多个时隙，完全根据当时用户通信的情况而定，而且各时隙之间并不要求连续，纯粹是“见缝插针”，其过程如图 6.10 所示。

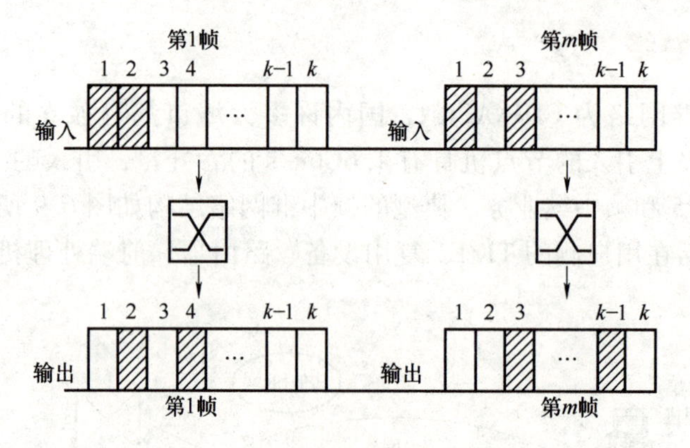

图 6.10　时隙的异步复用过程

2. 信元结构

ITU-T 在 I.361 建议中规定，一个 ATM 信元（Cell）长 53B，前面 5B 称为信头（header），后面 48B 称作信息段（Payload），为用户数据。将语音、数据及图像等所有的用户数字信息分解成固定长度的数据块，并在数据块前装配地址信息等，形成 5B 的信元头，这样再加上 48B 的用户数据信息，就构成了一个完整的 ATM 信元。ATM 的信元结构如图 6.11 所示。

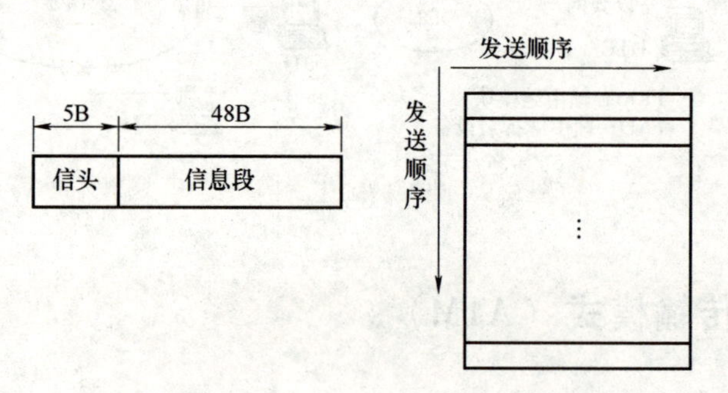

图 6.11　信元结构

在 ATM 通信网中，用户接口称作用户-网络接口（UNI），中继接口称作网络-网络接口（NNI）。它们对应于 ATM 两种不同信头格式的信元。图 6.12 所示是这两种信头的结构图。在 ATM 信头中包含了如下几个域。

1）一般流量控制（GFC）：它由 4bit 组成，仅用于 UNI。用于流量控制或在共享媒体的网络中表示不同的接入。一般情况置为 0000。

2）虚通道标识符（VPI）：该字段在用户-网络接口由 8bit 组成，用于路由选择，可标识 256 个 VP；而在网络-网络接口由 12bit 组成，以增强网络中的路由选择功能，可标识 4096 个 VP。

3）虚通路识别符（VCI）：它由 16bit 组成，可标识 65536 个 VC，用于 ATM 虚通

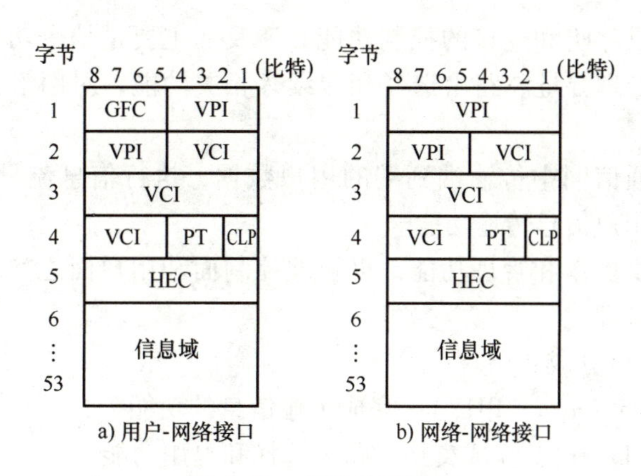

图 6.12 ATM 信元格式

路路由选择。VPI/VCI 一起标识一个虚连接。

4）信息类型（PT）：长度为 3bit，用于标识净荷的类型，比特 3 为“0”表示数据信元，为“1”表示运营维护管理（OAM）信元；对数据信元，比特 2 用于前向拥塞指示，比特 1 用于 AAL5（ATM 适配层）；对 OAM 信元，后两比特表明 OAM 信元的类型。

5）信元丢失优先级（CLP）：该字段由 1bit 组成，用于表示信元丢失的等级，用于拥塞控制。CLP=0，网络尽力为其提供带宽资源，以防信元丢失；CLP=1，可根据带宽情况丢弃信元。

6）信头差错控制（HEC）：该字段是长度为 8bit 的 CRC 校验码，可提高信头的传输可靠度，用于检测信头的比特差错和信元定界。

6.4.2 ATM 协议模型

1. 模型结构

ITU-T 在 I.321 中定义的 ATM 分层参考模型如图 6.13 所示，它是一个立体分层模型（三面四层结构）。

1）从纵向看有 3 个功能平面：控制平面（Control Plane）、用户平面（User Plane）和管理平面（Management Plane），其主要功能如下。

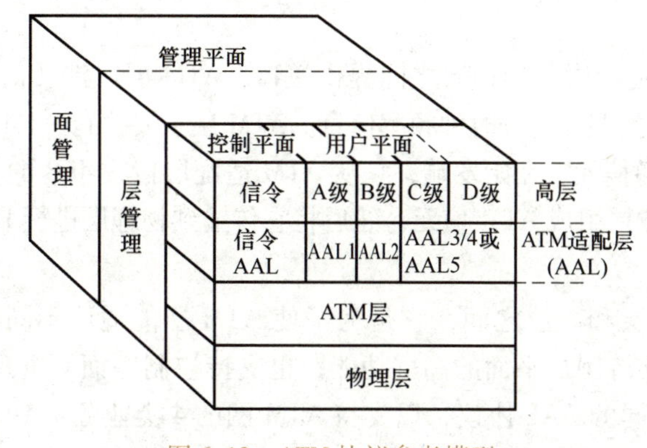

图 6.13 ATM 协议参考模型

控制平面：提供呼叫和连接的控制功能。涉及的主要是信令功能，采用分层结构建立和管理连接，处理寻址、路由选择和接续等相关功能，对网络的动态业务连接起到关键的作用。

用户平面：在通信网中传输端到端的用户数据，执行信息流量控制和恢复操作。采用分层结构提供用户信息传输功能。

管理平面：提供操作和管理功能，也管理控制面和用户面之间的信息交换。管理平面分面管理和层管理。

2）从横向看又可分成4层。

物理层（Physical Layer，PHY）：完成传输信息的功能。

ATM层（ATM Layer）：完成交换、路由选择和复用功能。

ATM适配层（ATM Adaptation Layer，AAL）：主要负责适配处理，以适应高层需要。

高层（High Layer）：根据不同的业务特点，完成高层服务功能。

控制平面、用户平面和管理平面使用物理层和ATM层工作，而AAL的使用取决于业务的应用要求。

2. 物理层

物理层利用通信线路的比特流传输功能，实现ATM信元的传输。物理层包含两个子层：物理介质子层（Physical Medium sublayer，PM）和传输汇聚子层（Transmission Convergence sublayer，TC）。其中，TC负责将信元放入物理层的帧中，以及在帧中提取信元、信元定界、信头处理、信元速率去耦（去除发送方向插入的空闲信元）等。具体操作由物理层帧的类型确定，理想的传输系统为SDH；PM在导线或光缆上传递、识别电信号和光信号，能将物理层的比特组换成另一种比特流编码。PM中关于专用网UNI的部分物理介质接口类型定义见表6.1。

表6.1　专用网UNI的部分物理介质接口类型

帧格式	比特流（Mbit/s)/波特率（Mbaud)	传输介质
STM-1	155.52Mbit/s	MMF（多模光纤）、SMF（单模光纤）、同轴电缆、UPT-5、STP（屏蔽对绞线）
STM-4	622.08Mbit/s	MMF、SMF

3. ATM层

ATM层在ATM适配层和物理层之间提供接口，ATM层只涉及信元的信头功能，而不处理信息域的信息类型、业务时钟频率信息。ATM层主要执行ATM网的交换功能，并在网元ATM层间传递信元。在始发端，它从ATM适配层接收48B的信元信息，再加4B首标（HEC字节除外）组成ATM信元，然后将它传输到物理层进行HEC处理和传输。

4. AAL

AAL介于ATM层和高层之间，它是为了使ATM层能适应不同类型业务的需要而设置的。AAL不仅支持用户平面的高层功能，也支持控制平面和管理平面的高层功能。ITU-T提出了4种不同的AAL协议，以支持ATM网的4类业务：AAL1（固定比特率语音、动态图像等）、AAL2（可变比特率语音、动态图像等）、AAL3/4（数据传输）、

AAL5（通过 WAN 的两个 LAN 之间的数据传输），业务分类上分别对应 A、B、C、D 共 4 类业务。

【例 6.2】 AAL2 规程设计用于支持延时敏感型的业务，如移动电话业务（13kbit/s 或 9.5kbit/s）、短分组或低速数据等。若要求传输 13kbit/s 的移动电话业务，计算形成一个信元所需要的时间及在这个间隔时间内可以复用其他信元的个数。

形成一个信元所需要的时间为

$$48\times8\text{bit}/(13\text{kbit/s})=29.5\text{ms}$$

在这里，ATM 网的传输速率为 155.520Mbit/s，因此，在这个间隔时间内可以复用其他信元的个数为

$$155.520\text{Mbit/s}\div(13\text{kbit/s})=11963$$

6.4.3 ATM 虚连接及其交换

1. 虚连接

ATM 是面向连接的，在信头中有标识信元属于哪一个连接的字段。ATM 中的连接为虚连接，而且是在两个层上建立的，即所谓的虚通道（Virtual Path，VP）和虚通路（Virtual Channel，VC），并在信头中采用虚通道标识符（Virtual Path Identifier，VPI）和虚通路标识符（Virtual Channel Identifier，VCI）分别表示两个不同层上的虚连接。VP 和 VC 都用于描述 ATM 信元单向传输的路由，每个 VP 可以复用多个 VC，属于同一 VC 的信元群具有相同的 VCI；属于同一 VP 的不同 VC 具有不同的 VCI，而分属不同 VP 的 VC 可有相同的 VCI，VP 间具有不同的 VPI 值。VP、VC 和物理传输通道之间的关系如图 6.14 所示。

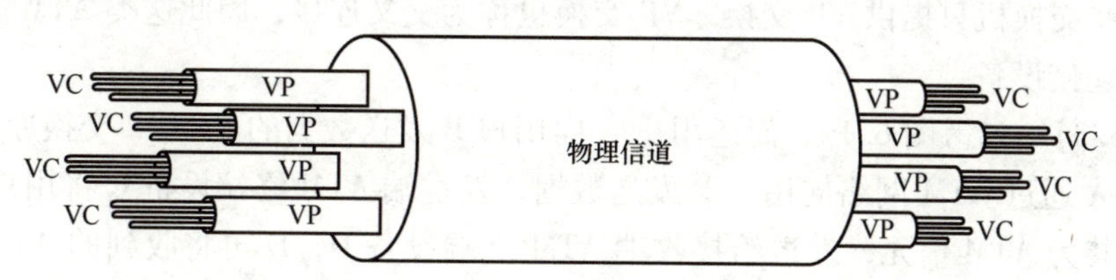

图 6.14 VP、VC 和物理传输通道之间的关系

ATM 连接和电路交换中的连接不一样，是一种虚连接。此虚连接建立在 VP、VC 两个等级上，一个物理信道由多个 VP 组成，一个 VP 又由多个 VC 组成。VP 由 VPI 标识，VC 由 VCI 标识。ATM 信头中的 VPI/VCI 一起标识一个 ATM 虚连接。当发送端想要和接收端通信时，通过 UNI 发送一个要求建立连接的控制信号，接收端通过网络收到该控制信号并同意建立连接后，一个虚连接（虚电路）就会被建立。不同的虚电路由 VPI 和 VCI 共同标识。在虚电路中，两个相邻交换点之间 VPI/VCI 值保持不变，此两点之间形成一条 VC 链路（VCL），多段 VC 链路衔接形成 VC 连接（VCC）。虚电路的建立方式有两种。一是通过网管平台建立半永久连接，称为永久虚连接（PVC），是一种静态虚连接，PVC 必须手工配置。二是通过信令动态地建立虚连接，称为交换虚连接（SVC），它由终端用户或终端应用发起连接请求，系统自动建立临时连接。

2. VP 和 VC 交换

在 ATM 中，一个物理传输通道可以包含若干个 VP，一个 VP 又可以容纳上千个

VC，ATM 的信元交换可以在 VP 级进行，也可以在 VC 级进行，VP 交换和 VC 交换的过程如图 6.15 所示。由图可见，VP 交换即虚通道（VP）单独进行交换，交换时，交换节点根据 VP 连接的目的地，将输入信元的 VPI 值改为输出导向端口对应的新 VPI 值，从而把一条 VP 上所有的 VC 链路全部转送到另一条 VP 上去，而这些 VC 链路的 VCI 值都不改变。其物理实现比较简单，通常只是传输通道中某个等级的数字复用线之间的交叉连接。VC 交换则要虚通道（VP）和虚通路（VC）同时进行交换，即 VPI/VCI 都要改为新值。

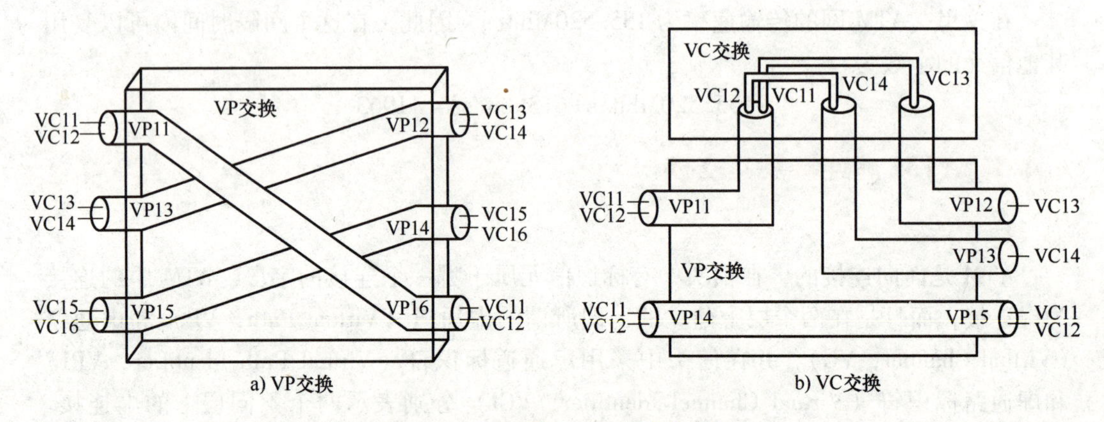

图 6.15　VP 交换和 VC 交换的过程

VP 交换和 VC 交换在网络节点内部进行，将输入的 VPI/VCI 改变为输出的 VPI/VCI 就可以完成信元的交换。一般所称的 ATM 交换机都包括了 VP 交换和 VC 交换功能，但有些交换机只提供 VP 交换。VP 交换也称为交叉连接，因此这类 ATM 交换机也称为交叉连接设备。

【例 6.3】　参考图 6.16，简述用户 A 向用户 B 发送数据的 VC/VP 交换原理。

用户 A 通过 ATM 网络向用户 B 发送数据，发送端 ATM 终端设备 C 将用户 A 的 IP 数据包拆装为 ATM 信元，发送给接收端 ATM 终端设备 D，D 再将收到的 ATM 信元封装为 IP 数据包后交付用户 B。ATM 交换分为 VP 交换和 VC 交换，VP 交换只改变 VPI 的值，不改变 VCI 的值；VC 交换既要改变 VPI 的值，又要改变 VCI 的值。VPI 和 VCI 仅在两个物理节点间具有局部意义。在 ATM 交换之前，两端必须建立一条虚连接，其交换过程如下：

首先，A 发送数据包到发送端 ATM 终端设备 C，C 将 A 用户的 IP 地址转换为 ATM 地址（VCI 和 VPI），并查询 ATM 路由表，寻找达到 ATM 终端设备 D 的一条虚连接（VC/VP 链路），然后再将信元送到 ATM 网络设备 E。

E 是完成 VC 交换的节点，信元进入后，信头中的 VPI/VCI 被迅速提取并读出，然后查找标识变换表，将它们的新值填入，信元被送入新值所对应的 VC/VP 链路输出，即 VCI=1、VPI=1 转变为 VCI=44 和 VPI=26，完成交换过程。可以看出 VC 交换时 VPI 也要随之交换，然后再将信元转发到下一个 ATM 网络设备 F。

F 是完成 VP 交换的节点，输出端口上的 VCI 值与输入端口上的 VCI 值保持一致，即 VCI=44，而 VPI=26 变为 VPI=2。也就是说 VP 交换时，VC 不变。再将信元转发

到下一个 ATM 网络设备 G。

G 和 E 一样属 VC 交换，根据同样的原理找到接收端 ATM 终端设备 D 对应的 VCI 和 VPI，然后改变信元 VCI 和 VPI 的值，即 VCI = 44、VPI = 2 转变为 VCI = 20 和 VPI = 30，再将信元发送到接收端 ATM 终端设备 D。

D 接收到的 ATM 信元后经过转化，将数据包交给用户 B。

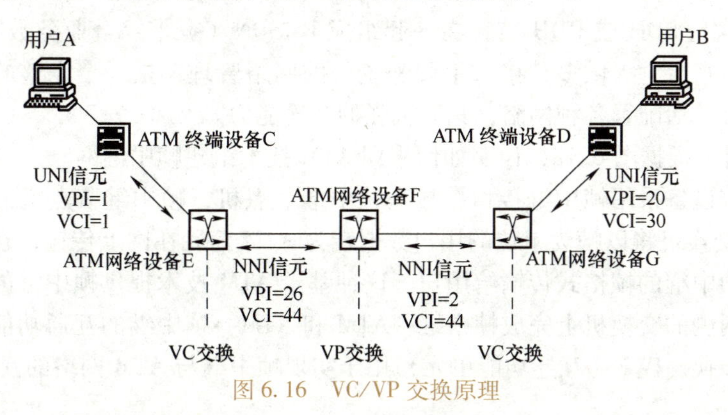

图 6.16　VC/VP 交换原理

6.4.4　ATM 承载业务网

1. CIPOA

CIPOA（ATM 承载经典 IP）传输网络协议的主要功能包括地址解析和数据包封装。

1）地址解析。图 6.17 所示是 CIPOA 地址解析示意。路由器 A 和路由器 B 通过 ATM 网连接。如果路由器 A 的 LAN 接口收到一个数据包，就查看自己的路由表，以确定这个数据包下一跳路由器所对应的 IP 地址。再通过查找地址解析表，以确定该 IP 地址对应的 ATM 地址，从而实现 IP 地址到相应 ATM 地址的转换。地址对应关系存储在 ARP（地址解析协议）服务器所指定的表格中。

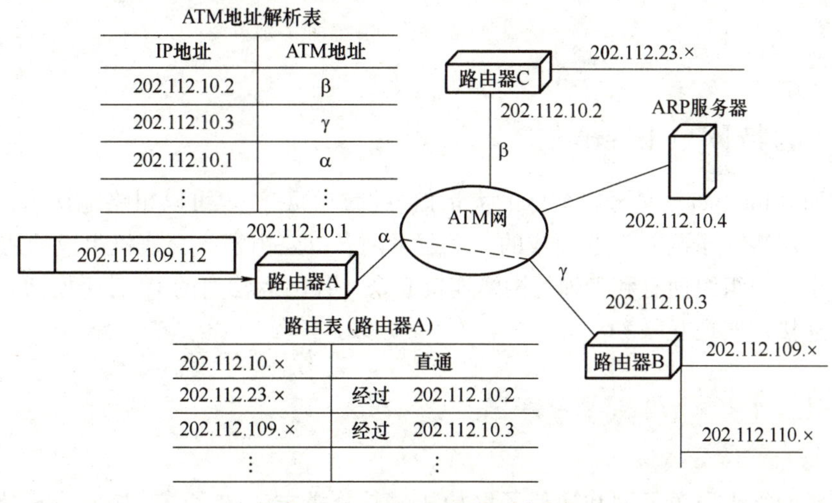

图 6.17　CIPOA 地址解析示意

2）数据包封装。发送端对从高层接收到的 IP 数据包进行封装，在 IP 包前增加

LLC 头，再用 AAL5 协议进行适配，生成 ATM 信元。接收端将从 ATM 网接收到的 ATM 信元按照 AAL5 协议重组，拆掉发送端所加的封装，恢复 IP 数据包，并提交给高层协议处理。因此，数据包封装就是对 IP 数据包进行封装，将其转换成适配的 ATM 信元；或者实现其反变换。

2. ATM 组网

ATM 通常与 SDH 或 PDH 结合在一起组成 B-ISDN（宽带综合业务数字网），作为统一网络支撑平台，提供多种接入手段和统一的网络管理，是一个完整的端到端的多业务架构，可灵活配置各种网络，具有很强的互连能力。

【例 6.4】 根据图 6.18，说明如何采用 ATM 技术组建帧中继网。

用户终端设备采用帧中继接口，接入帧中继节点机，帧中继节点机的中继接口为 ATM 接口，交换机将以帧为单位的用户数据转为 ATM 信元在网上传输，在对端的终端上再还原为帧中继的帧格式传输给用户。这种基于 ATM 技术提供帧中继的方式，实际上是在网络两侧的交换机上完成帧中继→ATM 和 ATM→帧中继的互通功能，需要进行相应协议的转换。IWF（互连功能单元）用于实现帧中继与 ATM 网络的互连。

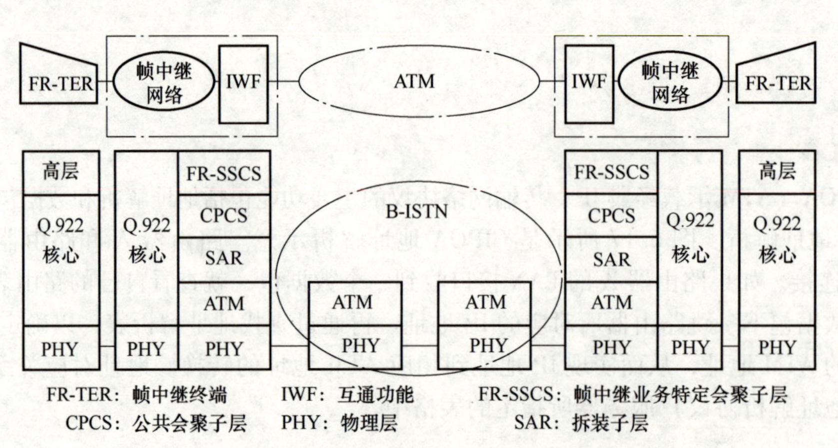

图 6.18 通过 ATM 提供帧中继业务示意图

6.5 因特网（Internet）

因特网（Internet）是分布全球的大量信息设施的总汇。可以粗略地认为，因特网是由于许多网络（子网）互联而成的一个逻辑网。以路由器、交换机组成的运营商 IP 骨干网将由不同组织拥有和管理的网络连接起来，各国运营商的 IP 骨干网通过国际关口局相互连接，实现互联。

6.5.1 计算机网络

1. 计算机网络分类

计算机网络由资源子网和通信子网构成，其分类方法较多，若按网络拓扑结构分类，分为总线型、星形、环形、树形、混合型等网络；若按使用传输介质分类，分为有线网和无线网；若按访问控制方法分类，分为以太网、令牌环网等；若按隶属管理

分类，分为公网和私网（或专网）等。以下简单介绍按覆盖范围分类的局域网、城域网和广域网。

局域网（LAN）一般覆盖一个固定的局部区域，为一个组织或部门拥有，建网、维护以及扩展等较容易。以太网是当前应用最普遍的局域网技术。

城域网（MAN）是由互联网内容服务商的各个网络节点连接而成的城市网络，其结构通常分为核心层、汇聚层和接入层。

广域网（WAN）连接不同地区城域网以及局域网，通常跨接很大的地理范围。它能连接多个地区、城市和国家，形成国内或者国际性的互联网。广域网一般由骨干网、核心网、接入网等组成，有时也称为相应的层。

2. TCP/IP 协议栈及数据通信过程

协议栈是指在 OSI 参考模型的层次结构中，相互协作或作为一个组来通信的相关通信协议的集合。TCP/IP 协议栈如图 6.19 所示，将 OSI 参考模型合并为 5 层。同 OSI 参考模型数据封装过程一样，TCP/IP 在报文转发过程中，封装和去封装也发生在各对等层之间。TCP/IP 协议栈主要包括应用层、传输层和网络层这 3 个层的相关协议，并支持相关标准的物理层和数据链路层协议。

例如，应用层协议（对应传输层协议及其端口）包括：Telnet（TCP23 端口）、SMTP（TCP25 端口）、POP3（TCP110 端口）、FTP（TCP21 端口）、FTP-DATA（TCP20 端口）、SNMP（UDP161 端口）、HTTP（TCP80 端口）和 DNS（TCP53 端口）。

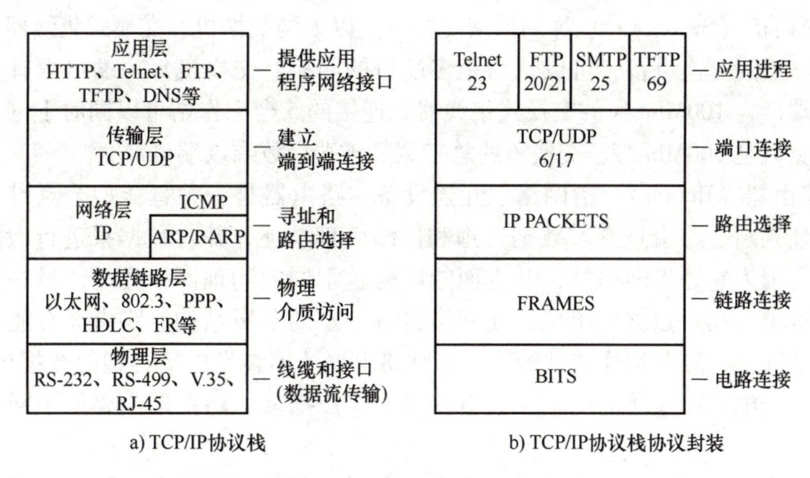

图 6.19　TCP/IP 协议栈

【例 6.5】　参考图 6.19，概述发/收双方数据通信过程。

在发送方，加封装的操作是逐层进行的。应用层将各个应用程序将要发送的数据送给传输层（如 TCP）；TCP 根据对方给定窗口的大小对数据分段后，加上本层的报文头发送给网络层（IP）。在传输层报文头中，包含了上层协议或应用程序的端口号，如 Telnet 的 TCP 端口号是 23。传输层协议利用端口号来调用和区别应用层各种应用程序；网络层对来自传输层的数据段进行处理，利用协议号区分传输层协议，加上本层的 IP 报文头后，包含协议地址（IP 地址）封装为数据分组，再发送给链路层（如以太网帧）；数据链路层以太网加上包含物理地址（MAC）的本层的帧头，交给物理层；物理

层加上必要的隔离位等以比特流的形式将数据发送出去。

在接收方，解封装的操作也是逐层进行的。从物理层到应用层，逐层去掉各层的报文头部，将数据传递给接收方应用程序。

3. 计算机网络互连设备

各种不同的网络互连设备用以实现网络互相连接功能。各类网络互连设备可能工作在不同层，并根据不同层的特点完成各自不同的任务。以下对各类网络互连设备做简单的介绍。

1）转发器（repeater）：也称中继器，指物理层互连设备。物理层的连接，只是信息的中转，以增加两端的长度。因此，用中继器连接的两个网段仍处于一个冲突域。在实际组网时，每种传输介质的传输距离都是有限的。例如，粗同轴电缆每一网段的最大距离为500m，细同轴电缆为180m，双绞线为100m，超过这些距离，就需要利用转发器来进行扩展。

集线器（HUB）也属于中继器，是一种多端口的中继器，是共享带宽式设备，如端口带宽为100Mbit/s的集线器，连接的5台工作站同时上网时，每台工作站平均带宽仅为（100Mbit/s）/5=20Mbit/s。集线器的总带宽等于端口带宽。

2）网桥（bridge）：也称桥接器，只有两个端口，数据链路层互连设备，用于连接两个冲突域网段，但两个网段仍共处于一个广播域。网桥具有信号过滤的功能，对每个数据帧进行分析，根据信宿MAC地址来决定数据帧的去向。

3）交换机（Switch）：也称局域网交换机、以太网交换机、交换式集线器。交换机是数据链路层的互连设备，可以认为是多端口的网桥。交换机每一端口都有其专用的带宽，如端口为100Mbit/s的交换式集线器，连接的5台工作站可以同时上网，每台工作站的带宽就是100Mbit/s。交换机的总带宽等于端口数乘以端口带宽。

4）路由器（Router）：指网络层互连设备。路由器是一种智能型节点设备，具有连接、地址判断、路由选择、数据处理和网络管理功能，并对数据报进行检测，决定发送方向。因为它处于网络层，一方面能够跨越不同的物理网络类型，另一方面将网络分割成逻辑上相对独立的单位，使网络具有一定的逻辑结构。路由器有能力过滤广播消息，实际上，除非用作特殊配置，否则路由器从不转发广播类型的数据包。因此，路由器的每个端口所连接的网络都独自构成一个广播域。路由器主要用于网络之间的连接。

三层交换机（也称多层交换机、交换路由器）是将路由器和二层交换机的功能集成到一起，可提供路由转发、多协议转换、包交换等功能，常用于子网之间的连接。

5）网关（Gateway）：指网络层以上的互连设备。通过对不同协议的转换，实现网络间的互连，通常用于异型网的连接，要求顶层协议相同。

6）四层交换机：也称会话交换机，是基于“数据流”的概念来进行数据报文寻径转发的设备，可以实现“一次路由，多次交换”。四层交换的特点为：可通过检查端口号，识别不同报文的应用类型，从而根据应用对数据流进行分类；可根据数据流应用类型，提供QoS和流量统计；网络中传输的数据可以认为是在特定的时间内，由特定的目的地址和源地址之间的数据流组成的，可依据数据流的信息对数据报文实现交换。

7）服务器（Server）：大多数服务器是网络的核心信息点（当然对等型网也可以没

有服务器)。专用服务器比普通服务器具有更好的安全性和可靠性，更加注重系统的I/O吞吐能力，一般采用双电源、热拔插、SCSI RAID硬盘等技术。

8）网络适配器（Network Adapter）：指网卡等，主要作用是将计算机数据转换为能够通过介质传输的信号。当网络适配器传输数据时，它首先接收来自计算机的数据，为数据附加包含自己的MAC地址的帧头及校验字段，然后将数据转换为可通过传输介质发送的信号。

9）防火墙（Fire Wall）：在互联网的子网（或专用网）与公网之间设置的安全隔离设施，可提供接入控制，干预内外网之间各种消息的传递等，达到网络互连和信息安全的效果。

10）IP交换（IP Switching）：基于IP地址寻址的数据交换、转发方式。IP交换机可以由ATM交换机和IP交换控制器组成。

11）（IP电话）网守［（IP Phone）Gatekeeper］：也称关守，是在IP电话网上提供地址解析和接入认证的设备。

12）网络终端（PC、支持数据通信的移动台等）：具有由高层到低层的完备网络功能。

13）七层交换机或高层智能交换设备：可以定义为数据包的传输不仅仅依据MAC地址、IP地址以及TCP/UDP端口，而且可以根据内容进行传输。七层交换是以进程和内容级别为主的交换；可进入数据包内部根据信息做出负载均衡、内容识别等处理。网络高层由于和应用直接相关，这时候的交换就有了智能性，交换机具有了区别各种高层应用和识别内容的能力。

14）Web交换机：高层交换技术的一个典型应用。在目前Internet网站上的信息量和访问急剧增长的情况下，怎样使每个用户都可以得到QoS保证是一个越来越重要的问题。可以提供一种处于中心地位的Web交换机，来组织数据中心的数据交换。目前，Web交换机主要设计方案有3种：集中式CPU模式、分布式处理系统和二级混合模式。

6.5.2 路由交换技术

1. 以太网帧格式

图6.20给出了两种以太网的帧格式，最常用的以太网IP数据帧格式是RFC 894封装格式，IEEE 802.3z是吉比特以太网的技术标准。在帧格式中，各字段定义如下。

目的地址字段：确定帧的接收设备，几乎所有的802.3网络都采用6B寻址。

源地址字段：标识发送帧的设备，它和目的地址字段类似，前3B表示由IEEE分配给厂商的地址，而制造商通常为其每一网络接口卡分配最后3B。

长度字段：用于IEEE 802.3的2B长度字段定义了数据字段包含的字节数。

类型字段：2B的类型字段仅用于Ethernet II帧。该字段用于标识数据字段中包含的高层协议，例如：类型字段取值为0800（十六进制）的帧将被识别为IP帧。在IEEE 802.3标准中类型字段被替换为长度字段，因而Ethernet II帧和IEEE 802.3帧之间不能兼容。

DSAP（AA）、SSAP（AA）、ctrl（03）和org code（00）这些参数一般都是固定的。

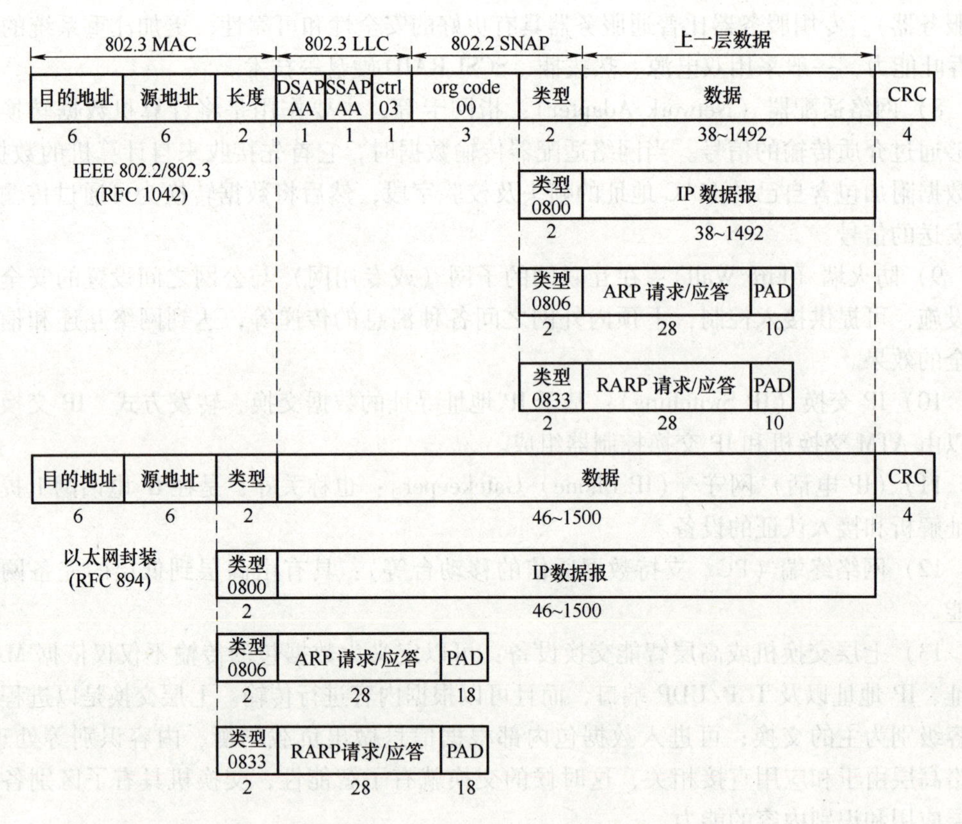

图 6.20　IEEE 802.2/802.3（RFC 1042）和以太网封装格式（RFC 894）

数据字段：数据字段的最小长度必须为 46B，以保证帧长至少为 64B，这意味着传输 1B 信息也必须使用 46B 的数据字段。如果填入该字段的信息少于 46B，该字段的其余部分也必须进行填充。数据字段的最大长度为 1500B。

循环冗余校验（CRC）：对地址字段、类型/长度字段和数据字段的校验。

2. 数据帧转发

交换机有 3 种数据帧转发模式，即直通传输、存储-转发和改进型直通传输，如图 6.21 所示。

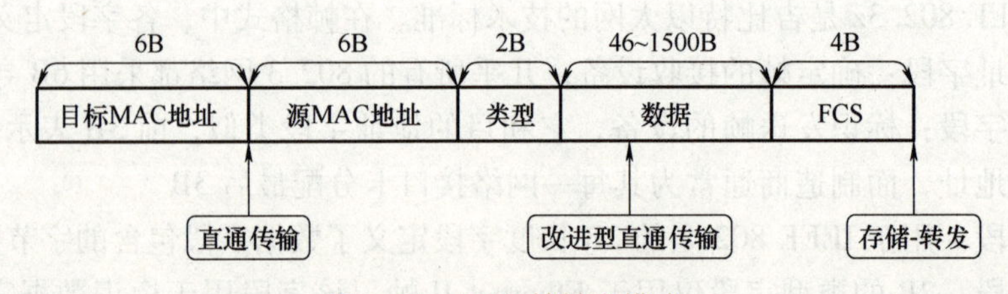

图 6.21　MAC 帧转发模式

1）直通传输。直通传输是指只要网桥收到数据帧的目的 MAC 地址，就立即将数据帧转发到相应的端口。因此，数据帧的延迟很小，加大了数据包吞吐率。缺点是无法有效地检查出坏帧，目前大部分交换机都提供了直通传输功能。

2）存储-转发。传统的网桥都用这种模式，网桥首先要将整个数据帧完全接收并

存储下来，然后，根据数据帧的最后一个字段（帧校验序列）进行数据校验。如果校验正确再转发，否则丢弃收到的数据帧。

3）改进型直通传输。介于直通传输和存储-转发之间，它是等到正确收到数据帧的前64B后开始进行转发。这样可以过滤掉长度小于64B的碎片帧。因此，这种方式也被称为无碎片帧转发模式。

交换机转发数据帧时，遵循以下规则。

1）如果数据帧是单播帧（Unicast），如目的地址在MAC地址表中存在，则按照目的地址所在的输出端口号，将帧转发到相应的端口上（单播MAC地址在地址表中只能指向一个输出端口）；如目的地址在MAC地址表中不存在，则在广播域的所有端口上广播该帧。

2）如果数据帧是多播帧（Multicast），如目的地址在MAC地址表中存在，则按照目的地址所在的输出端口号，将帧转发到相应的端口上（多播MAC地址在地址表中可以指向一个或一组输出端口）；如目的地址在MAC地址表中不存在，则在广播域的所有端口上广播该帧。

3）如果数据帧是广播帧（Broadcast），即目的MAC地址为ff-ff-ff-ff-ff-ff的帧，则要在广播域的所有端口上广播该帧。

4）如果数据帧的目的地址与数据帧的源地址在一个网段上，交换机就会丢弃这个数据帧。

【例6.6】 根据图6.22，说明交换机帧的转发过程。

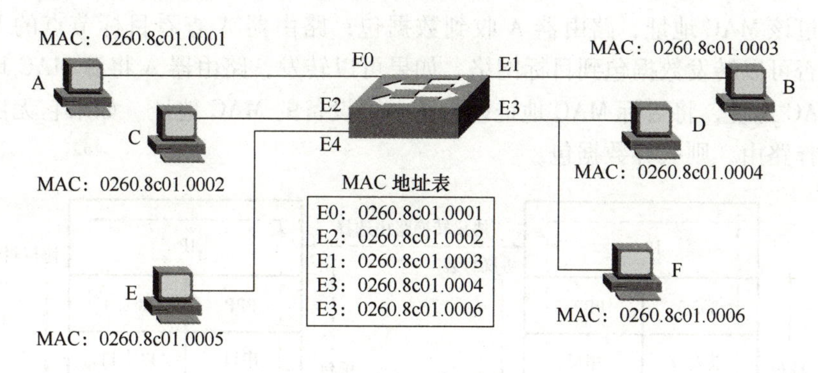

图6.22 交换机帧的转发过程

当主机D发送广播帧时，交换机从E3端口接收到目的地址为ffff.ffff.ffff的数据帧，则向E0、E1、E2和E4端口转发该数据帧。

当主机D与主机E通信时，交换机从E3端口接收到目的地址为0260.8c01.0005的数据帧，查找地址表后发现0260.8c01.0005并不在表中，因此交换机仍然向E0、E1、E2和E4端口转发该数据帧。

当主机D与主机F通信时，交换机从E3端口接收到目的地址为0260.8c01.0006的数据帧，查找地址表后发现0260.8c01.0006也位于E3端口，即与源地址处于同一个网段，所以交换机不会转发该数据帧，而是直接丢弃。

当主机D与主机A通信时，交换机从E3端口接收到目的地址为0260.8c01.0001

的数据帧，查找地址表后发现0260. 8c01. 0001位于E0端口，所以交换机将数据帧转发至E0端口，这样主机A即可收到该数据帧。

如果在主机D与主机A通信的同时，主机B也正在向主机C发送数据，交换机同样会把主机B发送的数据帧转发到连接主机C的E2端口。这时E1和E2之间，以及E3和E0之间，通过交换机内部的硬件交换电路，建立了两条链路，这两条链路上的数据通信互不影响，因此网络亦不会产生冲突。主机D和主机A之间的通信独享一条链路，主机C和主机B之间也独享一条链路。

3. 路由交换

路由器时刻维持着一张路由表，所有报文的转发都通过查找路由表从相应端口发送。路由器工作流程如图6. 23所示，可以看出：路由器物理层从自己的一个端口收到一个报文，上送到数据链路层；数据链路层去掉链路层封装，根据报文的协议域上送到网络层；网络层首先看报文是否是送给本机的，若是，去掉网络层封装送给上层，若不是，则根据报文的目的IP地址查找路由表。若找到路由，将报文转发给相应端口对应的数据链路层，数据链路层再交给物理层，物理层在相应端口发送报文。若找不到路由，则将报文丢弃。

【例6.7】 一个数据包在被路由的过程中可能要经过若干个路由器节点。每一个节点对该数据包都进行类似的处理。根据图6. 23，描述数据包路由过程。

当源主机A向位于不同网络上的目标主机B发送数据包时，它使用目标节点IP地址来发送数据包。在该数据包中，本网段路由器A的MAC地址为主机A的目的MAC地址，通过该MAC地址，路由器A收到数据包；路由器A查看目标节点的IP地址，确定它是否可以转发数据包到目标网络。如果可以转发，路由器A将源MAC地址改为自己的MAC地址，将目标MAC地址改为下一跳设备的MAC地址。如果它无法为这个数据包选择路由，则丢弃数据包。

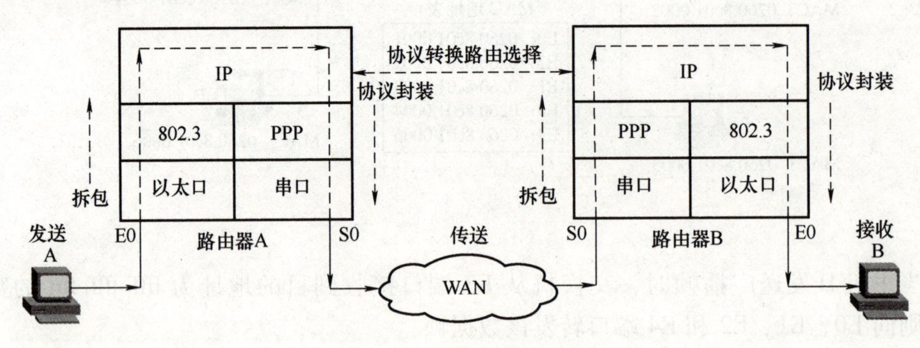

图6. 23　路由器工作流程

若路由器完成下一跳后仍不是最终的目标节点，则下一个路由器对数据包执行完全相同的操作，即确定下一跳出口，更改MAC地址，并转发数据包，直到数据包到达目标节点。由此可见，节点IP地址一直不会改变，而MAC地址在每一跳都要改变。

6.5.3　IP骨干网

IP骨干网指用来连接多个区域或地区性网络并提供互通节点和互通服务的高速网

络。我国主要的 IP 骨干网包括中国电信的 ChinaNet（163 网）、CNCN（简写为 CN2），中国联通的 China169（169 网）、CNCNET 以及中国移动的 CMNET 等。本节以 CNCN 为例，介绍 IP 骨干网的相关内容。

1. CNCN（CN2）

CNCN（China Telecom Next Carrier Network，中国电信下一代承载网络）是中国电信提供大客户和商业客户 VPN 业务、移动互联网、VoIP、视频类业务和流媒体业务等的新一代 IP 骨干网，为大型 IP/MPLS 组网的 3 层结构，各层设置如下。

核心层包括北京、上海、广州、南京、武汉、成都、西安 7 个核心节点和天津 1 个辅助核心节点，核心节点为核心路由器（CR），7 个核心节点间网状连接，并设置北京、上海、广州 3 个国际出口。

在汇聚层，每个省级行政区域部署一对汇聚节点，采用汇聚路由器（BR），双接入核心节点或辅助核心节点。

在边缘层，每个城市设置一对接入路由器（AR），接入两个或两个以上的汇聚节点。另外，每个城市配置两台 PE 设备及两台用于路由器端口扩展的接入交换机进行业务接入，PE 设备可以是业务路由器（SR）或 ASBR（自治域边界路由器）。

为了网络扩展和安全需要，CN2 内部，只有网络地址通过 IGP 路由协议交换，用户路由等其他路由都通过 IBGP（内部 BGP）及 EBGP（外部 BGP）承载。鉴于节点众多，为了提升路由交换的效率及节省网络流量，CN2 网络分别设置了多对路由反射器（RR），包括 GRR（Global RR，全局 RR）和 VRR（VPN RR），如图 6. 24 所示。

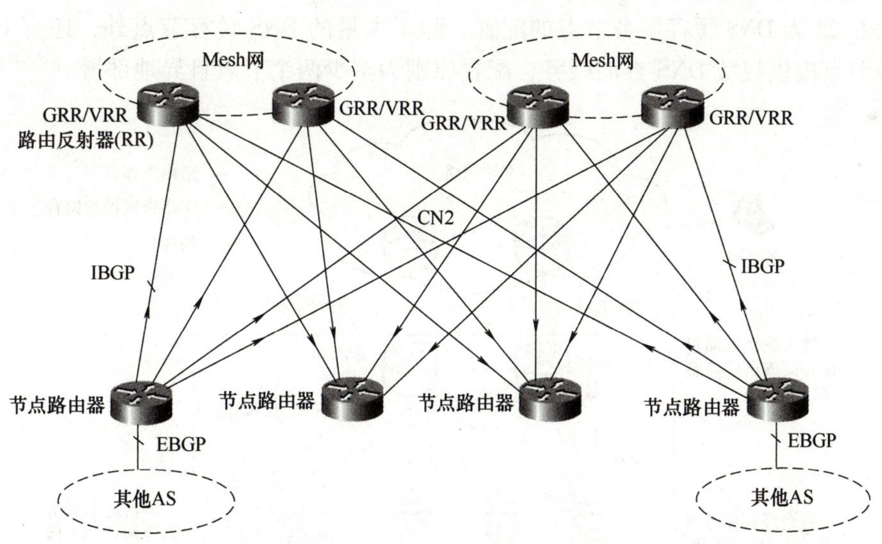

图 6. 24　CNCN 反射路由器配置

2. DNS

域名系统（DNS）是互联网中实现 IP 地址与网络域及域中主机名（统称域名）映射和查询的一种服务。国际域名管理机构是 ICANN（互联网名称与数字地址分配机构）及其授权机构，中国域名管理机构是 CNNIC（中国互联网络信息中心）及其授权机构。域名由多级域组成：无命名的根域、顶级域、二级域、三级域和各子级域。

根域：为一特殊的、由 ICANN 管理的域，未命名。

顶级域：由根级（即 ICANN）授权管理。顶级域名通常有两种命名方式：一是按行业命名；一是按国家和地区命名，见表 6.2。其中 3 个字符表示各种行业，如 edu 表示教育组织；2 个字符是国家、特殊地区域名，如 cn 表示中国。

表 6.2　顶级域名的命名及含义

域名	com	edu	gov	mil	net	cn
含义	商业组织	教育组织	政府部门	军事部门	主要网络	中国

二级域：是一级域名空间的进一步划分，如 cn 的下面参照一级域名中的行业分类再分为 edu、com 等。

三级域：是二级域名空间的进一步划分。如郑州大学域名“zzu”就是中国“cn”的教育机构“edu”下的一个三级域。

子级域：子级域名是二级域或三级域的进一步划分。子级域名，可小到管理一台主机，也可大到包含许多主机和进一步授权管理的子域。如郑州大学的化学系“chem”为其子级域。

一个完整的域名，是从根级域到当前域的所有组织名从右到左由“.”分隔符连接构成的。如郑州大学化学系的完整域名为 chem. zzu. edu. cn，其中，cn 为一级域名，edu 为 cn 下的二级域名，zzu 为 edu. cn 的三级域名，chem 为 zzu. edu. cn 下的子级域名。

IP 骨干网 DNS 服务主要体现在两个方面：DNS（查询）缓存服务以及 DNS 授权服务。图 6.25 为 DNS 缓存服务节点的配置。除了大量的 DNS 缓存节点外，还有 DNS 授权服务节点提供权威 DNS 查询服务，配置原则为至少两个节点且异地部署。

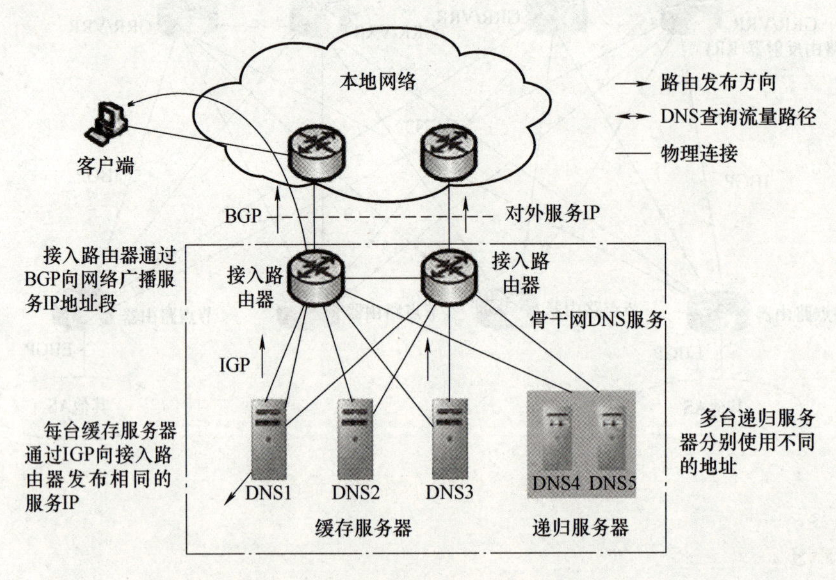

图 6.25　DNS 缓存服务节点的配置

3. CDN

CDN（Content Delivery Network，内容分发网络）是将网络内容发布到接近用户的

网络边缘，使用户可以就近取得所需的网络内容，并提高用户内容获取的平均速度、优化和降低网络带宽需求。因为 CDN 可以显著地改善网络整体服务质量，大型网络运营商纷纷开始在其 IP 骨干网上建立自己的 CDN 虚拟网络。CDN 使用网络缓存（Web Cache）技术在本地缓存用户访问过页面和对象，实现相同对象的访问无须占用主干网络的出口带宽，并提高用户访问页面的时间响应。

CDN 系统如图 6.26 所示，包括源服务器、边缘服务器（复制服务器）、全局负载均衡器（GSLB）以及 DNS 系统等。在图中，网络用户首先通过 DNS 得到 GSLB 的 IP 地址，此时的用户以为这就是目标站点服务器的 IP，并向其发送 HTTP 请求。GSLB 设备收到 HTTP 请求后使用一定策略选择一个最合适的边缘服务器，然后 GSLB 向用户发送一个 HTTP 重定向指令，并附上选出的边缘服务器 IP 地址。最后，用户根据重定向 IP 访问到该边缘服务器。这里，GSLB 的主要功能就是完成用户访问地址的重定向。

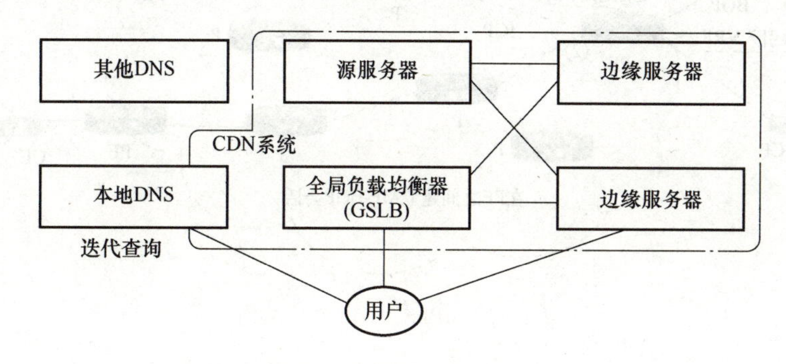

图 6.26　CDN 结构示意图

6.5.4　虚拟专用网（VPN）

虚拟专用网（Virtual Private Network，VPN）使客户不需要专用的物理线路，在公共基础网上即可实现专用网络的功能。IP 骨干网通过 MPLS 实现数据包的快速转发，MPLS 标签交换路径（LSP）具有点到点的特征，为二层 VPN（L2 VPN）、三层 VPN（L3 VPN）的实现提供了支持。

1. MPLS L3 VPN

MPLS L3 VPN 的结构如图 6.27 所示，图中①~⑤表示 VPN A 连接路径，其中 P（运营商骨干路由器）、PE（运营商边缘路由器）、CE（用户边缘路由器）分别为 IP 骨干网的 MPLS 的转发节点、边缘节点以及用户边缘节点。在实际配置中，一个 PE 会连接多个用户的 CE，大概率会存在 IP 地址重叠的问题。为此，L3 VPN 引入了 VRF（虚拟路由转发实例），将一个 PE 虚拟为多个 PE，分别与每个 CE 点到点连接，PE 与其他 MPLS 节点的连接属性不变。

【例 6.8】　根据图 6.27，简述 MPLS L3 VPN 的数据转发过程。

通过 MPLS，同一个 VPN 相连的 PE 路由之间建立一条隧道，PE 之间的标签位于 MPLS 标签栈的下层，而 PE 和 P 之间以及两个 P 之间的标签位于标签栈的上层，下层标签处理对于上层标签处理是透明的。

当属于某一 VPN 的用户数据进入 MPLS 网络时，在 PE 与 CE 连接的接口上可以识

别出该 CE 属于哪一个 VPN，进而到该 VPN 对应的 VRF 中读取对应 VPN 标识，根据该标识生成内层标签（下层标签）加入标签栈。PE 节点继续查找自己的全局路由表获得下一跳的接口和标签后，将该标签作为外层标签（上层标签）加入标签栈，加入了标签的数据包从相应的接口发给 P 节点。在 MPLS 骨干网内部，P 节点根据外层标签转发数据包直到出口 PE。在出口 PE 处，PE 分别去掉外层标签和内层标签，并将它作为一般 IP 数据包转发给和它相连的 CE［如果为 PHP（Penultimate Hop Popping 倒数第二跳弹出）模式，则外层标签在出口 PE 的前一跳弹出］。

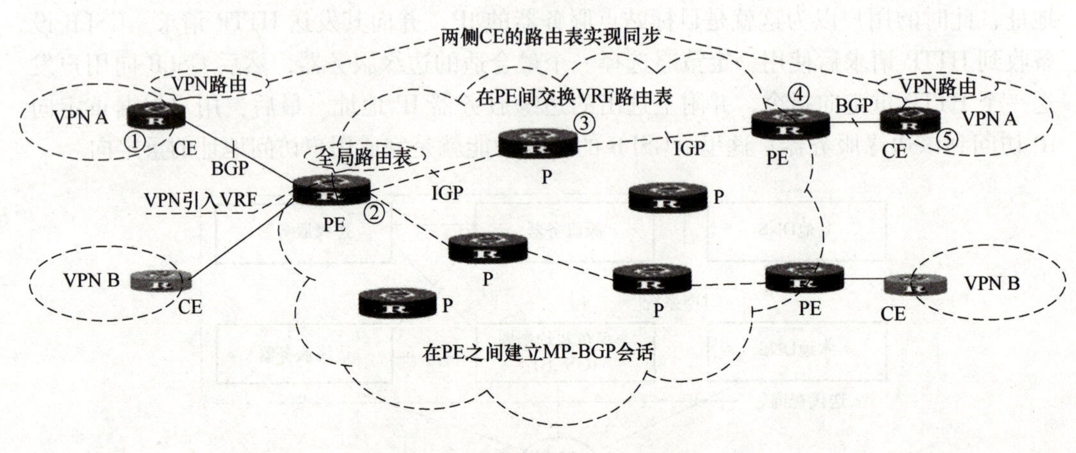

图 6.27　MPLS L3 VPN 的结构

2. MPLS L2 VPN

MPLS L2 VPN 是在 MPLS 网络上透明传输用户二层数据。从用户的角度来看，MPLS 网络是一个二层交换网络，可以在不同节点间建立二层连接。相对于 MPLS L3 VPN，MPLS L2 VPN 具有以下优点：可扩展性强、高可靠性；私网路由的安全性得到保证；支持多种网络层协议等。MPLS L2 VPN 通过标签栈实现用户报文在 MPLS 网络中的透明传输，外层标签（Tunnel 标签）用于将报文从一个 PE 传递到另一个 PE；内层标签（VC 标签）用于区分不同 VPN 中的不同连接。接收方 PE 根据 VC 标签决定将报文转发给哪个 CE。MPLS L2 VPN 可以采用静态或者动态配置 VC 标签的方式来实现，下面简单介绍两种动态实现方式，即采用 LDP（标签分发协议）的 Martini 方式和采用 BGP（边界网关协议）的 Kompella 方式。

（1）Martini 方式

Martini 方式 MPLS L2 VPN 着重于在两个 CE 之间建立 VC（虚电路），采用 VC-TYPE 加上 VC ID 来标识一个 VC。VC-TYPE 表明 VC 的封装类型；VC ID 则用于唯一标识一个 VC。在同一个 VC-TYPE 的所有 VC 中，其 VC ID 必须在整个 PE 中唯一。连接两个 CE 的 PE 通过 LDP 交换 VC 标签，并通过 VC ID 绑定对应的 CE。当连接两个 PE 的 LSP 建立成功，双方的标签交换和绑定完成后，一个 VC 就建立起来了，CE 之间可以通过此 VC 传递二层数据。

（2）Kompella 方式

与 Martini 方式不同，Kompella 方式的 MPLS L2 VPN 不直接对 CE 与 CE 之间的连接进行操作，而是在整个 MPLS 网络中划分不同的 VPN，在 VPN 内部对 CE 进行编号。

要建立两个CE之间的连接，只需在PE上设置本地CE和远程CE的CE ID，并指定本地CE为这个连接分配的线路ID。Kompella方式以BGP扩展为信令协议来分发VC标签。在分配标签时，Kompella方式采用标签块（Label block）的方式，一次为多个连接分配标签。

拓展阅读

快速发展的中国移动互联网

2009年1月，工业和信息化部为中国移动、中国电信和中国联通分别发放了TD-SCDMA、CDMA2000和WCDMA牌照。此举标志着我国正式由2G时代进入3G时代。运营商之间3G网络建设和服务营销如火如荼地展开，掀开了中国移动互联网发展的新篇章。随着3G移动网的部署，移动网速显著提升，初步破解了手机上网的带宽瓶颈，智能终端丰富的应用软件让手机上网的普及率得到了大幅提升。

随着手机操作系统生态圈的全面发展，智能手机规模化应用，促进了移动互联网的快速发展。2013年12月，工业和信息化部正式向三大运营商发放了4G牌照，中国移动、中国电信和中国联通均获得TD-LTE牌照，随后中国电信和中国联通又获得FDD-LTE经营许可。4G网的大规模建设将移动互联网的发展推上了快车道。随着4G网络的全面部署，移动上网速度得到了极大提高，移动应用场景也极大地丰富起来。

中国社会经济的高速增长，需要更加优质和先进的移动互联网服务支撑，因此，2019年6月，工业和信息化部正式向中国电信、中国移动、中国联通、中国广电发放了5G商用牌照。5G具有高带宽、低时延、高可靠性等特点，是当前通信技术的制高点，也是物联网、云计算、大数据等数字经济快速发展的重要保障。移动互联网的发展永远都离不开移动通信网的技术支撑。目前，我国已经建设了世界上规模最大的5G网络，各大运营商的5G基站还在不断地增加。随着5G网络的部署和推广，除了瞬时下载、4K高清等新的个人业务外，辅助驾驶、远程协同、边缘计算等行业应用将成为重要的应用场景。

我国的移动通信事业起步较晚，但发展迅猛，所有成就的取得都离不开党和国家的大力支持以及企业自身的克难攻坚。我国通信网络建设和发展的根本目的，就是为了壮大国家的经济实力，提升民生福祉水平。

习　题

一、填空题

1. 数据通信系统的基本构成中，两种设备分别为数据终端设备（DTE）和________。

2. X. 25从第1级到第3级数据传输的单位分别是“bit”“________________”和“__________”。

3. __________系统（DACS）用于DDN通信线路的交接、调度管理。它的主要设

备是______、带宽管理器以及供用户接入的设备。

4. FR（帧中继）采用__________协议，不参与第3层处理，第2层只进行CRC校验。

5. 从纵向看，ATM参考模型结构有3个功能平面，分别为________、________和________。

6. ITU-T提出了4种不同的AAL协议，以支持ATM网的4类业务，记作：AAL1、AAL2、________和________。

7. ATM虚电路的建立方式有两种。一是通过网管平台建立半永久连接，称为______，是一种静态虚连接；二是通过信令动态地建立虚连接，称为______，它由终端用户或终端应用发起连接请求，系统临时建立的连接。

8. 以太网交换机有3种数据帧转发模式，即直通传输、________和________。

二、选择题

1. 从横向看，ATM结构包括4层。主要执行ATM网交换功能的是（　　）。

A. 物理层　　B. ATM层
C. 高层　　D. ATM适配层

2. 以下选项中，（　　）是网络层以上的互连设备。

A. L2交换机　　B. L3交换机
C. 路由器　　D. 网关

3. 按照TCP/IP封装格式，传递Packet的是（　　）。

A. 物理层　　B. 数据链路层
C. 网络层　　D. 传输层

4. 按照TCP/IP封装格式，数据链路层传递的是（　　）。

A. Packet　　B. Frame
C. Bits　　D. Segment

5. 按照以太网封装格式（RFC 894），数据字段的最小长度必须为（　　）B。

A. 38　　B. 46
C. 1500　　D. 1492

6. （多选）以下选项中，属于DNS顶级域名的是（　　）。

A. cn　　B. edu
C. net　　D. hk

三、简答题

1. 简述X.25协议物理层、链路层和分组层的功能。

2. 为什么说“帧中继是分组交换的改进方式”？

3. 简述ATM协议参考模型，说明VC/VP的交换原理。

4. 交换机、适配器、路由器、网桥分别工作在哪些层？交换机和路由器有什么区别？

5. 简述MPLS L3 VPN的工作过程。

第7章 LTE移动网

针对 LTE 支持的容量和峰值速率要求，3GPP 提出了频分双工（FDD）和时分双工（TDD）两种 LTE 方案。LTE 采用 OFDM 和 MIMO 等关键技术，引入了基于单一类型节点的新型扁平化无线接入网架构（eNB）。与 3G 相比，LTE 具有更大的带宽和容量、更高的数据传输速率、更大的覆盖范围、更稳定的移动性支持，以及更低的运营成本。本章主要介绍 OFDM、MIMO、无线帧结构、网络架构与协议，以及无线小区规划等 LTE 技术。

7.1 LTE 多址接入技术

7.1.1 OFDMA

1. OFDM 多载波系统实现

在 LTE 下行链路中，采用基于 OFDM 的 OFDMA（正交频分复用多址）技术。OFDM 是多载波调制方式，它将一个宽频信道分成若干个正交子信道，将高速数据信号转换成并行的低速子数据流，调制到每个子信道上进行传输。由于 OFDM 将整个频带分割成多个子载波，将频率选择性衰落信道转化为若干平坦衰落子信道，从而能够有效地抵抗无线移动环境中的频率选择性衰落，提供较高的频谱利用率。通过给不同的用户分配不同的子载波，OFDMA 提供了天然的多址方式，并且由于用户占用不同的子载波，用户间相互正交，减少了小区内干扰。

OFDM 系统实现框图如图 7.1 所示，输入已经过调制（符号匹配）的复信号 $S_{n,k}$，进行 IDFT（离散反傅里叶变换）或 IFFT（快速反傅里叶变换）形成 $S_{n,i}$，再经过并/串转换，然后插入保护间隔，形成 $s_n(t)$，最后经过数/模转换后，形成调制后的 OFDM 信号 $s(t)$。该信号经过传输信道后，接收端收到的信号为 $r(t)$，经过模/数转换，去掉保护间隔以恢复子载波之间的正交性，再经过串/并转换和 DFT 或 FFT 后，恢复出 OFDM 的调制信号，最后经过并/串转换后，便可还原出发送端的输入信号。

一个 OFDM 符号是多个经过调制的子载波的合成信号。其中每个子载波可以分别使用不同的调制方式，如按 QPSK、16QAM 等调制方式。假定各子载波上的调制符号用 $S_{n,k}$表示，其中 n 表示 OFDM 符号区间的编号，k 表示第 k 个子载波，则第 n 个 OFDM 符号区间内的信号可以表示为

$$s_n(t)=\frac{1}{\sqrt{N}}\sum_{k=0}^{N-1} S_{n,k}g_k(t-nT) \tag{7.1}$$

由此，总的时间连续的 OFDM 信号可以表示为

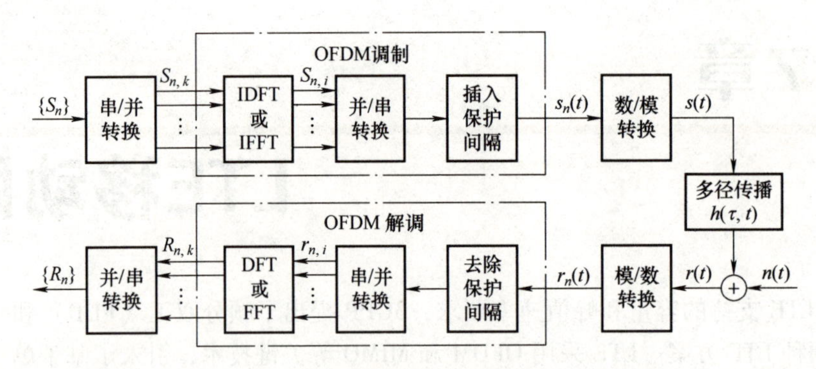

图 7.1　OFDM 系统实现框图

$$
s(t)=\frac{1}{\sqrt{N}}\sum_{n=0}^{\infty}\sum_{k=0}^{N-1}S_{n,k}g_k(t-nT) \tag{7.2}
$$

发送信号 $s(t)$ 经过信道传输后，到达接收端的信号用 $r(t)$ 表示，其采样后的信号为 $r_n(t)$。只要信道多径时延小于码元的保护间隔 T_g，子载波之间的正交性就不会被破坏。

2. 保护间隔和循环前缀

为了更好地消除符号间干扰（ISI），OFDM 在每个符号之间插入保护间隔（Guard Interval，GI），GI 长度的设定要大于无线信道中的最大时延扩展，这样一个符号的多径分量就不会对下一个符号造成干扰，图 7.2 给出了多径时延与保护间隔示意图。但由于加入的空白时间导致载波间不能正交，所以造成了子载波间干扰（ICI），需要使用循环前缀（Cyclic Prefix，CP）来解决这个问题。采用循环前缀填充保护间隔的方法，消除由于多径所造成的 ICI。添加 CP 的作用是避免载波间干扰，采用将一个 OFDM 符号的最后长度为 T_g 的数据复制填充到保护间隔的位置，以保证在解调的 FFT（快速傅里叶变换）周期内，相应的在 OFDM 符号的延时副本内，所包含波形的周期个数也是整数个，这样各个子载波之间的周期个数之差始终为整数，因时延小于保护间隔 T_g 的时延信号，也不会在解调过程中产 ICI。

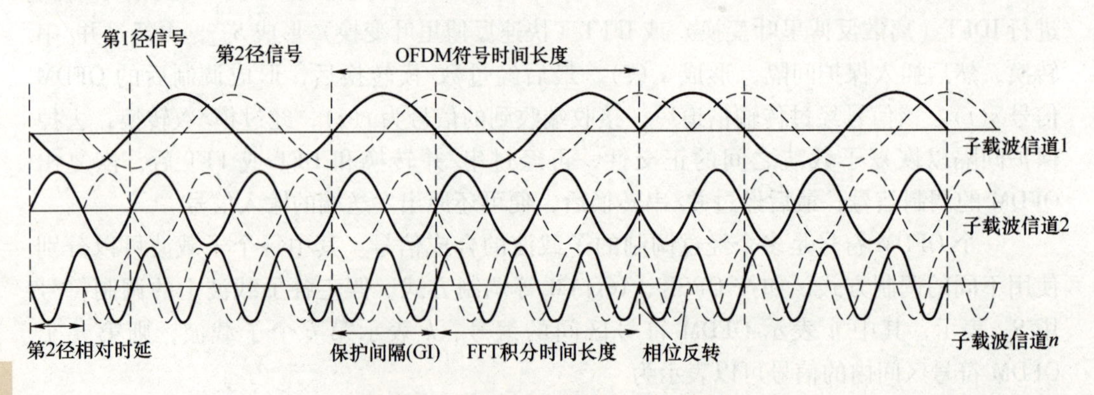

图 7.2　多径时延与保护间隔示意图

一个 OFDM 符号的形成过程是：首先，在若干个经过数字调制的符号后面补零，

构成 N 个并行输入的样值序列，然后再进行 IFFT 运算。其次，IFFT 输出最后 T_g 长度的样值，被插入到 OFDM 符号的最前面，图 7.3 给出了保护间隔的插入过程。

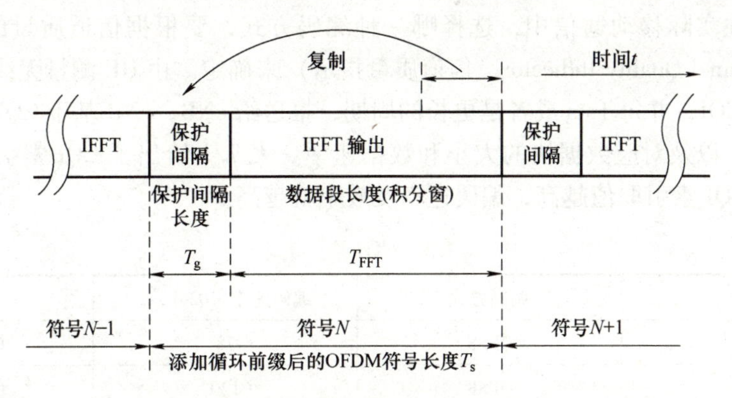

图 7.3　保护间隔的插入过程

3. 符号映射与 CQI 索引

输入符号 S_n 可以是经过 PSK（相移键控）或 QAM 调制的符号，如图 7.4 所示。LTE 用得最多的 QAM 是一种矢量调制，将输入比特先映射到一个复平面（星座）上，形成复数调制符号，然后将符号的 I、Q 分量（对应复平面的实部和虚部）采用幅度和相位调制，分别对应调制在载波上。对于 MQAM 信号，$S_n=a_n+\mathrm{j}b_n$，式中，a_n、b_n 的取值为 $\{\pm1,\pm3,\cdots\}$，它是由输入比特组决定的符号。如 $M=16$，则 a_n、b_n 的取值范围为 $\{\pm1,\pm3\}$，具有 16 个样点，每个样点表示一种矢量状态，16QAM 就有 16 态，每 4 位二进制数规定了 16 态中的一态，16QAM 中规定了 16 种幅度和相位的组合，可以映射到给定的子载波上传输。

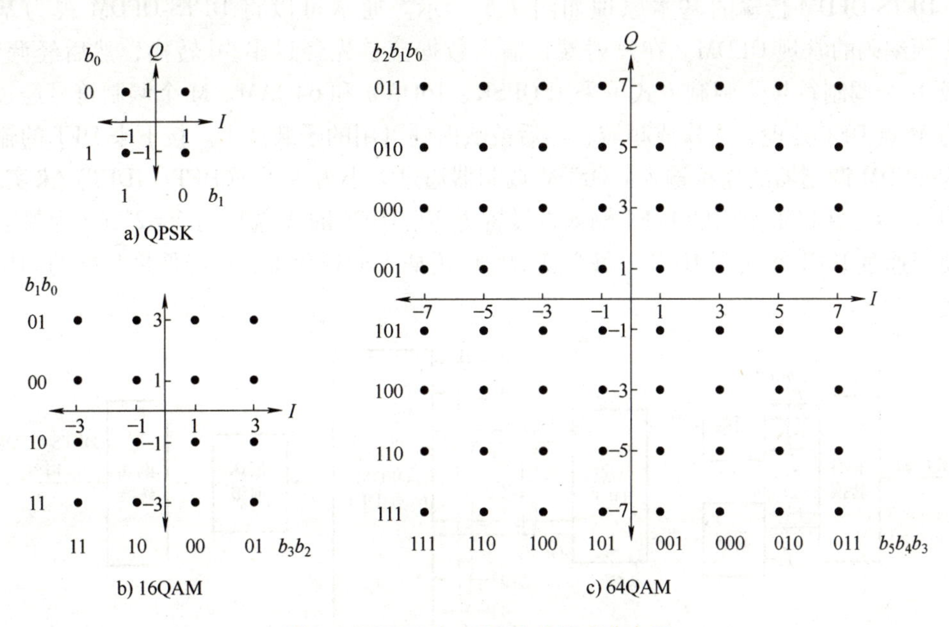

图 7.4　QPSK 和 MQAM 的星座分布图

16QAM 的每个符号周期传输 4bit，如图 7.4b 所示，可以在星座图中，找到任意一个点的位置（$b_3b_2b_1b_0$）。另外在图 7.4 中，还给出了 QPSK（正交相移键控）、64QAM 的星座图。在实际移动通信中，选择哪一种编码方式，要根据信道质量的信息反馈，即 CQI（Channel Quality Indicator，信道质量指示）来确定。由 UE 测量无线信道质量的优劣，形成 CQI，并每 1ms 或者是更长的周期，报送给 eNB，eNB 基于 CQI 来选择不同的调制方式，以及对应数据块的大小和数据速率。表 7.1 给出了 CQI 索引简表，无线信道越好，CQI 索引取值越高，编码速率及效率就越高。

表 7.1 CQI 索引简表

CQI 索引	调制方式	编码速率/1024bit/s	效率
1	QPSK	78	0.1523
2	QPSK	120	0.2344
9	16QAM	616	2.4063
14	64QAM	873	5.1152
15	64QAM	948	5.5547

7.1.2 DFTS-OFDM

与基站相比，终端要尽可能做到低功耗和低成本。TD-LTE 上行链路中，采用单载波 DFT（离散傅里叶变换）扩展 OFDM（DFTS-OFDM）技术，DFTS-OFDM 是单载波 FDMA（SC-FDMA）的频域实现方式，其具有以下特点：发射信号的瞬时功率的变化小；频域低复杂度、高质量的均衡；灵活的带宽分配。

DFTS-OFDM 传输的基本原理如图 7.5 所示。通常可以将 DFTS-OFDM 视为基于 DFT 预编码的常规 OFDM。在发射端，输入数据流首先经过串/并转换，然后经调制，生成 M 个调制符号。调制方式可采用 QPSK、16QAM 和 64QAM。M 个调制符号经过大小为 M 点 DFT 处理，变换成频域，然后被映射到可用的子载波上。接下来 DFT 的输出作为 OFDM 调制器的连续输入。OFDM 调制器通过大小为 N 的逆 DFT（IDFT）来实现，其中 $N>M$，并将未使用的 IDFT 输入端设置为零。IDFT 的 N 选择为 $N=2^n$（n 为整数），以便于通过 IFFT 来实现 IDFT。每个发射块中需插入循环前缀，以降低接收端的频域均衡复杂度。

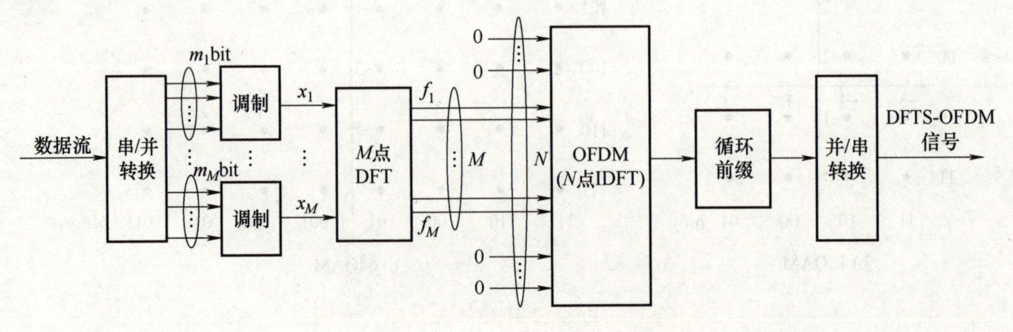

图 7.5 DFTS-OFDM 传输的基本原理

如果 $M=N$，则级联的 DFT/IDFT 处理将完全相互抵消。而如果 $M<N$，同时 IDFT 的其余输入被设为零，那么 IDFT 的输出信号将具有“单载波”特性，即信号功率变化小并且带宽取决于 M。假设 IDFT 输出处的采样速率为 f_s，则发射信号的带宽为

$$B=(M/N)f_s$$

因此，通过改变调制符号块 M 大小，发射信号的瞬时带宽也随之改变，这样就可以实现带宽的灵活分配。

7.2 LTE多天线技术

7.2.1 MIMO系统模型

MIMO（多入多出）表示在发送端和接收端，均采用多天线（或阵列天线）和多通道。这样可以产生多个并行的信道，且每个信道上传递的数据不同。MIMO 系统如图 7.6所示。设 M_r 为接收天线数目，M_t 为发射天线数目，则天线配置可以表示为：接收天线数×发射天线数（$M_r \times M_t$）。$\boldsymbol{H}$ 是接收数据流和发射数据流的关系，也是空间信道转换 $M_r \times M_t$ 维矩阵。

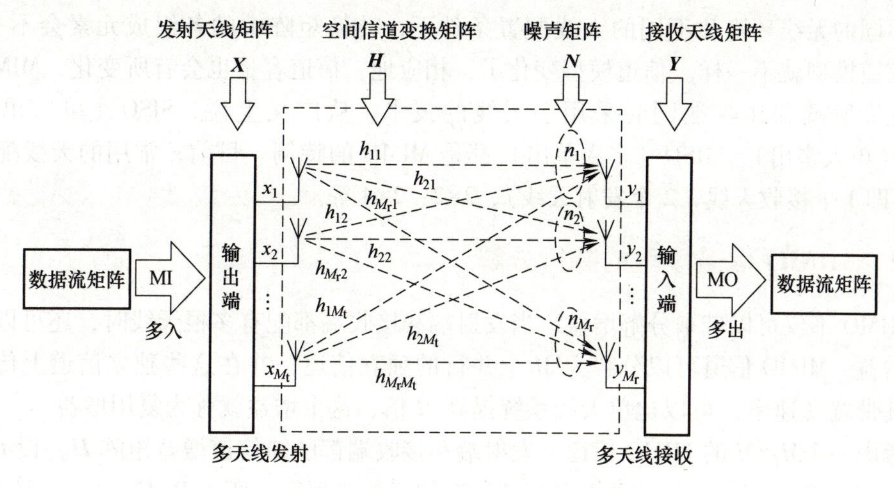

图 7.6 MIMO系统

图 7.6 中，在发射端有多个天线，M_t为发射天线数目，每个天线发射的数据流分别为x_1、x_2，…，x_{M_t}，经过无线信道后到达接收端。接收端也有多个天线，M_r为接收天线数目，每个天线接收到的数据流分别为y_1，y_2，…，y_{M_r}。任何一个天线接收到的数据流，都是M_t个天线的发射数据流经过空间无线信道传播后，在接收端叠加的结果，当然还要考虑白噪声n_1，n_2，…，n_{M_r}对系统的影响。MIMO 系统可用如下的离散时间数学模型来描述：

$$\begin{bmatrix} y_1 \\ y_2 \\ \vdots \\ y_{M_r} \end{bmatrix} = \begin{bmatrix} h_{11} & h_{12} & \cdots & h_{1M_t} \\ h_{21} & h_{22} & \cdots & h_{2M_t} \\ \vdots & \vdots & & \vdots \\ h_{M_r1} & h_{M_r2} & \cdots & h_{M_rM_t} \end{bmatrix} \begin{bmatrix} x_1 \\ x_2 \\ \vdots \\ x_{M_t} \end{bmatrix} + \begin{bmatrix} n_1 \\ n_2 \\ \vdots \\ n_{M_r} \end{bmatrix} \tag{7.3}$$

根据式（7.3）的矩阵关系，可得出 MIMO 单一信道为

$$\begin{cases} y_1 = h_{11}x_1 + h_{12}x_2 + \cdots + h_{1M_t}x_{M_t} + n_1 \\ y_2 = h_{21}x_1 + h_{22}x_2 + \cdots + h_{2M_t}x_{M_t} + n_2 \\ \vdots \\ y_{M_r} = h_{M_r1}x_1 + h_{M_r2}x_2 + \cdots + h_{M_rM_t}x_{M_t} + n_{M_r} \end{cases} \tag{7.4}$$

其中，h_{11}为从发射数据流x_1到接收端y_1无线信道的影响因子；h_{12}为从发射数据流x_2到接收端y_1无线信道的影响因子；h_{1M_t}为从发射数据流x_{M_t}到接收端y_1无线信道的影响因子。

式（7.4）中其他的影响因子也类似，这里不再一一说明。式（7.3）、式（7.4）又可以简化表述为

$$\boldsymbol{Y} = \boldsymbol{HX} + \boldsymbol{N} \tag{7.5}$$

式中，$\boldsymbol{Y}$为M_r维的接收数据向量；$\boldsymbol{X}$代表M_t维发射数据向量；$\boldsymbol{N}$代表M_r维噪声影响向量（假设均值为 0，方差为 1 的加性高斯噪声向量）；$\boldsymbol{H}$代表$M_r \times M_t$维的信道增益矩阵，其中元素h_{ij}代表发射天线j到接收天线i的信道增益。需要指出的是，$\boldsymbol{H}$的分布假设不同时，相应的编码方案和信道容量也会有差别。

不同的无线环境和不同的天线配置条件下，转换矩阵中的各组成元素会不一样，于是信道模型就不一样。信道模型变化了，相应地，信道容量也会有所变化。MIMO 系统是在发射端和接收端同时采用多天线的技术。从广义上说，SISO（单入单出）、SIMO（单入多出）、MISO（多入单出）都是 MIMO 的特例。目前，常用的天线配置有 1×2（即 1 个接收天线，2 个发射天线）、2×2、2×4 等。

7.2.2 MIMO 信道模型的并行分解

MIMO 不仅可以带来分解增益，当发射端和接收端都配有多根天线时，还可以获得复用增益。MIMO 信道可以分解为M个并行的独立信道，并在这些独立信道上传输数据，其带宽（速率）可以比单天线系统提高M倍，这个增益就称为复用增益。

考虑一个$M_r \times M_t$的 MIMO 信道，发射端和接收端都已知信道增益矩阵$\boldsymbol{H}$，设$R(\boldsymbol{H})$为矩阵$\boldsymbol{H}$的秩，因为矩阵的秩不可能超过它的行数或列数，所以$R(\boldsymbol{H}) \leqslant \min(M_r, M_t)$。当$R(\boldsymbol{H}) = \min(M_r, M_t)$时，称之为满秩，对应的环境称为富散射环境。当矩阵$\boldsymbol{H}$的元素高度相关时，其秩可能会降为 1。对任意矩阵$\boldsymbol{H}$，可做如下的奇异值（SVD）分解：

$$\boldsymbol{H} = \boldsymbol{UDV}^* \tag{7.6}$$

式中，$\boldsymbol{U}$为$M_r \times M_r$的酉矩阵；$\boldsymbol{V}$为$M_t \times M_t$的酉矩阵；$\boldsymbol{V}^*$是矩阵$\boldsymbol{V}$的共轭转置；$\boldsymbol{D}$是由$\boldsymbol{H}$奇异值$\{\sigma_i\}$构成的$M_r \times M_t$对角矩阵，σ_i为第i路增益。奇异值中有$R(\boldsymbol{H})$个非零值，且$\sigma_i = \sqrt{\lambda_i}$，$\lambda_i$为$\boldsymbol{HH}^*$的第$i$个特征值。

用发送预编码和接收成形的方法可以将 MIMO 信道并行分解成$R(\boldsymbol{H})$个 SISO 信道，每个 SISO 信道的输入输出分别为$\hat{\boldsymbol{x}}$和$\hat{\boldsymbol{y}}$，如图 7.7 所示。用发送预编码的方式将输入信号$\hat{\boldsymbol{x}}$经线性变换$\boldsymbol{x} = \boldsymbol{V}\hat{\boldsymbol{x}}$后作为天线的输入，$\boldsymbol{V}$为码本（Codebook），接收端输出$\hat{\boldsymbol{y}}$则是将信道的接收信号$\boldsymbol{y}$乘以$\boldsymbol{U}^*$。

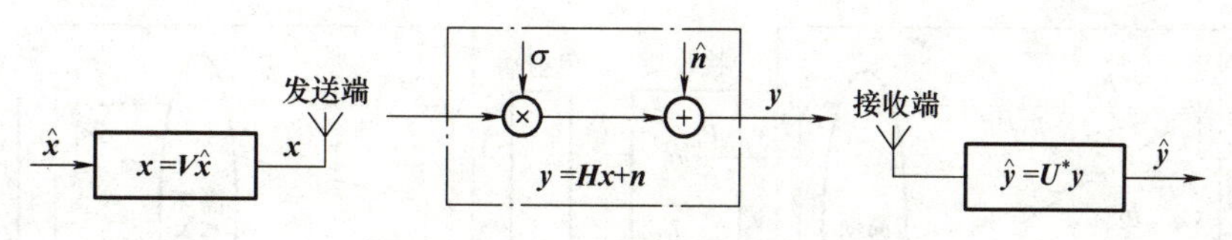

图 7.7 发送预编码和接收成形

图中，由于将多个 MIMO 交叉通道转换成多个平行的一对一信道：$\boldsymbol{y}=\boldsymbol{Hx}+\boldsymbol{n}$，通过信道奇异值分解，可以得到：$\boldsymbol{y}=\boldsymbol{UD}\,\boldsymbol{V}^*\boldsymbol{x}+\boldsymbol{n}$，则接收端 $\hat{\boldsymbol{y}}$ 为

$$\begin{aligned}\hat{\boldsymbol{y}}&=\boldsymbol{U}^*\boldsymbol{y}\\&=\boldsymbol{U}^*\boldsymbol{UD}\,\boldsymbol{V}^*\boldsymbol{x}+\boldsymbol{U}^*\boldsymbol{n}\\&=\boldsymbol{D}\,\boldsymbol{V}^*\boldsymbol{x}+\boldsymbol{U}^*\boldsymbol{n}\\&=\boldsymbol{D}\,\boldsymbol{V}^*\boldsymbol{V}\hat{\boldsymbol{x}}+\boldsymbol{U}^*\boldsymbol{n}\\&=\boldsymbol{D}\hat{\boldsymbol{x}}+\boldsymbol{U}^*\boldsymbol{n}\\&=\boldsymbol{D}\hat{\boldsymbol{x}}+\hat{\boldsymbol{n}}\end{aligned}\tag{7.7}$$

式中，$\hat{\boldsymbol{n}}=\boldsymbol{U}^*\boldsymbol{n}$，$\boldsymbol{V}$、$\boldsymbol{U}$ 经过奇异值分解后，$\boldsymbol{V}^*\boldsymbol{V}=\boldsymbol{I}$，$\boldsymbol{U}^*\boldsymbol{U}=\boldsymbol{I}$。通过发送预编码和接收成形这两步操作，可将 MIMO 信道变换成 $R(\boldsymbol{H})$ 个独立的并行信道，其中第 i 个信道的输入为 $\hat{x}_i$，输出为 $\hat{y}_i$，对应的信道增益为 σ_i，噪声为$\hat{n}_i$。由于增益σ_i都是 $\boldsymbol{H}$ 的函数，每个信道的增益是相互关联的，而这些并行信道并不相互干扰，可以把它们看作是通过总发射功率联系在一起的一组独立信道。

可以发现，发射端不再需要知道 MIMO 信道矩阵 $\boldsymbol{H}$，只要知道$\boldsymbol{V}^*$即可。3GPP 定义了一系列 $\boldsymbol{V}$ 矩阵，eNodeB 和 UE 预编码实际上就是在发射端对发射信号 $\hat{\boldsymbol{x}}$ 乘以 $\boldsymbol{V}$，与后面 SVD 过程匹配，这样就有效降低了接收端的复杂性与开销。

7.2.3 MIMO 信道容量及增益

1. 多天线技术容量

香农容量衡量的是能够以任意小差错率传输的最大数据速率，信道容量的大小和收发两端是否已知 CSI（信道状态信息）相关。假设发射总功率为 P，第 i 个并行信道的发射功率和信道增益分别为 P_i 和 h。下面介绍不同信道假设下静态信道的容量。

在单天线收发的情况下，广泛采用 Turbo 或 LDPC（低密度奇偶校验）编码，使信道容量基本上逼近了香农信道容量的极限，那么在多天线条件下，信道的极限容量随着发射天线、接收天线数目的变化又如何变化呢？

单入多出（SIMO）天线系统如图 7.8a 所示。先假设发射天线数为 1，接收天线数为 2，从发射天线到接收天线 1 的衰减系数为 h_1，从发射天线 1 到接收天线 2 的衰减系数为 h_2；n_1、n_2 分别是两个接收天线处的白噪声；发射端发出的信号为 x_1；在接收端接收到的信号强度分别为 y_1、y_2，单入多出的天线系统则可以表示为

$$\begin{bmatrix}y_1\\y_2\end{bmatrix}=\begin{bmatrix}h_1\\h_2\end{bmatrix}x+\begin{bmatrix}n_1\\n_2\end{bmatrix}$$

当发射天线的发射功率为P_t时，n_1、n_2的幅度都服从方差为 δ 的高斯分布，h_1、h_2 的包络服从相同的瑞利分布 h；当接收端y_1和y_2进行最大比合并时，合并后信噪比为

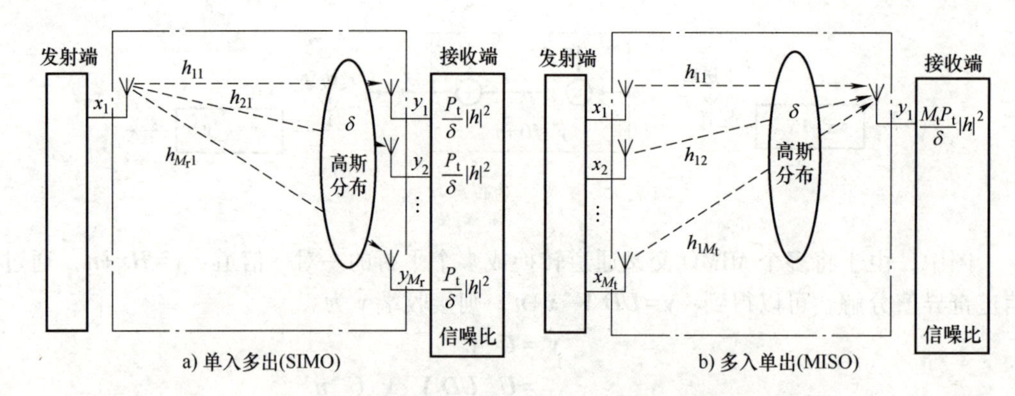

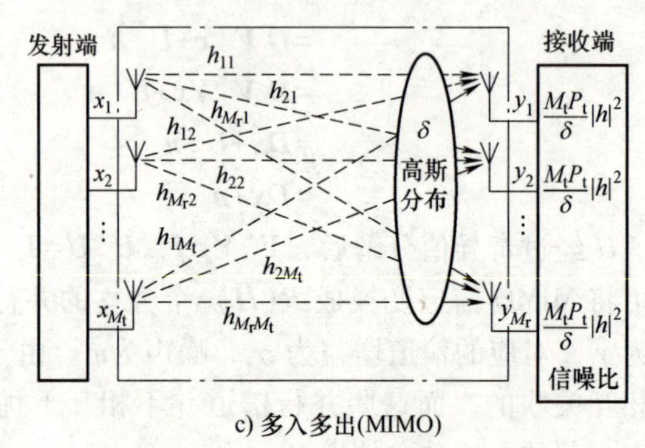

图 7.8　不同类型天线系统

$$\frac{P_t}{\delta}(|h_1|^2+|h_2|^2)=\frac{2P_t}{\delta}|h|^2$$

y_1和y_2合并运算用到了概率统计和向量合并的相关知识，比较复杂，这里只给出结论。$\frac{2P_t}{\delta}|h|^2$实际上就是接收端的信噪比$\frac{S}{N}$，只不过前者表达形式是发射端功率P_t在考虑空间信道衰减后的接收电平，而后者就是接收端电平与噪声之比。于是发射天线数量为 1、接收天线数量为 2 的无线系统的信道容量为

$$C=B\times\log_2\left(1+\frac{S}{N}\right)=B\times\log_2\left(1+\frac{2P_t}{\delta}|h|^2\right)$$

当接收天线数量增至M_r时，信道容量为

$$C=B\times\log_2\left(1+\frac{M_rP_t}{\delta}|h|^2\right) \tag{7.8}$$

同理，发射天线为M_t，接收天线为 1 时的 MISO 系统如图 7.8b 所示，信道容量为

$$C=B\times\log_2\left(1+\frac{M_tP_t}{\delta}|h|^2\right) \tag{7.9}$$

从 SIMO 信道容量的公式［式（7.8）］可以看出，信道容量随着接收天线数量M_r的增加而增加，两者为对数关系；从 MISO 信道容量的公式［式（7.9）］可以看出，信道容量随着发射天线数量M_t增加而增加，两者也为对数关系。

也就是说，发射分集和接收分集技术可以改善接收端的信噪比，从而提高信道容

量和频谱效率。但对信道容量的提高是有限的，仅为对数关系。如果在发送端和接收端都采用多天线，则成为一个多入多出（MIMO）系统。接收天线数目为M_r，发射天线数目为M_t的 MIMO 系统可以等效为多个 SIMO 系统，也可以等效为多个 MISO 系统。

MIMO 系统相当于又并行又交叉的多个信道同时传输数据，如图 7.8c 所示。$\boldsymbol{H}$ 为正交矩阵时，也就是说，在天线之间相互独立、互不相关的情况下，MIMO 系统的信道容量为

$$C=N_L B\times\log_2\left(1+\frac{P_t}{\delta}\lambda\right) \tag{7.10}$$

式中，λ 为空间信道转置共轭矩阵$\boldsymbol{HH}^{\mathrm{H}}$的特征根。$N_L$为特定条件下可以产生的并行信道条数，也就是 MIMO 系统容量会随着发射端或接收端天线数中较小一方［$N_L=\min(M_r,M_t)$］的增加而线性增加，注意不是对数增加。举例来说，从 MIMO 系统的极限容量公式可以看出，2×2 天线配置的 MIMO 系统和 2×4 天线配置的 MIMO 系统的极限容量是接近的，因为两者的最小天线数目都是 2。两者极限容量虽然一样，但是 2×4 天线配置的平均容量会有所提高。

2. 多天线技术增益

LTE 采用多天线技术，有以下几类增益。

1）阵列增益。在单天线发射功率不变的情况下，增加天线数目，可以使接收端通过多路信号的相干合并，获得平均信噪比（SNR）的增加。

2）功率增益。在覆盖范围保持不变的情况下，通过增加天线数目，可以降低单天线口的发射功率。降低天线口发射功率，可以降低对设备功放线性范围的要求，降低系统成本。

3）空分复用增益。在相同发射功率、相同带宽前提下，多个相互独立的天线并行地发送多路数据流，可以提高极限容量和改善峰值速率，容量的增长就是空分复用增益。

4）分集增益。同一路信号经过不同路径到达接收端，可以有效地对抗多经衰落，从而减少接收端信噪比（SNR）的波动。分集增益可以改善系统的覆盖，增加链路的可靠性。

5）干扰抑制增益。在多天线收发系统中，空间存在的干扰有一定的统计规律性。干扰抑制可以改善系统覆盖，提高系统容量，增加链路可靠性，但是对峰值速率没有贡献。

7.2.4 MIMO 工作模式

MIMO 的两种工作模式是空分复用和空间分集。为了提高信息传输效率，就采用 MIMO 的空分复用模式；为了提高信息传输的可靠性，就采用 MIMO 的空间分集模式。也可以认为空间分集是为了提高系统的鲁棒性（在异常的情况下维持某种性能的特性），而空分复用更多的是为了提高系统的吞吐量。这两种方式都有效地提高了信号的增益。

1. 空分复用模式

空分复用（Space Division Multiplexing，SDM）是将一个高速的数据流分割为几个

速率较低的数据流，经过编码、调制等处理后，分别在不同的天线上发射。天线之间相互独立，每个天线都相当于一个独立的信道。在接收端经过解调、解码等处理，数据流合并，恢复出原始信号。

空时编码（Space Time Coding，STC）是将一路数据流像待转运的货物一样，通过复用的方法把它运出去，可以为它安排不同的路线（空间）和变化的交接货时间。“不同的天线”就是 STC 中“空间”的概念；“不同的 OFDM 符号周期”就是 STC 中“时间”的概念。常用的空时编码技术有预编码（Precoding）和 PARC（Per Antenna Rate Control，每天线速率控制）。

预编码技术可以将原始数据流两个符号分为一组进行变换，如某一组为“s_1、s_2”，转换成并行数据流“z_1、z_2”，图 7.9 给出空时复用的预编码技术，其关系为

$$\begin{bmatrix} z_1 \\ z_2 \end{bmatrix} = \begin{bmatrix} v_{11} & v_{12} \\ v_{21} & v_{22} \end{bmatrix} = \begin{bmatrix} s_1 \\ s_2 \end{bmatrix} \tag{7.11}$$

式中的 $\begin{bmatrix} v_{11} & v_{12} \\ v_{21} & v_{22} \end{bmatrix}$ 就是预编码矩阵，负责把数据流转换到天线端口的数学变换式；$\begin{bmatrix} z_1 \\ z_2 \end{bmatrix}$ 分别由不同的天线发出去，如图 7.9 所示。这个变化的符号向量在复平面上，包括幅值和相位的变换。

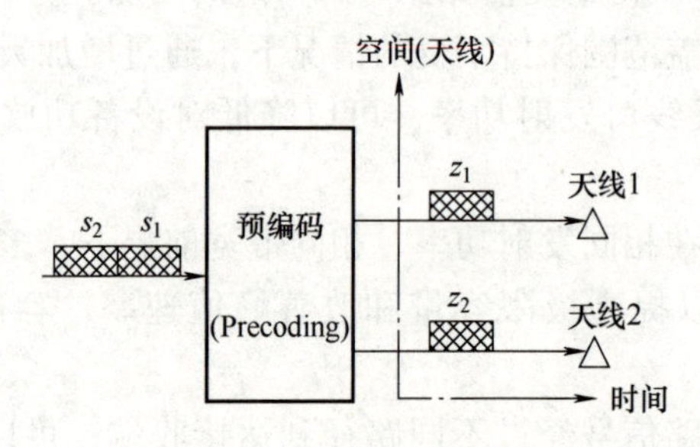

图 7.9　空时复用的预编码技术

PARC 是不进行符号变换的，直接根据每个天线的信道条件调节其信息发送速度。假如有两个天线要发射数据，天线信道条件好的一个，速率要快一些；另外一个速率慢一些。在天线口，PARC 的空时编码所做的工作就是直接把速率调节好的两列数据搬移在天线口发射，不做预编码变换，这时的空时编码矩阵为

$$\begin{bmatrix} z_1 \\ z_2 \end{bmatrix} = \begin{bmatrix} s_1 \\ s_2 \end{bmatrix}$$

MIMO 系统可以根据不同的系统条件、变化的无线环境，采用各种不同的工作模式。MIMO 系统定义了以下 3 种空分复用模式。

1）开环空分复用（模式 3）：多个天线的发射关系构成复矩阵，并行地发射不同的数据流。复矩阵在发射端随机选择，不依赖接收端的反馈结果，就是开环（OpenLoop）空分复用。

2）闭环空分复用（模式 4）：发射端在并行发射多个数据流的时候，根据反馈的

信道估计结果，选择制造“多径效应”的复矩阵，就是闭环（CloseLoop）空分复用。

3）MU-MIMO（模式5）：并行传输的多个数据流是由多个UE组合实现的，就是多用户空分复用，即MU-MIMO。

2. 空间分集模式

空间分集（Space Diversity，SD）的思想是针对同一个数据流的不同版本，分别在不同的天线上进行编码、调制，然后发送。以下是MIMO系统定义的发射分集工作模式。

开环发射分集（模式2）：利用复数共轭的数学方法，在多个天线上形成了彼此正交的空间信道，发送相同的数据流，提高传输可靠性。两个实部相等、虚部互为相反数的复数互为共轭复数，复数s的共轭复数记作s^*。

闭环发射分集（模式6）：有两种闭环发射分集。一种类似闭环空分复用模式，基于码本的预编码矩阵选择；另外一种是波束赋型的方式，作为闭环空分复用的一个特例，只传输一个数据流。

接着要介绍的是空间分集常用技术：空时块编码（STBC）、空频块编码（SFBC）、时间转换传输分集（TSTD）、频率转换传输分集（FSTD）和循环延时分集（CDD），其中2天线的模式2采用SFBC映射方案；4天线的模式2采用SFBC+FSTD方案。

（1）STBC

STBC（Space Time Block Code，空时块编码）是在空间和时间两个维度安排数据流的不同版本，起到空时分集的作用。STBC矩阵表示形式如图7.10a所示，对应的技术原理如图7.10b所示。如，在天线1上，两个符号“s_1、s_2”分别放在1个子帧的两个时隙里的第一个OFDM符号周期上；在天线2上，根据矩阵表示式，首先将“s_1、s_2”两个符号调换先后时隙位置，再将它们的另一个版本“$-s_2^*$、s_1^*”分别放在对应子帧的两个时隙上。

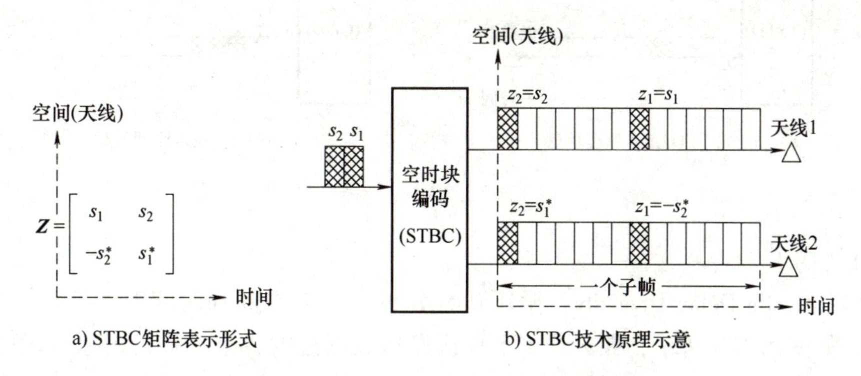

图7.10 STBC矩阵表示及技术原理

（2）SFBC

SFBC（Space Frequency Block Code，空频块编码）的矩阵表示形式如图7.11a所示。它是在空间和频率两个维度上安排数据流的不同版本，起到空间分集和频率分集的效果。技术原理如图7.11b所示，如在天线1上，两个符号流“s_1、s_2”分别安排在两个相邻的子载波上；在天线2上，这两个符号流调换一下相应子载波的位置，再根

据矩阵表示式把它们的另一个版本“$-s_2^*$、s_1”分别放在这两个子载波上，子载波为Δf= 15kHz或7.5kHz。

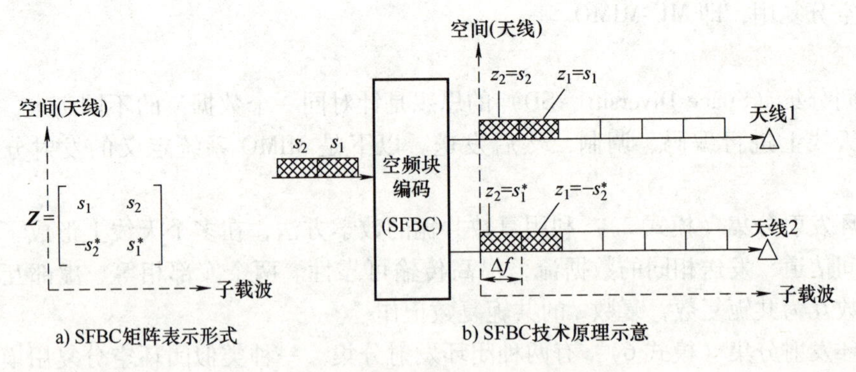

图7.11 SFBC矩阵表示及技术原理

（3）TSTD

TSTD（Time Switch Transmit Diversity，时间转换传输分集）是在空间和时间两个维度上安排数据流的不同部分的，实现空时分集的功能，如图7.12a所示。如在天线1和天线2的时隙位置上，交叉安排符号流“s_1、s_2”。符号排着队等待发射，在第一个符号周期，这个符号放在天线1上发射；在下一个符号周期，下一个符号则放在天线2上发射，依次类推。FSTD（频率转换传输分集）也类似，只是将时间更改为子载波。

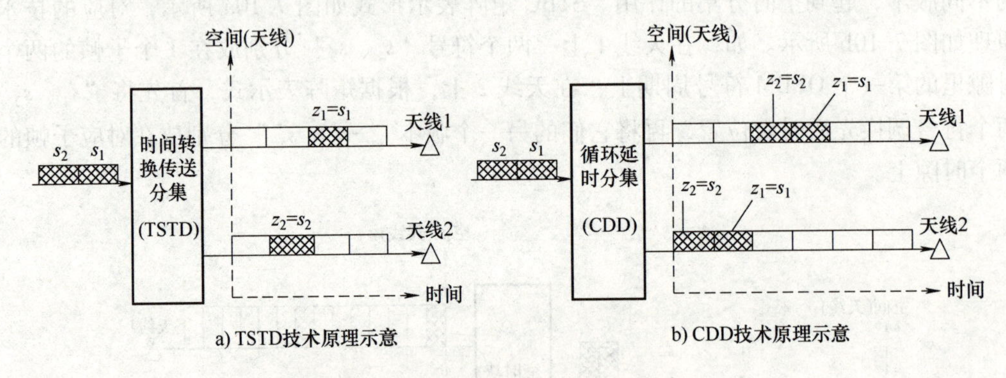

图7.12 TSTD/CDD技术原理示意

（4）CDD

CDD（Cyclic Delay Diversity，循环延时分集）是在空间和时间两个维度上进行延时分集，如图7.12b所示，在天线1上依次发送数据流的各个符号，延迟一段时间后，在天线2上再依次发送这个数据流。

7.2.5 MIMO系统实现

LTE系统可以支持单天线、双天线，以及4天线发送，采用不同级别的传输分集和空分复用增益。当MIMO信道都分配给一个UE时，称之为SU-MIMO（单用户MIMO）；当MIMO分配给不同UE时，称之为MU-MIMO（多用户MIMO）。

MIMO系统的下行链路多天线物理信道处理过程如图7.13所示。图中给出了有关

码字、层、资源粒子映射和天线端口的大致关系，以下展开介绍。

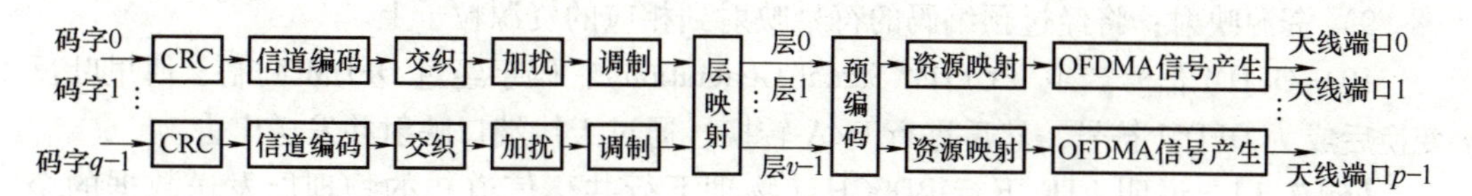

图 7.13　多天线物理信道处理过程

1）码字（Code words）：码字是指从上层传输信道进入物理信道后的数据流。

2）信道编码：编码是在源比特数据流中，按照一定规则，加入一些冗余比特，接收端可以用来判错或纠错。编码使数据流具有纠错能力和抗干扰能力，提高信道的免疫力，增加信息传输的可靠性。目前常用 Turbo、LDPC 等信道编码方法。

3）交织：交织的过程就是打乱原来的比特流顺序。这样连续深衰落对信息的影响实际是作用在交织后的比特数据流上，由于影响的不连续，接收端可根据冗余比特恢复出原始数据。

4）加扰：加扰是对前面编码、交织后的信息逐比特地与扰码序列进行运算。扰码（Scrambling codes）是一种伪噪声序列（PN），用一个 PN 与交织后的比特码字进行相乘，对信号进行加密。PN 码将数字间的干扰随机化，可以对抗干扰；同时使用 PN 序列加扰，类似给数字上了一把锁，在接收端，有了这把 PN 钥匙，才能开启这把锁。也就是说，加扰可以对抗窃听。

5）调制（Modulation）：指 OFDM 通过把高速串行数据，映射到并行的多个子载波上，使每一资源块中包含符号（Symbol）的调制方式都一样。调制就是将比特数字流映射到复平面上的过程，也叫作复数调制。如 QAM 就是幅度、相位联合调制，它利用了载波的幅度和相位来传递信息比特。LTE 的复数调制方式有 BPSK、QPSK、16QAM、64QAM。完成调制后，基带将进行 MIMO 系统下一步的处理。

6）层映射（Layer Mapping）：把调制后的数据流分配到不同的层上。由于码字数量和发送天线数量可能不相等，需要将码字流映射到不同的发射天线上，因此需要使用层进行映射；层映射实体有效地将复数形式的调制符号映射到一个或多个层。根据传输方式的不同，在不同工作模式下，层数与天线口数的关系见表 7.2。这里的层是一个逻辑概念。

表 7.2　在不同配置环境下的层数与天线口数

配置	层数（v）	天线口数（p）
单天线配置	$v=1$	$p=1$
发射分集	$v=p$	$p\neq1$（2 或 4）
空间复用	$1\leqslant v\leqslant p$	$p\neq1$（2 或 4）

7）秩（Rank）：层数是由信道的秩确定的，而信道的秩标识着在一定无线环境条件下，MIMO 系统彼此独立的通道数。层数一般小于或等于信道矩阵的秩，当然也小于或等于物理信道传输所使用的天线端口数量 P。对于空分复用，秩等于层数。

8）预编码（Precoding）：一种在发射端利用信道状态信息，对发送符号进行预处

理，以提高系统容量或降低系统误码率为目的的信号处理技术。

9）资源映射：将经过预编码的符号映射到相应的资源粒子上。

10）OFDM 信号产生（OFDM Signal Generation）：码字经过 OFDM 调制、傅里叶反变换后成为 OFDM 符号，然后进行 D/A 转换，通过天线端口映射并发送出去。

【例 7.1】 说明 LTE 下行 PDSCH（物理下行共享信道）的物理层发送数据的全过程。

第一步：来自高层的高速比特流，在 MAC 子层按照一定方式进行打包封装，形成传输块（TB）。TB 是一个子帧内在信道编码前的数据块，TB 的大小取决于调度器分配给某用户的资源数量、调制编码方式、天线映射模式等。

第二步：TB 到了物理层，首先要进行信道编码和速率适配，如采用 Turbo 编码方案，1/3 编码速率，形成码字。

第三步：对经过交织、加扰处理后的码字进行调制，如采用 QPSK、64QAM 等，产生相应的调制符号。

第四步：层映射，就是将不同码字的调制信号按一定规则重新排列，将彼此独立的码字映射到空间概念层上。这个空间概念层就是到物理天线端口的中转站。通过这样的转换，原来串行的数据流就有了初步的空间概念。

第五步：对于层映射之后的数据流进行预编码，然后映射到天线端口上发送。如何将数据流分配到不同时隙、不同子载波和不同的发射天线上，是一个复杂的数学变换过程。经过预编码后的数据流已经确定了对应的天线端口。也就是说，在每个天线端口上，将预编码后的数据映射到子载波和时隙组成的二维物理资源粒子（RE）上。在这个过程中，要根据无线环境选择 MIMO 的应用模式，如选择复用或是分集模式。

第六步：在天线端口生成的 OFDM 符号前，插入 CP，然后从天线端口发射出去。

在接收端，将接收下来的信号，从 OFDM 的时频资源块读取相应的数据，经过预编码与层映射逆过程，然后解调、去扰、去交织、解码，最后恢复出原信息比特流。

7.2.6 码字传输

来自传输信道的传输块（TB）作为进入物理层的一个独立编码数据流，形成一个码字，不同的码字可以区分不同的数据流。码字经过信道编码、交织、加扰、调制等处理过程，其目的就是方便通过 MIMO 发送，实现空分复用。

LTE 码字的最大数目是 2，它与天线数目没有必然关系，但是码字和层之间却有着固定的映射关系。经过 FEC（前向纠错）编码和 QAM 调制的数据流，形成于 QAM 调制模块的输出端。也可以假定一个码字只能有一个码率（如 1/3 码率）和一种调制方式（如 16QAM）。

不同的码字对应不同的编码、调制方式。码字经过 MIMO 系统传输，可以实现空间分集和复用的效果，如图 7.14 所示。多码字比单码字有更大的吞吐量，如图 7.15 所示，但系统的开销和复杂度也随之增加。

分层调制就是在数据链路层将一个逻辑业务分成两个数据流，一个属于高优先级的基本层，一个属于低优先级的增强层；在物理层，这两个数据流分别映射到不同的预编码方式和不同的信号星座图上。

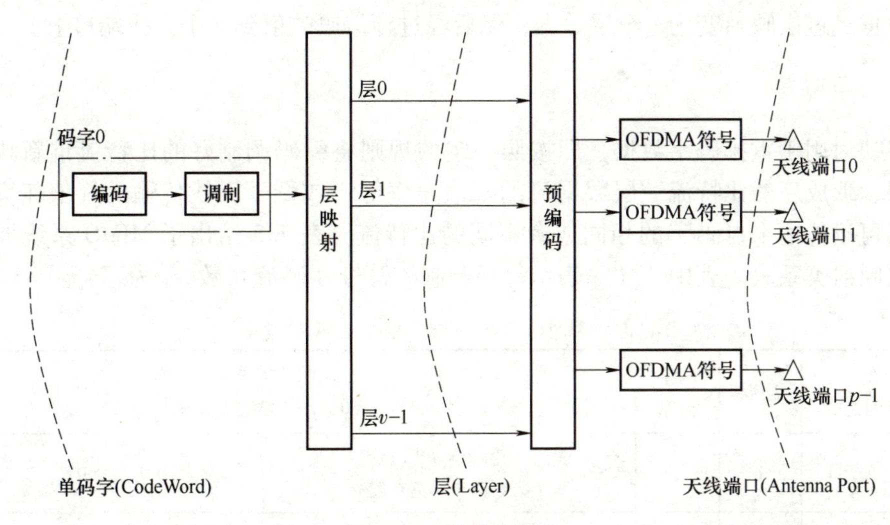

图 7.14　单码字传输

当发送端天线只有一个时，实际能够支持的码流数量为 1，所以码字数量也只能为 1。码字的数量受限于信道矩阵的秩，信道矩阵的秩取决于 UE 的天线数目、信道质量。码字的数目是受信道矩阵秩的自适应过程控制的。

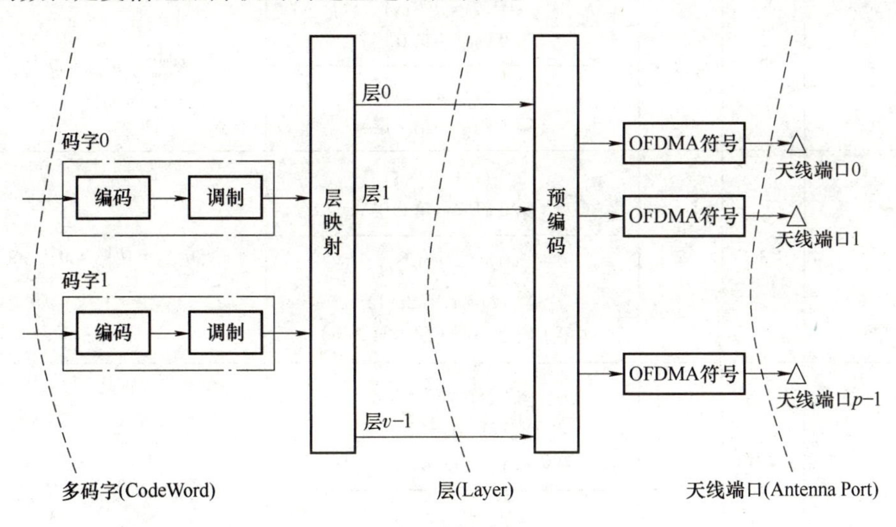

图 7.15　多码字传输

例如，发射端和接收端都有两个天线，但两个天线在空间上相关度很大，如果发射端仍发送两组数据流（两个码字），接收端由于无法有效区分两组数据流，则无法正确解码两组数据。也就是说，在接收端空间信道强相关的情况下，码字数量也只能为 1，只有在空间信道彼此独立的情况下，码字数量才可以为 2。目前，当系统接收端最多只支持 2 个天线时，能够发送的相互独立的编码调制数据流的数量最多为 2，所以不管发射端天线数为 1、2 或者 4，还是达到 8 天线，码字数量的最大值为 2。

由于会出现码字数量和天线数目不匹配的问题，所以 MIMO 系统经过层映射和预编码将码字数量和天线口数目匹配起来。在图 7.14、图 7.15 中可以看到，1 或 2 个码字的数据经过层映射变为 v 个层数据，然后经过预编码映射到 p 个天线端口上。

7.2.7 层映射

层映射用于重排码字数据，即按照一定的规则将编码调制好的比特流重新映射到多个层，形成新的比特流。层数据流的峰值速率等于或低于天线传输的峰值速率。不同的层可以传输来自码字的相同或者不同的比特流。表 7.3 给出了 MIMO 系统详细的空间层映射关系表。表中，M_{symb}^{layer} 表示每层调制的符号（码流）数，i 为序号。

表 7.3 MIMO 系统详细的空间层映射关系表

天线数目	层数	码字数量	层映射关系 $i=0,1\cdots,M_{symb}^{layer}-1$	
2、4（闭环）	1	1	$x^{(0)}(i)=d^{(0)}(i)$（第 0 码字→第 0 层）	$M_{symb}^{layer}=M_{symb}^{(0)}$
4（用于重传 1 个码字）	2	1	$x^{(0)}(i)=d^{(0)}(2i)$（第 0 码字→第 0 层）	$M_{symb}^{layer}=M_{symb}^{(0)}/2$
			$x^{(1)}(i)=d^{(0)}(2i+1)$（第 0 码字→第 1 层）	
2、4	2	2	$x^{(0)}(i)=d^{(0)}(i)$（第 0 码字→第 0 层）	$M_{symb}^{layer}=M_{symb}^{(0)}=M_{symb}^{(1)}$
			$x^{(1)}(i)=d^{(1)}(i)$（第 1 码字→第 1 层）	
4	3	2	$x^{(0)}(i)=d^{(0)}(i)$（第 0 码字→第 0 层）	$M_{symb}^{layer}=M_{symb}^{(0)}=M_{symb}^{(1)}/2$
			$x^{(1)}(i)=d^{(1)}(2i)$ $x^{(2)}(i)=d^{(1)}(2i+1)$（第 1 码字→第 1 层、第 2 层）	
4	4	2	$x^{(0)}(i)=d^{(0)}(2i)$ $x^{(1)}(i)=d^{(0)}(2i+1)$（第 0 码字→第 0 层、第 1 层）	$M_{symb}^{layer}=M_{symb}^{(0)}/2=M_{symb}^{(1)}/2$
			$x^{(2)}(i)=d^{(1)}(2i)$ $x^{(3)}(i)=d^{(1)}(2i+1)$（第 1 码字→第 2 层、第 3 层）	

【例 7.2】 LTE 支持层数 $v=4$，码字数 $q=2$，则通过查表 7.3 可得出：第 0 码字对应于第 0 层和第 1 层，第 1 码字对应于第 2 层和第 3 层，图 7.16 给出了秩分别为 1、2、3 和 4 情况下，码字、秩、层和天线口的关系，从中也可获得它的秩和层数都为 4，共有 4 个天线端口。

对于确定的天线数量、码字数量、信道矩阵秩，对应的层映射方式基本上是固定的。在使用单天线传输、传输分集以及波束赋形时，层数目等于天线端口数目；对于空间复用来说，天线的层数定义为 MIMO 信道矩阵的秩，也就是独立虚拟信道的数目，

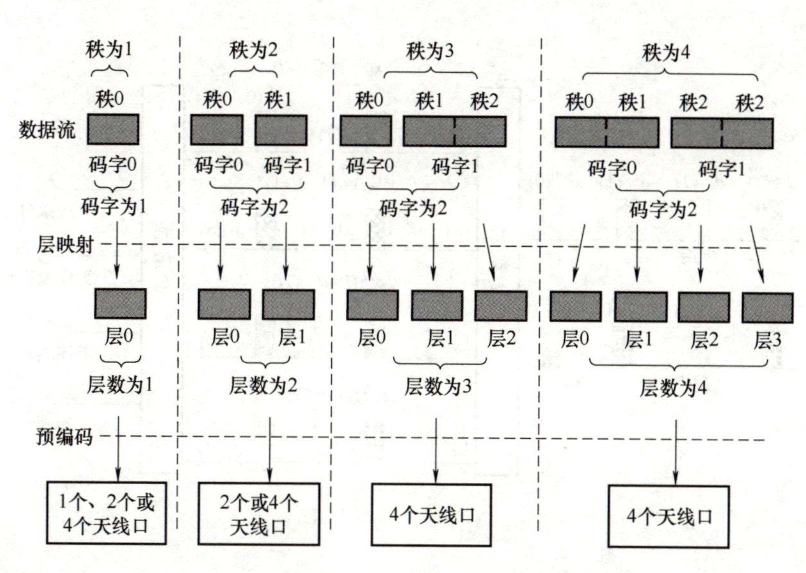

图 7.16 码字、秩、层和天线口的对应关系

即为实际传输的数据流数目。例如，对于 4 发 2 收的天线系统，在不同的信道环境下，其天线的层数可能是 1 或 2，最大不会超过接收和发送两端天线数目的最小值，在这里也就是不能大于 2。

层映射不仅与码字数量、层数目、天线数目、信道矩阵秩大小都有关系，还与 MIMO 系统采用的是空间分集或是空间复用有关系。例如，在单天线的情况下，信道矩阵的秩为 1，层数也为 1，1 个码字数据流 $d^0(i)$ 直接一次映射到 1 个层 $x^{(0)}(i)$ 上，其中 0 表示第 0 层，i 表示第 i 个码流，然后再送到一个天线口上。

不同的层传输相同的比特信息，是一种空间分集模式；不同的层传输不同的比特信息，是一种空间复用模式。一个层的峰值速率等于或低于一根传输天线的峰值速率。

在发射分集模式下，采用单码字的层映射，由一个编码调制的数据流 $d^{(0)}(i)$（一个码字）需要逐比特依次转换到不同的层 $x^{(0)}(i), x^{(1)}(i), \cdots, x^{(v-1)}(i)$ 上，其中 v 是层的数目。

在空间复用模式下，可以采用单码字的层映射方式，也可以采用多码字的层映射方式。映射关系见表 7.3。单码字映射为一层，只适用于闭环的预编码；单码字映射为两层，只适用于四天线时，用于重传一个码字。空间复用的工作模式一般采用多码字的层映射方式，2 码字映射为 4 层的映射方式如图 7.17 所示，其天线端口数目为 4。

7.2.8 预编码技术

预编码技术是将层数据映射到不同的天线端口、子载波和时隙上，以便实现分集或复用的目的。预编码过程就是空时编码的过程。从编码调制后的数据发送到天线口的过程，犹如公司发货的过程，层映射就是将货物初步分类，而预编码则是安排不同的发货方式。

预编码过程是将层比特流按照一定规则映射到不同的天线端口（简称天线口）上。预编码模块在发送端完成由层数据 $\boldsymbol{x}(i)$ 求天线端口数据 $\boldsymbol{y}(i)$ 的过程；在接收端完成

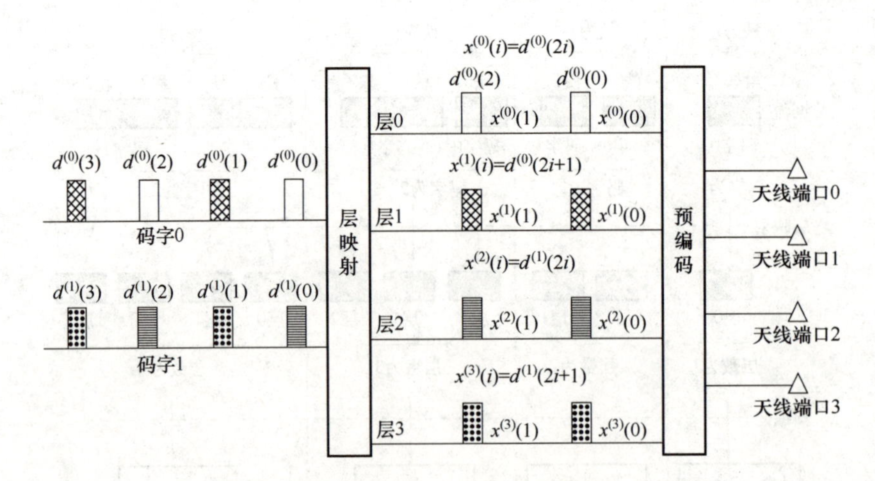

图 7.17　2 码字映射为 4 层的映射方式

由天线口数据 $\boldsymbol{y}(i)$，求解线性方程组，解出层映射模块的输出 $\boldsymbol{x}(i)$ 的过程。预编码过程的输入为

$$\boldsymbol{x}(i)=[x^{(0)}(i)\cdots x^{(u-1)}(i)]^{\mathrm{T}} \tag{7.12}$$

式中，u 为映射层数；i 为符号所在层序号，$i=0$，1，…，$M_{\text{symb}}^{\text{layer}}-1$，而$M_{\text{symb}}^{\text{layer}}$为每层调制的符号数目。天线端口数为 p，则预编码后的输出为

$$\boldsymbol{y}(i)=[y^{(0)}(i)\cdots y^{(p-1)}(i)]^{\mathrm{T}} \tag{7.13}$$

式中，i 为符号所在天线端口序号，$i=0$，1，…，$M_{\text{symb}}^{\text{ap}}-1$，而$M_{\text{symb}}^{\text{ap}}$为每个天线端口预编码的符号数目，ap 表示天线端口。

预编码分为单天线发射、空间复用和发射分集 3 种方式。

1. 单天线发射

单天线发射时，码字个数为 1，映射层数为 1，层映射函数为

$$y^{(p)}(i)=x^{(0)}(i)\,(i=0,1,\cdots,M_{\text{symb}}^{\text{ap}}-1) \tag{7.14}$$

式中，$M_{\text{symb}}^{\text{ap}}=M_{\text{symb}}^{\text{layer}}=M_{\text{symb}}^{0}$，即将输入直接输出，因此单天线发射无须经过预编码。

2. 空间复用

闭环空分复用一般采用基于码本（Codebook）的预编码矩阵选择机制。码本的集合就是预编码矩阵的选择资源池。在这个资源池中，每一个码本都有自己对应的序号。

空间复用预编码仅能与空间复用的层映射结合起来使用。空间复用支持 2 或 4 天线端口，即可用的端口集合分别为：$p\in\{0,1\}$ 或 $p\in\{0,1,2,3\}$。该方式分为无延迟循环延时分集（Cyclic Delay Diversity，CDD）的预编码模式和针对大延迟 CDD 的预编码模式。

设层数目是 v，物理天线的数目是 p，一般层数小于或等于物理天线的数目，即 $p\geqslant v$。层数据向量矩阵 $x(i)$ 和发射信号的数据向量矩阵 $y(i)$ 的关系为

$$\begin{bmatrix} y^{(0)}(i) \\ \vdots \\ y^{(p-1)}(i) \end{bmatrix}=\boldsymbol{W}(i)\begin{bmatrix} x^{(0)}(i) \\ \vdots \\ x^{(v-1)}(i) \end{bmatrix} \tag{7.15}$$

式中，$\boldsymbol{W}(i)$ 就是 $p\times v$ 阶预编码矩阵，$i=0$，1，…，$M_{\text{symb}}^{\text{ap}}-1$，$M_{\text{symb}}^{\text{ap}}=M_{\text{symb}}^{\text{layer}}$，在闭环空分复用的模式下，$\boldsymbol{W}(i)$ 要根据信道状态信息 CSI 从码本资源池选取。

开环空分复用一般采用 CDD 技术，用来降低信道间衰落的相关性，增加传输的可靠性。循环延迟分集是指相同信息的不同层数据在不同时间发送（时延不同），也就是在预编码过程中加入了时延环节 $\boldsymbol{D}(i)\boldsymbol{U}$，即

$$\begin{bmatrix} y^{(0)}(i) \\ \vdots \\ y^{(p-1)}(i) \end{bmatrix} = [\boldsymbol{W}(i)\boldsymbol{D}(i)\boldsymbol{U}] \begin{bmatrix} x^{(0)}(i) \\ \vdots \\ x^{(v-1)}(i) \end{bmatrix} \tag{7.16}$$

$\boldsymbol{D}(i)$ 是 $v\times u$ 阶对角矩阵，实现不同层的时延；$\boldsymbol{U}$ 是 $u\times v$ 阶矩阵，实现符号间的时延。$\boldsymbol{D}(i)\boldsymbol{U}$ 不仅增加了时延环节，而且引入了相位旋转。通过多个天线发射同一信号的不同相位旋转版本，可以获得较高的频率分集增益。

3. 发射分集

发射分集是通过层映射将调制后的数据块分配到不同的层，再通过预编码将数据块映射到天线端口。下面通过一个例子进行说明。

【例 7.3】 假设输入一个码字长度为 32 位，调制方式采用 QPSK，天线端口数为 2。要求写出它的层映射和采用发射分集方式时的预编码处理过程。

首先是层映射，发射分集方式的层映射要求映射层数 v 和天线端口数 p 必须相等，所以层数为 2，由于一个码字长度为 32bit，经 QPSK 调制后会产生 16 个符号（每个符号 2bit），将 16 个符号分到两层，则每层为

$$M_{\text{symb}}^{\text{layer}}=8(M_{\text{symb}}^{\text{layer}}\text{为每层的符号数})$$

再就是预编码，将数据映射到天线端口。预编码的输出为

$$\boldsymbol{y}(i)=[y^{(0)}(i),y^{(1)}(i)]^{\mathrm{T}} \tag{7.17}$$

式中，$i=0$，1，…，$M_{\text{symb}}^{\text{ap}}-1$，$M_{\text{symb}}^{\text{ap}}$ 为每个天线端口的符号数，即 $M_{\text{symb}}^{\text{ap}}=2M_{\text{symb}}^{\text{layer}}=16$。

层映射之后的预编码，当 $p=2$（基站侧两天线）时，发射分集方式预编码处理为

$$\begin{bmatrix} y^{(0)}(2i) \\ y^{(1)}(2i) \\ y^{(0)}(2i+1) \\ y^{(1)}(2i+1) \end{bmatrix} = \begin{bmatrix} 1 & 0 & \mathrm{j} & 0 \\ 0 & -1 & 0 & \mathrm{j} \\ 0 & 1 & 0 & \mathrm{j} \\ 1 & 0 & -\mathrm{j} & 0 \end{bmatrix} \begin{bmatrix} \mathrm{Re}(x^{(0)}(i)) \\ \mathrm{Re}(x^{(1)}(i)) \\ \mathrm{Im}(x^{(0)}(i)) \\ \mathrm{Im}(x^{(1)}(i)) \end{bmatrix}$$

即

$$\begin{bmatrix} y^{(0)}(2i) & y^{(0)}(2i+1) \\ y^{(1)}(2i) & y^{(1)}(2i+1) \end{bmatrix} = \frac{1}{\sqrt{2}} \cdot \begin{bmatrix} x^{(0)}(i) & x^{(1)}(i) \\ x^{(1)}(i) & x^{(0)}(i) \end{bmatrix} \tag{7.18}$$

根据预编码公式［式（7.18）］，天线端口为 2、配置发射分集方式时的预编码处理过程，如图 7.18 所示。

从图 7.18 可以看出，虽然层映射之后，每一层只有一半的符号，但是预编码之后每个天线端口传输的数据流包含所有的符号，只是数据流的表现形式不同，也就是说传输分集是多天线端口发射相同的数据流，其目的为抗衰落，主要针对小区边缘用户。

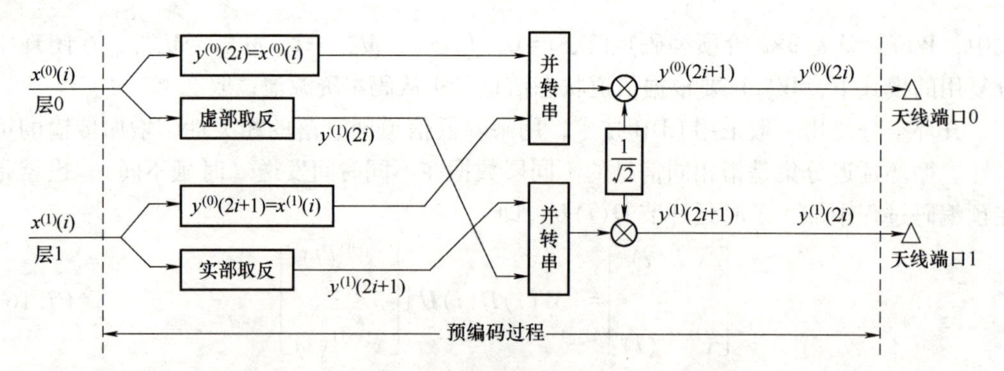

图 7.18　发射分集方式时的预编码处理过程

7.3　LTE 网络架构与协议

7.3.1　演进分组系统（EPS）

1. LTE 网络结构

LTE 系统架构如图 7.19 所示，通过 SAE（系统架构演进）形成了 eUTRAN（演进无线接入网）和 EPC（演进分组核心网）核心网。eUTRAN 和 EPC 一起被称为 EPS（Evolved Packet System，演进分组系统）。EPC 负责与无线接入无关的移动宽带网络的功能，包括认证、计费、端到端连接的建立等；eUTRAN 负责总体网络中的无线功能，包括调度、无线资源管理、重传协议、编码和各种多天线方案等。eNodeB（简称为 eNB）是基站，也是 eUTRAN 唯一网元。IMS 域提供业务控制，以实现多样化多媒体业务需求，也属核心网的一部分。

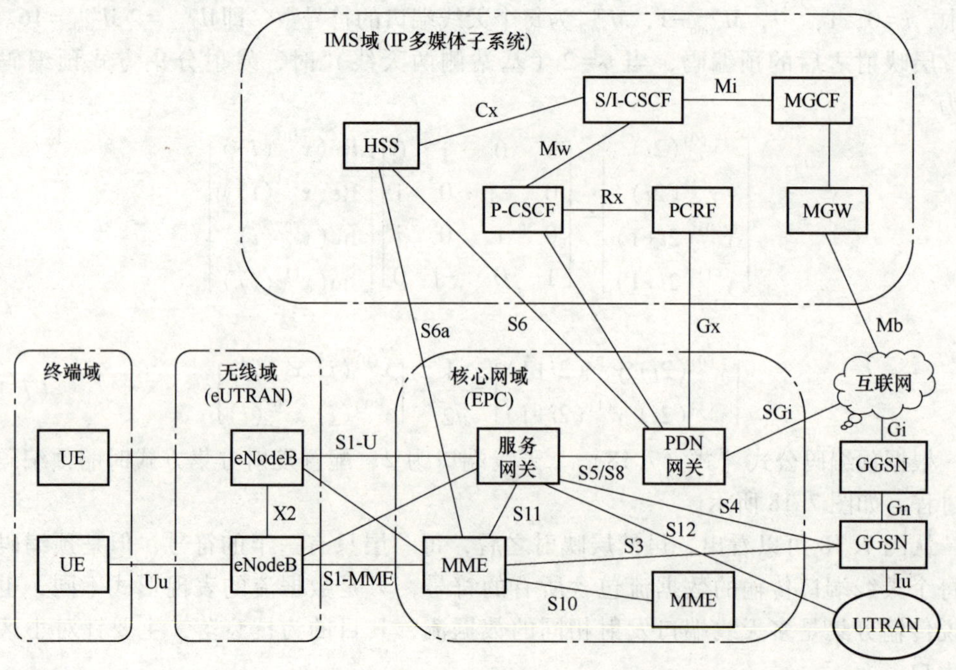

图 7.19　LTE 系统架构

2. EPC 主要网元

EPC 按功能可以分为不同网元。其中，控制面网元为 MME（移动性管理设备），主要用于接入控制和移动性管理；用户面网元包括 S-GW（服务网关）、P-GW（PDN 网关），主要用于承载数据业务；用户数据管理网元为 HSS（归属签约用户服务器），存储 LTE 用户数据等；策略控制网元为 PCRF（策略和计费控制功能），主要用于 QoS 策略控制等。

3. 主要网络接口

X2-C：基站间（eNB-eNB）控制面接口，基于 X2-AP 协议。

X2-U：基站间（eNB-eNB）用户面接口，基于 GTP-U 协议。

Gx：LTE 新增接口，是 P-GW 和 PCRF 之间的接口，传输控制面数据。

SGi：是 P-GW 和 IP 数据网络之间的接口，建立隧道，传输用户面数据。

S1-MME：eNB 与 MME 之间的控制面接口，提供 S1-AP 信令以及基于 IP 的 SCTP。

S1-U：eNB 与 S-GW 之间的用户面接口，提供 eNB 与 S-GW 之间用户面 PDU 传输，基于 UDP/IP 和 GTP-U 协议。

S3：在 UE 活动状态和空闲状态下，为支持 LTE 与 3G 接入网络之间的移动性，以及用户承载信息交换而定义的接口。

S4：3G 核心网和作为 3GPP 锚点功能的 S-GW 之间的接口，为两者提供相关的控制功能和移动性功能支持。

S5：LTE 新增接口，是 S-GW 和 P-GW 之间的接口，负责 S-GW 和 PDN 之间的用户平面数据传输和隧道管理功能的接口。

S8：LTE 新增接口，是 S-GW 和 P-GW 之间的接口，和 S5 类似，是漫游场景下 S-GW 和 P-GW 之间的接口。

S6a：MME 和 HSS 之间用以传输签约和鉴权数据的接口。

S10：MME 之间的接口，用来进行跨 MME 的位置更新、切换、重定位和信息传输。

S11：MME 和 S-GW 之间的接口，控制相关 GTP 隧道，并发送下行数据指示消息。

S12：3G UTRAN 和 S-GW 之间的接口，用于用户之间的数据传输。

7.3.2 LTE 协议栈及无线信道

1. 用户面协议栈

用户面协议栈如图 7.20 所示，完成业务数据流在系统各接口的收发处理，UE 至 eNB 空中接口协议栈包括 PDCP、RLC、MAC 和 PHY（L1）4 个协议子层。而在 eNB 至 S-GW，以及 S-GW 至 P-GW 传输层走的是 UDP，UDP 上面是 GPRS 隧道协议（GPRS Tunnel Protocol，GTP），用于衔接公网 IP。

PDCP（分组数据汇聚协议）进行 IP 包头压缩，以减少无线接口上传输的比特数。

RLC 协议负责来自 PDCP 的（头压缩）IP 数据包（也称 RLC SDU）的分段/级联，以形成大小合适的 RLC PDU。它还控制差错/丢失的 PDU 的重传，以及重复 PDU 的移除。

MAC 子层的信道有逻辑信道和传输信道，以逻辑信道的形式为 RLC 子层提供服务。

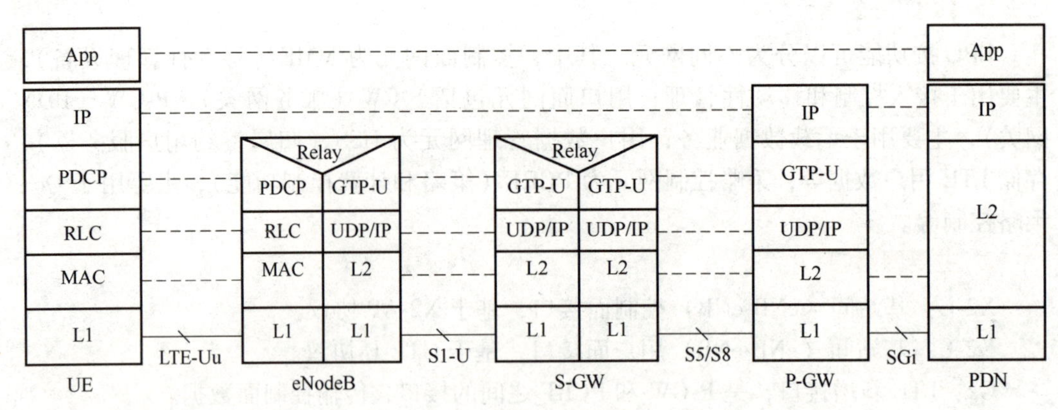

图 7.20 用户面协议栈

PHY（L1）负责编码、物理层的混合 ARQ（自动重传请求）处理、调制、多天线处理，以及将信号映射到合适的物理时频资源上。

2. 控制面协议栈

控制面协议负责建立连接、移动性管理及安全性管理等功能。从网络传输到 UE 的控制消息可以由核心网的 MME 或 eNB 的 RRC（无线资源管理）功能模块发出。

由 MME 管理的 NAS 控制面功能，包括 EPS 承载管理、认证、安全性管理以及不同用户空闲模式下的寻呼处理等。同时，它也负责为 UE 分配 IP 地址。

eUTRAN 控制面协议栈如图 7.21 所示，高层的 NAS（非接入层）协议用于处理 UE 和 MME 之间移动性管理、会话管理等功能的消息处理。在 UE 连接 MME 的过程中，除 NAS 外，其他的协议层都终止于 eNB，而 eNB 至 MME 在传输层的协议是 SCTP（流控制传输协议）。

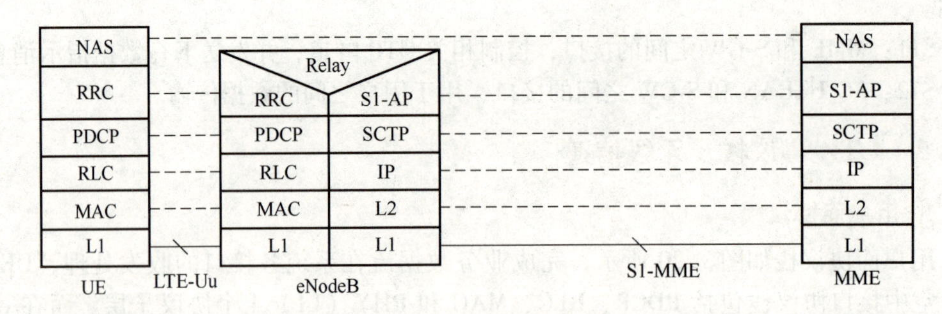

图 7.21 控制面协议栈

3. 物理信道

物理信道由物理层提供。LTE 中定义了 6 种上行物理信道、3 种下行物理信道。

PDSCH（物理下行共享信道）：用于单播数据的传输，也用于寻呼信息的传输。调制方式：QPSK、16QAM 和 64QAM。

PBCH（物理广播信道）：承载终端接入网络所需要的部分系统信息。调制方式：

QPSK。

PMCH（物理多播信道）：用于MBSFN（多播单频网）传输。调制方式：16QAM等。

PDCCH（物理下行控制信道）：用于下行控制信息的传输，主要包括接收PDSCH所需的调度决策，以及触发PUSCH传输的调度授权。调制方式：QPSK。

PHICH（物理HARQ指示信道）用于承载混合ARQ确认，以指示终端某个运输块是否应重传。调制方式：BPSK。

PCFICH（物理控制格式指示信道）是一个为终端提供解码PDCCH所必需信息的信道。每个成员载波只有一个PCFICH。调制方式：QPSK。

PUCCH（物理上行控制信道）被终端用于发送混合ARQ确认，以告知eNB下行传输块是否被成功接收，以及请求上行链路数据传输所需要的资源。调制方式：BPSK、QPSK。

PRACH（物理随机接入信道）用于随机接入。调制方式：ZC（Zadoff-Chu）序列。

PUSCH（物理上行共享信道）用于上传数据。调制方式：QPSK、16QAM和64QAM。

4. 逻辑信道和传输信道

MAC子层提供逻辑信道和传输信道。逻辑信道通常被分为两类：控制信道和业务信道；传输信道一般也分为两类：专用信道和公共信道。

（1）LTE逻辑信道

BCCH（广播控制信道）用于从网络到小区内所有终端的系统信息的传输。

PCCH（寻呼控制信道）用于寻呼那些网络不知其位于哪个小区的终端。

CCCH（公共控制信道）用于传输与随机接入相关的控制信息。

DCCH（专用控制信道）用于传输专用控制信息，该信道用于终端的单独配置。

MCCH（多播控制信道）用于传输接收MTCH所需的控制信息。

DTCH（专用业务信道）用于终端用户数据的传输。

MTCH（多播业务信道）用于MBMS（多媒体广播/组播业务）的下行链路传输。

（2）LTE传输信道

BCH（广播信道）用于传输部分BCCH系统信息。MCH（多播信道）用于多播/广播业务，与MCCH和MTCH逻辑信道相关。

PCH（寻呼信道）用于传输来自PCCH逻辑信道的寻呼信息。

DL-SCH（下行共享信道）用于LTE下行链路数据的传输信道。

UL-SCH（上行共享信道）是与DL-SCH对应的上行传输信道。RACH（随机接入信道）是终端接入网络开始业务之前使用的上行信道。

图7.22和图7.23分别给出了下行链路和上行链路的信道映射，包括在逻辑信道和传输信道之间，以及在物理信道上的复用/分路。DL-SCH和UL-SCH是主要用于传输业务信息的下行和上行传输信道，完成DTCH的业务信息与物理信道的映射，物理层下行共享信道（PDSCH）和物理上行共享信道（PUSCH）是主要用于传输业务信息的下行和上行物理信道。

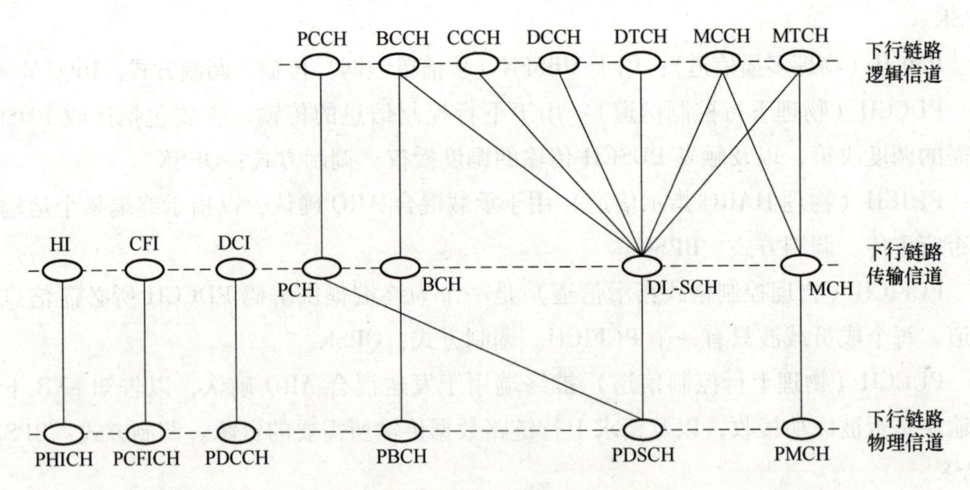

图 7.22　下行信道的映射关系

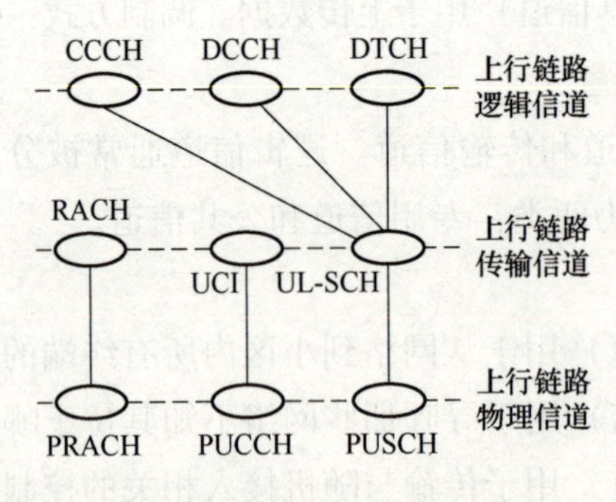

图 7.23　上行信道的映射关系

7.4　传输时频域及其进程

7.4.1　LTE 帧结构

LTE 的双工方式：TD-LTE 支持 TDD；FDD-LTE 支持 FDD。

1. TDD 帧结构

TDD 帧结构如图 7.24 所示，一个无线帧为 10ms，由两个半帧构成，每个半帧又可以分为 5 个子帧，其中子帧 1 和子帧 6 由 3 个特殊时隙构成，其余子帧由 2 个时隙构成。

TD-LTE 系统无线帧支持 5ms 和 10ms 的下行到上行切换周期。如无线帧的两个半帧中都有特殊子帧，即子帧 1 和子帧 6 都是特殊子帧，说明每个半帧中各有 1 个下行到上行切换周期，长度为 5ms，即 5ms 切换周期，一个 10ms 无线帧中的两个 5ms 的半帧对称使用。

一个半帧由 8 个常规时隙和 3 个特殊时隙构成，特殊子帧中的时隙为特殊时隙。

一个无线帧，如果只有子帧 1 是特殊子帧，说明无线帧中只有 1 个下行到上行切换周期。

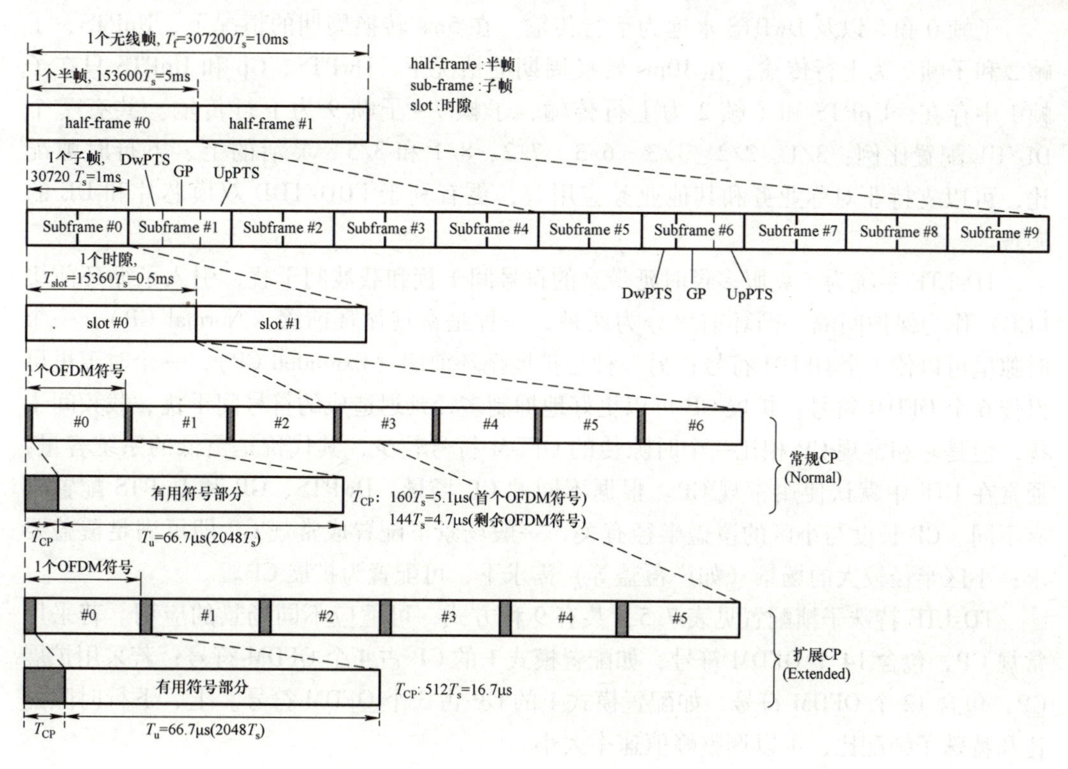

图 7.24 TDD 帧结构

特殊子帧由 3 个特殊时隙组成：DwPTS（下行导频时隙），完成 UE（用户设备）下行接入功能；GP（保护时隙）是信号发送转向接收的缓冲，GP 不传输数据，GP 越大，浪费的空口资源也就越多；UpPTS（上行导频时隙）完成 UE 上行随机接入功能。DwPTS 和 UpPTS 的长度可灵活配置，但要求 DwPTS、GP 以及 UpPTS 的总长度为 1ms。

TD-LTE 的子帧配置比见表 7.4。TD-LTE 支持灵活的上、下行时隙配置，目前 3GPP 规定 TD-LTE 系统支持 7 种上、下行时隙配置，可以满足各种业务和应用场景对不同的上行、下行数据传输的需求。

表 7.4 物理层帧结构（上、下行配置）

上下行配置	DL→UL 切换点周期/ms	子帧序号									
		0	1	2	3	4	5	6	7	8	9
0	5	D	S	U	U	U	D	S	U	U	U
1	5	D	S	U	U	D	D	S	U	U	D
2	5	D	S	U	D	D	D	S	U	D	D
3	10	D	S	U	U	U	D	D	D	D	D
4	10	D	S	U	U	D	D	D	D	D	D
5	10	D	S	U	D	D	D	D	D	D	D
6	5	D	S	U	U	U	D	S	U	U	D

注：D 表示下行子帧，U 表示上行子帧，S 表示特殊子帧。

子帧 0 和 5 以及 DwPTS 永远为下行传输。在 5ms 转换周期的情况下，UpPTS、子帧 2 和子帧 7 为上行传输；在 10ms 转换周期的情况下，DwPTS、Gp 和 UpPTS 只在子帧 1 中存在，UpPTS 和子帧 2 为上行传输，子帧 7～子帧 9 为下行传输。共有 7 个 DL/UL 配置比例：3/1、2/2、1/3、6/3、7/2、8/1 和 3/5。灵活的上、下行时隙配比，可以支持非对称业务和其他业务应用等，更有利于 FDD/TDD 双模芯片和 UE 的实现。

TD-LTE 系统为了克服多径时延带来的符号间干扰和载波间干扰，引入了循环前缀（CP）作为保护间隔。循环前缀分为两种，一种是常规循环前缀（Normal CP），一个时隙里可以传 7 个 OFDM 符号；另一种是扩展循环前缀（Extended CP），一个时隙里可以传 6 个 OFDM 符号。扩展 CP 可以更好地抑制多径延迟造成的符号间干扰、载频间干扰，但是它和常规 CP 相比一个时隙传的 OFDM 符号较少，其代价是更低的系统容量，通常在 LTE 中默认使用常规 CP。根据不同的 CP 场景，DwPTS、GP 和 UpPTS 配置略有不同。CP 长度与小区的覆盖半径有关，一般场景下配置成常规 CP 即可满足覆盖要求；小区半径较大的场景（如广覆盖等）需求下，可配置为扩展 CP。

TD-LTE 特殊子帧配置见表 7.5，共有 9 种方式，可适应不同场景的应用。若采用常规 CP，包含 14 个 OFDM 符号，如配置模式 1 的 GP 占 4 个 OFDM 符号；若采用扩展 CP，包含 12 个 OFDM 符号，如配置模式 1 的 GP 占 3 个 OFDM 符号。上、下行时隙配比和特殊子帧配比，可以调整峰值速率大小。

表 7.5　特殊子帧的 16 种配置

特殊子帧配置	常规 CP			扩展 CP		
	DwPTS	GP	UpPTS	DwPTS	GP	UpPTS
0	3	10	1	3	8	1
1	9	4	1	8	3	1
2	10	3	1	9	2	1
3	11	2	1	10	1	1
4	12	1	1	3	7	2
5	3	9	2	8	2	2
6	9	3	2	9	1	2
7	10	2	2	—	—	—
8	11	1	2	—	—	—

如果上、下行业务比较均衡，可采用上、下行时隙配置 1，即在一个 10ms 的无线帧内，共有 4 个下行子帧、4 个上行子帧和 2 个特殊子帧；而在某些下行业务比例相对较大的热点区域，可采用配置 2，即在一个 10ms 的无线帧内，共有 6 个下行子帧、2 个上行子帧和 2 个特殊子帧。

2. FDD 帧结构

FDD 帧结构相对于 TDD 就比较简单，如图 7.25 所示。每一个无线帧长度为 10ms，

分为 10 个等长度的子帧，每个子帧又由 2 个时隙构成，每个时隙长度均为 0.5ms。在每一个 10ms 中，有 10 个子帧可以用于下行传输，10 个子帧可以用于上行传输。表 7.6 给出了不同 CP 配置时，上、下行数据传输的时隙结构，并给出了对应的子载波数及每时隙的符号数。

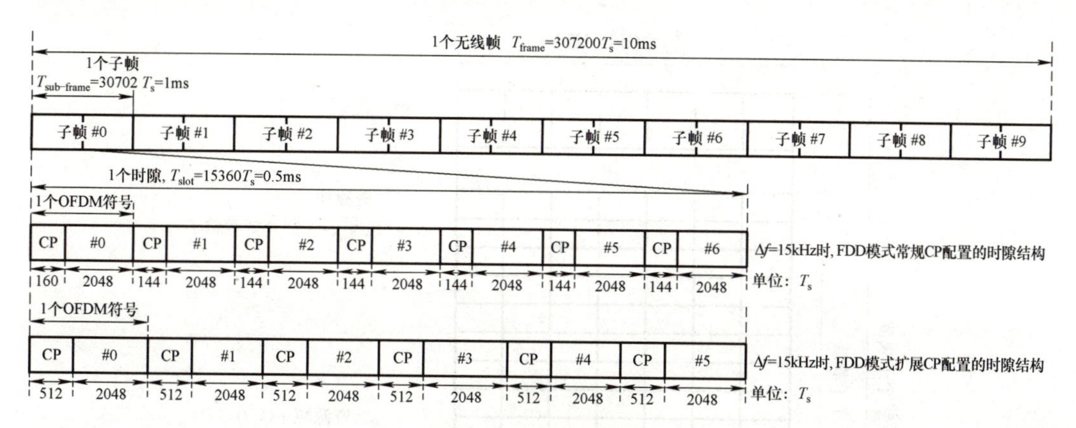

图 7.25 FDD 帧结构

表 7.6 不同 CP 配置的时隙结构

CP 配置	子载波间隔 Δf	OFDM CP 长度	有用符号长度	子载波 RB 数目	每时隙符号数目
常规 CP	15kHz	符号 0 CP 长度为 160； 符号 1~6 CP 长度为 144	2048	12	7
扩展 CP		符号 0~5 CP 长度为 512			6

7.4.2 LTE 资源块及下行速率计算

1. 资源块（RB）

在 TDD 的一个时隙中，频域上连续宽度为 180kHz 的物理资源，称为一个物理资源块（PRB），简称资源块（RB）。也可以说，一个 RB 在频域上由 12 个带宽为 15kHz 的连续子载波、在时域上由时长为 0.5ms 的 1 个时隙组成。在常规 CP 情况下含有连续的 7 个 OFDM 符号（在扩展 CP 情况下为 6 个）。根据 TD-LTE 带宽的不同，RB 的个数也不相同，如当信道带宽为 1.4MHz 时，RB 的个数为 6。

对于每一个天线端口，一个 OFDM 或者 SC-FDMA 符号上的一个子载波对应的一个单元叫作资源单元，是 LTE 最小资源单位，也叫作资源粒子（RE）。一个 RB 由若干个 RE 组成，RE 为 RB 内的时频单元，以（k，l）来表征，频域 k 为一个子载波，时域 l 为一个 OFDM 符号。资源块（RB）结构如图 7.26 所示。

一个 OFDM 符号的数据承载能力取决于它采用什么样的调制方式，如采用 QPSK、16QAM 和 64QAM 调制方式，分别对应 2、4、6 个数字位。正常情况下，在 20MHz 带宽的情况下，可以有 20MHz/180kHz≈111 个 RB。减去冗余部分，最后可用的 RB 数也就是 100 个。在计算 RB 数时，一般留出总带宽的 10%作为冗余部分，因此带宽为 1.4MHz、3MHz、5MHz、10MHz、15MHz 和 20MHz 时，对应的 RB 数分别为 6、15、

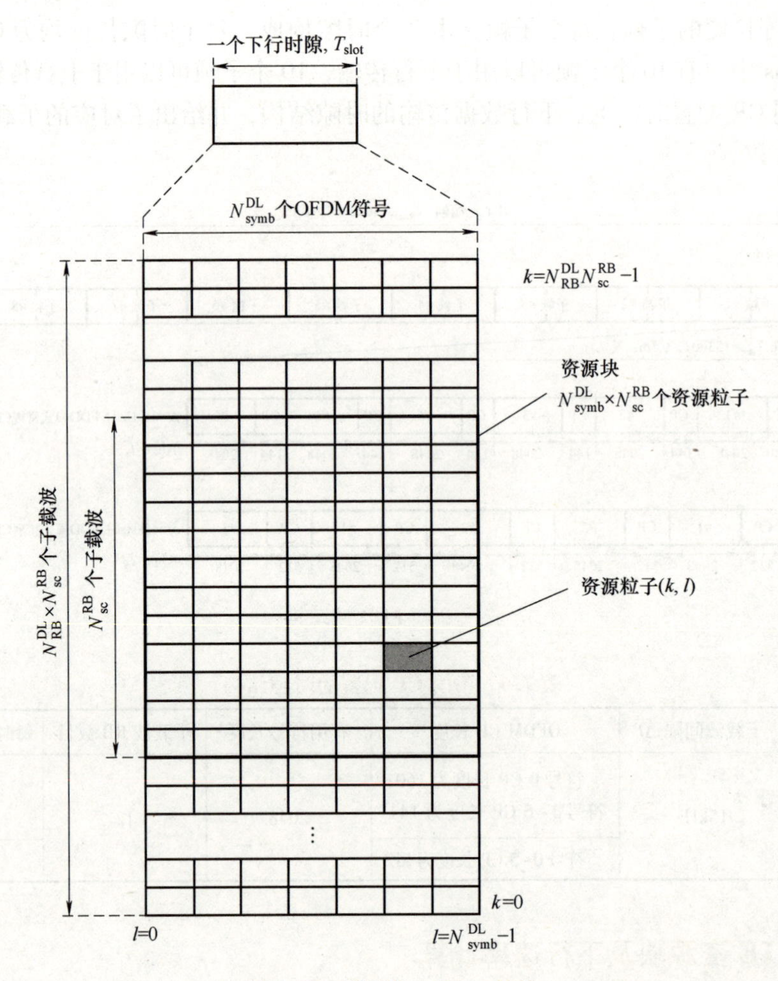

图 7.26 资源块（RB）结构

25、50、75 和 100。在 1.4MHz 带宽时，为 6 个 RB，此为最小频宽，是因为 PBCH、PSCH、SSCH 信道最少也要占用 6 个 RB。如果使用子载波个数和符号个数表示，一个 RB 所含 RE 的个数见表 7.7。

表 7.7 一个 RB 所含 RE 的个数

子载波间隔	CP 类型	子载波个数	OFDM/SC-FDMA 符号个数	RE 个数
$\Delta f=15\text{kHz}$	常规 CP	12	7	84
	扩展 CP	12	6	72

2. LTE 下行速率计算

在 LTE 中，无论是 FDD 还是 TDD，它的时间基本单位都是采样周期 T_s，其值固定为

$$T_s=\frac{1}{15000\times 2048}\text{s}=32.55\text{ns}$$

其中，15000 表示子载波间隔，单位为 Hz，即 15kHz；2048 表示针对每个子载波的采

样点数。

如图7.24所示，TDD的每个无线帧长度为10ms，每个子帧长度等于1ms。若系统是常规CP类型，则每个时隙包括7个OFDM符号，每个时隙第一个OFDM符号前的CP长度是$160T_s$，其他的CP长度是$144T_s$。若是扩展CP类型，则每个时隙包括6个OFDM符号。每个CP的长度是$512T_s$。

LTE的每个时隙，由包括CP在内的一定数量的OFDM符号组成。除了CP之外的有用OFDM符号时长为

$$T_u = 2048T_s = 66.7\mu s$$

若是常规CP，除了第1个OFDM符号外，其余的每个OFDM符号需要$2048T_s + 144T_s = 2192T_s$传输；若是扩展CP，1个OFDM符号需要$2048T_s + 512T_s = 2560T_s$传输。传输速率的计算如下：

传输速率＝1s内的帧数×每帧传输的比特数×流数

＝1s内的帧数×（每帧传输的RE×调制阶次×编码率）×流数

其中，1s内的无线帧数为100；调制阶次：64QAM为6，16QAM为4，QPSK为2；流数：单流为1，双流为2；每帧传输的RE数，如20MHz带宽为100个RB，便可得知RE。

【例7.4】 已知给定带宽为20MHz，调制方式为64QAM，常规CP，特殊子帧选择模式7配置，正常子帧选择选模式2配置，求下行速率。

对于特殊子帧，在常规CP下，配置模式7，查表7.5为（10：2：2），即下行的DwPTS有10个OFDM符号，减去PDCCH和参考信号后，每个RB里包含RE的个数为

子载波数×OFDM符号数-PDCCH-参考信号＝12×10-12-6＝102

这里，选取PDCCH和参考信号分别占用12、6个RE。

正常子帧，在常规CP下，含有14个OFDM符号，减去PDCCH和参考信号后，每个RB含有RE的个数为

$$12\times14-12-8=148$$

这里，选取PDCCH和参考信号，分别占用12、8个RE。

查表7.4，模式2的上、下行是2：6配置，即DSUDDDSUDD，在一个无线子帧（10ms）内，下行子帧为6，特殊子帧为2，而20MHz带宽为100个RB，则下行RE个数为

$$100\times(148\times6+102\times2)=109200$$

调制方式为64QAM，即阶数为6，则每个RE内含有6bit，那么速率为

$$v=109200\times6\text{bit}/10\text{ms}=65.52\text{Mbit/s}$$

如果考虑信道CQI＝15，即信道质量较好，若采用Turbo编码，码率最高可达948/1024＝0.92578，则相应的下行速率为

$$V\approx65.52\text{Mbit/s}\times0.92\approx60.27\text{Mbit/s}$$

V属于数据链路层MAC子层的速率，如果进入接收端再往高层分析，减去约8%的各层协议栈报文头的开销，净荷速率大约为55Mbit/s。如果按双流，则为110Mbit/s。

7.4.3 LTE链路数据传输及HARQ

LTE无线接入网中针对数据包的丢失或是错误引起的重传，主要由MAC子层的

HARQ（混合自动重传请求）机制来处理，并由 RLC 子层的重传机制补充。首先 HARQ 重传机制致力于快速进行重传，接收端在收到每个数据块后会快速地将解码结果反馈给发送端。因此 HARQ 重传反馈可以获得很低的误码率，但带来的代价是传输效率的降低。下面通过 HARQ 传输过程，说明 LTE 上行链路和下行链路中的两个主要阶段，即从基站（eNB）至用户（UE）之间传输调度消息和数据的实际传输过程。

1. 下行/上行链路的子帧配置

在 TDD 模式的 HARQ 传输过程中，数据接收和 HARQ 确认信息传输之间的定时关系取决于下行/上行链路的子帧分配，HARQ 进程数和 TDD 子帧配置见表 7.8。在 TDD 模式下，针对子帧 n 所传数据的接收，其确认信息是在子帧（$n+k$）进行发送的，在表 7.8 内给出了不同子帧对应的 k 值。举例来说，由 eNB 通过物理信道 PHICH 在下行链路子帧 n 上发送数据至 UE，UE 收到数据后通过 PUSCH（或 PUCCH）在上行链路子帧（$n+k$）上发送确认信息。如选择配置 2，子帧 $n=2$，查表 7.8，上行链路对应值 $k=6$，则 eNB 就会在上行链路的子帧 8（$n+k=6+2$）的 PUSCH 接收到 UE 的确认。类似地，对于相同的配置，在子帧 0 的 PUSCH 的传输块会在子帧 7（$n+k=0+7$）的 PDSCH 得到确认。

表 7.8　HARQ 进程数和不同 TDD 配置下上行确认时 k 值

配置（下行（D）:上行（U））	下行链路（eNB 到 UE 方向）											上行链路（UE 到 eNB 方向）										
	进程	在子帧 n（0~9）上的 PDSCH 接收（k）										进程	在子帧 n(0~9）上的 PUSCH 接收（k）									
		0	1	2	3	4	5	6	7	8	9		0	1	2	3	4	5	6	7	8	9
0（2∶3）	4	4	6	—	—	—	4	6	—	—	—	7	—	—	4	7	6	—	—	4	7	6
1（3∶2）	7	7	6	—	—	4	7	6	—	—	4	4	—	—	4	6	—	—	—	4	6	—
2（4∶1）	10	7	6	—	4	8	7	6	—	4	8	2	—	—	6	—	—	—	—	6	—	—
3（7∶3）	9	4	11	—	—	—	7	6	6	5	5	3	—	—	6	6	6	—	—	—	—	—
4（8∶2）	12	12	11	—	—	8	7	7	6	5	4	2	—	—	6	6	—	—	—	—	—	—
5（9∶1）	15	12	11	—	9	8	7	6	5	4	13	1	—	—	6	—	—	—	—	—	—	—
6（5∶5）	6	7	7	—	—	—	7	7	—	—	5	6	—	—	4	6	6	—	—	4	7	—

2. FDD 模式的 HARQ 机制

这里以 FDD 下行传输数据信息为例，说明下行 HARQ RTT 及进程数，如图 7.27 所示，从 eNB 到 UE 的下行信道（图中给出了对应子帧）中发送数据信息，UE 收到信息后，经过识别处理，从上行信道中回送控制信息（ACK/NACK）至 eNB，eNB 收到控制信息并进行处理，在这个过程中所用的全部时间就是 RTT，即

$$\mathrm{RTT}=2T_{\mathrm{P}}+2T_{\mathrm{sf}}+T_{\mathrm{RX}}+T_{\mathrm{TX}} \tag{7.19}$$

式中，T_{P} 为上/下行数据信息传输时间；T_{sf} 为上/下行数据信息接收时间；T_{RX} 为下行信息处理时间；T_{TX} 为上行控制信息处理时间。那么进程数就等于 RTT 中包含的下行子帧数目，即

$$N_{\mathrm{proc}}=\mathrm{RTT}/T_{\mathrm{sf}} \tag{7.20}$$

如果不考虑信息的收发和处理时间，RTT = $2\mathrm{T_P}$，即为信息传输一个来回的时间总和。在 FDD 系统中，因为一个无线帧传输方向是一致的，有固定的时序关系，最大的

HARQ 进程数可以设置到 8。

关于 FDD 上行传输数据，可参考图 7.27 中的方括号内容，即 UE 经过上行信道向 eNB 传输数据信息，eNB 再经过下行信道回送控制信息给 UE。需要说明的是，图 7.27 在 UE 或 eNB 端都给出了两个无线子帧，其实是为了说明时间关系，将原来的一个无线帧在图中分成了两部分：传输数据和控制信号（ACK/NACK）。

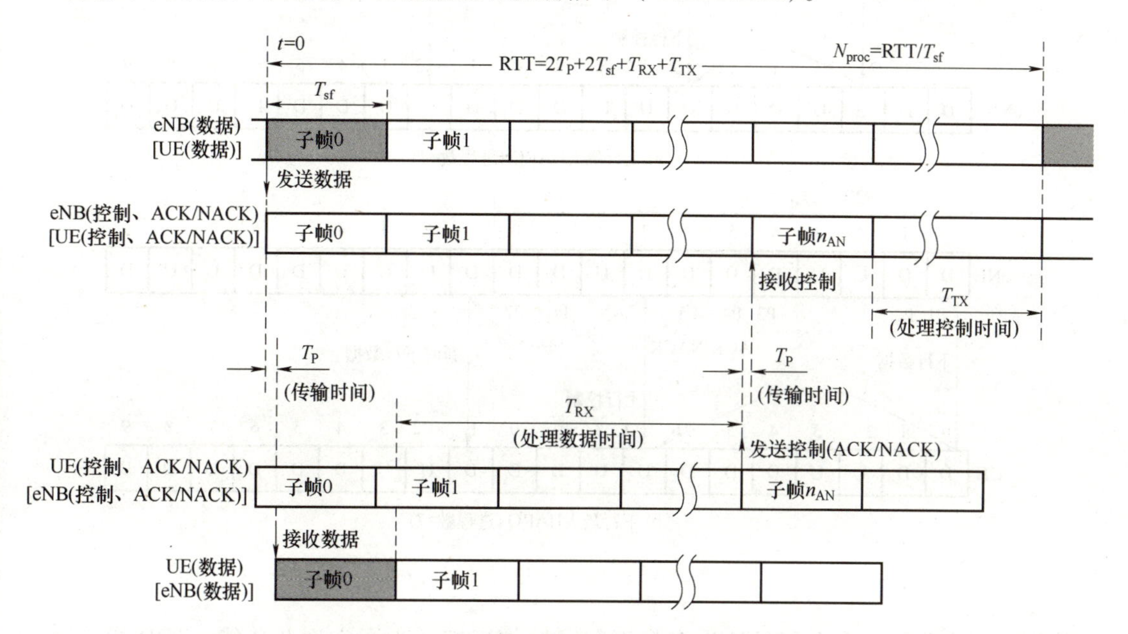

图 7.27　FDD 帧结构的 HARQ 进程

3. TDD 模式的 HARQ 机制

在 TDD 中，HARQ 进程数和重传时间都是可变的，最大的 HARQ 进程数由帧结构和上下行时隙配比决定，TDD 模式的 HARQ 最大进程数见表 7.8，这里选择表中所示的配置 1，即一个无线帧内上、下行子帧配置策略为：DDUUDDDUUD，其中 D、U 分别代表上、下行子帧。图 7.28 给出了收发双方的子帧传输方向以及上、下行 HARQ 最大进程数：上行为 4（P1~P4），下行为 7（P1~P7）。在图 7.28a 中，UE 在上行链路子帧 2 发送数据信息，则 eNB 在子帧 2 收到数据信息后经过处理并在子帧 6（查表 7.8，$n+k=2+4=6$）回送确认控制信息（ACK/NACK），UE 在对应的子帧 6 收到 ACK/NACK 并在下一个无线帧的子帧 2（$n+k=6+6=12$，取模 10 后为 2）发送出新的上行数据信息，这时宣告一个循环流程结束，占用时间为一个 RTT，这个时间段里共包括发送、接收时间 T_{sf}，收发处理时间（$T_{RX}+T_{TX}$）和双向传输时间（$2T_P$），上行 RTT 为

$$\mathrm{RTT}=2T_P+2T_{st}+T_{RX}+T_{TX}=2T_P+(2+3+5)T_{sf}=2T_P+10T_{sf}$$

那么在 1 个 RTT 内的上行（U）子帧数就是 HARQ 最大进程数，即

$$N_{proc}=\mathrm{RTT}/T_{sf}-\text{下行（D）子帧数}=10-6=4\text{（在表 7.8 中已给出）}$$

图 7.28b 是下行最大的 HARQ 进程数，子帧确定等过程与图 7.28a 类似，要注意的是从 eNB 到 UE 为下行，反之为上行。由于在 TDD 帧结构中上、下行配置策略的不均衡，存在一个上行子帧对应多个下行子帧的情况。如果多个下行子帧被调度给同一

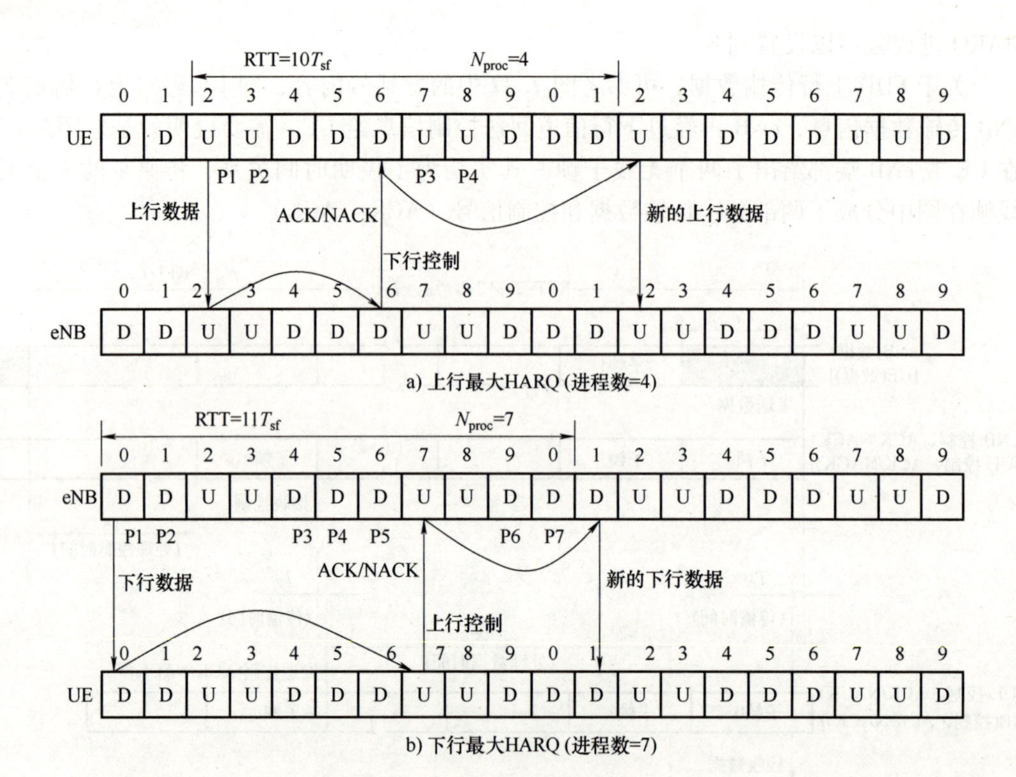

图 7.28　TDD 帧结构的 HARQ 进程

终端，就需要用一个上行子帧为多个下行子帧作反馈。为了实现此功能，TDD 模式下可实现将多个下行子帧数据对应的 ACK/NACK 反馈进行“捆绑”或“复用”功能，使多个 ACK/NACK 在一个子帧上同时发送。简单来说，“捆绑”是将多个 ACK/NACK 进行合并操作，形成一个反馈消息，若全部下行数据包正确，则反馈 ACK 消息；若其中任意一个下行数据包发生错误，则反馈 NACK 消息。“复用”则是将多个下行（或上行）数据包的反馈信息进行复用，合并在一个上行（或下行）子帧中，以减少占用时隙空间并降低延迟。

7.5　LTE 小区参数规划及其搜索

LTE 小区参数规划包括小区 ID 规划、邻区规划、频率规划、PCI（Physical Cell ID，物理小区 ID）规划、跟踪区（Tracking Area，TA）规划和随机接入（PRACH）的 ZC 序列规划。这里主要介绍小区 ID、频率、PCI 规划，并通过小区 ID 介绍小区搜索。

7.5.1　eCGI 规划

eCGI（extended Cell Global ID，小区全局标识）是 LTE 网络小区的唯一标识，由移动网络号及 LTE 网内小区编号组成，如图 7.29 所示。LTE 小区网内编号（CELL ID）由两部分组成：20bit 的基站 ID（eNodeB ID）和 8bit 的小区 ID（Cell ID）。

有的运营商在设置小区编号时还在末尾加入一位载频数量的信息，网内的小区标

识号 CELL ID 表示为

CELL ID = eNodeB ID+Cell ID（Cell ID：第几小区+载频数量）

LTE的小区全局标识 (eCGI)

移动网络号 (PLMN ID)			国内唯一小区网内编号 (CELL ID)	
MCC	MNC	+	eNodeB ID	Cell ID

图 7.29　LTE 的小区全局标识组成

图 7.29 中，移动网络号（PLMN ID）是由移动国家编码（MCC）和移动网络编码（MNC）组成的，即用来在全球范围内唯一标识一个网络。MCC 是移动用户所属国家代号，占 3 位数字，如中国的 MCC 为 460；MNC 用于识别移动网编码，占 2 或 3 位数字，如中国移动的网络编码（MNC）为 00。

【例 7.5】 说明 LTE 某小区 CELL ID"12341" 的含义。如果是中国移动的基站，ECGI 是多少？

eNodeB ID 为 123，处在第 4 小区，小区配置的载频数量共 1 个，ECGI 为 4600012341。

7.5.2　PCI 规划

在 LTE 里，通过物理小区 ID（PCI）来标识小区。PCI 的作用是在小区搜索过程中，用于终端和无线接入网之间区别不同的小区。协议规定物理小区 ID 分为两个部分：分组 ID（Cell Group ID）和组内 ID（ID within Cell Group），对应同步过程使用的不同序列，分组 ID 对应二进制 M 序列，分组内 ID 对应的是长度为 62 的频域 Zadoff-Chu（ZC 序列）；PCI 可以与一定距离外的其他小区的 PCI 相同。

LTE 总共有 504 个物理小区 ID，称为一个 PCI 组，它们被分成 168 个分组，记为 $N(1)_{\mathrm{ID}}$，取值范围是 0~167（整数）。每个分组又包括 3 个不同的组内 ID 标识，记为 $N(2)_{\mathrm{ID}}$，取值范围是 0~2（整数）。因此，物理小区 PCI，记为 $\mathrm{Ncell}_{\mathrm{ID}}$，可以通过下面的公式得到：

$$\mathrm{PCI} = \mathrm{Ncell}_{\mathrm{ID}} = 3N(1)_{\mathrm{ID}} + N(2)_{\mathrm{ID}} \tag{7.21}$$

【例 7.6】 某 LTE 站点为标准 3 扇区配置，$N(1)_{\mathrm{ID}}=27$，求每个扇区的 PCI。

一个站点有 3 个 PCI 可供分配，根据式（7.21），将 $N(1)_{\mathrm{ID}}=27$ 代入各个扇区可得 PCI。

扇区 0:组内 ID 标识为 $N(2)_{\mathrm{ID}}=0$,因此 PCI = 3×27+0 = 81

扇区 1:组内 ID 标识为 $N(2)_{\mathrm{ID}}=1$,因此 PCI = 3×27+1 = 82

扇区 2:组内 ID 标识为 $N(2)_{\mathrm{ID}}=2$,因此 PCI = 3×27+2 = 83

PCI 规划的目的就是在 LTE 组网中为每个小区分配一个物理小区标识，尽可能多地复用有限数量的 PCI，同时避免 PCI 之间的相互干扰。

从前面的公式可以看出，组内 ID 号有 3 种取值：0、1、2。PCI 编号与 3 相除取余（PCI Mod 3）的值就是组内 ID。组内 ID 号相同，那么 LTE 导频符号在频域上出现的位置就相同，互相干扰的可能性就增大。这就要求组内 ID 相同的 PCI 不能分配在相邻的两个小区上，可以从图 7.30 中看出组内 ID 与 PCI 的关系。

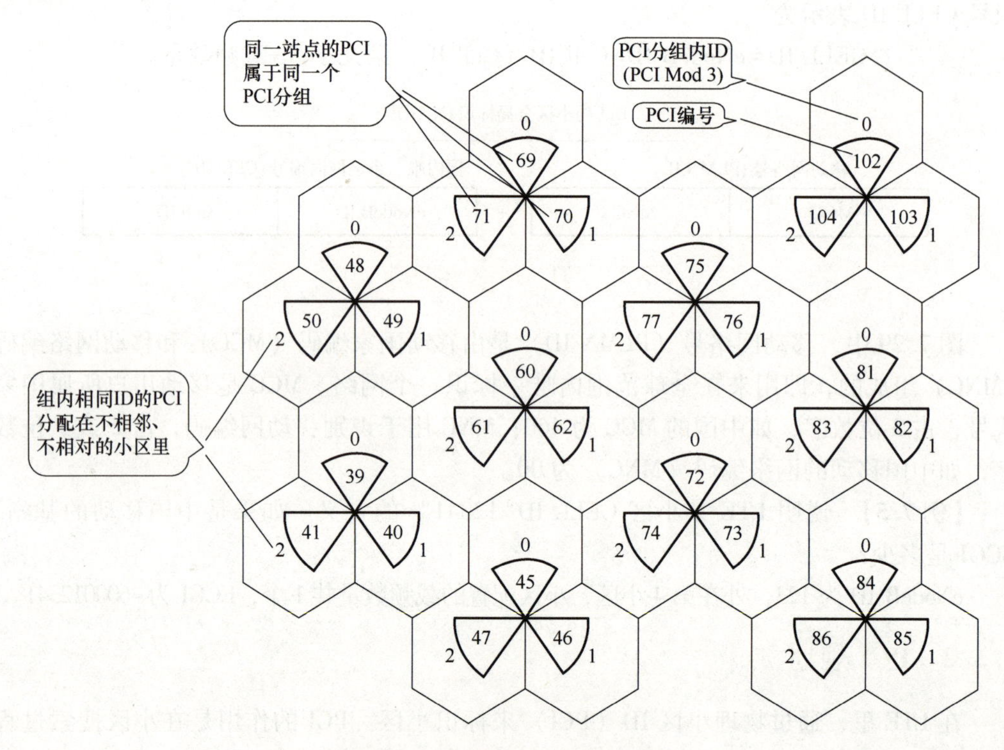

图 7.30　组内 ID 与 PCI 的关系

7.5.3　频率规划

频率规划的目的有两个：降低同频干扰、提升频谱使用效率。频率规划后同频小区间隔的距离就是频率复用距离。在频率复用距离范围以内，需要使用不同频点。

1. 频率复用

按理想情况来规划，LTE 网络每个 eNode B 覆盖 3 个蜂窝小区，则可以形成十二边形的组网方案。如图 7.31a 所示的灰色部分。每个基站小区与相邻基站小区的互通仅需要 3 条 X2 链路即可，每个 eNode B 四周可有 6 个相邻 eNode B。

在同一无线制式下，同频复用距离越大，同频干扰越小。但是频点资源往往是有限的，不允许无限制地增大同频复用距离。如果无线网络内有 3 个频点不断重复使用，频率复用系数就是 3，以此类推。频率复用方式还可以用基站数目和频点数目相乘的形式来表示，这里的基站数目本质上就是不能使用相同频点的基站范围，频点数目则是每个基站使用的频点个数。例如，频率复用方式为 1×3，频率复用系数为 3，表示所有基站可以使用相同频点，每个基站有 3 个不同频点。如图 7.31a 所示，至少需要 3 个频点资源才能允许 1×3 的频率组网方式。再如，频率复用方式为 4×3，频率复用系数为 12，表示不能使用相同频点的基站数目是 4，每个基站有 3 个不同频点。如图 7.31b 所示，至少需要 12 个频点资源才能允许 4×3 的频率复用方式。

LTE 频道宽度有 6 类，即 1.4MHz、3MHz、5MHz、10MHz、15MHz 和 20MH。可用频点个数不仅依赖于总的频率资源，而且依赖于信道带宽的选择。选择频点个数与所

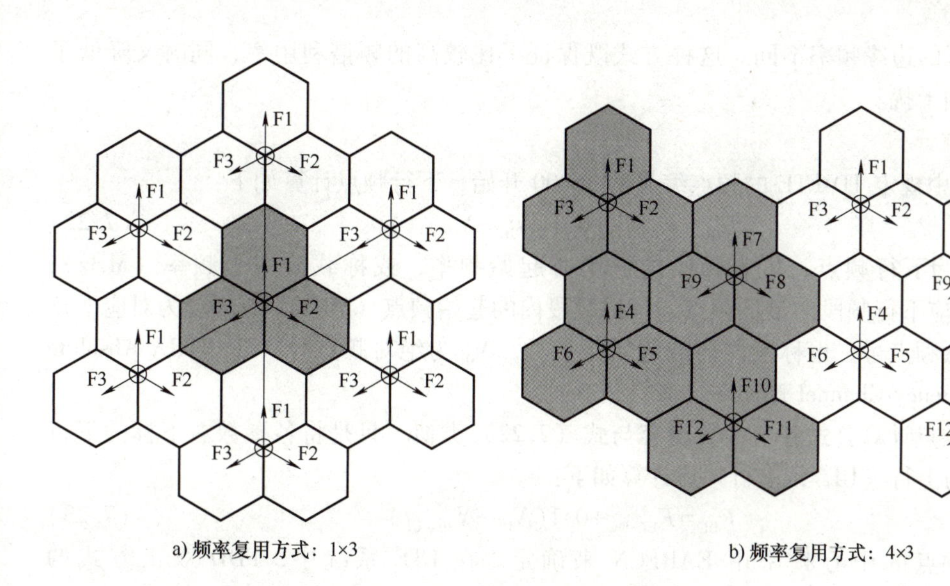

图 7.31 频率复用方式

选信道带宽的关系见表 7.9，可根据业务量需求进行选择。

【例 7.7】 假设某运营商 TD-LTE 网络拥有 70MHz 的频率资源，其频点数应如何规划？

频点数应根据用户的业务量需求确定。如某人口密集区域，单用户没有高带宽的业务需求，根据表 7.9，可选择频带宽度为 1.4MHz，则频点数为 50（70/1.4），频点号为 1~50。

表 7.9 信道带宽与频点个数的关系

信道带宽/MHz	频点号	频点数
1.4	1~50	50
3	1~23	23
5	1~14	14
10	1~7	7
15	1~4	4
20	1~3	3

LTE 频率复用方式主要有以下 3 种。

1）1×1 频率复用方式：就是覆盖范围内的所有小区使用一个相同的频点组网，频率复用系数为 1，适用于信道带宽较大、频率资源紧张、载波配置较大的场景。

2）1×3 频率复用方式：是以一个基站为频率复用单位，一个基站分为 3 个小区，每个小区使用不同的频点，在单载波配置的情况下，全网使用 3 个频点。这种方式适用于频点资源丰富、基站载波配置较低的场景，或频带不连续而不能使用单频点组网的情况。

3）SFR（频率软复用）方式：是在 1×1 的频率复用方式上，加上了小区间干扰协调技术（ICIC），在中心区域的频率复用系数为 1，在边缘区域的复用系数大于 1，保

证相邻小区的边缘频率不同。这种方式既保证了比较高的频谱利用率，同时又降低了边缘区域的干扰。

2. 频点计算

3GPP 中规定 TD-LTE 的频点编号从 36000 开始，下行频点计算如下：

$$F_{DL}=F_{DL-low}+0.1(N_{DL}-N_{Offs-DL}) \tag{7.22}$$

式中，F_{DL}为下行频点，代表频段内的中心起始频率，或称载波中心频率（MHz）；F_{DL-low}为对应下行频段的最低频点，也称频段内的起始频点（MHz）；$N_{Offs-DL}$为对应下行频段的最低频点号，也称频段内的起始频点号；N_{DL}为绝对频点号（E-UTRA Absolute Radio Frequency Channel Number，EARFCN）。

上行频点计算公式各项参数内容与式（7.22）类似，只是将各参数右下标的下行（DL）改为上行（UL），上行频点计算如下：

$$F_{UL}=F_{UL-low}+0.1(N_{UL}-N_{Offs-UL}) \tag{7.23}$$

LTE 频点的中心频率由 EARFCN 来确定。在 LTE 系统中，FDD 双工方式的 EARFCN 从 0 至 35999，而且下行频点与上行频点的 EARFCN 并不相同；TDD 双工方式的 EARFCN 从 36000 至 65531。LTE 频点通常需要根据使用的频点号（band）和对应的起始频点查表计算。

【例 7.8】 已知 Band5，EARFCN 为 2452，求下行频点。该频段属于哪一种制式的 LTE？如果带宽为 20MHz 带宽，共有几个频点？

查表 7.10 得：$N_{Offs-DL}=2400$，$F_{DL-low}=869\text{MHz}$，根据式（7.22），计算如下：

$$F_{DL}=[869+0.1\times(2452-2400)]\text{MHz}=874.2\text{MHz}$$

查表 7.11，Band5 对应的双工方式为 FDD，所以此 LTE 系统为 FDD-LTE 制式。

查表 7.11，Band5 下行频段（DL）为 869～894MHz，所以F_{DL}距离下行频率的带宽为

$\Delta F=F_{DL}-F_{DL-low}=(874-869)\text{MHz}=5\text{MHz}$，即信道带宽为

$$2\times\Delta F=2\times5\text{MHz}=10\text{MHz}$$

由于每隔 10MHz 带宽为一个频点，所以 20MHz 带宽共有 2（20/10）个频点。

表 7.10 各频段对应频点及其频点号（简表）

LTE 频带号 Band	下行链路			上行链路		
	下行起始频点 F_{DL-low}/MHz	下行起始频点号 $N_{Offs-DL}$	下行频点号 N_{DL}范围	上行起始频点 F_{UL-low}/MHz	上行起始频点号 $N_{Offs-UL}$	上行频点号 N_{UL}范围
1	2110	0	0～599	1920	18000	18000～18599
2	1930	600	600～1199	1850	18600	18600～19199
3	1805	1200	1200～1949	1710	19200	19200～19949
4	2110	1950	1950～2399	1710	19950	19950～20399
5	869	2400	2400～2649	824	20400	20400～20649

表7.11 FDD/TDD支持频段（简表）

频段号/Band	上行（UL）/MHz	下行（DL）/MHz	带宽（DL/UL）/MHz	双工方式
4	1710~1755	2110~2155	45	FDD
5	824~849	869~894	25	
36	1930~1990		60	TDD
37	1910~1930		20	

7.5.4 小区搜索

UE接入LTE无线网进行通信，必须首先要找到网络内的小区并与之同步，称之为小区搜索。一旦UE完成小区搜索，并正确解码小区系统信息，就可以接入小区。UE为了支持其移动性，还需要不断搜索邻小区信号，以取得同步并对接收信号质量进行评估。

同步信号（SS）用于小区搜索过程中，UE和eNB的时频同步。SS包含两部分：主同步信号（PSS）用于符号时间对准，频率同步以及小区组内ID侦测；从同步信号（SSS）用于帧时间对准，CP长度侦测及小区组ID侦测。

在频域里，不管系统带宽是多少，主/辅同步信号总是位于系统带宽的中心，占据1.25MHz的频带宽度。这样，即使UE在刚开机的情况下，不知道系统带宽，也可以在相对固定子载波上找到同步信号，进行小区搜索。小区搜索主要包括3步：①取得与小区的频率同步和符号同步；②取得与小区的帧同步；③获得小区ID（CELL ID）。图7.32给出了LTE在FDD和TDD模式下的PSS、SSS，UE可根据其差别来确定系统属于哪一种双工模式。

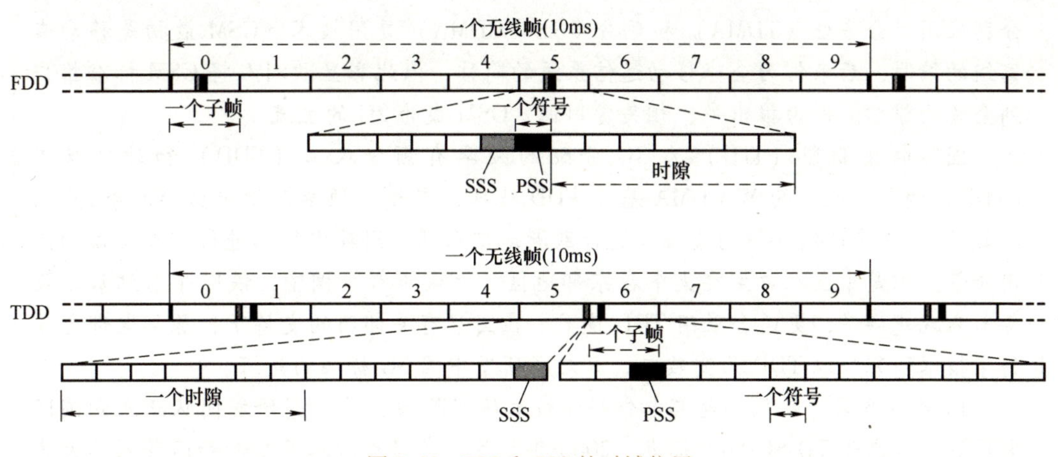

图7.32 PSS和SSS的时域位置

在FDD模式下，PSS在子帧0和子帧5的第1个时隙的最后一个符号上传输，而SSS则在同一个时隙里，并位于PSS之前的相邻符号上。

在TDD模式下，PSS在子帧1和子帧6的第3个符号上传输，即在DwPTS域内；而SSS则在子帧0和子帧5的最后一个符号上传输，即SSS位于PSS之前3个符号上

传输。

在一个小区内，一个无线帧内的两个 PSS 完全一样。根据物理小区的 Cell ID，小区内的 PSS 采用 3 种不同的信号序列，分别对应于一个 Cell ID 组内的 3 个 Cell ID。当 UE 检测到并识别出小区的 PSS，便可获得如下信息：

1）5ms 帧同步，即 SSS 的位置，因为 SSS 位于相对于 PSS 的一个固定的偏移处。

2）获得小区 ID 组内的 Cell ID，但此时 UE 还不知道 Cell ID 组号本身，因此可搜索的数目从 504 减少到了 168。UE 通过检测 PSS 得到 SSS 位置后，通过 SSS 又可获得 10ms 帧同步和 Cell ID 组号。

一旦 UE 获取了无线帧同步和 Cell ID，便可以识别出小区专用参考信号。在初始小区搜索的情况下，UE 处于 RRC-IDLE（空闲状态），小区专用参考信号用于信道估计，以及接下来对 BCH 传输信道数据的解码。在判断是否执行切换的情况下，UE 处于 RRC-CONNECTED（连接状态），UE 将测量小区专用参考信号的接收功率，并会向网络侧发送小区专用参考信号接收功率（RSRP）测量报告，由网络侧决定是否进行切换。

拓展阅读

中国制定的第一个国际移动通信标准

移动通信演进的背后，是通信强国之间关于通信标准的争夺与较量。1978 年，贝尔实验室基于蜂窝网络开创了最早的移动通信标准——以模拟技术为基础的高级移动电话系统（AMPS）。AMPS 是第一代移动通信系统（1G）的主要标准，全球有超过 70 个国家应用该标准。可以说，1G 标准牢牢地把持在美国手中。此时，中国的移动通信系统还是一片空白。

以数字技术为基础的第二代移动通信系统（2G）包括 GSM、CDMA 两种制式，分别采用时分多址（TDMA）和码分多址（CDMA）复用技术。GSM 最初是移动专家组的缩写，后来作为全球移动通信系统的简称，以此彰显欧洲人将 GSM 标准推广到全球的雄心。因为推出早、相关费用低，GSM 成为 2G 的主流。

国际电信联盟（ITU）为 3G 分配的频率有频分双工（FDD）和时分双工（TDD）两种。欧洲的 W-CDMA 基于 FDD 技术，在相同频率、相同功率的条件下，FDD 比 TDD 能提供更好的覆盖，适合欧洲地广人稀，用较少基站进行最大覆盖的应用场景。但是中国人口主要集中在东部地区，大城市人口稠密，铁塔等基站基础设备本来就建得多，更适合采用 TDD 技术。在国家有关部门的支持下，原邮电部电信科学技术研究院以 TDD 为突破口，开启了研发中国 3G 标准的先河。

1998 年 6 月，以原邮电部电信科学技术研究院为主的中国研发团队正式向国际电信联盟提交了 TD-SCDMA 标准。2000 年 5 月，在国家信息产业部和运营商的大力支持下，国际电信联盟正式确定将 TD-SCDMA 与欧洲主导的 WCDMA、美国主导的 CDMA2000 并列为三大 3G 标准。

TD-SCDMA 移动标准的成功研发，是中国对移动通信技术进步的重要贡献，也使中国在国际通信标准上有了话语权，同时为中国 4G 技术突破、5G 技术领跑培养了大量的人才、积累了宝贵的经验。

习　题

一、填空题

1. EPC按功能可以分为不同网元，其中，控制面网元为________，主要用于接入控制和移动性管理；用户面网元包括________和________，主要用于承载数据业务；用户数据管理网元为________，存储LTE用户数据等；策略控制网元为________，主要用于QoS策略控制等。

2. LTE基站间（eNB-eNB）控制面接口为________，基于________协议；用户面接口为________，基于________协议。

3. TDD-LTE的一个无线帧为________ms，由两个半帧构成，每个半帧又可以分为________个子帧，其中子帧1和子帧6由3个特殊时隙构成，其余子帧由2个时隙构成。

4. FDD-LTE每一个无线帧长度为________ms，分为________个等长度的子帧，每个子帧又由2个时隙构成，每个时隙长度均为0.5ms。在每一个10ms中，有________个子帧可以用于下行传输，________个子帧可以用于上行传输。

5. 一个OFDM或者SC-FDMA符号上的一个子载波对应的一个单元叫作资源单元，是LTE最小资源单位，也叫作________。

6. TDD的一个时隙中，频域上连续宽度为180kHz的物理资源，称为一个________，简称资源块（RB）。一个RB在频域上由12个带宽为15kHz的连续子载波、在时域上由时长为0.5ms的1个时隙组成。

二、简答题

1. LTE网络是由哪些部分构成的，并说明各部分的功能。

2. 概述MIMO空分复用和空间分集两种工作方式的主要特点。

3. 已知给定带宽为20MHz，调制方式为16QAM，常规CP，特殊子帧选择模式7配置，正常子帧选择模式2配置，求下行速率。

4. 简述LTE中物理信道、传输信道和逻辑信道等概念的含义。

5. Band4属于哪一种制式的LTE？如EARFCN为2000，求其下行频点。

第8章

软件定义网络（SDN）

随着软件技术的发展，人们开始研究如何在网络环境中使用软件定义的方法，实现网络的集中控制、功能配置、策略下发，形成更加开放、快捷、方便的新型网络，于是就出现了SDN。本章主要介绍SDN架构及其解决方案、SDN在5G移动网中的应用，以及SDN与NFV（网络功能虚拟化）技术的融合。

8.1 SDN架构及其解决方案

SDN（Software Defined Network，软件定义网络）在最初提出时是一种理念，理念的核心就是让软件应用参与到网络控制中，去改变以各种固定模式协议控制的网络。

8.1.1 SDN架构

SDN是一种新型网络架构，它倡导业务、控制与转发的分离，实现网络智能控制、业务灵活调度，以及网络开放。SDN通过设计流表、开发软件，在其控制器中增加软件定义能力，开放标准接口，生成新型网络。网络的控制平面和数据平面实现分离，为网络通信提供了一种新的解决方案。

1. SDN架构

ONF（开放网络基金会）提出的SDN架构如图8.1所示，以下介绍各层及其接口。

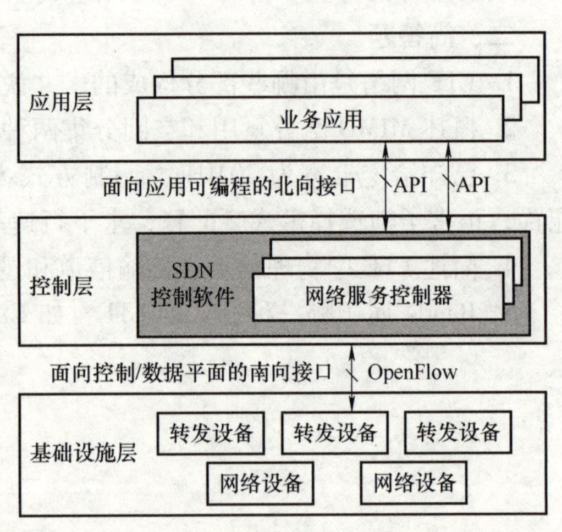

图8.1 ONF提供的SDN架构

1）应用层：包括为满足用户需求而开发的各种应用程序、依托控制层提供的可编程平台等。SDN应用程序能够通过控制器控制基础设施层的转发设备，通过SDN应用程序实现动态接入控制、服务器负载均衡、资源调度等功能。应用层包括各种不同的业务和应用，可以管理和控制转发/处理策略，保障特定应用的安全和服务质量。

2）控制层：主要负责处理数据转发平面资源的抽象信息，可支持网络拓扑、状态信息的汇总和维护，并基于应用层的控制指令来调用不同的转发平面资源。控制层通过API（应用程序接口）与应用层连接，应用程序通过API获得交换设备上的网络状态信息，据此做出相应的系统决策。在一个大的网络架构中，单一控制器已无法满足系统要求，需要多控制器的联合协作。

3）基础设施层（数据转发层）：负责基于业务流表的数据处理、转发和状态收集。

4）北向接口：是控制器向用户应用层面开放的接口，用户能够以软件编程方式通过 SDN 应用程序调用底层的网络资源，对资源进行统一调度。

5）南向接口：将控制器与转发设备相连，SDN 控制器下达的指令需要由南向接口向基础设施层传达。目前 ONF 倡导的 OpenFlow 协议是最受关注的南向接口协议。

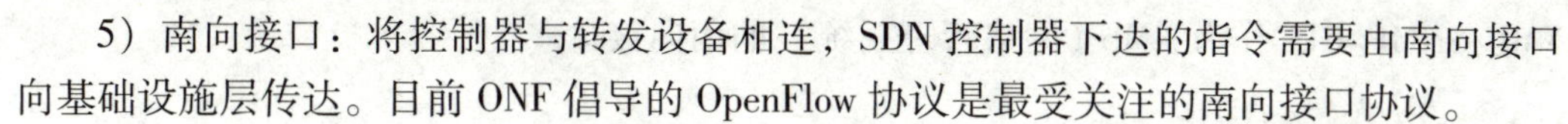

OpenFlow 是支撑 ONF SDN 架构的重要组成部分，是一个用于控制器（Controller）和数据转发层交换机（Switch）之间的控制协议，也就是一个让控制器响应交换机各种消息、配置交换机如何处理、往哪里发送数据包的协议。OpenFlow 将控制功能从网络设备中分离出来，在网络设备上维护流表（Flow table）结构，数据分组按照流表进行转发，而流表的生成、维护、配置，则由控制器来管理。

6）东西向接口：控制器之间的接口，满足了控制器大规模部署和可扩展性的要求。

2. 路由系统接口

图 8.2 给出了路由系统的接口，以实现 SDN 架构功能，以下分别介绍。

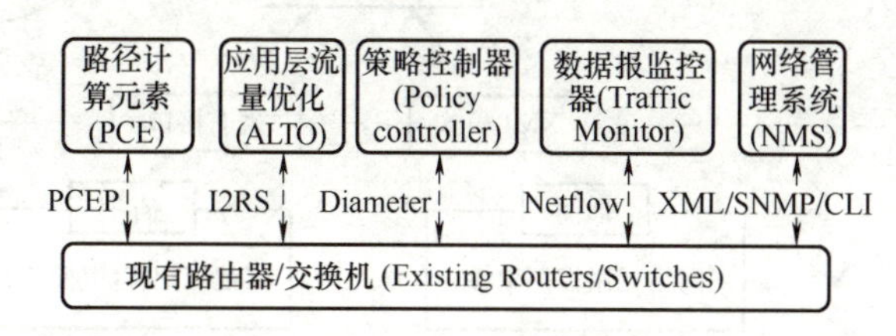

图 8.2　路由系统和其他设备接口

1）PCEP（路径计算元素协议）：业务系统直接通过网络系统提供 API，可利用集中式的调度系统实现自动申请网络资源，分配、使用和释放网络资源。PCEP 提供了控制器和路由器之间的一个交互接口，控制器好比一个交通枢纽中心，它知道每一条道路的容量、当前流量，以及每一辆汽车将要到达的目的地，并通过算法为每一个业务流（Flow）找出合适的路径，所以集中控制器就成了在 PCEP 中的服务器端，PCE 为路径计算元素。

2）I2RS（Interface to Routing System，路由系统接口）：基于传统设备开放新的接口与控制层通信，控制层通过设备反馈的事件、拓扑变化、流量统计等信息，动态地下发路由状态、策略等到各个设备上。它延用传统设备中的路由、转发等结构与功能，并在此基础上进行功能的扩展与丰富。ALTO 是指应用层流量优化工作组相关系统。

3）Diameter：计算机网络中使用的新一代 AAA（鉴别、授权、计费）协议，被广泛应用于 IMS、LTE 等网络中。

4）NetFlow：提供网络流量的会话级视图，记录每个 TCP/IP 事务的信息，能对 IP/MPLS 网络的通信流量进行计量，并提供网络运行的详细统计数据。传统的网络管理通常是通过 SNMP（简单网管协议）等搜集网络流量数据，这些信息只能发现问题，却无法解决问题，NetFlow 便是在这种情况下应运而生的新型网管工具。在这里，NetFlow 作为 Traffc Monitor（数据报监视器）系统的南向接口。

5）XML/SNMP/CLI：XML（可扩展标记语言）可以表达复杂的、具有内在逻辑关

系的模型化管理对象；可以增加 XML 数据库，便于存储复杂数据对象。设备底层接口和原有的 SNMP、CLI（命令行接口）基本保持不变，同时设计一个转换网关，进行 SNMP、CLI 报文转换，作为从传统网络管理到新型网络管理的过渡方式。在这里，XML/SNMP/CLI 作为 NMS（网络管理系统）的南向接口。

8.1.2 SDN 解决方案

1. 基于 XML 的 SDN

基于 XML 的 SDN 如图 8.3 所示，大多采用 XML 的现有设备接口，不需要改变原来的网络设备，以下对其结构进行说明。

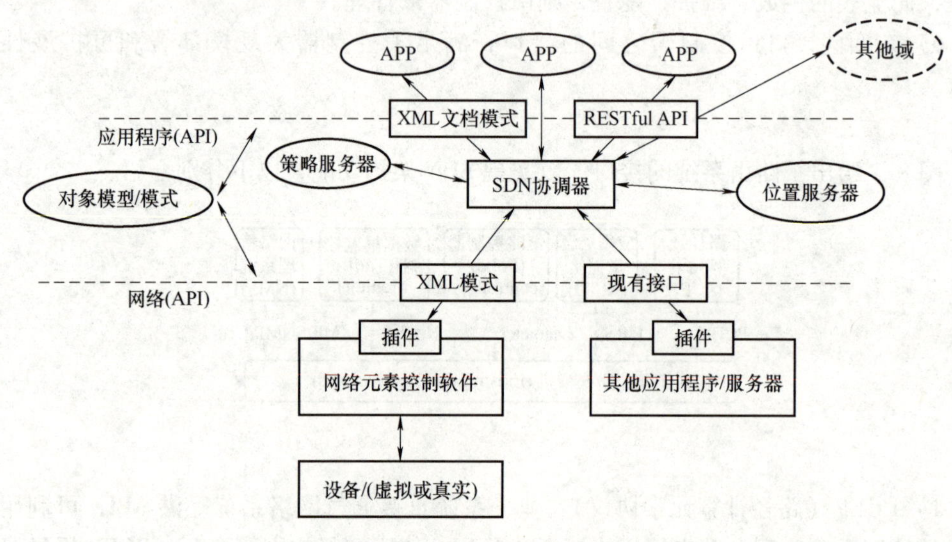

图 8.3 基于 XML 的 SDN

1）图 8.3 中，APP 下面虚线对应的是应用程序可编程接口（API），与 API 对应的有 XML Schema（XML 文档模式）、RESTful API（表现层状态转化 API）。

XML 提供统一的方法，用于描述和交换独立于应用程序或供应商的结构化数据。XML 用于标记电子文件，使其具有结构性的标记语言，可以用来标记数据、定义数据类型，是一种允许用户对自己的标记语言进行定义的源语言。XML 使用 DTD（文档类型定义）来组织数据，是标准通用标记语言（SGML）的子集，适合 Web 传输。

REST（表现层状态转化）指的是一组架构约束条件和原则。满足这些约束条件和原则的应用程序或设计就是 RESTful。REST 可以理解为某种表现层，在客户端和服务器之间传递资源状态，并对服务器端资源进行操作，实现“表现层状态转化”。REST 专门针对网络应用设计和开发方式，可以降低开发的复杂性，提高系统的可伸缩性。

2）图 8.3 中，另一条虚线对应的是网络可编程接口（Network API），包含有 XML 模式和现有接口。

3）应用程序 API、网络 API 都与对象模式相关。

4）SDN 协同编排器 SDN-O（SDN Orchestrator，即 SDN 协调器）是实现自动部署和运营的关键技术，可支持跨域、跨层以及跨厂家的资源自动整合，有助于提升网络

的开放性，以及服务的端到端自动化水平。SDN-O 通过策略服务器、位置服务器协同工作。

5）Plug-in（插件）是一种计算机应用程序，它和网元控制软件一起为网络提供特定的功能，并通过 XML 模式与 SDN-O 互相交互。网元控制软件对应于虚拟或真实的网络设备。

6）Other Domains 表示其他领域的应用；APP 是指第三方开发的应用程序。

2. 基于 SDN 的 PTN 解决方案

基于 SDN 的 PTN（SPTN）解决方案如图 8.4 所示。SPTN 架构分为应用层、协同层、控制层和转发层。传统 PTN 或混合组网 SDN PTN 属于转发层，传统 PTN 对应于传输网的接入层；SDN PTN 混合组网放在传输网的核心层；传输网的汇聚层则是前面两种情况都存在。

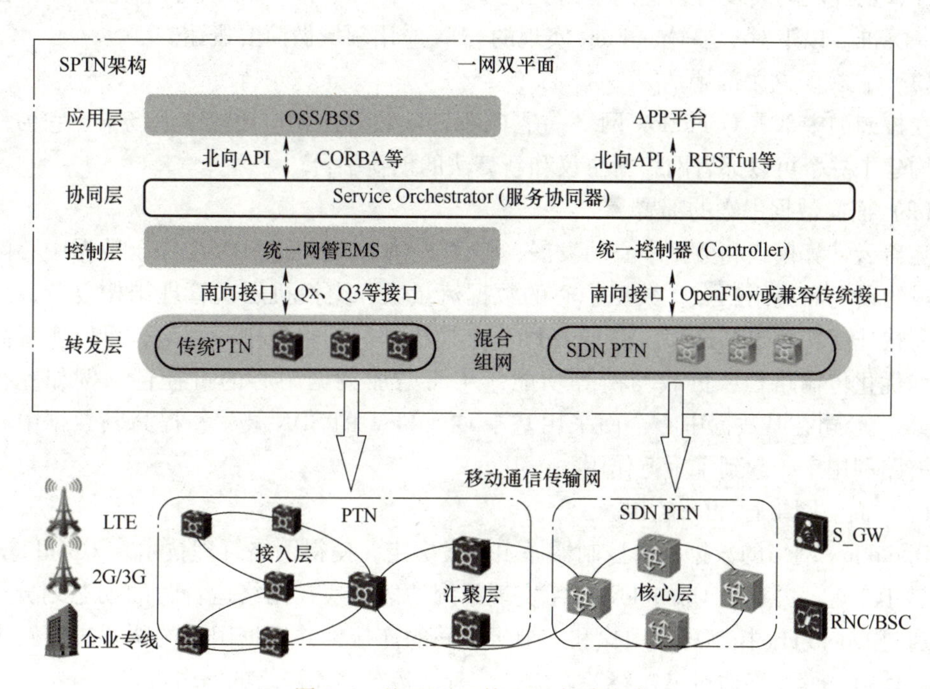

图 8.4 基于 SDN 的 PTN 解决方案

8.2 SDN 应用

8.2.1 SDN 交换机及应用

1. SDN 交换机

1）OpenFlow 交换机：基于传统芯片的 ACL；针对不同应用，实现数据包的不同转发模式；提供特定 OpenFlow 接口等。OpenFlow 交换机负责数据转发功能，主要由 3 部分组成：流表、安全信道和 OpenFlow 协议。每个 OpenFlow 交换机的处理单元由流表构成；每个流表由许多流表项组成；流表项代表转发规则。在企业网和数据中心，OpenFlow 交换机一般都放在本地，传播时延的影响可以忽略不计。

2）Openvswitch（开源软件交换机）：支持主流的交换机功能，比如二层交换、网络隔离、QoS、流量监控等，最大的特点就是原生支持Openflow。Openvswitch定义了灵活的数据包处理规范，为用户提供L1～L4包处理能力，支持多种虚拟化技术以及硬件交换机。

3）开放API的传统交换机：在传统交换机基础上，提供开放API接入SDN控制器，强调应用而非标准。

2. SDN应用领域

当前SDN的应用主要包括云计算网络虚拟化、WAN中的流量调度、运营商的NFV（网络功能虚拟化）、安全资源池引流、数据中心、广电播控网络、企业网络中的资源灵活分配调度等。基于OpenFlow的SDN技术，通过开发不同的应用程序来实现对网络的管控，已经成为实现可编程网络的关键步骤。当然，OpenFlow并不是支撑SDN技术的唯一标准。以下对基于OpenFlow实现的SDN应用领域做简要概述。

（1）在校园网中部署

在校园网中部署OpenFlow网络，是OpenFlow设计之初应用较多的场景。它为科研人员构建了一个可以部署网络新协议和新算法的创新平台。

（2）面向数据中心的部署

随着云计算模式和数据中心的发展，将基于OpenFlow的SDN应用于数据中心网络已经成为研究和应用热点。数据中心的数据流量大，交换机层次管理结构复杂，服务器需要快速配置和数据迁移。将OpenFlow交换机部署到数据中心网络，可以实现高效寻址、优化传输路径、负载均衡等功能，从而增加数据中心的可控性。例如，谷歌（Google）公司在其数据中心全面采用基于OpenFlow的SDN技术，提高其数据中心之间的链路利用率，起到了示范作用。

（3）面向网络管理的应用

OpenFlow网络的数据流由控制器做出转发决定，使得网络管理技术在OpenFlow网络中易于实现，并通过OpenFlow技术实现系统功能模块在网络运行时的动态划分。例如，通过OpenFlow控制移动用户和虚拟机之间的连接，并根据用户的位置进行路由和管理，使得它们始终通过最短路径通信，改善了传统移动网络的路由策略。

（4）网络管理和安全控制

OpenFlow在网络管理方面的应用日益丰富。当前基于OpenFlow实现的网管和安全功能主要集中在接入控制、流量转发和负载均衡等方面，从而实现数据流的安全控制机制。

（5）面向大规模网络的部署

针对大规模网络部署SDN需要相关经验，以及有关方面长时间的深入研究和实验。真实网络面临的异构环境、性能需求、可扩展性、大数据和域间路由等因素，都可能成为制约其发展的因素。我们看到，SDN技术已在5G移动网中得到了广泛的应用。

（6）面向未来互联网的部署

随着基于OpenFlow未来互联网测试平台的建立，通过基于OpenFlow的SDN控制转发分离架构，将有利于实现新型网络控制协议和相关的网络测量机制。

8.2.2 SDN应用举例

【例8.1】 通过SDN，实现多租户资源的灵活分配。如大型机场内的登机口会经常变更，用于不同航空公司的不同航班。每次变更，都需要通过认证用户身份进行网络配置调整。所有航空公司都在同一个局域网内，相互不隔离，有一定的安全隐患；如果要变更安全管理策略，每次都要通过机场人员手动配置交换机。

可以将网络边缘设备全部换成OpenFlow交换机，如图8.5所示，由SDN控制器控制所有OpenFlow交换机，并跟随业务系统联动。每次要变更登机口，管理人员直接通过业务系统切换，所有配置策略自动下发；整个网络通过虚拟局域网（VLAN）进行隔离，每个航空公司都是一个租户，彼此之间无法通信，而核心汇聚设备仍保持传统设备不变，投资也不会很大。纯物理网络的企业网，与虚拟化无关，SDN在这里主要针对配置、策略需要经常动态变化，多个租户混合在同一个物理网络里的情况。

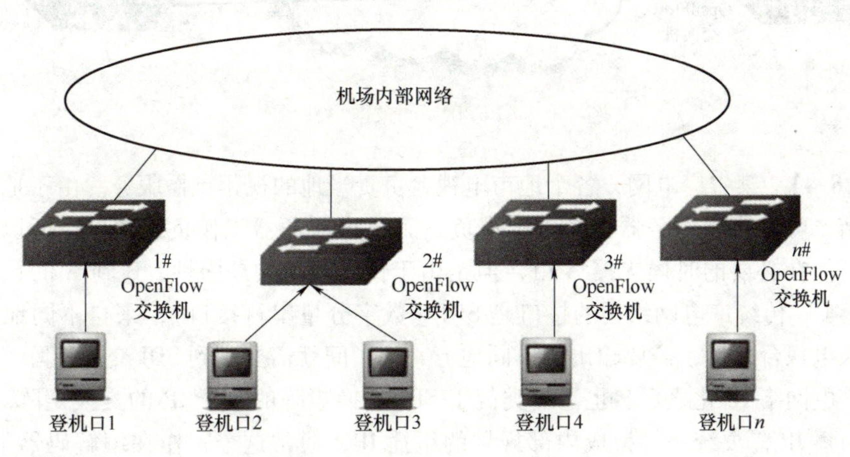

图8.5 机场登机口SDN组网

【例8.2】 大型的互联网运营商在全球有多个数据中心，大量用户租用了数据中心机柜，数据中心通过光纤成网状互连，链路带宽利用率极低，业务开通速度慢，无法让用户按需变更带宽配置，无法对用户提供差异化服务。

基于SDN的数据中心互连如图8.6所示，使用OpenFlow交换机放置在每个数据中心出口，一个集中的控制器控制所有数据中心的OpenFlow交换机，控制器自动生成全局拓扑信息，实时采集链路负载情况和路径延时，根据用户等级和对服务质量的需求，利用数学算法，动态计算、选择最优路径，并允许用户自动选择带宽、延时等质量参数。

【例8.3】 某网络视频会议提供商，需要在两个不同数据中心之间传输语音和视频业务，就租用了两条运营商数据专线，主备配置，另外还有一条互联网线路。通常互联网线路只能放一些不重要的数据业务，而专用主线路却经常是在满负荷运行，结果是备用专线处于闲置状态，互联网线路也存在浪费现象。通过SDN，把主、备线路都用起来，实现负载分担策略，使优先保证的业务走在主线路上，再根据负载情况动态切换，必要的时候一些业务也会切换到互联网线路，实现了按需分配带宽，以及流量在不同路径上的有效调度，以尽可能最大化带宽利用率。

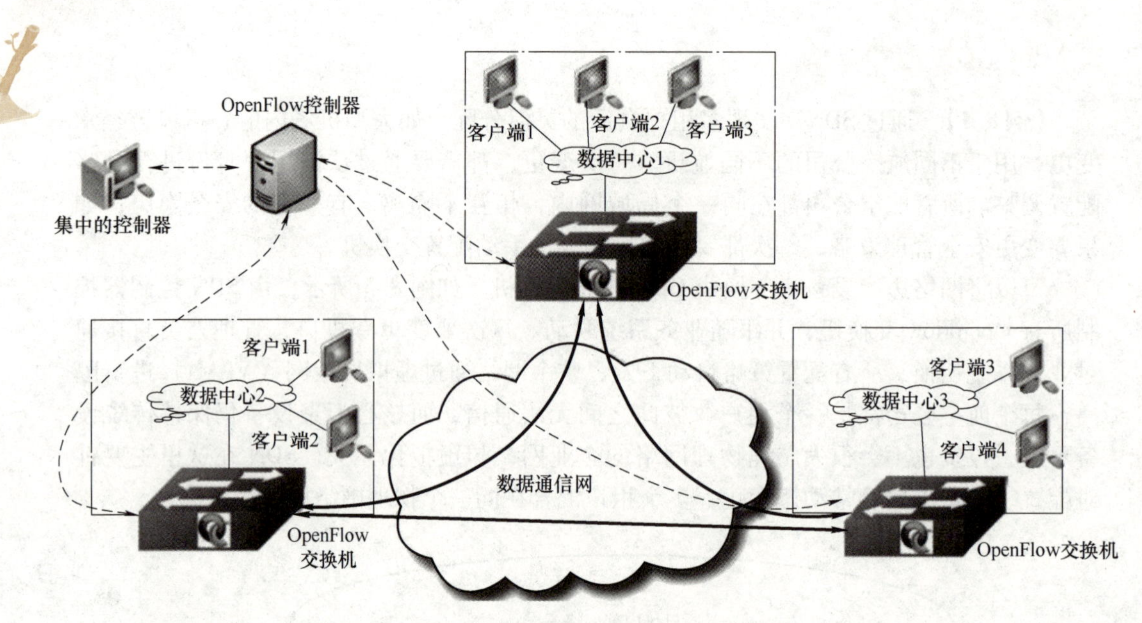

图 8.6　基于 SDN 的数据中心互连

【例 8.4】　某省广电网，各个地市电视台负责当地的视频点播服务。由于地区发展的不平衡，可能 A 市服务器已经不堪重负，而 B 市服务器工作负载很低，所以需要 B 市服务器能在必要的时候支援 A 市，但是由于传统路由的局限性，B 到 A 的数据需要经过省会 C。传统广电网络用的接口是 SDI（数字分量串行接口），来自不同地方的节目源接入电视台之后，需要输出到不同地方，这中间就需要用到 SDI 交换矩阵。

在广电网络 IP 化之后，也需要类似于 SDI 交换矩阵的基于 IP 的交换矩阵。输入/输出的组播 IP 需要统一转换成内部规划的组播 IP，通常这个工作在编解码器上完成，比较繁杂。使用 SDN 交换机代替 SDI 交换矩阵，就可以任意修改目标 IP、源 IP。广电网 IP 流媒体矩阵如图 8.7 所示，在 A 市演播厅流量较大的时候，将分配给 B 市演播厅的流量直接转移到 A，减轻对应 A 组播源的压力。

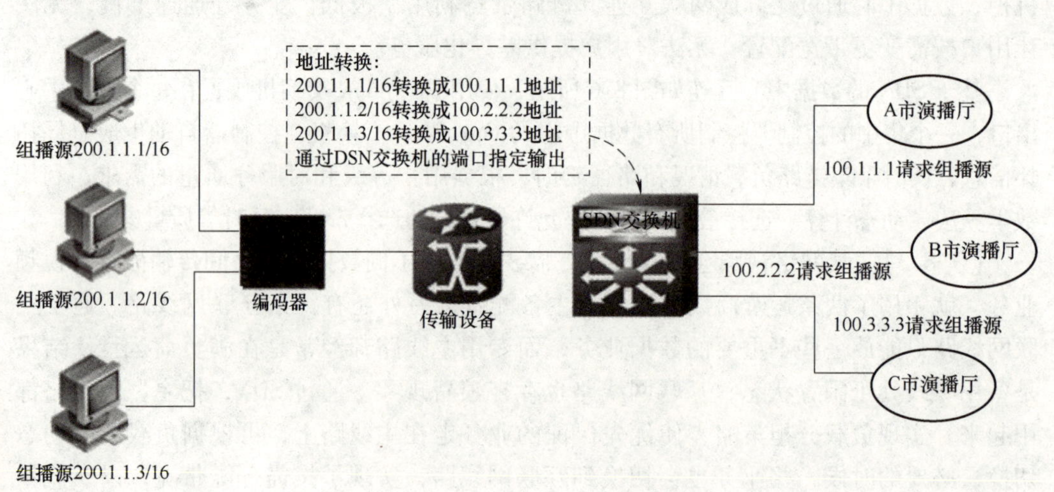

图 8.7　广电网 IP 流媒体矩阵

8.2.3　引入 SDN 的 5G 网络

面对多样化场景的极端差异化性能需求，为实现端到端时延、连接密度、峰值速率和移动性等关键性能指标要求，5G 引入 SDN 技术是必然选择。

将 SDN 技术引入现有网络，将使网络变得更加灵活、高效、智能和开放。基于 SDN 的异构网络架构如图 8.8 所示。它是一个包含宏小区、微小区和微微小区在内的多层次架构，既可以工作在授权频段上，也可以通过 WiFi 作为接入点工作在非授权频段上。异构网内部可以支持多种通信技术，如流量卸载、频谱共享、D2D 通信、MIMO 技术等。一组宏小区基站由一个集中式的 SDN 控制器控制，SDN 控制器与基站通过高容量的光纤连接，利用 OpenFlow 协议控制数据平面。为减轻 SDN 控制器的压力，控制器只与跟它连接的一组宏小区基站相联系，微小区基站通过无线或光纤回程链路向宏小区基站周期性地报告其负载状况。

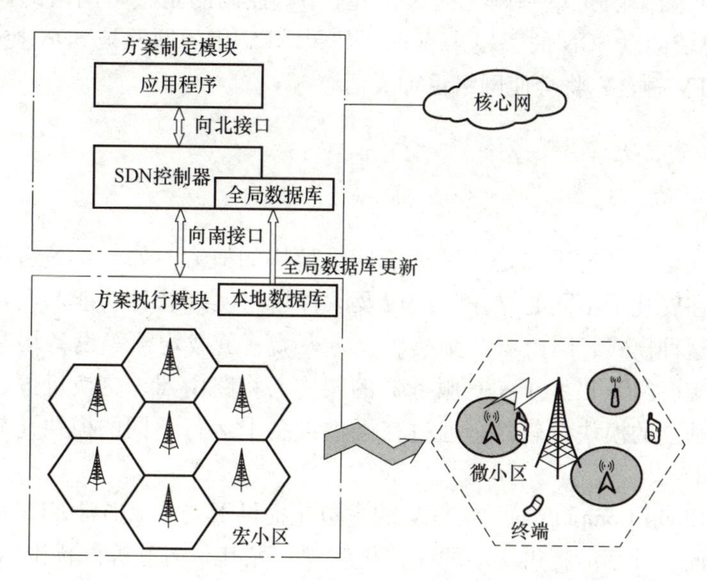

图 8.8　基于 SDN 的异构网络架构

（1）宏小区基站

在基于 SDN 的异构网络架构中，多个宏小区基站与一个集中式的控制器相连，控制器决定各种网络功能决策的制定，包括资源分配、切换、发射功率分配等，这些功能组成了无线网络的控制平面。网络的数据平面由基站组成，负责实施控制器制定的各种决策。宏小区扮演了在 SDN 控制器下基础设施层的角色。

每一个宏小区基站包括一个本地数据库和一个决策执行模块。本地数据库存储着小区内的用户信息，提供小区的负载状况，并帮助制定本地决策。当用户进入或离开小区时，本地数据库都会对用户信息进行更新。用户信息主要包括设备类型、用户类型和近期使用状态等等用户属性。

（2）SDN 控制器

SDN 控制器包括一个全局数据库和一个网络方案制定模块。全局数据库包含数个宏小区内的所有用户信息，并且根据基站本地数据库反馈信息进行周期性更新。SDN

控制器方案制定模块进行周期性更新，当网络出现超负载运行情况时，SDN 控制器方案制定模块会立即更新，以达到智能管理网络的目的。

（3）网络架构运行机制

SDN 控制器与宏基站之间的交互消息可以借鉴 OpenFlow 协议实现。OpenFlow 协议主要是对流表转发的处理，而无线接入点不同于交换机，不需要对流表进行处理，所以 SDN 控制器与宏基站之间交互消息较少，控制更加高效。

8.3 NFV 和 SDN 融合

在实际 SDN 组网中，还会用到 NV（网络虚拟化），就是通过虚拟的手段实现跟物理网络完全一样的功能，并做到不同的虚拟网络之间互相隔离。NV 的基础是 NFV（Network Functions Virtualization，网络功能虚拟化），将具体的物理网络设备用软件的方式实现。NFV 强调的是单一网元的虚拟化，NV 强调的是整个网络的虚拟化。现实中，NV 通常要辅助以 SDN 的手段来实现，如果 NFV 化的网元被 SDN 控制器来管理，实现 SDN 和 NFV 融合，将会使网络更加灵活。

8.3.1 NFV 架构及其优势

1. NFV 架构

网络功能虚拟化（NFV）是一种关于网络架构的概念。如 x86 等通用服务器由硬件厂商生产，在安装了不同的操作系统以及软件后可实现各种功能。而传统的网络设备并没有采用这种模式，路由器、交换机、防火墙、负载均衡等设备均有自己独立的硬件和软件系统。NFV 借鉴了 x86 服务器的架构，将路由器、交换机等这些不同的网络功能封装成独立的模块化软件，通过在硬件设备上运行不同的模块化软件，实现多样化的网络功能。

云计算（Cloud Computing）为 NFV 的虚拟化提供了支持。通常 NFV 中的单元是一个个虚拟机，而云计算能提供灵活的虚拟机管理。尤其是云计算的标准 API 为 NFV 和云计算的结合提供了帮助，进而推动了 NFV 的发展。

NFV 架构是欧洲电信标准协会（ETSI）提出的用于定义 NFV 实施的一种标准架构，将标准化的网络功能应用于统一制式的硬件上。在 NFV 架构中，实现各种网络功能的标准化软件必须能够应用在同一硬件设备上。标准的 NFV 架构如图 8.9 所示，由网络虚拟化基础设施（NFVI）、虚拟网络功能（VNF）和管理自动化及网络编排（MANO）3 个部分组成。

1）NFVI 包括各种计算、存储及网络等硬件设备，以及一个虚拟化软件层。NFVI 抽象化、逻辑化物理资源，为 VNF 提供运行环境。VNF 又分为两层：

硬件层（Hardware）：包括提供计算、网络、存储资源能力的硬件设备。

虚拟化层（Virtualization Layer）：主要完成对硬件资源的抽象，形成虚拟资源，如虚拟计算资源、虚拟存储资源、虚拟网络资源。

2）VNF 是指虚拟机及部署在虚拟机上的业务网元、网络功能软件等，实现网络应用功能，就如手机上的 APP。在 NFV 架构中，各种 VNF 是在 NFVI 的基础上实现的。

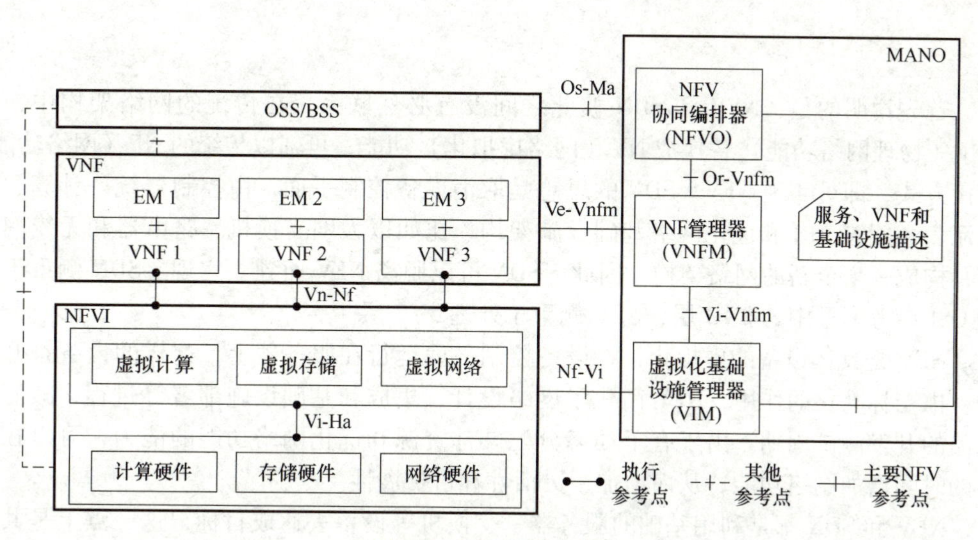

图 8.9 NFV 标准架构

由于 NFVI 是标准化的架构，使得不同的 VNF 获得了通用性。每个 VNF 对应一个设备管理系统（EM）。

3）MANO 是方便运维人员进行业务编排与设备管理，提供对 VNF 和 NFVI 资源的统一管理和编排的功能框架。MANO 包括 VIM（NFVI 管理模块）、VNFM（VNF 管理模块）和 NFVO（NFV 协同编排器），其中，VIM 的主要功能是资源的发现、虚拟资源的管理分配和故障处理等；VNFM 的主要对 VNF 的生命周期（实例化、配置、关闭等）进行控制；NFVO 实现对整个 NFV 基础架构、软件资源、网络服务的编排和管理。

图 8.9 中，OSS/BSS 表示服务提供商的网管功能，不属于 NFV 框架内的功能组件，但 MANO 和 NFV 网元需要提供对 OSS/BSS 的接口支持。

2. NFV 优势

NFV 适用于包括网络切片、移动边缘计算等的各种网络解决方案。由于 NFV 将软件功能与硬件设备进行了解耦，随着标准化架构的完善，NFV 呈现出了诸多优势。

1）灵活的业务：在服务器上运行不同的 NFV，当网络需求变更时，只要变更 NFV 即可，加快了网络功能交付和应用的速度。在测试新的网络功能时，无须建立专门的实验环境，只需请求新的虚拟机来处理该请求，当服务停用时释放该虚拟机即可。

2）更低的成本：使用 NFV 后的网络通信实体将变为虚拟化的网络功能单元，这使得单一硬件服务器上可以同时运行多种网络功能，从而减少了物理设备的数量，实现了资源整合，降低了物理空间、功耗等带来的成本。

3）更高的资源利用率：当网络发生变化时，无须更换硬件设备，避免了复杂的物理变更，通过软件重组快速更新基础网络架构。

4）避免供应商锁定：在统一制式的硬件上部署不同的网络功能，避免了某种功能被特定的供应商锁定，降低了网络设备维护带来的服务费用。

8.3.2 NFV 和 SDN 关系

首先说明的是，NFV 和 SDN 彼此之间没有必然联系。在传统的网络架构中，将 PNF（物理网络功能）替换成 NV（网络虚拟化）功能，再辅以传统的 NF（网络功能）连接方式，即可实现 NFV。SDN 的思想是取消设备控制平面，由控制器统一计算、下发流表、配置 API 和优化网络基础设施架构，比如以太网交换机、路由器和无线网络等，构成一个全新的网络架构。因此，SDN 可以脱离 NFV 而独立实现。SDN 侧重于处理 OSI 参考模型中的 2~3 层，NFV 侧重于处理 4~7 层。

NFV 是具体设备的虚拟化，将设备控制平面运行在服务器上，这样的设备是开放的。由于标准化的作用，NFV 简化了网络设计、集成和基础设施部署等过程，减短了产品的开发测试周期。由于有了动态分配硬件资源和优化网络功能的能力，可以在确定的时间增加网络功能，从而增加了灵活性和可扩展性。

NFV 和 SDN 都是利用基础的服务器、交换机等设备去达成目标，这一点上是共同的。若 NFV 和 SDN 彼此进行融合，NFV 能够提供 SDN 的运行环境，通过给 SDN 提供软件运行的基础设施的方式来支持 SDN。另一方面，NFV 借助 SDN，不仅传统的 NF 连接方式得到支持，SDN 还能提供更高效的 NFV 实现方式。由于 SDN 提供管理层和转发层的分离架构，使得网络变得更为灵活。

因此，NFV 和 SDN 是高度互补关系，但并不互相依赖。网络功能可以在没有 SDN 的情况下进行虚拟化和部署，然而这两个理念和方案结合可以产生潜在的、更大的价值。NFV 的目标可以不用 SDN 机制，通过当前的数据中心技术去实现，但从方法上有赖于 SDN 倡导的控制和数据转发平面的分离，可以规避已存在设备的兼容性问题，简化基础操作和维护流程。

【例 8.5】 某公有云基于 SDN 提供了基础设施即服务（IaaS），某客户希望在该公有云上搭建自己的 Web 服务器，这时客户可以借助第三方的镜像来部署防火墙和负载均衡（Load Balancer）实例，而这个镜像就是 NFV 的一部分，因此 SDN 的功能也得到了完善。

8.3.3 5G 架构下的 SDN 与 NFV 融合

SDN 将原有的通信网络视为一个操作系统，将应用程序从底层硬件设备中抽取出来，使得与控制、管理相关的功能都在集中式的控制器中实现，通过集中式的控制器管理全局网络而实现网络智能化。由于传统网络设备的运行具有一定的封闭性，为了保证 5G 网络的开放性，可以利用 NFV 技术的虚拟化功能来解决网络冲突等问题，并通过 NFV 技术优化网络通信的功能。

1. SDN 移动蜂窝网方案

人们将 SDN 引入移动蜂窝网中，并提出了基于 SDN 的回程网络和核心移动网络的概念，其目的就是减小网络开销，同时增强网络的移动性。华为的移动网络演进方案 MobileFlow，是一个移动网络的端到端控制机制，通过融合 SDN、NFV 等，提供对移动网络的整网控制和可编程能力，以满足运营商对未来移动网络的灵活性、可扩展性需求。由 MobileFlow 控制器（MFC）、MobileFlow 转发引擎组成的基于 SDN 的

移动核心网络，可以将用户的数据流量转发到不同的中间设备；美国普林斯顿大学和贝尔实验室给出的基于 SDN 的 SoftCell 架构是基于 SDN 的蜂窝核心网络，通过中间设备链路引导用户的数据流量。SoftCell 通过有效的转发规则、整合，减少了数据流量的转发流表，并在数据包进入交换机时对其进行分类，以提高蜂窝核心网络的灵活性、可扩展性。

2. 无线网络资源动态配置

网络容量、传输数据出现大流量时容易发生拥塞，影响到通信效率。利用 SDN 技术控制，通过提前对网络通信环境进行预测，设置网络通信的传输规则，能有效地对网络通信资源进行配置，不仅抑制了网络通信拥塞，还能优化网络资源，降低通信故障。5G 利用 SDN 与 NFV 技术将无线网络资源融合在一起，实现资源的实时调动。RAN（无线接入网）在切片的基础上，利用 SDN 技术的软硬件解耦功能，突破传统网络通信的限制，从而能有效地提高网络架构的灵活性与扩展性。例如，在对 C-RAN 架构进行虚拟化设计时，采用轻量化的移动业务、IP 承载与数据分离的方式来设计网络切片。在实现网络匹配的基础上，利用切片模型，可以有效地对信息数据的传输、NFV 及网络管理软件进行编排控制，从而提高网络传输的效果，以及对网络资源的控制，构建如图 8.10 所示的 5G 网络切片模型。

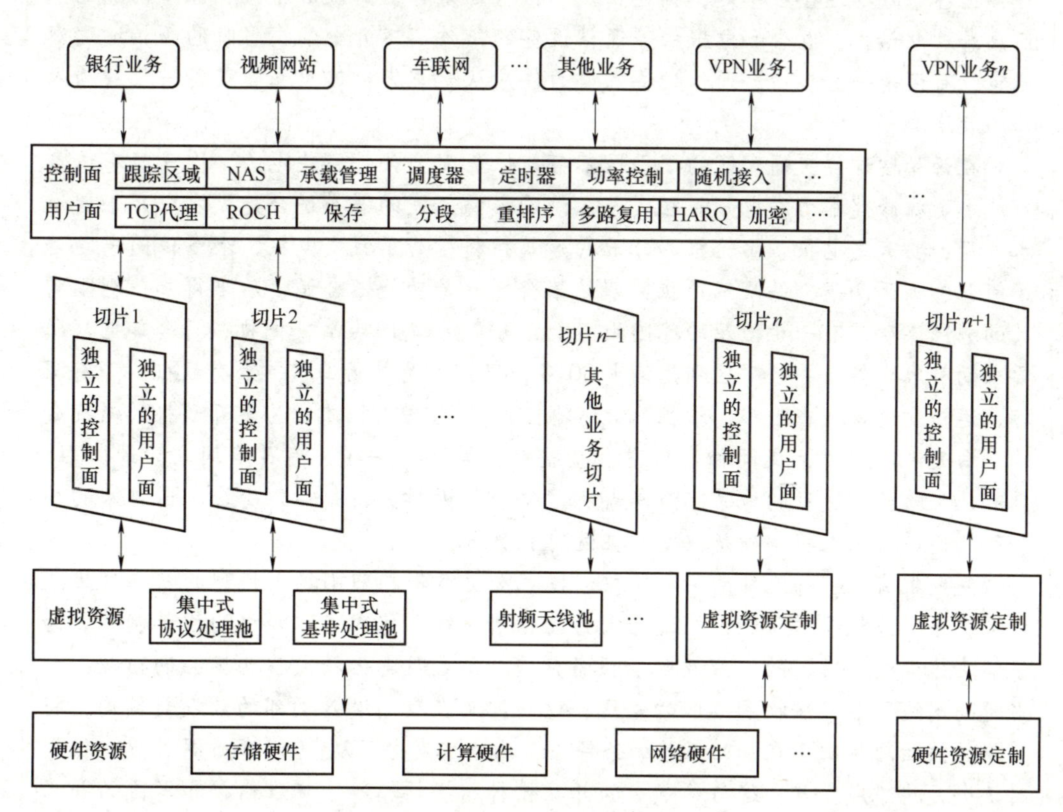

图 8.10　5G 网络切片模型

3. 5G 架构中 SDN 和 NFV 的应用

在 5G 移动通信网络中应用 SDN 与 NFV 技术，可将网络分为标准化与虚拟化的关

键构件予以实现。为了实现网络通信中的控制分析、数据转发等功能，5G 移动网络以创建网络切片的方式，实现数据处理相关技术标准的构建。5G 网络将数据的传输分为管理面节点、数据面节点和控制面节点以实现网络资源的动态化调配与管理，并以此实现数据转发及控制分离，以及虚拟通信等功能。在对 5G 移动通信网络的软件、硬件进行解耦时，需要利用 SDN 对控制功能进行调整，解决通信接口传输问题，从而实现网元功能的分解与调整。

在 5G 网络中，利用 SDN 与 NFV 技术实现网络的重构，主要对开放接口的各个功能子模块等采用通用的框架、虚拟化技术与开放的 API 技术，按照通信网络的业务需求进行灵活的组合，实现网络通信功能的快速重构。SDN 与 NFV 技术的融合，从功能组件、业务开发、网络控制与转发等角度出发，改善了 5G 通信网络的构造模式，并完善了通信功能，以更好地满足系统的业务需求。

拓展阅读

红色电波背后的故事

西柏坡是中国共产党解放全中国的“最后一个农村指挥所”，红色电波像纽带一样把各个战场连接在一起，描绘出了一幅幅运筹帷幄、决胜千里、惊心动魄的壮丽画卷。电话机、电台和电报机等通信设备的工作离不开电能，当时的西柏坡远离城市，可谓是一穷二白，通信设备的电力供应从哪里来？这里面隐藏着一段鲜为人知的故事。

在西柏坡这样交通闭塞的深山区不可能依靠火力条件解决电力，因此只有依靠当地水资源修建水力发电厂。经考察，沕沕水高落差的瀑布适合建造水电厂。建造水电厂，要有发电机、水轮机和相应的建筑材料。为了找发电机，十多位同志跑遍了河北、山西两省，结果不是机件残缺不全，就是功能不合适。后来得知：刚刚解放的井陉煤矿，有一台缴获的德国西门子公司生产的 194kW 发电机，符合建电厂所要求的标准。但从井陉矿区到沕沕水 30 多公里，多是羊肠山路，上有敌机，下有深谷，运输发电机相当艰难。承担此次运输任务的 30 多名同志，为避开敌机的骚扰轰炸，白天修路搭桥，夜间秘密行进。整整七个昼夜过去了，有 3 名同志为此牺牲，只有几里路就到达目的地了，汽车却抛了锚。附近村民得知后，纷纷牵出自家的牛和驴，通过畜拉人推，硬是把发电机运到了沕沕水。

发电机有了，却无处购买水轮机。技术人员凭借在旧书摊上找到的一本日文版技术资料，边翻译边研究，经过两个月的钻研，终于完成了水轮机的设计制作。为了解决建设电厂所需的电线及配套设备问题，5 名同志化妆成收购废品的商贩，到当时的国统区石家庄收购废旧的电线、电表，又在夜间潜入近郊的敌人封锁沟，将剪断的铁丝网运回。在如此艰苦的条件下，沕沕水发电厂从 1947 年 6 月开建，仅用时 7 个月就建成发电，这与参建者的开拓精神、拼搏精神、牺牲精神和军民的并肩战斗是分不开的。

1948 年 5 月，党中央、毛主席来到西柏坡指挥全国的解放运动。沕沕水发电厂为“三大战役”指挥系统中的各类电子通信设备提供了源源不断的动力。

习　题

一、填空题

1. 按照 ONF（开放网络基金会）提供的架构，SDN 的 3 个层分别为__________、__________和__________。

2. 按照 ONF（开放网络基金会）提供的架构，SDN 系统有 3 种接口，分别为__________、__________和__________。

3. 标准的 NFV 架构有__________、__________和__________三个部分组成。

4. OpenFlow 是一个用于控制器（controller）和交换机（switch）之间的控制协议，是最受关注的__________向接口协议。OpenFlow 将控制功能从网络设备中分离出来，在网络设备上维护__________结构，数据分组按照__________进行转发。

二、简答题

1. 简述基于 XML 的 SDN 的架构。
2. 简述 SDN 交换机的类型及各自的特点
3. 什么是 NFV？浅谈 NFV 和 SDN 的融合方法。
4. 简要描述 ETSI 定义的 NFV 架构。

第9章

5G移动网

新兴云服务、超高清在线视频和虚拟现实业务等应用及相关场景相融的元宇宙，需要新型的移动网络。5G能够提供“零”时延的使用体验、千亿设备的连接能力，以实现“信息随心至，万物触手及”的愿景。5G是目前通信产业的制高点，也是提升国家和地区未来竞争优势的重要引擎。本章将介绍5G的总体结构、关键技术、协议与接口、应用场景以及频率划分等内容。

9.1 5G网络构成

5G网络由5G核心网（5th Generation Core，5GC）和下一代无线接入网（NG-Radio Access Network，NG-RAN），以及相关的边缘计算（MEC）等构成。5GC包含有AMF（接入和移动性管理）和UPF（用户面功能）等功能实体；NG-RAN包含有gNB（5G基站）和NG-eNB（在4G接入网基础上新建的5G基站）等基站类别。

9.1.1 5G核心网

1. 5GC的功能结构

基于SBA的5GC网络架构如图9.1所示。在5GC架构中，看到的是由原EPC网络拆分出来的网元功能体（Network Function，NF）。各个NF相互独立，意味着对其中任意一个NF可以进行单独改造，而不影响其他功能体。因此，网络的升级改造更加便利。

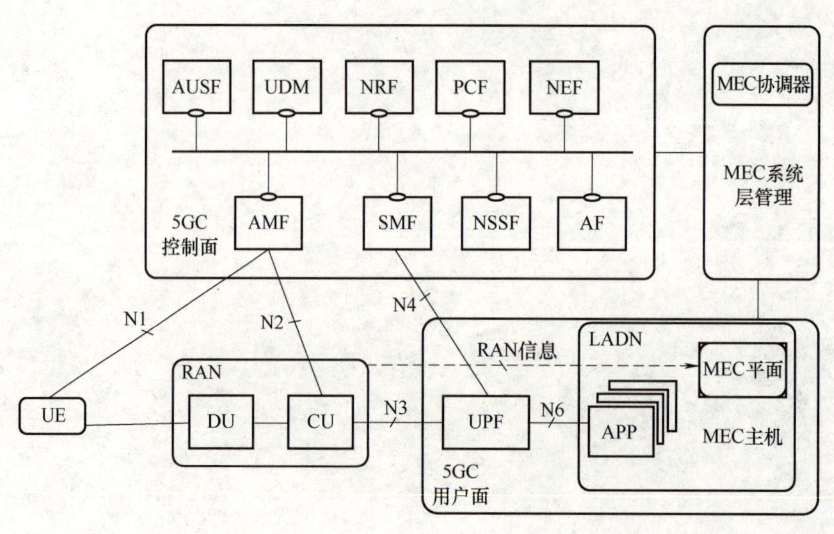

图9.1 基于SBA的5GC网络架构

从2G的电路交换到3G的软交换、IMS，再到4G时代的MME和SGW，总的来说，移动核心网一直沿着功能分离和软件化方向演进，5GC的功能分离更加彻底。图9.1给出了5GC基于云的服务化架构（Service-Based Architecture，SBA）网络结构。5GC将传统的核心网硬件解耦，功能软件被分解为微服务，网络功能运行于通用服务器或迁移至云，实现灵活的网络切片。相比4G核心网，5GC实现了网元虚拟化、网络功能模块化，以软件化、模块化的方式，灵活、快速地组装和部署业务应用。总的来说，5GC完成了一次化整为零、由硬件为主变为以软件为主的演进。不过，不管核心网如何演进，它的三大功能却始终存在，即服务管理、会话管理和移动管理。表9.1给出了5GC各网元功能并与LTE的EPC做了简单的对应。

表9.1　5GC各网元功能以及与LTE的EPC对照

网元	功能	网元与EPC的对应关系
AMF（接入和移动性管理功能）	移动性管理、信令处理、信令路由、安全锚点和上下文管理等	MME的NAS（非接入层协议）控制功能
SMF（会话管理功能）	会话管理、UE的IP地址分配和管理、用户面选择和控制等	MME、SGW、PGW中会话管理和承载控制管理功能
UDM（统一数据管理）	存储和控制签约数据、鉴权数据	HSS、SPR（用户签约数据库）
UPF（用户面功能）	负责用户数据的传输	SGW、PGW用户面功能
PCF（策略控制功能）	统一策略框架支持、策略规划	PCRF（策略和计费执行功能）
NRF（网络注册功能）	维护已经部署的网络信息，处理从其他NRF来的NF发现请求	NA（Not Application，不适用）
NEF（网络开放功能）	可以访问网络提供的信息和业务，为不同的应用场景定制网络服务	NA
NSSF（网络切片选择功能）	决定一个接入UE应该使用哪些服务，进而决定由哪个AMF服务这个UE	NA
UDR（统一数据存储库）	存储和获取签约数据、策略数据，以及用来暴露给外部的结构化数据	NA
AUSF（认证服务功能）	负责用户认证部分，支撑鉴权服务功能	类似于4G EPC中HSS
AF（应用功能）	提供的应用影响路由、策略控制、接入等	类似于SDN的APP
DN（数据网络）	互联网运营商和第三方提供的数据网	与4G相同

【例9.1】　参考表9.1，结合EPC演进，简述5G核心网主要网元的功能。

MME的移动性和接入管理部分演进为AMF。MME、SGW、PGW的会话管理功能演进为SMF。EPC SGW与PGW用户面的数据路由和转发功能合并为UPF。UDM负责前台数据的统一处理，包括鉴权数据、用户标识等；AUSF配合UDM的鉴权数据处理；UDR和UDSF负责后台数据存储功能；NEF负责对外开放网络的数据；NRF负责对NF

进行登记和管理，NSSF用来管理网络切片的相关信息；传递用户信息的用户面功能主要由UPF实现。

2. 5GC的服务架构

图9.1所示的结构也被称为基于服务的架构（SBA），对5GC的定义和描述是从服务和功能的角度，而非具体的物理实体。SBA通过模块化实现网络功能间的解耦和整合，解耦后的网络功能（服务）可以独立演进、按需部署；各种服务采用服务注册、发现机制，实现了各自功能在5GC中的即插即用、自动化组网；同一服务可以被多种NF（网络功能）调用。服务架构关键技术如下：

1）服务的提供通过生产者（Producer）与消费者（Consumer）之间的消息交互实现。支持NF之间按照服务化接口交互。交互模式可简化为以下两种。

Request/Response（请求/响应）模式：NF-A（网络功能服务消费者）向NF-B（网络功能服务生产者）请求特定的网络功能服务，服务内容可能是进行某种操作或提供一些信息。

Subscribe/Notify（订阅/通知）模式：NF-A向NF-B订阅网络功能服务。NF-B对所有订阅了该服务的NF发送通知并收到返回结果。

2）实现了服务的自动化注册和发现。NF通过服务化接口，将自身的能力作为一种服务暴露到网络中，并被其他NF调用；NF通过服务化接口的发现流程，获取拥有所需NF服务的其他NF实例。这种注册和发现是通过5GC引入的新型网络功能（NF Repository Function，NRF）来实现的，NRF接收其他NF发来的服务注册信息，维护NF实例的相关信息和支持的服务信息；NRF接收其他NF发来的请求，返回对应的NF实例信息。

3）采用统一服务化接口协议。为实现虚拟化、微服务化，5GC的接口协议栈在传输层采用TCP（传输控制协议），在应用层采用HTTP（超文本传输协议）。

9.1.2 无线接入网

1. 5G无线接入网接口

通过5G为用户提供无线接入服务的RAN（无线接入网）节点称为gNB，统称基站。其负责无线时频资源的调度、管理，信道分配等功能，类似于核心网面向服务的架构，3GPP对gNB的描述也倾向于服务和功能，而非具体的实体。因此，gNB在部署形态上既可以采用传统的多扇区基站模式，也可以采用一个基带单元（BBU）连接多个射频单元（RRU）的模式。在后一种模式中，射频单元可以在地域上分离，比如在室内或者沿街道部署多个RRU。因此，这种模式弱化了原先蜂窝小区覆盖的概念，称为Cell-free。无线接入网接口如图9.2所示。基站

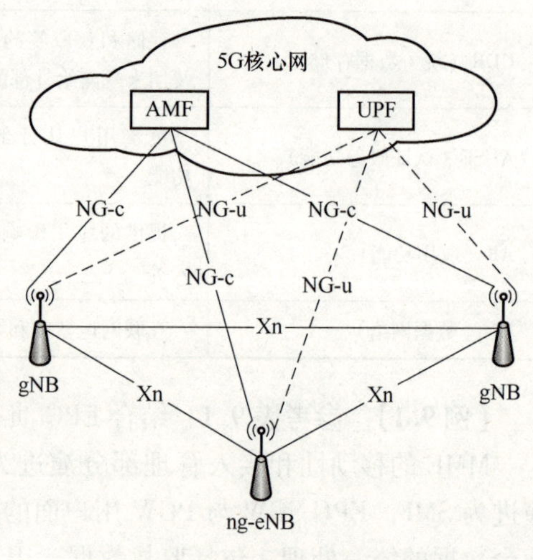

图9.2 无线接入网接口

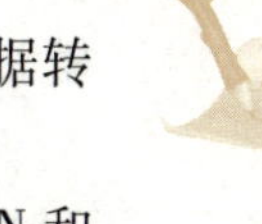

之间通过 Xn 接口互连，基站通过 NG 接口与核心网连接。

Xn 接口分为用户面（Xn-u）接口和控制面（Xn-c）接口，其中 Xn-u 支持数据转发和流控制功能；Xn-c 支持 Xn 接口管理、UE 移动性管理、双连接等功能。

NG 接口也分为用户面（NG-u）接口和控制面（NG-c）接口。NG-u 是 NG-RAN 和 UPF 之间的接口，支持数据传输和 QoS 流标识功能；NG-c 是 NG-RAN 和 AMF 之间的接口，支持 NG 接口管理、UE 上下文管理和移动性管理、寻呼、PDU 会话管理、NAS 和报警消息传输等功能。

2. 5G 无线接入网基本单元

以下给出在 5G 无线组网中可能用到的各个物理单元。

1）射频拉远单元（Remote Radio Unit，RRU）：主要用于将射频空口收/发的模拟信号（Analog signal）和移动系统内部的数字信号进行转换，即 D/A 或 A/D 转换等。

2）有源天线单元（Active Antenna Unit，AAU）：将射频模块（RU）和天线模块（AU）集成在一起，是继 RRU 之后的一种新的射频模块形态。

3）基带处理单元（Base-Band Unit，BBU）：主要用于对数字基带信号的处理，如调制/解调、压缩/解压缩、编码/译码等数字信号处理。BBU 有自己的操作系统，可以管控与其相连的 RRU，是核心网与 RRU 或其他通信节点之间的沟通桥梁。

4）远程单元（Remote Unit，RU）：一个负责处理 DFE（Digital Front End，数字前端）和部分 PHY（物理层）功能的无线电单元，RU 是 AAU 的一部分。

5）分布式单元（Distributed Unit，DU）：靠近 RU 的分布式单元，主要实现 RLC、MAC 和部分 PHY 层功能。该逻辑节点包括 eNB/gNB 功能的子集，具体取决于功能拆分选项，其操作由 CU 控制。

6）集中式单元（Centralized Unit，CU）：负责处理 RRC、PDCP 等高层协议的中央单元。gNB 由一个 CU、一个或多个 DU 组成，DU 通过 F1-C 和 F1-U 接口，分别连接到 CU 的控制面 CU-C 和用户面 CU-U。CU 可以通过中传接口对多个 DU 进行集中式管理。具有多个 DU 的 CU 支持多个 gNB。分离架构使 5G 网络能够根据中传可用性和网络设计，在 CU 和 DU 之间利用不同的协议栈进行部署。

3. RAN 基站构架演进

移动通信网络 RAN 基站构架的演进可分为以下 3 个阶段。

1）一体化基站，也称传统基站。BBU、RRU 以及其他配套设备放在一个机柜中，和 RF 天线之间利用馈电电缆（Feeder cable）连接，每个基站自成体系，频宽低、扩增困难。

2）分布式基站 D-RAN（Distributed RAN），也称分离式基站（Distributed Base Station，DBS）。将 RRU 和 BBU 进行分离，RRU 和 BBU 之间利用光纤连接，BBU 依然放置在机柜内，而 RRU 则可以放在室外，甚至可以放到天线铁塔上。每个 BBU 可以带多个 RRU，既增加了频宽，也便于天线部署。

3）集中式基站 C-RAN（Centralized RAN 或 Cloud RAN，云 RAN），也称整合型基站（Integrated Base Station）。延续 D-RAN 的 BBU 和 RRU 分离，进一步使 RRU 接近天线单元以减小馈线损耗，而 BBU 则集中到中心机房（Central Office，CO）并云化，成为 BBU 池，位于 CO 的 BBU 池通过光纤与 RRU 连接。因为频宽的大幅增加和技术的进

步，可以将 RF（射频）天线和 RRU 进行整合，一个 RRU 可支持众多的天线，如大规模 MIMO。

C-RAN 发展的促进因素主要在于成本、能耗和效率，无论是一体化基站还是 D-RAN，基站的机柜架设、维护成本以及能耗都相对较高。“潮汐效应”导致部分基站的处理能力没有得到充分的利用，又无法与其他基站共享而导致处理能力的浪费。C-RAN 通过集中并云化 BBU，协调大量远端的分布式无线网络，以覆盖上百个基站的范围，实现资源的高效利用。

4. 5G 网络传输架构

相比 4G，5G 无线接入网架构发生了较大变化，其 BBU 裂化为 CU、DU 两部分，5G 基站重构为 CU、DU、AAU 三级架构，如图 9.3a 所示，根据场景和需求，CU 和 DU 可以分开部署，也可以合一部署。当 CU 和 DU 分开部署时，需要在 CU 和 DU 之间部署“中传”，这样 5G 承载网就从 4G 网络的前传和回传两部分变成了前传、中传、回传 3 部分。

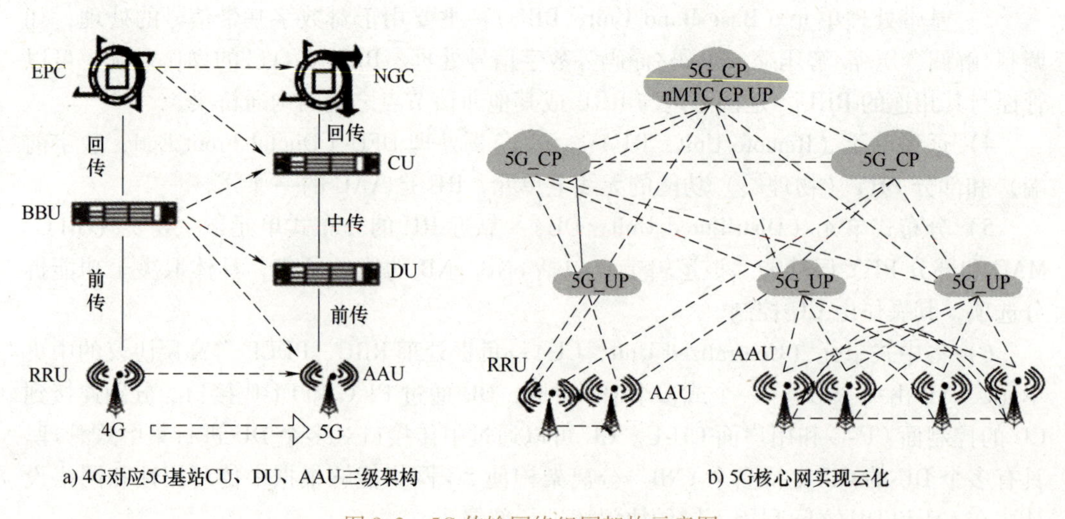

图 9.3　5G 传输网络组网架构示意图

前传网络部署在 AAU 和 DU 之间，传递无线侧网元设备 AAU 和 DU 间的数据。前传网络实现 5G 的 C-RAN 场景信号的透明传输，前传接口由 10Gbit/s CPRI（通用公共无线接口）升级为 25Gbit/s CPRI 或自定义 CPRI 接口。

中传网络部署在 DU 和 CU 之间，传递 5G 无线侧网元设备 DU 和 CU 间的数据。在网络实际部署时，城域网接入层可同时承载中传和前传业务，随着 CU 和 DU 云化部署的发展，中传网络也需要支持面向云化应用的灵活承载。

回传网络部署在 CU 和核心网之间，传递 5G 无线侧网元设备 CU 和核心网网元间的数据。回传网络实现 CU 和核心网、CU 和 CU 之间相关流量承载，由接入、汇聚和核心层构成。由于核心网演变为 5G 核心网和多接入边缘计算 MEC 等，同时 5G 核心网云化部署在省干和城域核心层的大型数据中心（DC），MEC 部署在城域汇聚层或更低位置的边缘数据中心。因此，城域核心汇聚网络将演进为面向 5G 回传和数据中心 DC 互联的统一承载网络。

如图9.3b所示，5G核心网云化之后，其UPF按需下沉，图中UP为用户面，CP为控制面。受业务发展驱动，5G核心网引入了SDN（软件定义网络）和NFV（网络功能虚拟化）技术，发展成满足全业务接入和服务全业务场景的云化网络架构，通过网络切片功能实现不同业务的隔离。5G网络架构使网元设备之间的连接变为云之间的互联组网，且通过云技术使得部分核心网UPF下沉到RAN。

5. 5G基站部署

5G网络部署的基站有两种类型：NG-eNB与gNB。NG-eNB是在LTE无线接入网中建立的5G基站，基于LTE空口（Uu）。NG-eNB等同于LTE中的eNodeB，NG-RAN是现有4G无线入网的升级，以支持5G的相关特性。部署NG-eNB的作用就是为了提高5G建网初期的覆盖率，该类型基站结构及工作原理采用LTE技术，无法支持超低时延、超高速率的业务。gNB是基于5G新空口（New Radio，NR）的基站，属于完全5G基站，满足5G定义的所有关键性能指标（KPI）要求及支持所有典型业务，支持比NG-eNB更高的空口速率。因此，gNB对于前传和回传的带宽，以及时延都提出了更高的需求。gNB的BBU被分为CU、DU两种实体，实现了实时功能和非实时功能的分离。gNB架构如图9.4所示。

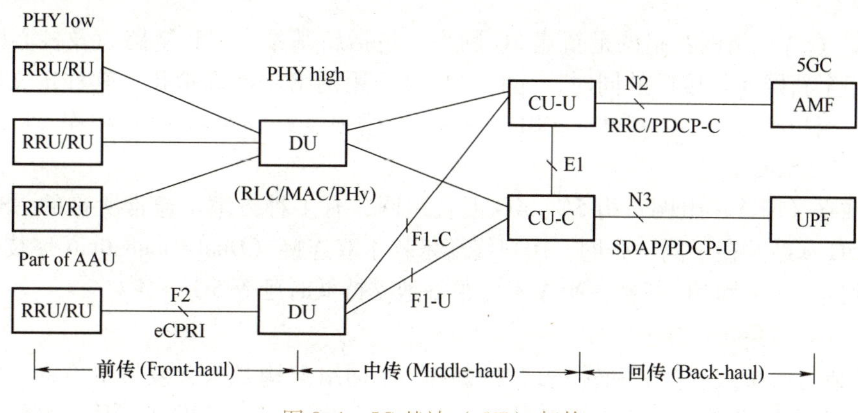

图9.4　5G基站（gNB）架构

集中式基站部署允许在不同RU（射频模块）之间进行负载平衡，这就是为什么在大多数情况下，DU（分布式单元）将与RU搭配以执行所有密集处理任务。以CU为中心的基带处理可提供低延迟、具有实时干扰管理功能的无缝移动性和资源优化。连接RU和DU的底层接口是eCPRI，可以提供最低的延迟，前传延迟被限制为100μs。需要注意的是，DU/CU拆分几乎不受基础设施类型的影响。新的接口主要是DU和CU之间的F1接口，它们需要能够跨不同的供应商网络互操作，以真正实现开放的RAN（OpenRAN）。中传将CU与DU连接起来。CU通过回传网连接到4G/5G核心网，5G核心网距离CU最多可达200km。

9.1.3　5G组网架构

1. 5G的渐近性组网

5G网络部署具有渐近性，即运营商在原有基础设施的基础之上，逐步地建设和完

善5G网络。在5G网络覆盖范围内，同时也可以搜索到4G、3G甚至2G网络的信号。5G有两种组网方式：NSA（非独立）组网和SA（独立）组网，如图9.5所示。随着5G技术的成熟，绝大多数运营商都将逐渐转向SA组网。

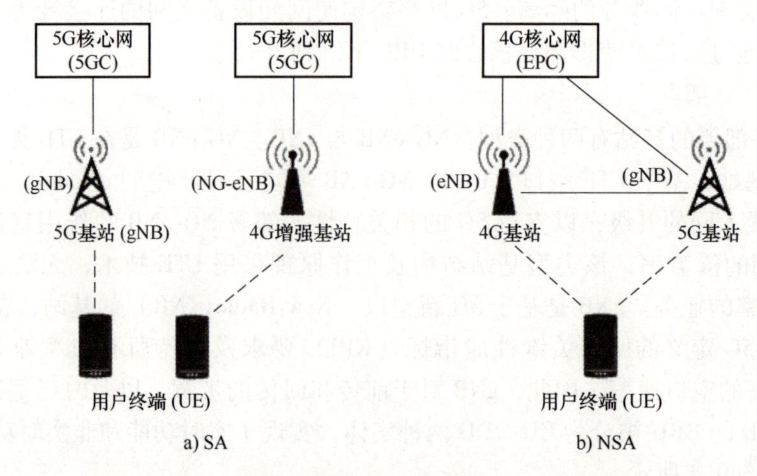

图9.5 SA与NSA 5GC

独立（SA）组网：指的是新建5G网络，包括新基站、回程链路以及核心网。SA在引入了全新网元与接口的同时，还将大规模采用网络功能虚拟化、软件定义网络等新技术。用户终端与5G基站（gNB）或者4G增强基站（NG-eNB）相连，后端接入5G核心网（5GC）。

非独立（NSA）组网：指5G、4G混合组网，有多种方案。通常所称的NSA，4G基站和5G基站共存于同一张网。用户终端依赖于双连接（Dual-connectivity）技术，同时连接到4G基站和5G基站。NSA不能很好地支持低时延等5G业务。

2. 5G“三朵云”架构

“三朵云（接入、控制和转发）”的新型5G网络架构是未来发展的方向，但实际网络发展在满足未来新业务和新场景需求的同时，也要充分考虑现有移动网络的演进途径。

接入云支持多种无线制式的接入，融合集中式和分布式两种无线接入网架构，适应各种类型的回传链路，实现更灵活的组网部署和更高效的无线资源管理。

控制云实现局部和全局的会话控制、移动性管理和服务质量保证，并构建面向业务的网络能力开放接口，从而满足业务的差异化需求并提升业务的部署效率。

转发云基于通用的硬件平台，在控制云高效的网络控制和资源调度下，实现海量业务数据流高可靠、低时延、均负载的高效传输。

3. 5G承载网总体架构

5G承载网络需要具备差异化的网络切片服务能力，总体目标架构如图9.6所示，包括管理控制平面、转发平面和同步支撑网三部分，通过转发平面的资源切片和管理控制平面的切片管控能力，为5G各类应用、移动网络互联以及家庭宽带等业务提供差异化服务能力。

图9.6中，SR为5G承载网新技术；SDN以OpenFlow为核心技术，通过将网络设

备的控制面与数据面分离，从而实现网络流量的灵活控制；移动云引擎（Mobile Cloud Engine，MCE）是云化无线接入网（CloudRAN）的集中控制管理逻辑实体，它包含了RAN的非实时功能；MEC为移动边缘计算；vEPC（虚拟化演进分组核心网）对4G核心网EPC实现虚拟化，并作为5G总体架构的一部分实现核心网功能下移。

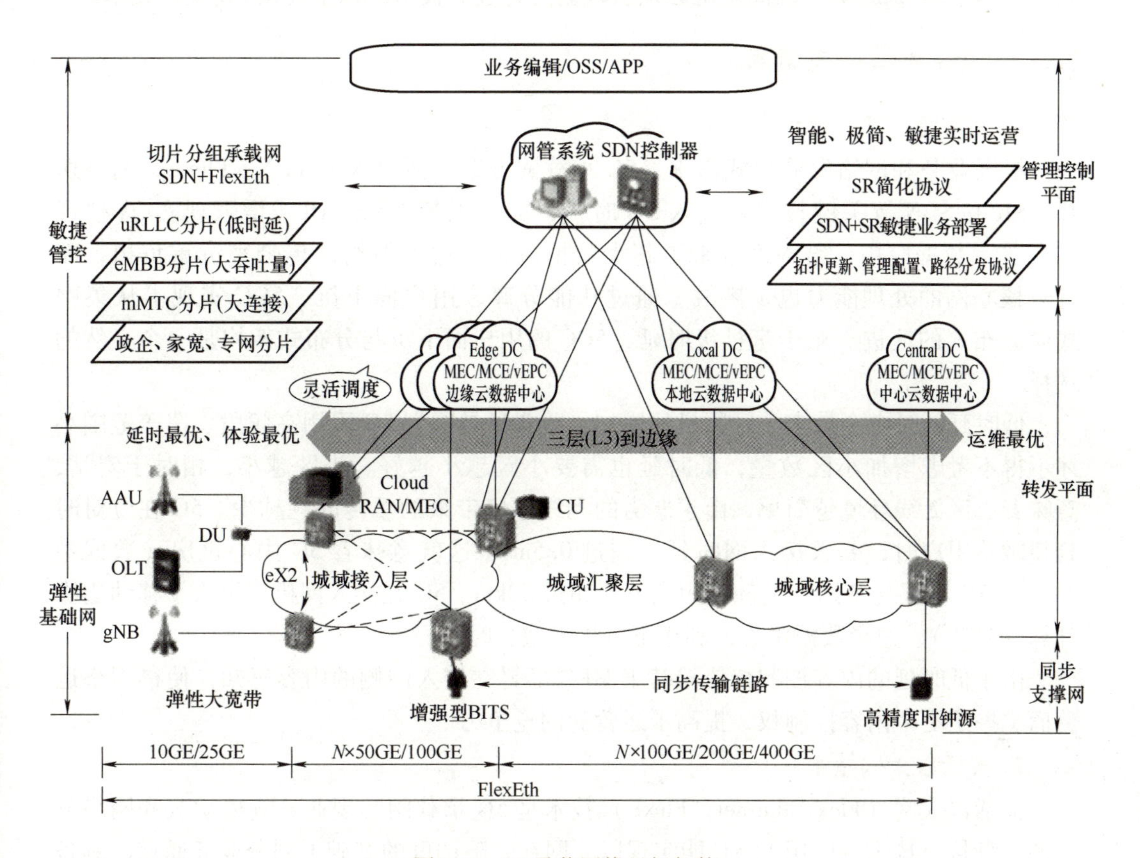

图 9.6　5G 承载网络目标架构

转发平面具备分层组网架构、网络切片能力和多业务统一承载能力。

管理控制平面具有统一管理、协同控制和智能运维能力，它既要管理和控制SDN网元，还应灵活配置网络资源以及各项业务。

同步支撑网提供频率同步和时间同步。①频率同步：从线路码流内提取时钟，以同步以太网传输技术实现；②时间同步：由于GPS存在难选址、难安装、成本高和不安全等因素，因此LTE、5G基站需要承载网提供精确的时间同步信号。为了实现频率和时间同步，可以在5G承载网络的指定局点（如CU所在汇聚机房）部署小型化增强型BITS（大楼综合定时供给设备）时钟，另外，还可以提升时间源头设备精度和承载设备同步传输能力，采用高精度PTP（精确时间协议），提供满足LTE、5G基站要求的时间同步信号。

切片分组承载网能够提供灵活可靠的切片承载，其中隧道隔离、VPN隔离和QoS调度是常用的软切片方案。针对特定的网络切片需求，可采用FlexE（灵活以太网）技术，结合智能化管控，基于硬管道为特定业务提供硬切片承载方案。

9.2 5G 关键技术

5G 系统要求的业务指标包括：单站接入带宽高达 10Gbit/s；时延最低达 1ms；时间同步小于±1.5μs 等，因此系统必须引入更为先进的技术。以下介绍 5G 关键技术。

9.2.1 5G 承载网关键技术

1. 大带宽、低时延和高同步

根据业务和网络发展模式需求，5G 承载网方案灵活引入了 VPN、FlexE、网络切片、SR 和 SDN 等关键技术。进入 5G 时代，高清视频、VR/AR（增强现实/虚拟现实）等大数据应用，给网络带来了超大数据流量，这不但给回传带来沉重负担，而且对核心网的处理能力也是挑战。通过功能分离、用户面下沉，5GC 实现了从集中式向分布式的演进。对于毫秒级时延，5GC 的用户面下沉与分布式架构是一个必然的选择。

低时延同时也会带来小区数量的增加。并非只是因为 5G 采用高频段、覆盖范围小才不得不考虑增加小区数量，低时延也需要小区越小越好。小区越小，相对于宏站，意味着小区无线环境越简单，由于恶劣的无线环境带来的重传问题越少。5G 在应对时延超敏感用户时，要求接入网时延不超过 0.5ms，这就意味着 5G 中心机房（数据中心）与 5G 小区（基站）之间的距离不能超过 50km。5G 在接入网机房引入了移动边缘计算（MEC）、边缘数据中心，利用下沉技术减少时延。

由于低时延的内容控制权依赖基于 MEC 部署在接入网侧的内容感知，使得网络运营商掌握了更多内容控制权，提高了运营商的竞争力。

2. 灵活以太网技术

灵活以太网（Flex Ethernet，FlexE）技术是 5G 承载网实现业务隔离承载和网络分片的一种接口技术。应用 FlexE 能实现以太网在时隙调度的基础上划分业务通道，具备多个以太网弹性硬管道，使网络具有良好的隔离性。同时还具备以太网的高效性、统计时分复用等优势。从第一代以太网到 FlexE，以太网的发展历程如下：

第一代以太网（Native Ethernet）：从 1980 年开始，广泛应用于企业以及数据中心的互联。

第二代以太网（Carrier Ethernet）：从 2000 年开始，一直沿用到现在，主要面向运营商网络，广泛应用于电信级城域网、3G/4G 移动承载网、专线专网接入等。

第三代以太网（FlexE）：具有带宽灵活可调、数据隔离、完美契合 5G 业务等特点。随着 5G 时代的云服务、AR/VR、车联网等新业务涌现，FlexE 技术将得到进一步的发展。

FlexE 技术在以太网 L2（MAC）、L1（PHY）之间增加了 FlexE Shim（垫片）层，Flex Shim 层基于时分复用分发机制，将多个 Client（客户端）接口的数据按照时隙方式分发至多个不同的子通道。以 100GE（Gigabit Ethernet）管道为例，通过 FlexE Shim 可以划分为 20 个 5GE 速率的子通道，每个 Client 侧接口可指定使用某一个或多个子通道，实现业务隔离。FlexE 还能够实现大端口的捆绑功能，有效地解决之前网络带宽升

级的问题。FlexE 分片基于时隙调度将一个物理以太网端口划分为多个以太网弹性硬管道。

3. 段路由技术

属于路由转发的段路由（Segment Routing，SR）技术分为 SRv6 和 SR-MPLS，其中 SRv6 是基于 IPv6 的 SR 解决方案；SR-MPLS 技术与传统的 MPLS 的区别主要体现在 SR 域不再部署 LDP 等标签协议，通过对内部网关协议（IGP）扩展 SR 属性，由 IGP 分发段 ID（相当于 MPLS 域的标签）；段 ID 与 LSP（标签交换路径）数量无关，从而减少了所需资源的数量。以 SR-MPLS TE 为例，SR 路由器将拓扑和标签信息上报控制器；控制器生成标签（段 ID）转发路径，将隧道配置和标签（段 ID）栈信息下发给 SR 节点；SR 节点根据隧道配置和标签（段 ID）栈信息建立 SR-TE 隧道。数据包到达时，不同的 SR 节点分别执行压入标签（段 ID）栈、标签（段 ID）弹出、标签路由等动作。

5G 对承载网要求较高，随着 5GC 的部署，基站的流量需要穿过城域网以及 IP 骨干网。在典型场景下，城域网的接入环有 8~10 个节点，汇聚环有 4~8 个节点，核心环也有 4~8 个节点；在 IP 骨干网，流量还需穿过多个路由器节点。作为一种隧道技术，SR 可以方便地实现大规模的隧道部署。结合 SDN 智能控制技术，SR 技术将推动 IP 网络向路由智能计算和路径可控方向发展，具备类似于传输网的功能和性能。

9.2.2　无线接入网关键技术

1. 大规模 MIMO

为了提升 MIMO 系统性能，贝尔实验室的 T. Marzetta 教授提出了大规模 MIMO（Massive MIMO）。实验研究表明，Massive MIMO 可以极大地增加系统空间维度、空间分辨率、数据传输速率，并且降低了功耗。相比传统 MIMO 系统，Massive MIMO 有以下优势。

1）信道的渐近正交。基站部署几百根天线，形成天线阵列且阵元距离足够大。空闲用户间的无线信道会出现正交，有效地抑制了用户间干扰和噪声干扰，从而提升了空间复用增益。

2）低信号处理复杂度。在天线数量巨大的情况下，影响系统的主要参数仅为大尺度衰落因子，小尺度衰落被平均化。因此，对于系统的设计和优化仅需要考虑大尺度衰落。另一方面，由于用户和基站之间的信道向量渐近正交，消除干扰和噪声仅需要线性链路预编码。

3）低功率消耗。在保证用户服务质量的前提下，可以通过增加天线数量的方法按一定比例降低发射功率，从而大幅降低系统的功率开销。

4）高空间分辨率。在天线数量巨大的情况下，基站的波束将变得非常窄，具有极高的方向选择性和赋形增益，可以有效地通过指向性波束来区分不同空间分布的用户。式（9.1）给出了一维天线阵列相邻天线振子距离 d、相对相位差 $\Delta\varphi$ 与波束方向 θ 的关系的简单计算式，其中 θ 为天线振子连线的垂线与波束（主瓣）方向的夹角。

$$\Delta\varphi=\frac{2\pi}{\lambda}d\sin\theta \tag{9.1}$$

除了波束赋形与波束导向外，为了实现更好的方向性、更好地抑制旁瓣，还需要给各天线振子施加不同的衰减。由此可以总结出波束赋形就是利用天线阵列，调整各天线单元的幅度和相位，使得天线阵列在特定方向上的信号相干叠加，而其他方向的信号则相互抵消。

大规模MIMO除了能提升波束赋形的增益，还有一个更重要的意义，就是拓展波束赋形的维度。16T16R（即16根发射天线、16根接收天线）以下的大规模MIMO天线阵列，通常只能提供水平2D的波束赋形；而当MIMO规模增加到32T32R，甚至64T64R时，则可以支持水平和垂直的3D波束赋形。波束赋形技术结合了传输分集和空间复用的特点，具有许多优势：聚焦波束能量，减少不必要的功率消耗，从而提高了能量效率；将能量聚焦在指定方向上，从而增大了相同能量/功率下可覆盖的范围；具有较强的方向性，减少了对其他终端的干扰，也就是允许更多用户同时通信，提升了小区容量。

关于波束赋形的具体实现方式，共有3种方式：数字波束赋形（Digital Beamforming，DBF）、模拟波束赋形（Analog Beamforming，ABF）和模数混合波束赋形（Hybrid Analog-Digital Beamforming，HAD-BF）。前两者都有明显的缺陷而不适用于大规模MIMO技术，因此实际使用的是模数混合波束赋形。

2. 毫米波射频技术

无线电频谱资源是有限且稀缺的，当前低频段（如Sub-6G）的频谱资源大部分已经被各种现存业务占据，频率更高的毫米波频段则有丰富且连续的频谱资源。由于拥有较大的可用带宽和为用户提供Gbit/s数据传输速率的潜力，毫米波射频技术在5G中发挥着关键的作用。

由于FR2（24250~52600MHz）部分波长进入了毫米波范畴，因此也被称为毫米波。毫米波技术的主要优势包括带宽大、抗干扰能力强和易于小型化等。毫米波的缺陷主要表现在路径损耗大、接收孔径小、穿透损耗大和绕射性能差等。面对毫米波的优势和存在的缺陷，下面给出如何利用好毫米波的方法及相关技术。

1）合理的部署场景。毫米波适合室内小范围的覆盖，其优势包括：可用带宽大，适用于室内密集的通信场景和大数据量的通信业务；室内条件利于毫米波设备的布设和覆盖；毫米波还能提供精确的定位功能，适用于室内定位的应用场景。室外覆盖的一种部署场景是自回传，即使用一个空口通过单跳或者多跳实现接入和传输。使用自回传一方面可以实现毫米波的覆盖，另一方面可以借毫米波的高性能代替一部分的光纤接入，实现无线回程链路。

2）大规模MIMO和波束赋形是支持毫米波通信的核心技术，借由大规模MIMO天线阵列产生的高增益波束赋形，可以补偿毫米波路径损耗带来的覆盖问题。通过波束赋形以及波束对齐则可以实现精准的发射与接收，在减小干扰的同时还解决了接收孔径小的问题。也正是毫米波波长短的特性，使得大规模MIMO天线的小型化成为可能。

3）双连接。毫米波不可能完全取代低频段的通信网络，而是作为服务需求集中地区的一种补充，相应的低频段通信网络则作为广覆盖的一种保证，双连接可以保证最好的服务效果。

4）微基站、小小区。提高毫米波的覆盖效果需要通过大量、全方位地布设基站，

这样才能保证通信质量。毫米波本身易于小型化，为微基站的布设提供了设备条件；小区的划分也转变为小小区的形式。

3. 密集蜂窝组网技术

密集组网或者超密集组网是通过大量密集部署的小微基站形成分布更密集的无线接入网络，解决高频段网络的覆盖问题，同时适应热点应用场景中对高流量密度、高通信速率的需求。密集组网如图 9.7 所示，以下介绍其两种部署模式，以及两者不同的干扰管理抑制和资源调度方式。

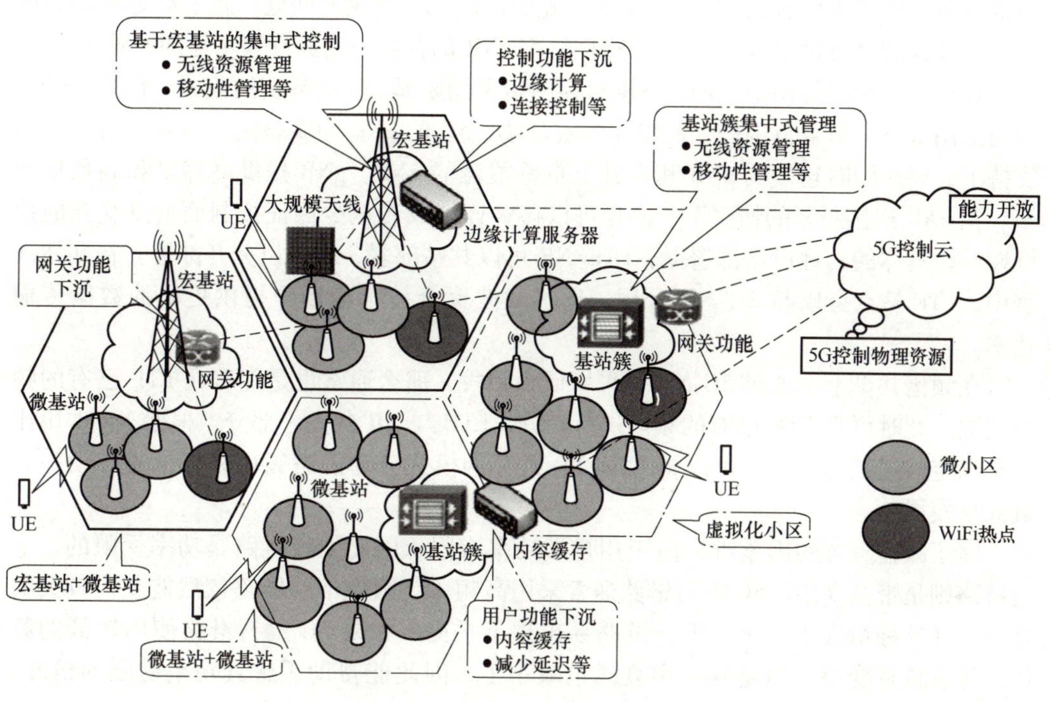

图 9.7 密集组网的部署模式

（1）宏基站+微基站

在此模式下，宏基站负责广域、高移动性、低速率需求的业务传输，而微基站则负责热点区域的高带宽、高速率业务，在保证覆盖的情况下，提升用户的实际体验。在此，宏基站还承担了覆盖和协调微基站的任务，而微基站则承担具体的高带宽接入业务，类似于 SDN 中的控制与转发解耦，也实现了控制与承载的解耦。

（2）微基站+微基站

为了能实现与“宏基站+微基站”模式中同样的统筹协调功能，需要在各微基站间建立一个虚拟化小区，即小区内各微基站共享自身的部分资源，簇内微基站通过共享的资源实现控制面功能，对各微基站的传输进行协调。在此模式下，还可以同时调动同一小区内所有微基站所构成的虚拟宏基站，在网络负载低时，向用户发送相同数据，从而实现小区内的分集增益。

（3）小区干扰管理和抑制策略

①自适应小区分簇：动态形成小区分簇，自适应地关闭无连接或空闲的微基站，

从而减少了小区间的干扰；②基于集中控制的多小区相干协作传输：小区在传输时协调周边小区，使终端能够通过相干解调技术降低干扰；③基于分簇的多小区频率协调技术：通过整体协调，为各分簇统一优化分配频谱资源，从而减少簇间干扰。

4. LTE/NR 频谱共存

5G 网络规划了毫米波和 Sub-6G，但由于毫米波布设、组网成本较高，因此早期 5G NR 的关注点集中在 Sub-6G 上，而 Sub-6G 也有其面临的问题：频率范围相对较低，而此频段已广泛分配给 LTE 系统使用，总的剩余空闲频谱较少，没有足够连续的大段频谱资源，因此难以满足 5G 系统中大带宽的需求。要解决此问题，除了对先前 LTE 的频谱资源分配进行再整合外，实现 LTE 与 5G NR 的共存也是必须要考虑的问题。

在整体的网络架构上，LTE/NR 共存网络采用宏基站+微基站的模式。LTE 的 eNB 因为采用低频，覆盖范围广，所以作为宏基站，5G 的 gNB 为微基站。在双连接技术的支持下，终端同时连接到 gNB 和在其上重叠覆盖的 eNB。gNB 提供高容量和高数据速率。在 gNB 连接断开的情况下，eNB 可以接替连接或者至少保证控制面信息交互的持续性。在具体的物理设备部署上，LTE/NR 可以共站部署，也可以分开部署。在共站部署中，LTE 站点可以与 5G NR 合用，通过载波聚合技术给用户提供更高的数据传输速率。

在频谱共享上，如果 5G NR 也采用低频频段，那么通常也是部署在 LTE 已有的频段范围。此时可将 LTE 已有的频段进行切分，LTE 与 NR 各占一部分。根据 NR 占用比例是固定的还是动态的，可以将 LTE/NR 共存的模式分为静态频域共享模式和动态频域共享模式。

除了频谱资源的因素外，由于用户端功率有限，因此上行链路是功率受限的，下行链路则是带宽受限。5G 下行链路通常采用高频段，因此下行链路依然能获得较大的带宽。在这种情况下，上、下行链路易出现不平衡。如果 5G 上行链路使用较低的频段，尽管带宽变小，但是其功率衰减也减小了，因此能帮助缓解其功率受限的情况，依旧能获得较大的传输速率，从而保障了上下行链路的一致性。3GPP 为 LTE/NR 频谱共存规划了以下两种使用场景：

1）上下行共存：此场景中，上下行链路均存在 LTE 与 NR 的频谱共存。

2）补充上行（Supplenmentary Uplink，SUL）：此场景中，LTE 与 NR 仅在上行链路中在低频段有频谱共存，而 NR 的下行链路则在 NR 专用的高频段频谱中。

9.2.3 网络切片技术

网络切片是服务于特定用户群和特定业务的逻辑网络。不同的逻辑网络实质上可能构建于相同的硬件设施之上，但从不同业务的角度看，却好像处于不同网络之中，犹如同一台计算机上的多台虚拟机。在核心网层面，构建一个切片逻辑网络实质上就是对网元功能体的一个组合过程。如需要提供 uRLLC（超高可靠和低时延通信）服务，就需要构建一个网元功能体的逻辑组合。

1. 目的和需求

当前 5G 移动通信网络不仅强调以人为核心，更强调的是万物互联的全新业态，三大应用场景性能需求如图 9.8 所示。5G 网络在硬件层面应尽量做到通用和相对稳定，

相应的功能分化提升到软件端，最终做到用一套网络硬件体系实现多种业务功能，这就是网络切片的目的。

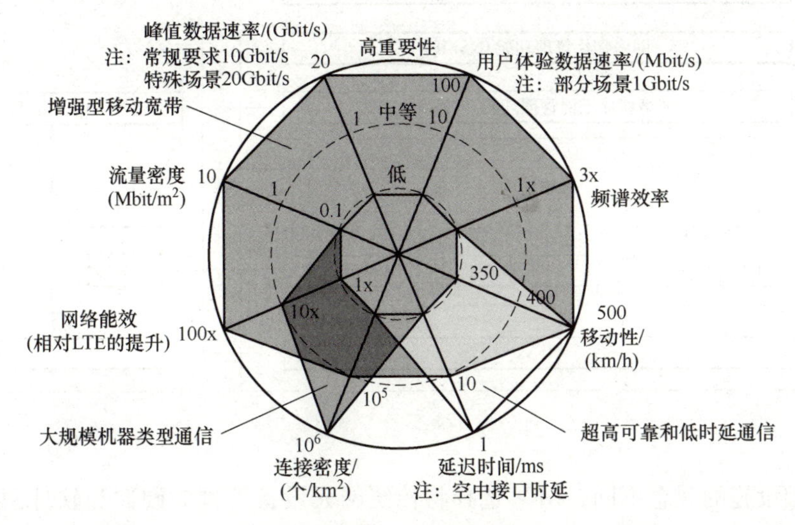

图 9.8　不同应用场景的性能需求

网络切片是一种面向需求的组网方式，运营商可以在统一的硬件和基础设施的基础上，将网络实体划分成多个虚拟的端到端网络。一个网络切片由一组 NF（网络功能）、运行网络功能的资源以及这些网络功能所需的特定配置组成，这些网络功能以及相应的配置就组成一个完整的逻辑网络。逻辑网络至少包含无线网子切片、承载网子切片、核心网子切片、终端子切片以及切片管理系统。

5G 服务是多样化的，业务对网络的要求各不相同，比如工业自动化要求低时延、高可靠，但对数据速率要求不高；高清视频无须低时延，但要求超高速率，不同的网络切片能够适配不同的业务和场景。网络切片允许运营商动态创建与配置网络并定义其功能，能做到功能按需定制、动态编排，满足多样的业务需求；不同切片为不同业务搭建不同的网络“虚体”，逻辑隔离保证不同切片之间互不干扰，切片上的业务也互不干扰。

2. 网络切片关键部件

在图 9.9 所示的网络切片管理域中可以看到一些网络切片关键部件，包括：

1）通信业务管理功能（CSMF）：承接用户的业务申请，将其转换为网络切片请求，并转达给 NSMF。

2）网络切片管理功能（NSMF）：接收到 CSMF 送来的切片请求后，NSMF 负责切片的管理与设计。根据子域/子网的能力对其进行分解和组合，并将对其的部署要求发送到 NSSMF，通常 NSMF 需要同时协调无线网、承载网与核心网等。

3）网络切片子网管理功能（NSSMF）：无线网、承载网、核心网均有自身的 NSSMF，NSSMF 会将自身的子域/子网的功能上报给 NSMF，并等待 NSMF 的部署，在部署要求下达后实现其内部的自治部署与使能，并对其进行管理监控。

4）网络功能虚拟化（NFV）：网络切片的前提与核心。与在专用网络中搭建专用

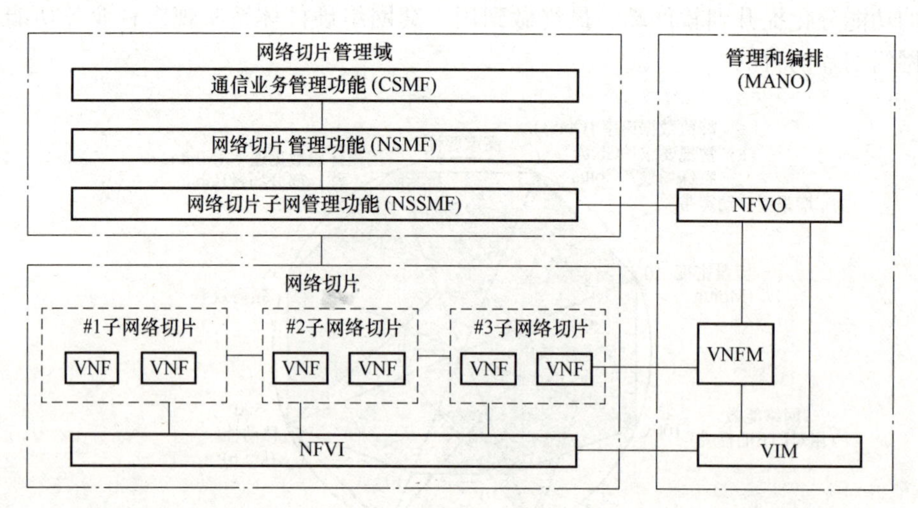

图 9.9　网络切片管理架构

硬件和基础设施的观念不同，NFV 选择将传统网元设备解耦为硬件和软件两部分，硬件用高性能的通用服务器、交换机、存储器等工业标准硬件实现，而其功能也即软件部分则由虚拟网络功能（VNF）承担，因此通过改变软件部分即可实现不同功能。NFV 可能由一个或者多个虚拟机组成。虚拟机运行不同软件、实现不同的功能，从而代替专用硬件。

3. 网络切片管理架构

在图 9.9 中，网络切片管理架构包括通信业务管理、网络切片管理、网络切片子网管理。其中 CSMF 实现业务需求到网络切片需求的映射；NSMF 实现切片的编排管理，并将整个网络切片的 SLA（服务等级协议）分解为不同切片子网（如核心网切片子网、无线网切片子网和承载网切片子网）的 SLA；NSSMF 实现将 SLA 映射为网络服务实例和配置，并将指令下达给管理和编排（MANO）单元进行网络资源编排。

MANO（Managementand Orchestration，管理和编排）由 NFVO（NFV Orchestrator，NFV 编排）、VNFM（VNF Manager，VNF 管理）和 VIM（Virtualised Infrastructure Manager，虚拟化基础设施管理器）组成，提供了 NFV 的整体管理和编排。凡是带“O”(Orchestration，编排，统筹）的组件都有一定的编排作用，各个 VNF 以及其他各类资源只有在合理编排下，在正确的时间做正确的事情，整个系统才能发挥应有的作用。

网络切片是端到端的逻辑子网，实现了基于业务场景的网络定制。不同的网络切片之间可共享资源，也可以相互隔离，并可以灵活编排。差异化的业务要求，对 5G 网络提出了新的挑战，通过网络切片技术能够满足不同业务的隔离，不同业务带宽、时延、连接的需求，如#1 子网络切片承载 8K 高清视频 eMBB（增强移动带宽）大带宽业务，#2 子网络切片承载自动驾驶 uRLLC 业务，#3 子网络切片承载 IoT（Internet of Things，物联网）mMTC（大规模物联网通信）超密连接业务。网络切片将一个物理网络切割成多个虚拟的端到端的逻辑子网，每一个逻辑子网都可获得独立网络资源，各切片之间相互绝缘，当某一个切片产生错误或故障时，并不影响其他切片。

4. 切片分组网络技术

切片分组网络（Slicing Packet Network，SPN）的主要功能是使前传、中传，以及回传的端到端组网能力成为可能。每个切片中的网络功能可以在裁剪后，通过动态的网络功能编排形成一个完整实例化的网络架构。网络切片采用 NFV 技术实现，将网络中专用设备的软、硬件功能转移到 VM（虚拟主机），比如在 VM 上实现 AMF、SMF、PCF、NEF、UDM 等功能。VM 基于行业标准的服务器、存储和网络设备，取代了传统网络中的网元设备。

NFV 通过为不同的业务和通信场景创建不同的网络切片，使得网络可以根据不同的业务特征采用不同的架构和管理机制。作为 5G 应对多业务承载需求的措施之一，网络切片如图 9.10 所示，图中的 V2X Svr 为 V2X（Vehicle-to-Everything）业务，3GPP 关于 V2X 的 5G 标准，主要是对车联网业务的支持，边缘云直接对其控制，减少延迟；IoT Svr 为物联网服务或业务。网络经过功能虚拟化后，无线接入网部分称为边缘云（Edge Cloud），而核心网部分称为核心云（Core Cloud）。边缘云和核心云中的 VM，通过 SDN（软件定义网络）实现互联互通。SPN 组网架构主要包含传输层、通道层和切片分组层，还包括时钟同步功能模块。

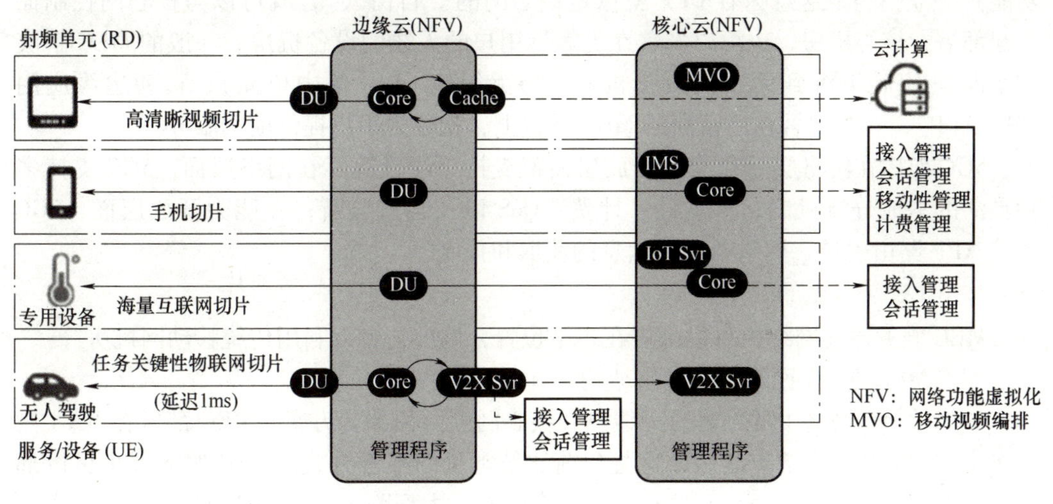

图 9.10　网络切片示意图

9.2.4　移动边缘计算

1. 移动边缘计算的特点

移动边缘计算（Mobile Edge Computing，MEC）概念最初于 2013 年出现。其基本思想是把云计算平台从移动核心网络内部迁移到移动接入网边缘，满足计算及存储资源的弹性利用。MEC 将传统移动网与互联网进行了深度融合，旨在减少移动业务交付的端到端时延，发掘内在能力，构成一个包含了用户以及各种商家在内的庞大的生态圈。MEC 的特点如下。

1）5G 引入了边缘计算的概念，实现了低延时的需求，其思想类似于计算机中的存储器（Memory）和缓存器（Cache）的概念，就是将用户常用到的数据，放在离用

户比较近的边缘云（Edge-Cloud）中，从而降低用户存取网络信息的延迟和核心网的流量负担。

2）MEC 改变了 LTE 中网络和业务分离的状态，通过对传统无线网络增加 MEC 平台网元，将业务平台下沉到移动网络边缘，为移动用户提供计算和数据存储服务。

3）应用服务器部署于无线网络边缘，可在无线接入网络与现有应用服务器之间的回传线路（Backhaul）上节省大量的带宽。ETSI（欧洲电信标准化协会）把 MEC 的概念扩展为多接入边缘计算（Multi-Access Edge Computing），将边缘计算从电信蜂窝网络进一步延伸至其他无线接入网络（如 WiFi）。MEC 可被看作是一个部署在移动网络边缘的、运行特定任务的云服务器，以实现在低时延要求相关领域，如远程手术、自动驾驶车辆、AR 等的应用。

4）MEC 可以与 C-RAN 等技术结合，将核心网中的一些服务、IMS 等拉到边缘云中，降低核心网的负担，提升整个系统的容量，建立新型的产业链及网络生态圈。

2. 5GC 对 MEC 的支持

5GC 通过 SBA（服务化架构）等技术，做到了 C（控制）面和 U（用户）面的彻底分离。其中 C 面的功能由若干 NF（网络功能）担当，U 面的功能由 UPF（用户平面功能）独立担当，这意味着 UPF 就像是核心网的“自由人”，既可以与核心网控制面一起部署在核心机房，也可以部署在更靠近用户的无线侧设备机房。一般的 MEC 解决方案即是 UPF 下沉到无线侧设备机房，与无线侧 CU（集中单元）、移动边缘应用（ME APP），一起部署在运营商的 MEC 平台上，就近为用户提供前端服务。

5GC 架构在网络层面和能力开放层面都支持边缘计算。在网络层面，5GC 支持多种灵活的本地分流机制、移动性、计费、QoS 以及合法监听；在能力开放层面，5GC 支持 APP 路由引导、网络及用户信息的获取和控制。

3. MEC 服务器部署场景

MEC 服务器在网络中可以部署在多个位置，例如，可以利用传统移动网机房等。

（1）MEC 在 4G 网络中的部署架构

MEC 在 4G 网络中的部署有无线侧和核心网侧两种部署方案。MEC 部署在 RAN 侧的多个 eNode B 汇聚节点之后，这是目前比较常见的部署方式。MEC 服务器也可以部署在单个 eNode B 节点之后，这种方式适合学校、大型购物中心等热点区域。

按照核心网侧部署方案，MEC 服务器部署在 P-GW 之后（或与 P-GW 集成在一起）。该方案不改变原有的 EPC 架构，UE 发起的数据业务经过 eNode B、S-GW、P-GW+MEC 进到互联网。

（2）MEC 在 5G 网络中的部署架构

在 5G 架构下，MEC 服务器也同样有无线侧和核心网侧两种部署方案。MEC 服务器部署在一个或多个 gNB 之后，可以使数据业务更靠近用户，提升低时延类业务的体验。

9.2.5 软件定义网络（SDN）的应用

在传统的通信网络中，由于使用大量的专业通信设备，比如交换机和路由器，设备与设备之间往往是独立运行的，会造成运维成本高、新业务部署时间长等问题。网

络发生拥塞时，也难以定位到具体节点。为了解决这些问题并实现网络的高度自动化和智能化，5G采用了软件定义网络（SDN）技术。

1. SDN架构

SDN是一种新型网络架构形式，其本质是将网络设备的控制面和转发面分离，交换机仅负责单纯的转发工作，而将控制面统一交由SDN控制器控制，从而实现可编程的底层硬件控制以及灵活的网络资源分配。

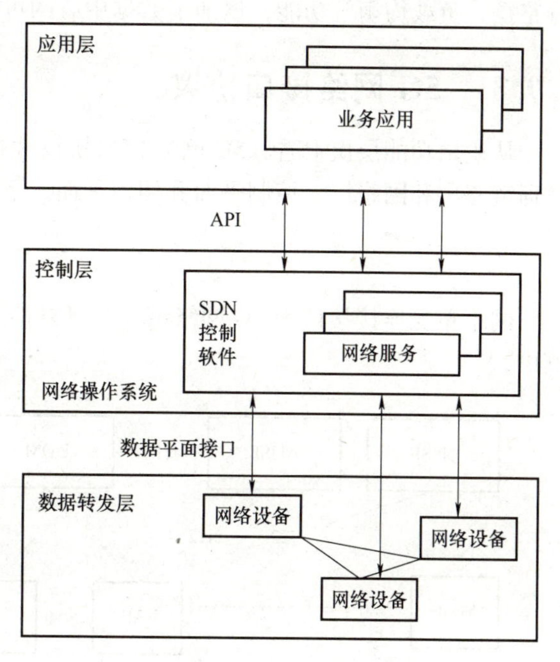

图9.11 基于SDN的5G架构

基于SDN的5G架构如图9.11所示，可以看到它由3层构成。其中，应用层包括各种不同的业务和应用，以及对应用的编排和资源管理。用户也可以自定义应用，利用开放的应用程序接口（API），实现对网络的编程管理控制。控制层负责数据平面资源的处理，维护网络状态、网络拓扑等。控制层运行SDN控制软件，并通过API与应用层互动。数据转发层（也称基础设施层）由负责存储转发的网络设备构成，处理和转发基于流表的数据以及收集设备状态。SDN有以下3大特征：转发面与控制面解耦分离、集中式控制和可编程网络。

5GC的演进与SDN的思想一脉相承，通过对分组网的功能重构，进一步进行控制和承载分离。通过将网关的控制功能进一步集中，可以简化网关转发平面的设计，使支持不同的接入技术更为方便。

2. SDN应用

作为5G的重要技术，SDN的应用包含WAN中的流量调度、云计算网络中的虚拟化、企业网中的资源灵活分配调度等。下面针对5G简要概述SDN应用。

（1）基站资源的虚拟化

基于云计算的理念和SDN架构，实现设备及接口的标准化、虚拟化和资源共享。实际SDN组网中的网络虚拟化手段可以实现与物理网络完全一样的功能，并做到不同的虚拟网络之间互相隔离。通过NFV将具体的物理设备功能用软件的方式实现，将时域、频域、码域、空域和功率域等资源抽象成虚拟无线网络资源，可以进行无线网络资源切片管理，依据虚拟化运营需求，实现无线资源的灵活分配。终端接入为用户生成合适的虚拟基站小区，并由网络调度基站为用户提供不同类型的服务，形成以终端用户为中心的网络覆盖。这样，传统的基站边界效应将会不复存在。基于SDN功能组合，实现了网络功能、管理和调度的最优化，使得大量的虚拟基站组成虚拟化的无线网络。

（2）面向数据中心的部署

随着云计算和数据中心的发展，将SDN应用于数据中心网络已经成为新一代网络

的热点。数据中心的数据流量大，交换机层次管理结构复杂，服务器需要快速配置和数据迁移，若将 SDN 交换机等设备部署到数据中心网络，可以实现高效寻址、优化传输路径、负载均衡等功能，增加了数据中心的可控性。

9.3 5G 网络接口协议

从逻辑功能层次上看，5G 网络接口协议栈遵从“三层两面”的架构，即物理层、数据链路层和网络层，控制平面和用户平面。下面重点介绍有关协议栈、接口和信道。

9.3.1 5G 网络单元接口

网络单元连接接口为 5G 网络带宽和可靠性等方面提供性能保障，如图 9.12 所示。其中，

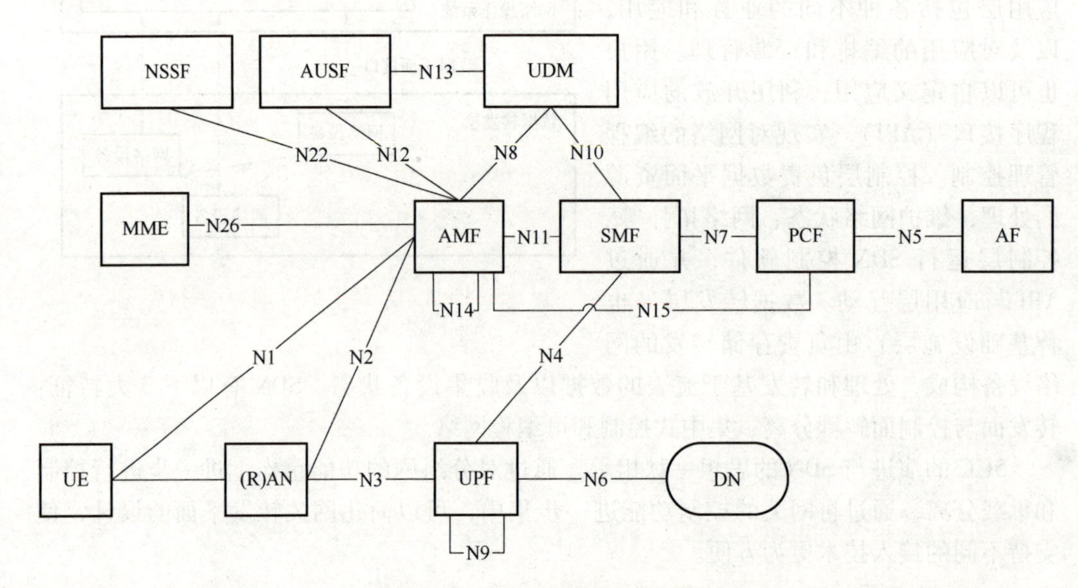

图 9.12 5G 网络单元连接接口

N1：UE 与接入和移动性管理单元（AMF）间的信令面接口，只是逻辑概念端口；

N2：gNB 与接入和移动性管理单元（AMF）间的信令面接口；

N3：gNB 与用户面功能（UPF）间的接口，主要用于传输用户面上下行数据；

N4：会话管理单元（SMF）与用户面功能（UPF）间的接口，用于传输控制信息；

N5：策略控制功能（PCF）与应用功能（AF）间的接口；

N6：用户面功能（UPF）与数据网络（DN）间的接口，主要用于传输数据流；

N7：会话管理单元（SMF）与和策略控制功能（PCF）间的接口；

N8：统一数据管理（UDM）与和移动性管理单元（AMF）间的接口；

N9：用户面功能（UPF）之间的接口，用于传输 UPF 间的上下行用户数据流；

N10：统一数据管理（UDM）单元和会话管理单元（SMF）间的接口；

N11：接入与移动性管理单元（AMF）和会话管理单元（SMF）间的接口；

N12：接入与移动性管理单元（AMF）和鉴权服务功能单元（AUSF）间的接口；

N13：统一数据管理（UDM）单元和鉴权服务功能（AUSF）单元间的接口；

N14：移动性管理单元（AMF）之间的接口；

N15：在非漫游情况下，策略控制功能（PCF）与AMF间的接口；

N22：网络切片选择功能（NSSF）与AMF间的接口；

N26：LTE移动管理实体（MME）与AMF间的信令面接口。

5G承载网络的城域接入层提供回传网络N2（CU至AMF的信令）和N3（CU至UPF的数据）接口连接；省干与城域汇聚核心层除了回传连接功能外，还提供核心网元间的N4、N6以及N9接口连接。其中，N6连接了UPF与数据网络（DN），也就是连接IP公网对外部数据中心进行访问。

9.3.2 5G网络协议栈

1. 控制面（CP）

5GC控制面被分为AMF（接入和移动管理功能）和SMF（会话管理功能），也就是LTE中MME的控制面功能被分解到AMF、SMF中。单一的AMF负责终端的移动性和接入管理；SMF负责会话管理功能，可以配置多个SMF。基于灵活的微服务构架的AMF和SMF对应不同的网络切片。5G控制面协议栈如图9.13所示，NAS（非接入层协议）被放置在了核心网的AMF和SMF，实现UE的移动性管理（MM）、会话管理（SM）过程和IP地址分配管理；AS（接入层协议）包含物理层和数据链路层，由5G-AN的gNB实现。连接核心网内部的N2接口在传输层采用SCTP（流控制传输协议）。

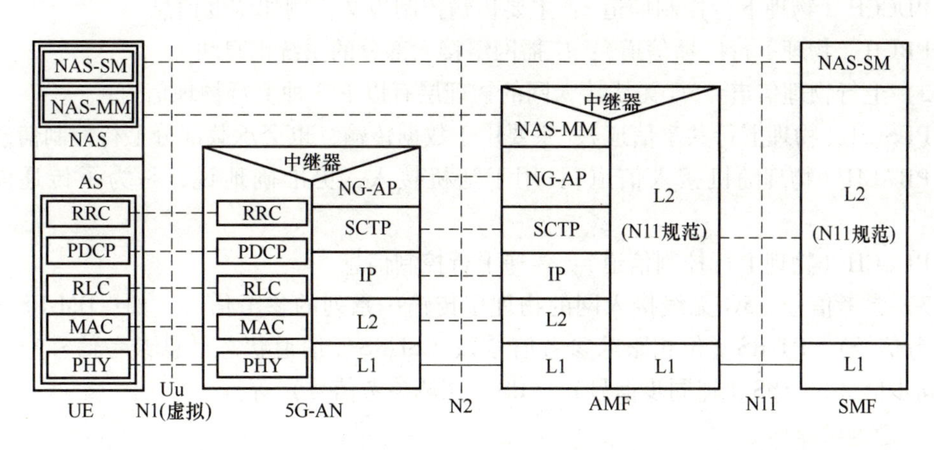

图9.13 5G控制面协议栈

2. 用户面（UP）

5GC的用户面由UPF（用户面功能）节点掌控，UPF代替了原来LTE中执行路由和转发功能的SGW和PGW。UPF作为核心网的下沉网元，可以实现更多网络功能，也有组织在考虑MEC与UPF的融合。5G用户面协议栈如图9.14所示，其中SDAP（服务数据调整协议）子层只存在于用户面协议栈。用户面的功能包括：处理数据包路由和转发、与数据网络连接的外部PDU会话、数据包检测、流量测量、服务质量保障和数据包过滤等。

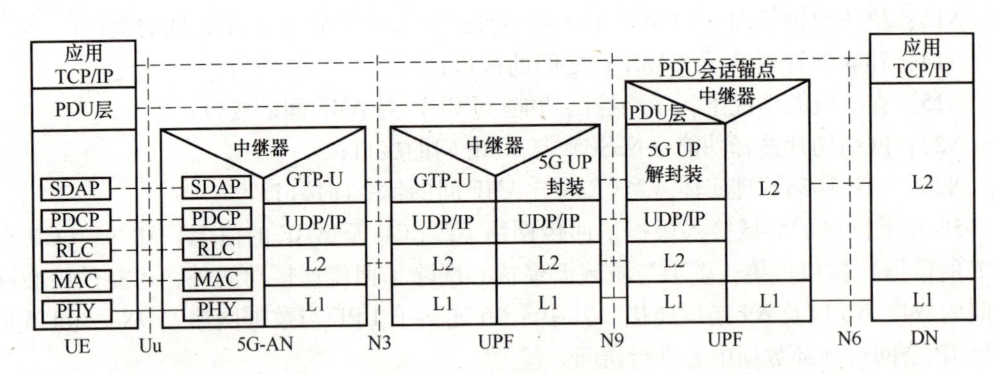

图 9.14　5G 用户面协议栈

9.3.3　5G 无线信道

1. 物理层

物理层（PHY）属于整个 5G 网络接口协议栈的最底层，负责无线介质中比特数据流的处理，例如，调制/解调、编码/译码等。物理层直接为移动通信提供物理信道。

1）下行物理信道。5G 无线接入网的物理层有以下 3 种下行物理信道：

PDSCH（物理下行共享信道）：主要通过单播的方式与用户进行数据传输，通常包括随机接入响应、用户数据报文和寻呼消息。

PDCCH（物理下行控制信道）：主要传输控制报文，例如调度信息。

PBCH（物理下行广播信道）：广播网络接入部分的系统消息块。

2）上行物理信道。5G 无线接入网的物理层有以下 3 种上行物理信道：

PUSCH（物理上行共享信道）：主要用于数据传输，也会承载部分上行控制信息。

PRACH（物理随机接入信道）：用于随机接入，更准确地说，是为了传递前导序列。

PUCCH（物理上行控制信道）：传递上行控制信息。

3）参考信号。5G 无线接入网的物理层传输一系列的参考信号，如：DM-RS（解调参考信号）、PT-RS（位相跟踪参考信号）、CSI-RS（信道状态信息参考信号）、PSS（主同步信号）、SSS（辅同步信号）、SRS（探测参考信号）等。

2. 数据链路层

数据链路层提供逻辑信道和传输信道，Uu 对应链路层的各子层可参考图 9.14，其中：

1）SDAP 子层。服务数据调整协议（SDAP）负责 5G 核心网 QoS 流到 DRB（数据无线承载）QoS 的映射和对数据包做标记。

2）PDCP 子层。分组数据汇聚协议（PDCP）对用户面和控制面数据包的处理稍有不同。对用户面数据包的处理包括 IP 报头压缩与解压缩、加解密和完整性保护、重复包检测、PDCP SDU 重传、PDCP 重建等。默认配置下，对控制面数据包的处理不包括 IP 报头压缩与解压缩。

3）RLC 子层。RLC 主要职能是提供数据包的分割以及无误传输。当检测到数据包

丢失时，ARQ 会重传数据包以保证无线接口上的无损传输。

4）MAC 子层。媒体接入控制（MAC）子层负责逻辑信道到传输信道的映射、HARQ 和调度相关功能。MAC 子层的信道映射关系如图 9.15 所示，逻辑信道到传输信道的映射是指将来自一个或多个逻辑信道的 MAC 业务数据单元（SDU）复用和解复用。MAC 子层通过带软合并的 HARQ 进行错误纠正，接收端在解码失败的情况下，将解码失败的数据包暂存在一个 HARQ 缓冲器中，并与后续接收到的重传数据包进行合并，从而得到一个比单独解码更可靠的数据包（“软合并”的过程）。然后对合并后的数据包进行解码，如果还是失败，则重复“请求重传，再进行软合并”的过程。MAC 子层还在同一个节点的多个逻辑信道间进行优先级操作。

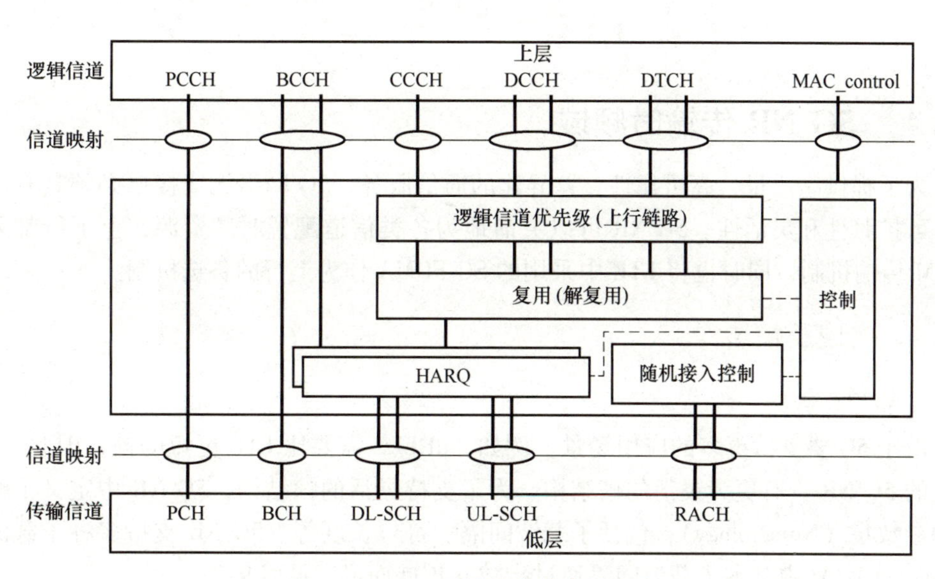

图 9.15　MAC 子层的信道映射关系

逻辑信道包括寻呼控制信道（PCCH）、广播控制信道（BCCH）、公共控制信道（CCCH）、专用控制信道（DCCH）和专用业务信道（DTCH）。

传输信道包括寻呼信道（PCH）、广播信道（BCH）、下行共享信道（DL-SCH）、上行共享信道（UL-SCH）和随机接入信道（RACH）。

5）3GPP 为 UE 定义了不同的 RRC（无线资源控制）状态。在 LTE 中，UE 可以处于 RRC-IDLE（RRC 空闲态）和 RRC-CONNECTED（RRC 连接态）。而在 5G NR 中，引入了一个新的 RRC-INACTIVE（RRC 连接不活动态），用于减少 UE 转到 RRC 连接态的时延和信令开销。状态间转换如图 9.16 所示。其中，在 RRC-IDLE 空闲态，UE 断开了与 5GC 的连接，没有数据传输，节约电池消耗和信令开销，UE 和基站删除了 UE 上下文，此时只在 AMF 中保留了 UE 上下文，移动性由终端控制；在 RRC 连接态，UE 与 5GC 处于连接状态，有数据传输，此时 RRC 上下文建立，移动性由网络控制；在 RRC 连接不活动状态，UE 与基站之间的连接中断，但最后一个服务小区保持与核心网的连接，不能进行数据传输，UE 和基站都存储了 UE 上下文，移动性由终端控制。

在 RRC 连接不活动态时，可以进行小数据传输，即在传输小数据时，不需要转到 RRC 连接态就可以实现，减少了时延、信令开销和能耗。

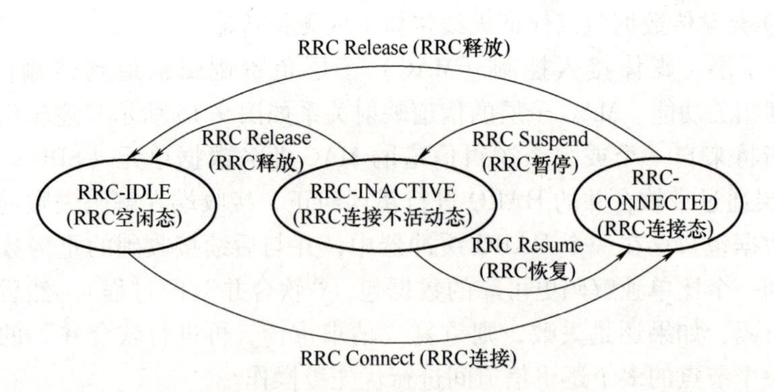

图 9.16　5G RRC 状态转移图

9.4　5G NR 传输时频域

为了提供高质量、高可靠性、差异化的通信服务，5G 网络无线接口必须具有动态性、可扩张性和灵活性。5G NR 可以灵活地为各类信道配置时频资源，上下行都采用 OFDM 传输机制，同时也将 LTE 中采用的 SC-FDMA 作为上行的备选机制。

9.4.1　时域及帧结构

1. 资源参数集

由于 5G 要支持更多的应用场景，例如，uRLLC 需要比 LTE 更短的帧，因此 3GPP 定义的 5G NR 具有更为灵活的帧结构。为了支持灵活的帧结构，5G NR 中定义了帧结构的参数集（Numerology），包括子载波间隔、符号长度等。5G NR 支持多种子载波间隔 Δf，这些 Δf 由基本子载波间隔通过指数 μ 扩展而成，见表 9.2。

表 9.2　发送参数集

μ	子载波间隔 Δf/kHz ($\Delta f=2^{\mu}\times 15$kHz)	时隙时长 slot/ms	有用符号长度 $T_u/\mu s$	循环前缀 $T_{CP}/\mu s$	循环前缀（CP）类型
0	15	1	66.7	4.7	常规 CP
1	30	0.5	33.3	2.3	常规 CP
2	60	0.25	16.7	1.2	常规 CP，扩展 CP
3	120	0.125	8.33	0.59	常规 CP
4	240	0.0625	4.17	0.29	常规 CP
5	480	0.03125	2.09	0.15	常规 CP

5G NR 的帧和子帧长度与 LTE 一致，帧长度为 10ms，子帧长固定为 1ms。不管 CP 开销如何，采用 15kHz 及以上的子载波间隔的参数集，在每 1ms 的符号边界处对齐，使得子载波间隔变大，时隙时长变小。

LTE 主要是在低载波频段上，提供室外的网络部署，服务场景相对单一，所以选

择 15kHz 的子载波间隔和大约 4.7μs 的循环前缀的固定参数配置。与 LTE 相比，5G NR 参数集设计可以使得网络在时频资源的分配上和业务支持上具有更大的灵活性。比如在低频上支持大范围服务时，为抵抗时延扩展的影响，循环前缀通常需要比较大。

5G NR 标准以 15kHz 的子载波间隔为基准，灵活配置其他子载波间隔。这样做的好处是实现与 LTE、NB-IoT（Narrow Band Internet of Things，窄带物联网）、eMTC 和相关终端服务的共存。表 9.2 给出了不同的子载波间隔对应的符号长度和循环前缀，可以看到子载波间隔从 15kHz 到 480kHz，循环前缀从 4.7μs 到 0.15μs。

2. 帧结构

从时域上看，5G NR 传输的每帧（frame）为 10ms，每一帧等分成 10 个子帧（subframe），每个子帧为 1ms。每个帧有时被分成两个同样大小的半帧，分别是由子帧 0~4 组成的半帧 0 和由子帧 5~9 组成的半帧 1。每个子帧包含的时隙（slot）数取决于子载波间隔（Δf），不同参数集对应的时隙的长度是不一样的，每个时隙由 14 个或 12 个 OFDM 符号构成。图 9.17 给出了常规 CP 的具体帧结构，可以看出由固定架构和灵活架构两部分组成，在一个子帧里可以包含不同数量的时隙，每个时隙由 14 个 OFDM 符号构成。

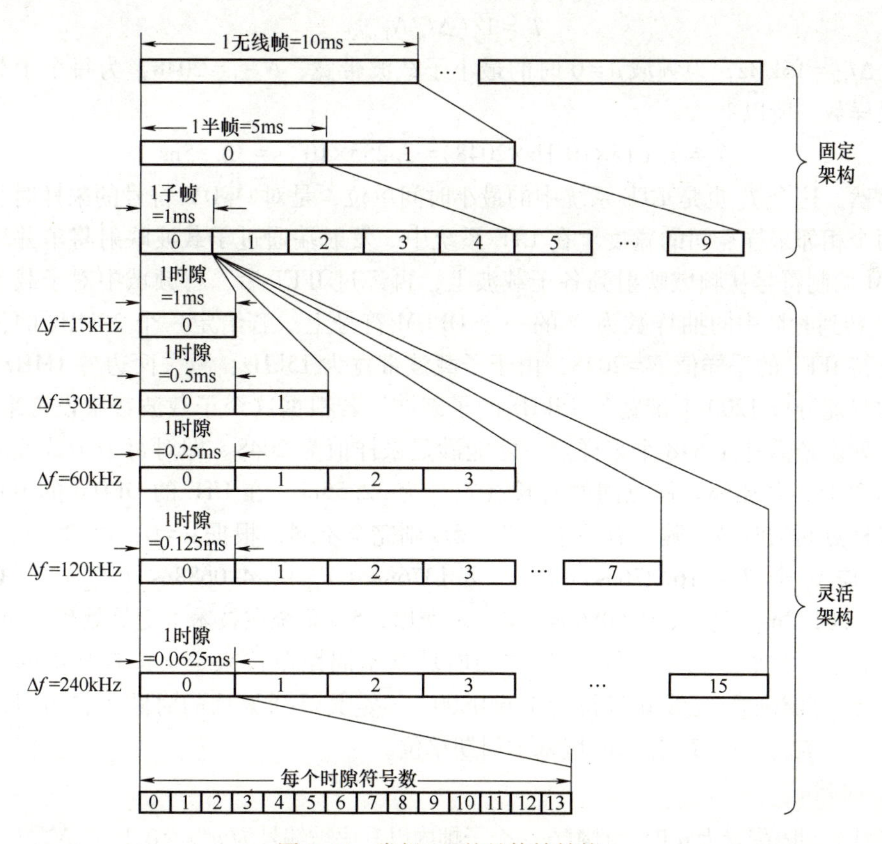

图 9.17　常规 CP 的具体帧结构

对于 15kHz 的子载波间隔，5G NR 的时隙结构和 LTE 的完全相同，有助于两者的共存。需要注意的是，无论采用哪一种参数集，每一子帧都是 1ms。这样多种参数集就

可以混合在同一子载波上。从图 9.17 中也可以看出，子载波间隔越大，对应的时隙时长越小，越适合对延时要求高的传输。uRLLC 的一个重要技术途径就是灵活地调整子载波间隔。

3. 基本周期 T_s 和 T_c

5G 的物理层与 LTE 一样，采用的是 OFDM 技术，必然要考虑 IFFT/FFT 中的采样数 N、时域资源应用中的最小基本周期 T_s 和 T_c。这是因为在移动通信领域时域资源的设计与规划中，无线帧、子帧、时隙和 OFDM 符号等，最终都要用时域资源基本周期 T_s 或 T_c 来表征。虽然有 T_s 和 T_c，但 5G 还是以 T_c 为主。5G 系统在时域定义的基本周期单位为

$$T_c = 1/(\Delta f_{max} N_f) \tag{9.2}$$

式中，$\Delta f_{max}=480\text{kHz}$，为频域 $\mu=5$ 时的最大子载波带宽；$N_f=4096$，为每个子载波的最大采样数，所以

$$T_c = 1/(480\times10^3\text{Hz}\times4096) = 5.086\times10^{-10}\text{s} = 0.5086\text{ns}$$

T_c 实际上是时域 OFDM 符号中每两个相邻采样点间的宽度。同样，5G 系统在时域还定义了另一个基本周期单位 T_s，有

$$T_s = 1/(\Delta f_{ref} N_{f.ref}) \tag{9.3}$$

式中，$\Delta f_{ref}=15\text{kHz}$，为频域 $\mu=0$ 时的最小子载波带宽；$N_{f.ref}=2048$，为每个子载波的最小采样数，所以

$$T_s = 1/(15\times10^3\text{Hz}\times2048) = 3.255\times10^{-8}\text{s} = 32.55\text{ns}$$

显然，这个 T_s 也是 LTE 系统中的最小时间单位，是对 OFDM 符号的采样时长，或称每两个相邻采样点间的宽度。在 LTE 系统中，发射端通过子载波映射将串并变换后的 QAM 调制符号从频域映射到各子载波上，再经过 IFFT 后，将频域中对子载波数采样数 N 转到时域中的抽样数为 N 的一个 OFDM 符号上。若给定一个 20MHz 的传输载波，支持 IFFT 的采样值 $N=2048$，由于子载波带宽为 15kHz，减去两边各 1MHz 边带，则载波只能分成 1200 个带宽为 15kHz 的子载波，若根据这个子载波数来设置采样点，则在映射中还需补充 848 个采样点，才能满足采样值为 2048。即对每个子载波的采样点数为 2048，各相邻采样点间的时长（T_c）为 32.55ns。在 LTE 的 OFDM 的 IFFT 中，相邻采样点间的时域间隔只有一个值 T_s，5G 则完全不同，根据 $\mu=0$、1、2、3、4、5，分别对应 6 个 T_c：16.276ns（T_{c0}）、8.1376ns（T_{c1}）、4.0688ns（T_{c2}）、2.0344ns（T_{c3}）、1.0172ns（T_{c4}）、0.5086ns（T_{c5}）。所以，5G 系统在技术上更易处理，对 4G 兼容也很自然。然而，当系统仅以 T_c 作为时域基本周期单位来定义固定架构的帧结构时，$T_{c5}=0.5086\text{ns}$，无线帧时长为 $19660800T_c$。定义灵活架构的时隙和符号时，则用灵活的 T_s、T_{c0}、…、T_{c5} 作为时域基本周期单位。

4. 时隙

子载波间隔配置为 μ 时，时隙在一个子帧内以升序被编号为 $n_s^{\mu} \in \{0,1,\cdots,N_{slot}^{subframe,\mu}-1\}$，并在一个帧内部以升序被编号为 $n_{s,f}^{\mu} \in \{0,1,\cdots,N_{slot}^{frame,\mu}-1\}$。一个时隙内有 N_{symb}^{slot} 个连续的 OFDM 符号，而 N_{symb}^{slot} 由不同的循环前缀决定。表 9.3 给出了常规 CP 和扩展 CP 情况下，μ 取不同值时，每个时隙的 OFDM 符号数 N_{symb}^{slot}、每个帧的时隙数 $N_{slot}^{frame,\mu}$，以及每个

子帧的时隙数 $N_{slot}^{subframe,\mu}$。

表 9.3　每个子帧/时隙的 OFDM 符号数以及每个帧/子帧的时隙数

CP 类型	μ	N_{symb}^{slot}	$N_{slot}^{frame,\mu}$	$N_{slot}^{subframe,\mu}$	$N_{symb}^{subframe,\mu}$
常规 CP	0	14	10	1	14
常规 CP	1	14	20	2	28
常规 CP	2	14	40	4	56
常规 CP	3	14	80	8	112
常规 CP	4	14	160	16	224
常规 CP	5	14	320	32	448
扩展 CP	2	12	40	4	48

9.4.2　频域及资源块结构

1. 资源粒子和资源块

5G NR 中，最小的物理资源块称为资源粒子（RE），即一个 OFDM 符号与一个子载波所对应的一个元素。频域上连续的 12 个子载波称为一个资源块（RB）。5G NR 中的 RB 物理上占用的空间取决于参数集中的子载波间隔和子帧内的 OFDM 符号数。5G NR 在时频域上的传输间隔是灵活可变的，有别于 LTE 采用的“一刀切”时频资源参数设置模式。

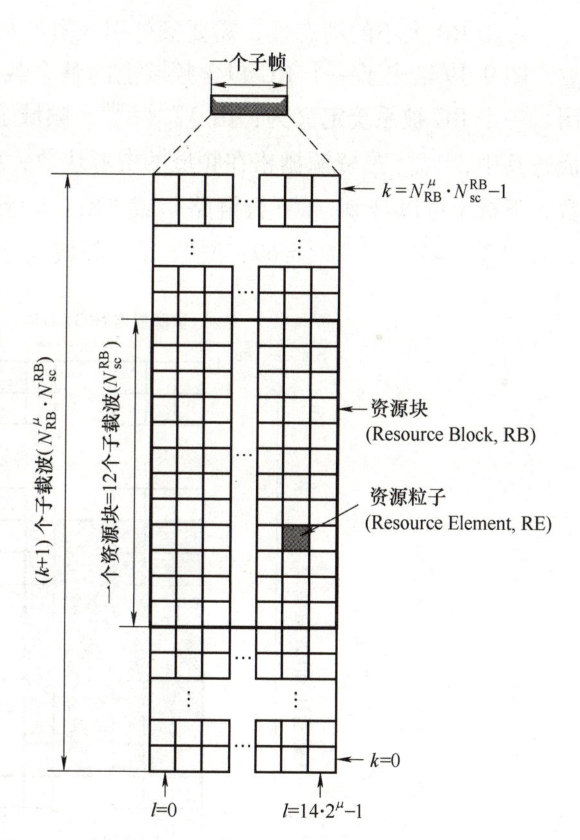

图 9.18　资源粒子和资源块示意

LTE 中的 RB 在频域上固定为 180kHz，而 NR 中的 RB 在频域上的量度随着参数集的不同而改变。图 9.18 给出了 5G NR 一个子帧对应的资源粒子和资源块的示意图。1 个 RB 在频域上包括 12 个子载波，但由于子载波的间隔不同，1 个 RB 在不同的参数集配置下，在频域上所占用的实际带宽是不同的。同时也注意到，虽然在不同参数集配置下，RB 会有差异，但它们在起始边界总是对齐的。如在图 9.18 中，$k=N_{RB}^{\mu}N_{sc}^{RB}-1$ 表示子载波位置；$l=14\cdot2^{\mu}-1$ 表示 OFDM 符号位置。

2. 资源栅格（RG）

5G NR 网络中，系统首先以 RE 为最小的单位组成资源栅格（Resource Grid,

RG）。当系统给定子载波带宽配置参数μ后，5G NR 中的上、下行最大资源块（RB）与频段和带宽相关（具体见表 9.4）。

表 9.4　资源栅格频域资源块数

μ	$N_{RB,DL}^{min,\mu}$	$N_{RB,DL}^{max,\mu}$	$N_{RB,UL}^{min,\mu}$	$N_{RB,UL}^{max,\mu}$
0	24	275	24	275
1	24	275	24	275
2	24	275	24	275
3	24	275	24	275
4	24	138	24	138
5	24	69	24	69

由于 RB 大小的动态性，需要额外引入资源栅格（RG）的概念去定义资源块的位置。图 9.19 给出了一个 RG 包含频域上的整个载波带宽以及时域上的一个子帧的示意图。一个 RG 被系统定义为：由 $N_{RB,x}^{max,\mu}N_{sc}^{RB}$ 个频域子载波和 $N_{symb}^{subframe,\mu}$ 个时域 OFDM 符号组成，其中，$N_{RB,x}^{max,\mu}$ 是资源栅格在频域的资源块数；N_{sc}^{RB} 是每个资源块在频域的连续子载波数。下标 x 可以是 DL（下行链路）或 UL（上行链路），具体数据见表 9.4。$N_{RB,x}^{max,0\sim3}=275$，$N_{RB,x}^{max,4}=138$，$N_{RB,x}^{max,5}=69$，$N_{sc}^{RB}=12$，频域变化不是很大，也没有规律。

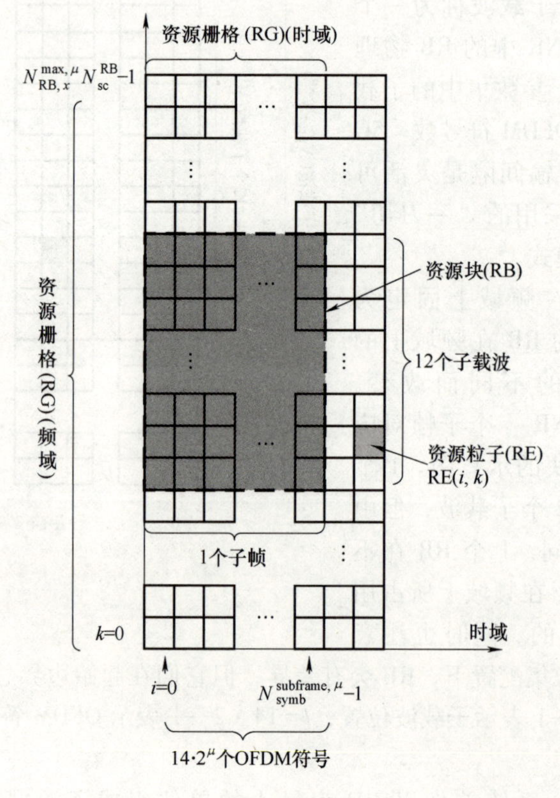

图 9.19　不同参数配置下的 RG 示意

9.5 5G无线网规划

9.5.1 频率划分

1. 频段范围划分

2G的频段主要集中在800~900MHz；3G主要使用2GHz频段；随着4G业务的不断发展，新的更低和更高频段也被采用，目前已横跨450MHz~6GHz的范围。我国LTE系统主要在1.8~2.6GHz的频段。针对5G NR标准，目前在3GPP Release 15中，其将频段划分为两个范围：FR1（频率范围1）包括6GHz以下的所有现有的和新的频段；FR2（频率范围2）包括24.25~52.6GHz范围内新的频段。

3GPP定义的工作频段是指由一组无线频谱（Radio Frequency，RF）要求所规定的上行或下行链路的一个频率范围。每个工作频段都有一个编号，其中5G NR频段的编号以n开头，如n1、n2、n3等。当相同的频率范围为不同无线接入技术使用时，它们可以使用相同的编号，但以不同的方式书写。例如，4GLTE频段用阿拉伯数字1、2、3等书写，3G UTRA频段用罗马数字Ⅰ、Ⅱ、Ⅲ等书写。被重新分配给NR的LTE频段通常称为“LTE重耕频段”。3GPP为NR制定的Release 15规范包含FR1中的26个工作频段和FR2中的3个工作频段。FR1频谱也称Sub6（或Sub-6GHz），它的优点是覆盖面积大，传输距离远；FR2频谱波长大部分都是毫米波（mmWave），优势包括带宽大、抗干扰能力强和设备易于小型化等。表9.5为5G NR频段号及对应的双工模式，表9.6给出了FR1、FR2频率范围。

（1）5G新空口（NR）频段号

5G新空口（NR）频段号用“n×”或“N×”表示，表9.5给出了5G NR频段号及对应的双工模式。如n38对应的上行频段为2570~2620MHz，带宽为50MHz。

表9.5 5G NR频段号及对应的双工模式（简表）

NR频段号	上行频段 基站接收、UE发射	下行频段 基站发射、UE接收	双工模式
n1	1920~1980MHz	2110~2170MHz	FDD
n2	1850~1910MHz	1930~1990MHz	FDD
n3	1710~1785MHz	1805~1880MHz	FDD
n5	824~849MHz	869~894MHz	FDD
n7	2500~2570MHz	2620~2690MHz	FDD
n8	880~915MHz	925~960MHz	FDD
n20	832~862MHz	791~821MHz	FDD
n28	703~748MHz	758~803MHz	FDD
n38	2570~2620MHz	2570~2620MHz	TDD

（续）

NR 频段号	上行频段 基站接收、UE 发射	下行频段 基站发射、UE 接收	双工模式
n41	2496~2690MHz	2496~2690MHz	TDD
…			
n83	703~748MHz	N/A	SUL
n84	1920~1980MHz	N/A	SUL

（2）FR1：450~6000MHz

5G 新空口上下行解耦定义了新的频谱配对方式，使下行数据在 C-Band（4~8GHz）传输，而上行数据在 Sub-3G（如 1.8GHz）传输，从而提升了上行覆盖。如果没有单独的 Sub-3G 频谱资源供 5G 使用，可以通过 LTE 和 FDD NR 上行频谱的共享特性来获取 Sub-3G 频谱资源。

1）主流频段：n41、n77、n78、n79，均为 TDD 频段。

2）上行辅助 SUL，用于上下行解耦：n80、n81、n82、n83、n84。

3）下行辅助 SDL，用于容量补充：n75、n76。

（3）FR2：24250~52600MHz

毫米波定义的频段包含：n257、n258、n260、n261，都是 TDD 模式，最大小区带宽支持 400MHz，后续的协议版本可能会升级到 800MHz。具体频段范围如图 9.20 所示。

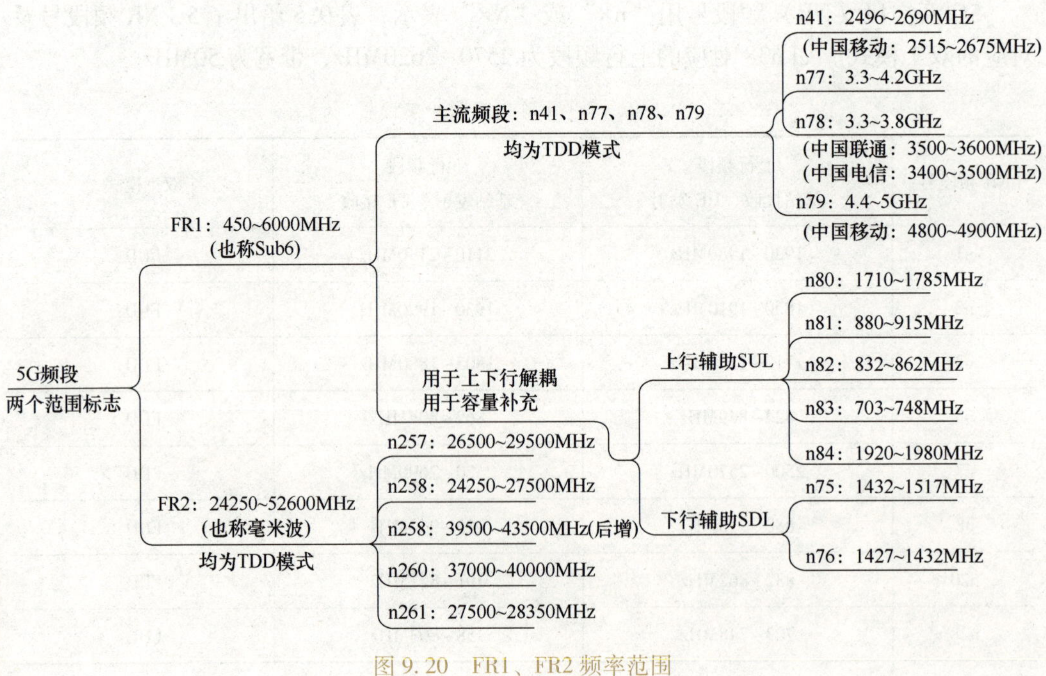

图 9.20 FR1、FR2 频率范围

（4）我国运营商划分的5G频段

中国移动：2515~2675MHz，带宽为160MHz，频段号为n41；4800~4900MHz，带宽为100MHz，频段号为n79。

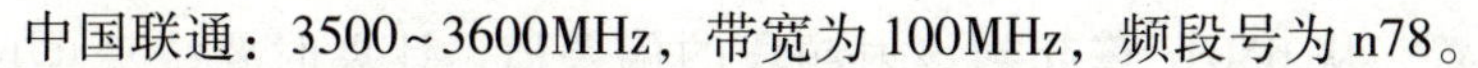

中国联通：3500~3600MHz，带宽为100MHz，频段号为n78。

中国电信：3400~3500MHz，带宽为100MHz，频段号为n78。

可以看出中国联通和中国电信合用资源n78，但使用频段范围不同。此外，中国广电频段号为n28。

2. 小区带宽定义

表9.6给出了5G FR1、FR2小区带宽范围定义。5G取消了5MHz以下的小区带宽。20MHz以下带宽定义，主要是满足既有频谱演进需求，大带宽是5G的典型特征。

表9.6　5G小区带宽范围定义（简表）

NR频段号	SCS/kHz	UE信道宽带										带宽范围
		5MHz	10MHz	15MHz	20MHz	25MHz	30MHz	50MHz	100MHz	200MHz	400MHz	
n1	15	√	√	√	√							FR1
	30		√	√	√							
	60		√	√	√							
n2	15	√	√	√	√							
	30		√	√	√							
	60		√	√	√							
n3	15	√	√	√	√	√	√					
	30		√	√	√	√	√					
	60		√	√	√	√	√					
…												
n257	60							√	√	√	√	FR2
	120							√	√	√	√	
n258	60							√	√	√	√	
	120							√	√	√	√	
n260	60							√	√	√	√	
	120							√	√	√	√	

注：SCS表示子载波间隔（Subcarrier Spacing）。

9.5.2　频率频点及有关计算

1. 全局频点栅格（ΔF_{Global}）

3GPP定义了全局频点栅格（Global Raster），用ΔF_{Global}表示，以ΔF_{Global}为单位可以划分频点F_{REF}和频点号N_{REF}。ΔF_{Global}在不同频率范围内的取值见表9.7，频段越高，频点栅格越大。通过频点NR-ARFCN（NR绝对射频频率信道编号）可得出以下关系式。

$$F_{REF}-F_{REF-offs}=\Delta F_{Global}(N_{REF}-N_{REF-offs}) \tag{9.4}$$

式中，N_{REF}为射频中心频点号，其值等于 NR-ARFCN；F_{REF}为射频中心频点，在具体计算时要统一单位为 kHz；$N_{REF-offs}$为频点偏置，从 0 号频点算起到该射频段的编号偏差值；$F_{REF-offs}$为频率偏置，从 0MHz 算起到该射频段的偏差值，计算时要统一单位为 kHz；ΔF_{Global}为频点栅格，单位为 kHz。

通常频点值都以 NR-ARFCN 数值间接表示，一般在 RRC 消息中传递的都是 N_{REF}这个信道编号，表 9.7 给出了频点的范围，如果想要知道具体代表的频率值，需要通过式（9.4）中的频率 F_{REF}进行计算。

表 9.7　$F_{REF}/\Delta F_{Global}/F_{REF-offs}/N_{REF-offs}/N_{REF}$对应表

频率（F_{REF}）范围/MHz	频点栅格/kHz（ΔF_{Global}）	频率偏置/MHz（$F_{REF-offs}$）	频点偏置（$N_{REF-offs}$）	频点（N_{REF}）范围
0~3000（Sub-3G）	5	0	0	0~599999
3000~24250（C-BAND）	15	3000	600000	600000~2016666
24250~100000（毫米波）	60	24250	2016667	2016667~3279167

要注意的是，在实际组网中，中心频点的取值并不是连续的。如果通过公式计算出来的频点号不是整数，那么需要根据下面要介绍的信道栅格（Channel Raster）进行取整计算。表 9.8 给出了 FR1、FR2 频点范围。在表中可以查到每个操作频段适用的 NR-ARFCN 频点范围，以及各频点范围内的步长（step size），表中的 ΔF_{Raster}为信道栅格，通过它就可以得到 ΔF_{Global}。

表 9.8　全局频点栅格-FR1/FR2（简表）

NR 频段号	ΔF_{Global}/kHz	上行链路 N_{REF}范围 始点—<步长>—终点	下行链路 N_{REF}范围 始点—<步长>—终点	带宽范围
n1	100	384000-<20>-396000	422000-<20>-434000	
n2	100	370000-<20>-382000	386000-<20>-398000	
n3	100	342000-<20>-357000	361000-<20>-376000	
n5	100	164800-<20>-169800	173800-<20>-178800	
n7	15	500001-<3>-513999	524001-<3>-537999	
n8	100	176000-<20>-78300	185000-<20>-192000	FR1
n20	100	166400-<20>-172400	158200-<20>-164200	
n28	100	140600-<20>-149600	151600-<20>-160600	
n38	15	514002-<3>-523998	514002-<3>-523998	
n41	15	499200-<3>-537999	499200-<3>-537999	
…				

（续）

NR 频段号	$\Delta F_{\mathrm{Global}}$/kHz	上行链路 N_{REF}范围 始点—<步长>—终点	下行链路 N_{REF}范围 始点—<步长>—终点	带宽范围
n257	60	2054167-<1>-2104166	2054167-<1>-2104166	FR2
n258	60	2016667-<1>-2070833	2016667-<1>-2070833	
n260	60	2229167-<1>-2279166	2229167-<1>-2279166	

2. 信道栅格（$\Delta F_{\mathrm{Raster}}$）

5G信道栅格用来规范小区载波中心频段的取值，以指示空口信道的频域位置，进行资源映射，也就是RE和RB的映射。小区实际的频点位置必须要满足信道栅格的映射。信道栅格可以理解为载波的中心频点可选位置，其大小为1个或多个$\Delta F_{\mathrm{Global}}$，它和具体的频段相关。信道栅格是射频参考频率（RF）的子集，对每个频道（band）来说中心频点不能随意选，需要按照一定的起点和步长选取，其步长见表9.8，信道栅格$\Delta F_{\mathrm{Raster}}$为

$$\Delta F_{\mathrm{Raster}}=\Delta F_{\mathrm{Global}}\times 步长 \tag{9.5}$$

【例9.2】 以n41频段为例，说明如何按一定的起点和步长选取中心频率范围。

查表9.8，n41频点范围为499200~537999，步长为3；再查表9.7，$\Delta F_{\mathrm{Global}}=5\mathrm{kHz}$，换算为对应的中心频率步长，即

$$\Delta F_{\mathrm{Raster}}=3\Delta F_{\mathrm{Global}}=3\times 5\mathrm{kHz}=15\mathrm{kHz}$$

而n41的频范围为：499200×5kHz~537999×5kHz=2496000kHz~2689995kHz，即中心频率按15kHz的步长在这个范围选取即可。

表9.9给出了信道栅格与资源粒子（RE）的映射，资源粒子索引$k=N_{\mathrm{RB}}^{\mu}N_{\mathrm{sc}}^{\mathrm{RB}}-1$，表示子载波位置，每个子载波对应一个RE。在表中可以看出，整个载波的中心信道频率位置和RB总数N_{RB}是有关系的，当N_{RB}为偶数时，表示中心频点n_{PRB}（物理资源块数）对应RB的子载波0；当RB数量N_{RB}为奇数时，表示中心频点n_{PRB}对应RB的子载波6，也就是比小区频率的绝对中心向上偏移了半个子载波。例如RB总数为$N_{\mathrm{RB}}=273$个，为奇数，中心频点对应的RB是273/2向下取整，为136，即表示RB136（从0编号）的子载波6（从0编号），也就是载波的中心频点位于RB136的子载波6。

表9.9 信道栅格与资源粒子映射

	$N_{\mathrm{RB}}\bmod 2=0$	$N_{\mathrm{RB}}\bmod 2=1$
资源粒子索引k	0	6
物理资源块数n_{PRB}	$n_{\mathrm{PRB}}=\left\lfloor\frac{N_{\mathrm{RB}}}{2}\right\rfloor$	$n_{\mathrm{PRB}}=\left\lfloor\frac{N_{\mathrm{RB}}}{2}\right\rfloor$

3. 同步信号和PBCH块（SSB）

SSB（同步信号和PBCH块）由主同步信号（PSS）、辅同步信号（SSS）和物理广

播信道（PBCH）组成。SSB 时域共占用 4 个 OFDM 符号，频域共占用 240 个子载波（即 20 个 RB），编号为 0~239，如图 9.21 所示。PSS 位于符号 0 占用的中间 127 个子载波；SSS 位于符号 2 占用的中间 127 个子载波；为了保护 PSS、SSS，它们的两端分别有不同的保护子载波 Set0；PBCH 位于符号 1~3，其中符号 1、3 占 0~239 的所有子载波，符号 2 占用除去 SSS 子载波及保护 SSS 的子载波 Set0 以外的所有子载波。

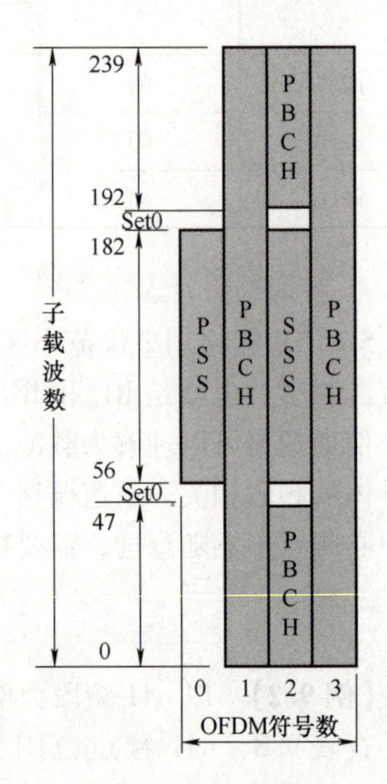

图 9.21　SSB 结构

4. 同步栅格（Synchronization Raster）

同步栅格是 5G 网络中出现的概念，可以理解为 SSB（同步信号块）的中心频点位置，其目的在于加快终端扫描 SSB 所在的频率位置，UE 在开机时首先需要搜索 SSB。由于 NR 小区带宽比传统的移动小区大得多，按照信道栅格去盲检，会使得 UE 接入速度慢并且耗电。5G 定义了同步栅格，UE 就会按照该步长进行小区 SSB 搜索。在最初 UE 不知道自己频点的情况下，需要按照一定的步长盲检其支持的频段内的所有频点。同步栅格的搜索步长与频率有关，系统确定 Sub-3G 频段扫描的搜索步长为 1.2MHz；C-Band 为 1.44MHz；毫米波为 17.28MHz。

【例 9.3】 以 n41 频段、载波带宽是 100MHz 为例，说明同步栅格的搜索。

n41 频段的 SCS（子载波间隔）为 30kHz，则带宽 100MHz 为 273 个 RB。若采用 Sub-3G 频段的搜索步长 1.2MHz 去扫描，即每次扫描为 $1.2\times10^3/30=40$ 个 SCS，共需要扫描 $(273\times12)/40=82$ 次，就能完成整个载波的搜索。

若采用信道栅格扫描，n41 的信道栅格 $\Delta F_{\text{Raster}}=15\text{kHz}$，则需要 $(273\times12\times30)/15=6552$ 次才能完成扫描。显然，采用同步栅格非常有利于加快 UE 同步的速度。

同步栅格也不是 SSB 块的绝对中心（1/2 处），SSB 块有 20 个 RB，共计 $20\times12=240$ 个子载波；绝对频率的 SSB 对应于第 10 个 RB（从 0 编号）的第 0 号子载波的中心，也就是绝对的中心向上偏了半个子载波。

在 5G 中，SSB 的中心和载频的中心是不需要重合的，SSB 的中心就是表 9.10 中的 SS_{REF}，是按一定规律步进的，SSB 中心频率一般通过 GSCN（全球同步信道号）间接表示，以方便消息传递。

5. 全球同步信道号（GSCN）

GSCN 用于定义 SSB 的频域位置。GSCN 通过同步栅格表示 SSB 的中心频点号，可获得 SSB 的频域位置。在实际下发的测量配置消息中，gNB 会将 GSCN 转换成标准的频点号。每一个 GSCN 对应一个 SSB 的频域位置 SS_{REF}，SS_{REF} 表示 SSB 的 RB10 的第 0 个子载波的起始频率。GSCN 按照频域增序进行编号。下面将举例说明表 9.10 给出的 GSCN 计算方法。

表 9.10　GSCN 计算方法

频率范围/MHz	SS_{REF}（SSB 频域位置）	GSCN	GSCN 范围
0~3000 （Sub-3G）	$N\times1200$kHz$+M\times50$kHz， $N=1:2499$，$M\in\{1,3,5\}$	$3N+(M-3)/2$	2~7498
3000~24250 （C-BAND）	3000MHz$+N\times1.44$MHz， $N=0:14756$	$7499+N$	7499~22255
24250~100000 （毫米波）	24250.08MHz$+N\times17.28$MHz， $N=0:4383$	$22256+N$	22256~26639

【例 9.4】 在 0~3GHz 频段内，当 $N=1$ 时，$M\in\{1,3,5\}$，GSCN 编号为 $3N+(M-3)/2=\{2,3,4\}$，所以：

编号为 2 的 GSCN，其 SSB 频域位置为 1×1200kHz+1×50kHz＝1250kHz；

编号为 3 的 GSCN，其 SSB 频域位置为 1×1200kHz+3×50kHz＝1350kHz；

编号为 4 的 GSCN，其 SSB 频域位置为 1×1200kHz+5×50kHz＝1450kHz。

当 $N=2$ 时，$M\in\{1,3,5\}$，GSCN 为 {5,6,7}，所以编号为 5、6 和 7 的 SSB 频域位置分别为 2450kHz，2550kHz 和 2650kHz。以此类推，当 N 确定时，就会得出 M 的 3 个值对应的一组（3 个）频率。在 Sub-3G 的默认配置下，优先使用 $M=3$。在 GSCN 计算中，N 要取整数，这样使得 GSCN 不与中心频点重合。

在定义了 GSCN 后，由于 NR-ARFCN 的频域位置是绝对的，GSCN 的频域位置也是绝对的，所以对于用 NR-ARFCN 划分的每个操作频带，其内的 GSCN 也就固定了，见表 9.11。表中同时指示该操作频带内 SSB 的子载波间隔和时域模式（pattern）。有了 GSCN，终端就可以在这些频域的位置来搜索 SSB 了。

表 9.11　不同频段号对应的 SSB 子载波间隔、SSB 时域模式、GSCN 范围（简表）

NR 频段号	SSB 子载波间隔/kHz	SSB 时域模式	GSCN 范围 始点—<步长>—终点
n1	15	Case A	5279-<1>-5419
n2	15	Case A	4829-<1>-4969
n3	15	Case A	4517-<1>-4693
n5	15	Case A	2177-<1>-2230
	30	Case B	2183-<1>-2224
n41	15	Case A	6246-<3>-6717
	30	Case C	6252-<3>-6714
n50	15	Case A	3584-<1>-3787

6. 部分带宽组（BWP）

BWP 是对应特定载波和特定参数集的一组连续公共资源块。BWP 支持工作带宽小于系统带宽的 UE，通过不同带宽的 BWP 之间的转换，降低功耗，并根据业务需求优化无线资源。

UE 可以在上行链路中配置多达 4 个 BWP；如果一个 UE 配置了一个辅助上行链路，那么 UE 还可以在辅助上行链路配置多达 4 个 BWP。在给定时间，单个辅助上行链路上，只能激活一个 BWP。UE 不应在 BWP 之外传输 PUSCH 或 PUCCH。在多个小区中的 BWP 可以被聚合。

7. 公共参考点（Point A）

Point A 是第 0 个 RB（RB0）的第 0 个子载波的中心频点。5G NR 引入了 Point A、公共资源块（CRB）、物理资源块（PRB）和虚拟资源块的概念，UE 通过这些索引和指示便可获知 RB 的位置。公共资源块和物理资源块的相互关系示意如图 9.22 所示。

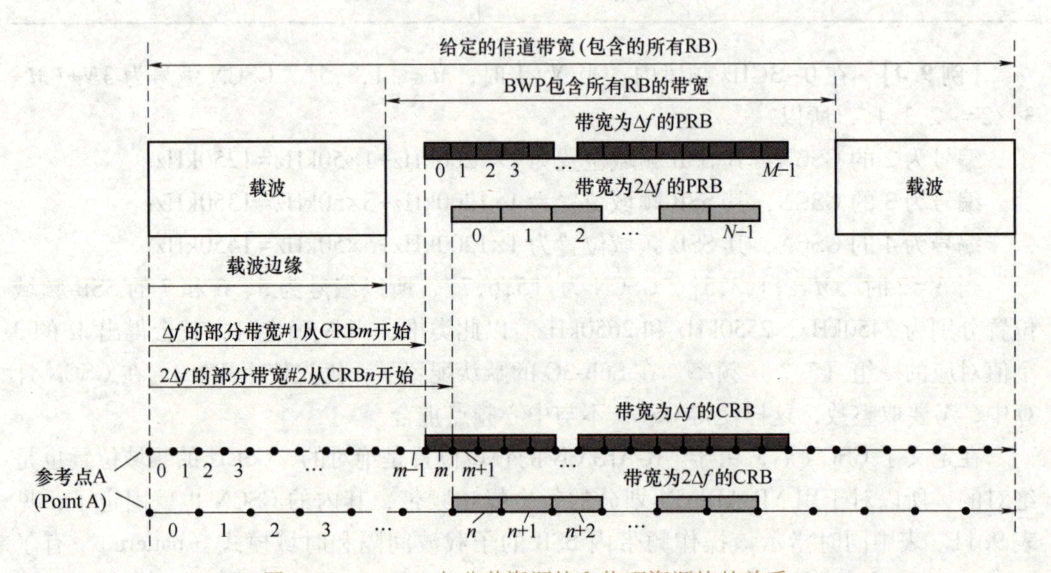

图 9.22 Point A 与公共资源块和物理资源块的关系

RB 定义为频域中 $N_{sc}^{RB}=12$ 个连续的子载波。Point A 是各种资源块的一个公共参考点。对于给定信道带宽，Point A 位置固定，与子载波间隔无关，即不同的子载波间隔在频域上 Point A 的位置都是相同的。其编号从 0 开始，即 Point A 是指 0 号公共资源块的 0 号子载波位置。Point A 还需从高层获取主小区上、下行链路的 PRB 公共索引，以及辅助小区上行链路的 PRB 索引等参数。

公共资源块表示一个给定的信道带宽中包含所有 RB。CRB 在子载波间隔 Δf 配置 μ 的频域中从 0 开始向上编号。子载波间隔 Δf 配置 μ 的公共资源块 0 的子载波 0 与 Point A 重合。因此，Point A 可以起锚点的作用，用于指示 RB 的起始位置。对于子载波间隔配置 μ，在频域中 CRB 编号与资源粒子（k，l）的关系为

$$n_{\mathrm{CRB}}^{\mu}=\left\lfloor\frac{k}{N_{\mathrm{sc}}^{\mathrm{RB}}}\right\rfloor \tag{9.6}$$

式中，k 相对于 μ 的资源栅格 0 的子载波 0 定义。物理资源块（PRB）在 BWP 内定义。PRB 表示一个给定的 BWP 包含所有 RB。PRB 由 0 开始编号，编号为 $0\sim N_{\mathrm{BWP},i}^{\mathrm{size}}-1$，其中 i 是带宽组（BWP）的编号。在带宽组 i 中，物理资源块 n_{PRB} 和公共资源块 n_{CRB} 的关系为

$$n_{\mathrm{CRB}}=n_{\mathrm{PRB}}+N_{\mathrm{BWP},i}^{\mathrm{start}} \tag{9.7}$$

其中，$N_{BWP,i}^{start}$是带宽组相对于公共资源块0开始的起始资源块。

虚拟资源块是编号为$0 \sim N_{BWP,i}^{size}-1$的带宽组，其中$i$是带宽组编号。

PRB用来描述资源块在实际传输中的相对位置。如图9.22所示，对于子载波间隔为Δf的物理资源配置RB，相对Point A，0号PRB实际上是第m个CRB。类似地，对于子载波间隔为$2\Delta f$的物理资源配置RB，相对Point A，0号PRB实际上是第n个CRB。每一个参数集都会独立定义一个PRB在CRB中的起始位置，如图9.22中的m和n分别是参数集子载波间隔为Δf和$2\Delta f$的起始位置。以下是与Point A相关的2个参数。

offsetToPointA：表示SSB最低RB的最低子载波与PointA之间的频域偏移，偏移单位为RB。需要注意的是，在这里，频域偏移不是以真实的子载波间隔来计算的，对于FR1，假设子载波间隔为15kHz；对于FR2，假设子载波间隔为60kHz。

k_{SSB}：Point A与SSB的RB0的0号子载波相差的RB数量，不一定是整数个RB，可能还会相差几个子载波，k_{SSB}就表示相差的子载波数量。这里也是假设子载波间隔为固定值，FR1为15kHz，FR2为60kHz。

8. 提前量T_{TA}

5GNR类似于LTE，通过调整UE时间提前量T_{TA}，使UE数据到达gNB的时间对齐。T_{TA}是指UE发送上行数据的系统帧相比对应的下行帧要提前一定的时间，UE的上行帧i应该在对应的下行帧i开始传输之前的T_{TA}时刻发出，即

$$T_{TA}=(N_{TA,offset})T_c \tag{9.8}$$

上、下行链路中各有一组帧相对应，其中T_{TA}由基站根据UE发送的随机接入前导码计算，然后再通过定时提前命令（TAC）通知给UE，UE通过参数（n-TimingAdvanceOffset）可解析出$N_{TA,offset}$。

拓展阅读

珠峰上有了5G信号

2020年4月，中国移动在珠穆朗玛峰海拔6500m前进营地的5G基站正式投入使用，实现了对珠峰峰顶的信号覆盖。同年5月，一支中国珠峰高程测量队的8名队员成功登顶，用手机通过5G移动网，实时分享了他们的成功和喜悦。

由于高原的特殊地理条件，建设通信网基站十分困难，世界上不少发达国家的山区也没有实现信号全覆盖。海拔8848.86m的珠穆朗玛峰，是世界的第一高峰，常年积雪覆盖，气候复杂多变，氧气稀薄，连直升机都无法正常飞行。在这种极其恶劣的环境下建设基站，对相关设备是重大的考验，同时还面临着三大难题：第一，高原反应、严重缺氧所造成的人员安全问题；第二，汽运、航运不通，带来的设备、材料的运输问题；第三，电网不通，造成的基站及网络设备的用电问题。但我国的通信建设者和专业技术人员，克服了种种艰难险阻，甚至靠着肩扛、牦牛驮运等方法化解运输难题，硬是在珠峰建成了目前全球海拔最高的5G基站。正如电影《攀登者》中的那句台词：“我们国家自己的山，我们中国人要自己登上去！”这体现

的是中国人不屈不挠和勇于攀登的精神，以及高尚的民族主义情怀。这种精神和情怀在珠峰5G基站的建设中得到了完美的体现。

珠峰5G基站的建成，对科学考察、登山救援提供了极大的便利，也展示了一个国家的通信实力。试想一下，能在极高、极寒、低气压的条件下建成5G基站，且设备持续正常运转，中国的通信建设队伍一定能够在世界上任何一个地方建好5G基站，中国的通信设备也可以适用于世界上众多的地方，彰显中国的移动通信网络技术已经走在了世界的前沿！

中华民族是一个伟大的民族。新中国的开国领袖毛泽东曾经说过："中国人民有志气，有能力，一定要在不远的将来，赶上和超过世界先进水平。"我国移动通信从1G空白，2G跟随，3G参与，4G快速发展到5G技术领先的发展里程，用事实证明了伟人的预言。

5G的成功实践，体现了我国企业的民族责任感和使命担当，给国人树立了信心和榜样，增强了国人的自豪感和爱国主义情怀。我们坚信，在中国共产党的坚强领导下，坚持改革开放的正确道路，中华民族再次腾飞的美好梦想一定能够实现。

习　题

一、填空题

1. 5GC网络架构中，负责移动性和接入管理的部分为__________，负责会话管理功能的部分为__________，负责用户面的数据路由和转发功能的部分为__________。

2. 5GC网络架构中，__________负责前台数据的统一处理，包括鉴权数据、用户标识等；AUSF配合UDM的鉴权数据处理；__________和__________负责后台数据存储功能；__________负责对外开放网络的数据。

3. 5GC网络架构中，__________负责对NF进行登记和管理，__________用来管理网络切片的相关信息。

4. 5G NR的分布式基站D-RAN，也称分离式基站。将__________和__________进行分离，之间利用光纤连接；集中式基站C-RAN（Centralized RAN或Cloud RAN），也称整合型基站，进一步使RRU接近天线单元以减小馈线损耗，而__________则集中到中心机房（Central Office，CO）、并云化，成为BBU池。

5. 5G基站重构为CU、DU、__________三级架构。当CU和DU分开部署时，需要在CU和DU之间部署__________承载网，这样5G承载网就从4G网络的前传和回传两部分变成了前传、__________、回传3部分。

6. 5G有两种组网方式：__________和__________。

7. SSB（同步信号和PBCH块）由__________、__________和__________组成。

8. 5G NR中，最小的物理资源单位称为__________，即一个OFDM符号与一个子载波所对应的一个元素。频域上连续的12个子载波称为一个__________。

二、简答题

1. 简述5G核心网主要网元的功能。从功能角度看，5GC网元与EPC网元有什么样的对应关系？

2. 简述5G无线接入网的组成，说明RRU、BBU在网络中的作用。

3. 说明5G时域中的帧、半帧、时隙与LTE的帧、半帧、时隙有何不同。

4. 简要描述5G频率间隔（Δf）、资源栅格（RG）、资源块（RB）和资源粒子（RE）等概念。

5. 简述5G无线网数据链路层和物理层的信道类型。

6. 什么是全局频点栅格？它和信道栅格是什么关系？

第10章 物联网

物联网的功能是通过通信网实现对物体的智能化识别、定位、跟踪、监控和管理。随着互联网的普及、4G/5G的快速推进，以及云计算和大数据等新技术发展，物联网迎来了飞速发展的新时代。本章将重点介绍物联网技术、架构和应用，以及云计算、边缘节点计算和工业物联网。

10.1 物联网技术

10.1.1 物联网层次结构

物联网是通过各种识别技术、定位系统等，按照一定的通信协议，以实现物体之间的互联互通。物物相连是物联网最明显的特征，它将网络服务对象从人拓展到物。国际电信联盟（ITU）提出的物联网模型为3层架构，即感知层、网络层和应用层。这里，结合当前技术将物联网结构从下到上以依次分为目标对象层、感知控制层、网络传输层和应用服务层共4层，如图10.1所示。

1. 目标对象层

严格地说，目标对象层是不属于物联网体系结构的独立部分，物联网的感知控制设备与目标对象紧密相关，处在目标对象层中的物体应当有标识信息、位置信息、状态信息和相关信息等，若物体中包含智能设备，还应包括运行信息和控制信息。

2. 感知控制层

物联网的感知控制层是物联网的核心层，也称感知层，主要完成物体信息的采集、转换、收集、处理和计算，以及必要的控制，具体包含：传感器、短距离传输网和物联网网关。

1）传感器（或控制器）：用来进行数据采集、转换及实现控制。信息采集采用红外感应器、激光扫描器等传感器技术和RFID（射频识别技术）。传感器是一种能把物理量或化学量转变成电信号的器件，可以感知周围的温度、速度、电磁辐射或气体成分等，主要用来采集传感器周围的各种信息；射频识别技术首先要在物体上放置标签，通过传感器采集识别装置对标签的扫描处理，从而自动获取被识别物体的相关信息。

2）短距离传输网：将传感器采集的数据发送到对应的物联网网关或将上层网络的控制指令通过物联网网关发送到传感器。短距离传输网络是指无线覆盖范围内的个域网（PAN）。比如在个人近距离活动范围内读写器与电子标签之间的射频通信，红外收发器之间的红外通信，超宽带（UWB）通信，蓝牙通信，WiFi通信等。

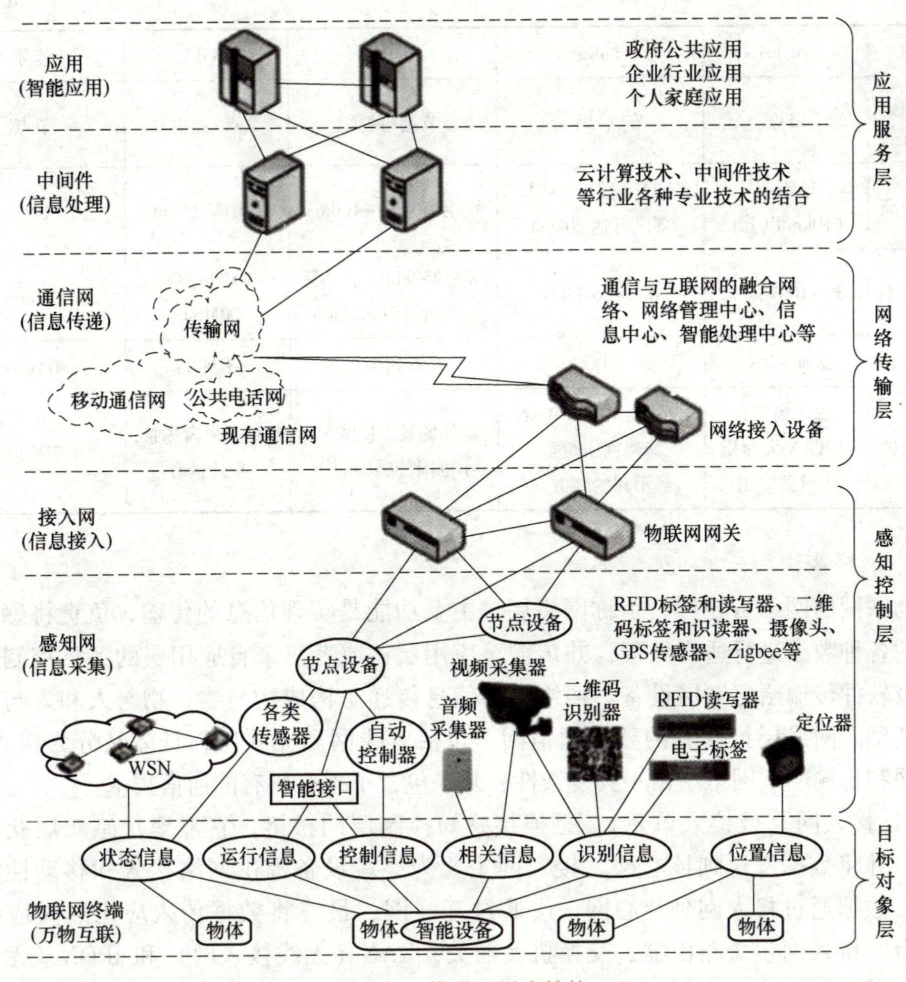

图 10.1　物联网层次结构

3）物联网网关：通过短距离传输网络对传感器采集到的物体信息进行收集、处理和计算，并将控制指令通过短距离传输网络发送给控制器。

表 10.1 给出几种物联网感知层内部或感知层到网络层的连接方式的特点和优势对比。其中 LPWAN（低功率广域网络）是一种用在物联网（如以电池为电源的传感器），并可以用低比特率进行长距离通信的无线网络。LPWAN 每个信道的传输速率为 0.3~50kbit/s；基于移动网的 NB-IoT（Narrow Band Internet of Things，窄带物联网）指通常只消耗很窄的频带或需要较低的传输速率，可直接部署于 GSM、UMTS、LTE 或 5G 网络的 LPWAN。NB-IoT 支持低功耗设备之间通过广域蜂窝数据网实现连接。

表 10.1　几种物联网连接方式的特点和优势对比

类型	NB-IoT	LoRa	ZigBee	WiFi	蓝牙
组网方式	基于现有蜂窝组网	基于 LoRa 网关	基于 ZigBee 网关	基于无线路由器	基于蓝牙 Mesh 的网关

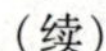

（续）

类型	NB-IoT	LoRa	ZigBee	WiFi	蓝牙
网络部署方式	节点	节点+网关	节点+网关	节点+路由器	节点
传输距离	远距离（10km 以上）	远距离（城市 1~2km，郊区可达 20km）	短距离（10~100m）	短距离（50m）	10m
传输速率	30~100kbit/s	0.3~50kbit/s	理论 250kbit/s，实际一般小于 100kbit/s	100kbit/s~500Mbit/s	1Mbit/s
网络时延	3ms~10s	1s	不到 1s	不到 1s	不到 1s
适合领域	户外场景，LPWAN 大面积传感器应用	户外场景，LPWAN 蜂窝网络覆盖不到的地方	户外场景，LPWAN 小范围传感器应用	常见于户内场景，户外也有	常见于户内场景

3. 网络传输层

物联网的网络传输层，也称网络层，主要功能是实现信息的传输，负责将感知层接入的各种数据进行适当处理，并传输至应用层；或者将来自应用层的各种控制信息或升级软件传输给感知层设备。网络层的信息传递是构成物与物、物与人和人与人互联的基础。网络层指现有的整个通信网，包括有线网和无线网，具体又分为接入网、核心网和传输网。网络层由于其复杂性，几乎包含了现有所有的通信技术。

1）接入网（或接入单元）：是连接感知控制层的桥梁，它汇聚从感知层获得的数据，并将数据发送到核心网。接入网主要为终端设备提供网络接入和移动性管理功能，数据通过接入网到核心网，或通过互联网，最终将数据传入应用层对应的各种平台。接入网包含路由器、交换机及网关，RAN（无线接入网）和 xPON（无源光网络）等。

2）核心网：包含现有的各类通信网的主体部分，如移动通信网、数据通信网、互联网等。核心网完成信息的交换和控制，物联网主要采用基于分组技术的高性能核心网，包含软交换、IMS（IP 媒体子系统）等。

3）传输网：包含现有的各种传输网。传输网是一种基础网络，负责信息的承载和传递，如 SDH（数字同步传输系列）、MSTP（多业务传输平台）、PTN（分组传输网络）、DDN（数字数据网）等都可以担当物联网的传输网。需要说明的是，一些文献将处在网络层的通信网都称为传输网，这只是在功能上的一种统称。

4. 应用服务层

物联网的应用服务层，也称应用层，主要完成物联网数据管理、存储和智能分析，以实现物联网架构的各种智能化应用。在数据应用的智能分析过程中，高效率的云计算模式是核心技术，如分布式并行计算、网络存储、负载均衡、中间件等技术，为系统提供了良好的应用基础。随着物联网终端数量的增加，需要云计算来处理大数据，通过智能分析为用户提供最终的决策支持，并将这些数据与各行业应用相融合。应用层包括中间件和应用两部分。

1）中间件：通常是一种独立的系统软件或服务程序。基于通用APP Server、OSGi（开放服务网关）技术的服务器端和嵌入式的中间件是实现物联网集成和运营的主要手段。中间件将许多可公用的能力进行统一封装，以提供丰富多样的物联网应用。统一封装的能力包括通信的管理能力、设备的控制能力、物体的定位能力等。

2）应用：是用户直接使用的物联网服务，其种类繁多，包括家庭应用，如家电智能控制、家庭安防等；也包括很多企业和行业应用，如石油管道监控应用、电力抄表、车载应用、远程医疗等。

应用服务层基于软件技术和计算机技术实现。其关键技术主要是基于软件的各种数据处理技术，此外云计算技术作为海量数据的存储、分析平台，也是物联网应用服务层的重要组成部分。实现丰富多彩的应用是物联网普及发展的原动力。

10.1.2 物联网关键技术

下面主要介绍物联网常用的一些关键技术，并通过例题说明传感器的有关计算。

1. 传感器技术

传感器技术是从外界获取信息，并对之进行处理和识别的一门多学科交叉的现代科学与工程技术，是物联网获取外部世界信息不可缺少的一环。从仿生学观点看信息技术，可以把计算机看成是处理和识别信息的“大脑”，通信系统看成是传递信息的“神经系统”，那么传感器就是“感觉器官”。微型无线传感技术以及以此组成的传感网就是物联网感知层的重要技术手段。传感技术包括RFID、WSN（无线传感网）和BSN（区块链服务网）等小型或微型末端，主要解决“最后100米”连接问题。

随着新型敏感材料及精密制造技术的不断进步，为新型传感器的出现提供了基础，使得传感器应用范围不断扩展，不断满足新的应用场景。当前，各种新颖、先进的传感器不断出现，如超导传感器、生物传感器、智能传感器、基因传感器以及模糊传感器等。我国更将以机械敏、力敏、气敏、湿敏、生物敏传感器作为传感器研究的5大重点。传感器是物联网必不可少的信息来源，在以下领域得到了广泛应用。

1）在工农业生产领域，工厂的自动流水生产线、全自动加工设备、许多智能化的检测仪器设备都采用了各种各样的传感器。

2）在家用电器领域，全自动洗衣机、电饭煲和微波炉等，都离不开传感器。

3）在医疗卫生领域，电子脉搏仪、体温计、医用呼吸机、超声波诊断仪、断层扫描（CT）及核磁共振诊断设备等，都大量使用了各种各样的传感器技术。

4）在军事国防领域，各种侦测设备、红外夜视探测、雷达跟踪、武器的精确制导等，都离不开传感器技术。

5）在航空航天领域，导航、飞机的飞行管理和自动驾驶、着陆系统等都需要传感器。

6）在其他领域，如矿产资源、生命科学、生物工程等领域，传感器都有广泛的用途。

【例10.1】 举例说明超声波传感器在流体传播中测流量的具体应用及其计算流速的方法。

超声波在静止液体和流动液体中的传播速度是不同的，超声波传感器就是利用这一特点计算流体的速度，再根据管道的截面积，便可获得流体的流量。测流速时在流体中放两个超声波传感器，分别放置在上游和下游，两个传感器既发送又接收超声波。传感器在安装管道内、外的原理如图 10.2 所示，以下分别用两种方法计算流速。

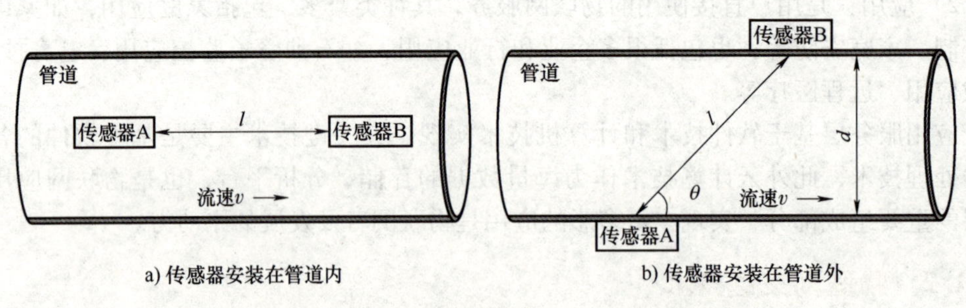

图 10.2　传感器安装在管道内、外原理意图

(1) 采用时间差法测流速

顺流和逆流的超声波传播时间与流体流速有关。首先分析传感器安装在管道内的情况，对应的流速检测装置如图 10.2a 所示。传感器 B 接收到传感器 A 发射的超声波信号为顺流方向，所用时间为

$$t_1=l/(c+v)$$

传感器 A 接收到传感器 B 发射的超声波信号为逆流方向，所用时间为

$$t_2=l/(c-v)$$

传感器 A 和 B 接收信号的时间差为

$$\Delta t=t_2-t_1=\frac{2lv}{c^2-v^2}\approx\frac{2lv}{c^2}(v\ll c)$$

因此，流体的流速为

$$v=\frac{c^2}{2l}\Delta t \tag{10.1}$$

式中，c 为超声波速度；v 为流体速度（简称流速）；l 为两个传感器之间的距离。

传感器安装在管道外的情况如图 10.2b 所示。流体沿超声波传播方向的平均流速为

$$v'=v\cos\theta$$

式中，θ 为超声波传播方向与流体运动（流动）方向之间的夹角。传感器 A 和传感器 B 接收到的超声波传播时间分别为 t_1、t_2，当 A 为发射探头，B 为接收探头时，超声波传播速度为 $c+v'$，则顺流方向传播时间 t_1 为

$$t_1=\frac{l}{c+v'}=\frac{l}{c+v\cos\theta}$$

当传感器 B 为发射探头，传感器 A 为接收探头时，超声波传播速度为 $c-v\sin\theta$，逆流方向传播时间 t_2 为

$$t_2=\frac{l}{c-v'}=\frac{l}{c-v\cos\theta}$$

时间差 Δt 为

$$\Delta t=t_2-t_1=\frac{2lv\cos\theta}{c^2-v^2\cos\theta}\approx\frac{2lv\cos\theta}{c^2}(v\ll c)$$

所以流体平均流速为

$$v\approx\frac{c^2}{2l\cos\theta}\Delta t \tag{10.2}$$

实际中 v 远小 c，即 $v\ll c$，该测量方法 v 的精度取决于 Δt 的测量精度。

（2）采用频率差法测流速

用时间差法测流速必须准确求出超声波速度 c，否则会引入误差，而频率差法可避免这个问题。如图 10-2b 所示，当传感器 A 为发射探头，传感器 B 为接收探头时，超声波重复频率 f_1 为

$$f_1=\frac{c+v\cos\theta}{l}$$

当传感器 B 为发射探头，传感器 A 为接收探头时，超声波重复频率 f_2 为

$$f_2=\frac{c-v\cos\theta}{l}$$

频率差为

$$\Delta f=f_2-f_1=\frac{2v\cos\theta}{l}$$

流体的平均流速为

$$v=\frac{l}{2\cos\theta}\Delta f \tag{10.3}$$

当管道结构尺寸和探头安装位置一定时，式（10.3）中 l 和 θ 为定值，流速 v 直接与 Δf 有关，而与声速 c 无关。可见，这种方法可以获得较高的测量精度。

属于物联网感知层的超声波流量传感器，可测的流体种类很多，不论是导电或非导电的流体，只要是能传输超声波的流体，都可以进行测量，可用来对自来水、河流等的流速、流量进行测量。

2. 射频技术

RFID 是利用无线射频方式进行非接触式双向通信，以达到目标识别并交换数据的目的，已被广泛应用于物流等众多领域。在 RFID 的标准化方面，已经形成了以 EPC（产品电子代码）/UID（唯一标识符）为主导的体系。为了支持跨异构网络、跨行业的物联网标识技术，首先需要不同标识体系的互联互通，未来还需要新型标识及编址技术来满足物联网特殊的物与物通信的需求。EPC 为 RFID 标签的编码和解码提供标准，使得 RFID 标签在整条物流供应链中的任何时候，都可以通过互联网实现物的自动识别和信息交换与共享，实时提供产品的流向信息，进而实现对物的透明化管理。EPCglobal 在全球各个行业建立和维护 EPC 网络，保证供应链上各环节采用全球统一标准，增强信息的透明度与可视性，以此来提高供应链的运作效率。采用新开发的喷墨打印制造工艺生产 RFID 电子标签，可以使电子标签价格更为低廉。RFID 的特性和功能可概括为以下几点。

1）RFID 新型中间件的推出使标签数据、读写器的管理更加快捷和简单。超高频 RFID 读写器功能增强，并向低功耗、低成本、一体化、模块化方向发展。

2）RFID 技术能实现多目标识别、运动目标识别，便于通过互联网实现物体的识别、跟踪和管理。

3）RFID 已经在身份证、城市交通卡、电子收费系统和物流管理等领域有了广泛应用。RFID 技术的应用领域还包括电子门票、手机支付、车牌识别、不停车收费、港口集装箱管理、食品安全管理等。

4）RFID 一般不具备数据采集功能，且在金属和液体环境下应用受限。

3. 标识及编址技术

标识及编址技术主要用于识别物联网中具备网络通信能力的节点，例如传感器等网络设备节点。这类标识的形式可以是二维码、E. 164 号码、IP 地址、移动用户识别码等。在物联网中，利用标识来实现人与物、物与物的通信以及各类应用，并通过标识和解析、寻址和路由、映射和转换，获取相应的信息。因此，标识及编址技术是保证物联网正确运行的技术基础，也被认为是形成物联网概念的起源之一。相应的对象标识解析技术标准在国际上主要有 3 大体系，即 ONS（对象名称服务）、ORS（对象标识符解析系统）和日本泛在识别中心定义的 uCode 解析服务体系。另一方面，对象标识的编码和分配管理与对象标识解析体系紧密相关。我国的 EPC 编码分配由中国物品编码中心负责。标识及编址技术概括如下。

1）对象标识用于识别物联网中被感知的物理或逻辑对象，该类标识通过相关对象信息的获取及控制与管理，直接用于网络层通信或寻址，如二维码标识。一维条码通常是对物品的标识，而二维码可以在纵横两个方向存储信息，并能整合图像、声音、文字等多媒体信息，可靠性高、保密防伪性强，而且易于制作。随着智能手机和移动互联网的发展，我国基于智能手机的二维码标识类公共服务应用，如电子票据、电子优惠券、商品信息查询等已初步普及。随着电信运营商、互联网企业的不断推进，二维码应用前景广阔。

2）由于物联网是在互联网的基础上发展而来，因此大部分物联网终端节点通过固定或移动互联网的 IP 数据通道与网络和应用进行信息交互，这就需要为物联网终端节点分配 IP 地址，物联网将对 IP 地址产生强劲需求。IPv6 是突破 IP 地址空间不足的最佳选择，国内外正在积极研究基于 IPv6 的物联网标识及编码机制。

3）由于物联网是通信网的拓展应用与网络延伸，很大一部分仍然沿用了现有电信网标识方式，IMSI（移动用户识别码）是物联网通信标识的有效组成部分，我国已为物联网规划了 IMSI 号码段，其中，中国移动为 10648 号段、中国电信为 10649 号段、中国联通为 10646 号段。

4）在利用各种标识的同时，物联网中标识与编址的管理机制也是不可缺少的，用于实现标识或地址的申请与分配、注册与鉴权、生命周期管理，并确保标识或地址的唯一性、有效性和一致性。

4. 工业信息化系统和微机电系统（MEMS）

工业信息化系统包括 PLC（可编程序控制器）、DCS（分布式控制系统）、MES（制造执行系统）、BMS（智能楼宇管理系统）、MEMS（微机电系统）等技术和应用。

MEMS属于物联网信息采集的感知层技术，是指利用大规模集成电路制造工艺，经过微米级加工得到的集微型传感器、执行器以及信号处理和控制电路、接口电路、通信和电源于一体的微型机电系统。

5. GPS定位技术

GPS技术又称为全球定位系统，是具有海、陆、空全方位实时、三维导航与定位能力的卫星导航与定位系统。GPS是物联网延伸到移动物体，采集移动物体信息的重要技术，更是智能物流、智能交通的重要技术。

6. 基于北斗的物联网技术

我国北斗系统在众多领域已逐步取代GPS，为用户提供精准的时间和位置信息，提供定位、授时、授频等服务。北斗系统的物联网架构如图10.3所示，各层功能如下。

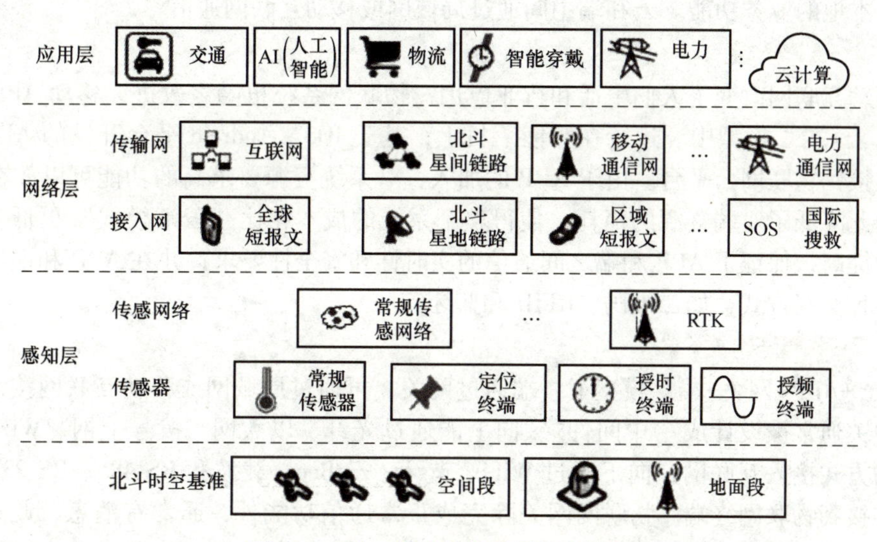

图10.3 基于北斗的物联网技术架构

1）感知层。北斗的定位和授时，可完成精准时间信息和位置信息感知，包括传感器子层和传感网络子层。传感器子层由定位终端、授时终端、授频终端和常规传感器构成。传感网络子层由RTK（实时动态定位）网络、常规传感器网络等构成。

2）网络层。短报文通信功能可实现感知信息和控制信息的全天候无缝传递，再加上星地链路和国际搜救等业务构成了北斗卫星接入网；接入北斗系统的时空感知信息或业务数据信息通过北斗星间链路覆盖全球。

3）应用层。北斗系统与人工智能、云计算等技术融合，形成了基于北斗的物联网技术架构。对时空信息进行处理和计算的人工智能与云计算构成了北斗智能子层，在此基础上构建了大批以北斗为特征的物联网应用，如交通、物流、电力等。

10.2 物联网架构

本节介绍物联网架构及相关概念，M2M通信、包括智慧地球、信息物理系统（CPS）和传感器网络系统等。

10.2.1 物联网模型

在构建物联网模型的过程中，通常用一些简略的表述，如，云表示物联网系统中部署在云上的应用程序；端表示物联网化的物体，包括了硬件实体以及在其上部署的软件，如手机等终端设备；APP 表示终端设备上的特殊应用，如运行在移动手机或者平板计算机上的应用，包含 IOS、安卓和 Windows 应用。以下是典型的物联网系统基础物理模型。

1. 云+端

“云+端”模型：是将物联网系统分为云平台和端两部分，云平台为 B/S（浏览器/服务器）架构模式，通过网页方式进行管理。云平台还需要提供通信接口，以便和物进行通信。端包括手机和计算机等，物联网终端由传感器、运算器、存储器等组成，以实现本地的业务功能。云和端中间通过局域网或移动互联网通信。

2. 云+APP+端

移动互联网改变了人们生活和行业应用，物联网系统也随之改进，移动 APP 被加入到“云+端”模型中。运行在智能手机上，基于 IOS、Android 平台开发的 APP，从后台连接到物联网云平台。由于 APP 的加入，对系统资源要求高的功能可以放在 APP 上，因此降低了对端资源的消耗，使得整个系统的成本相比“云端模式”更低。系统功能的提高，保证了 APP 和端之间通信的实时性和安全性要求，并在 APP 和端之间建立了多种交互方式，如二维码、RFID 和蓝牙等。

3. 云+APP+网关+端

“云+APP+网关+端”模型下，端通过网关，再通过局域网或移动互联网接入云平台。网关通常被设计成“中间件”，向上能通过光纤、以太网、拨号上网、WiFi 或移动网的方式接入互联网；向下通过 WiFi、蓝牙、ZigBee、载波和 RS-485、RS-232 等接口，连接到物联网终端。物联网网关除完成正常通信功能外，通常有消息、业务处理等功能，甚至是一个小的服务器，可以运行较为复杂的应用程序，以独立支持终端在本地（局域网内）的正常工作。网关还可以充当局域网的计算中心或者服务器，分担终端的运算、存储功能；甚至可以建立热点，直接跟手机建立连接，这样在不连接到云服务器的情况下，手机应用也可以直接和局域网上的物联网系统进行交互。

例如，智能手机可以作为特殊的网关，物联网终端通过手机连接到物联网。智能手机式网关是一台“感知设备”，终端通过感知连接到物联网。终端可以是一个传感器或包括了传感器的物体，使用通信模块实现网络连接。物联网终端可以利用音频线或 USB 线连接到手机，也可以通过蓝牙或 WiFi 等方式连接到手机。终端软件要实现传感器采集数据的处理，以及和手机的通信功能。手机除了包括对应的通信功能、终端管理，以及作为终端的代理之外，还要和云平台进行交互。

“感知设备”和终端只有临时的，非固定的连接，终端上需要增加一个可以被感知的传感器，如 RFID 标签。在物联网网关上，增加对应的识读设备，就可以将大量的终端都连接到物联网了。在终端到网关的连接上，使用的通信方式有射频、红外等。

4. 云+APP+网关+端+传感器网络

“云+APP+网关+端+传感器网络”模型，是指通过 WSN（无线传感器传感网）来

采集数据的物联网系统，由于WSN的复杂性，通常要通过物联网网关接入物联网云平台。传感器网络模型接入的不是单个终端，WSN作为一个子网络，在通信协议、网络拓扑、网络管理等方面和IP网不同。WSN组网协议有6LoWPAN（基于IPv6的低功耗无线个域网）、ZigBee和Z-Wave（家庭自动化无线网）等。大多数情况下，WSN的节点都有休眠机制，以做到低功耗甚至微功耗。采用低功耗传感器节点使WSN的可用性加强，实现几年不用更换电池，降低维护成本，符合某些特殊业务的需求。这种模型中的移动APP，要求具有现场管理、现场识别网关、直接通信、控制物联网网关和通过网关间接管理WSN终端等功能。

出于节能的目的，WSN的传输速率通常被设计得较低，下行控制很难做到实时；另外，从协议上看，无线传感协议基本都不是基于IP的，所以在接入到平台的过程中，存在协议转换的工作。因此，WSN更多地应用在监测类的系统中，如可以用来监测农作物生长环境、温度、湿度，监控河流、海洋的各种参数，控制路灯等。现在，ZigBee等协议已开始全面支持IP，随着低功率芯片的推出，将会持续推动WSN在更多领域更广泛的应用。

10.2.2 物联网部署

物联网一般有以下4种部署方式。

1. 私有物联网（Private IoT）

私有物联网一般面向单一机构内部提供服务，可以由机构本身或其委托的第三方实施和维护，主要基于内网（Intranet）在机构内部部署（OnPremise），也可以通过专网（VPN）在机构外部部署（OffPremise）。如政府部门和集团机构一般都有私有物联网的部署，相对封闭，安全性高。

例如，智能校园网通过校园内部网建立基于物联网和大数据技术的智慧校园服务体系，通过人脸识别终端采集师生校内行为数据，并将所有数据实时上传到校园大数据平台进行数据分析、挖掘和筛选，最终得到有用信息，实现校园管理的智能化。

2. 公有物联网（Public IoT）

公有物联网基于互联网向公众或大型用户群体提供服务，一般由机构（或第三方）运维，可以实现数据共享，但安全保密性较低。因为数据量大，对云平台性能的要求较高。

例如，智慧物流就属于共有物联网。物流行业是最早大规模应用物联网技术的行业之一，基于互联网向公众提供便捷服务，充分利用了RFID所具有的标识物品能力，为早期物联网应用奠定了基础，进一步促进了RFID等技术的发展。智慧物流的目的是提高物流系统智能化分析决策和自动化操作执行能力，因此通过GSP或北斗系统获取物体的位置信息至关重要。目前，国内已有多家电子商务企业的物流货车、配送员配备了GSP或北斗车载终端和手环，综合利用移动、无线通信、现代物流配送规划等技术可实现对物流过程、交易产品、运载车辆的全面管理，极大地节约人力、物力和财力成本。

3. 社区物联网（Community IoT）

社区物联网面向一个关联的“社区”或机构群体，如为一个城市政府下属的各个部门提供服务。一般由两个或以上的机构协同运维，主要存在于内网/专网（Extranet/VPN）中。属于社区物联网的智能家居系统通常提供多种分立的传感器，如红外、温

湿度、烟感等；以及多种控制器，如门禁、开关和报警器等。所有的终端都连接到一个社区网关上，社区网关通过互联网始终保持和云平台的连接。社区物联网系统还配置了移动APP，以方便用户远程操控物联网终端以及获得终端的事件消息。

与社区物联网相近的另外一种物联网形态是智慧城市。智慧城市利用各种信息技术及流程创新，提升公共资源运用效率，优化城市管理和服务，改善市民生活质量。随着各种智能硬件的兴起，“智慧城市”的概念逐步清晰和物化，涌现出网上行政服务、公交刷卡等各种应用。

4. 混合物联网（Hybrid IoT）

混合物联网（Hybrid IoT）是上述两种或两种以上物联网的组合，但在后台有统一运维实体。

例如，智能线缆管道物联网可实现管道、环境等全方位感知，其采集的数据既有管道站数据，也有管道沿线数据；既有双向监护数据，也有单向监测、检测数据；既有远距离数据，也有近距离数据。因此，同一管道物联网网络层架构需要多种技术相互连接，属于混合物联网部署。典型的管道物联网系统架构如图10.4所示，其中的一些无线物联网需自行组建，如LoRa（远距离无线）、WiFi、Zigbee、蓝牙、无线设备等。可以每个小站独自组建一个小局域网，采集数据直接进入站内监控系统，并通过管道沿线的光纤系统将各站连接到广域物联网；也可以从运营商的云计算中心或边缘计算中心通过专线，将采集的数据传输至管道监控中心。对于自建专用传输网，其数据存储和传输网络专用，属于私有物联网；但对于租赁管道的用户，则通过运营商部署的公有物联网为其提供日常维护和管理服务。数据采集与监视控制系统（SCADA）应用于管道系统等的数据采集与监视控制以及过程控制等诸多领域，它是以计算机为基础的生产过程控制与调度自动化系统，可以实现数据采集、设备控制、参数调节以及各类信号报警等功能。

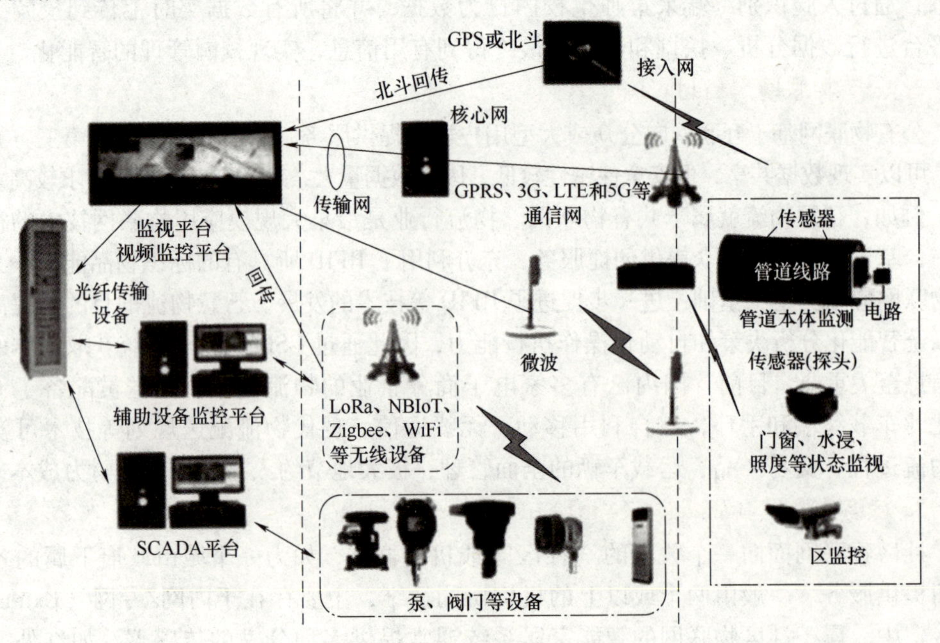

图10.4 智能管道物联网结构

10.2.3　M2M 通信

M2M（Machine to Machine，机器到机器）指通过在机器内部嵌入无线通信模块，实现机器之间智能化、交互式的通信，以满足客户对监控、数据采集与测量、调度与控制等方面的信息化需求。M2M 通信侧重于移动终端的互联和集控管理，是电信营运商的物联网业务领域，主要有 MVNO（移动虚拟网络营运商）和 MMO（M2M 移动营运商）等业务模式。运营商可以在特定行业终端配置的基础上，以 SMS（短消息服务）、USSD（非结构化补充数据业务）、GPRS、CDMA、LTE 和 5G 为接入端，为各类用户提供 M2M 解决方案。

M2M 在逻辑上可以分为 3 个不同的域，即终端域（或称装置域）、网络域和应用域。M2M 终端、终端网络及 M2M 网关等都属于终端域；终端经不同形式的接入网络连接至核心网，此即为网络域；M2M 平台为应用域，为用户提供终端及网关管理、消息传递、安全机制、事务管理、日志及数据回溯等服务。

1. M2M 主要业务类型

M2M 具有以下 5 种主要业务类型。

1）数据测量：通过传感器自动读取远程计量仪表的数据，并把相关的数据通过无线网络传输到数据中心，然后由数据中心进行统一的处理。这种业务被广泛应用于公共事业领域，如自动抄表、自来水供应、电力供应以及天然气供应等行业。

2）远程监控：通过远程测量检测异常事件，以触发相应的反应，如安全监控系统，使用各种传感器监控敏感区域。

3）远程控制：通常是指通过无线网络发出指令对机器进行远程控制，如具有大量分散设备的市政单位可以通过 M2M 自动控制路灯的关闭和打开。

4）支付与交易处理：通过 M2M 使得远程的终端设备支付或者其他新商业模式的应用成为可能，如自动售货机、移动 POS 机等通过 M2M 平台安全地处理交易信息。

5）追踪与物品管理：通常被用作物品管理或位置管理，如车辆管理，可以通过远程的传感器监控车队、收集速度、位置、里程等信息，还能被用于路线规划、车辆调度等方面。

2. M2M 通信特点

M2M 通信主要有以下的特点。

1）低移动性：M2M 通信终端基本上都是固定在某一个位置，很少有地理位置的移动，或只在一个特定的区域中移动。

2）时间相关性：一般 M2M 通信业务与时间相关，应用服务数据有时间同步的要求，必须在给定的时间间隔内发送或者接收。

3）时间容忍性：对于 M2M 通信，它的应用数据都有时间控制的间隔期，如果在规定的间隔期里没有成功发送或接收，则阻止其接入网络，这个最长间隔称为时间容忍。

4）小数据传输性：虽然 M2M 通信终端是海量的，但是每个终端每次传输的数据量很小。

5）监控性：M2M 终端几乎都无人工干预，需要配置监控设备进行跟踪。

6）周期性：M2M 通信绝大部分传输的都是周期性较强的数据。

7）安全连接性：M2M 通信设备与服务器之间的连接必须是安全可靠、不可以脱网的。

8）终端分组性：M2M 通信终端支持分组传输。

3. M2M 业务系统结构

M2M 通信机制是多种不同类型的通信技术的有机结合，以实现机器之间通信、机器控制通信和人机交互通信等。图 10.5 给出了 M2M 业务系统结构图，系统中主要网元功能如下。

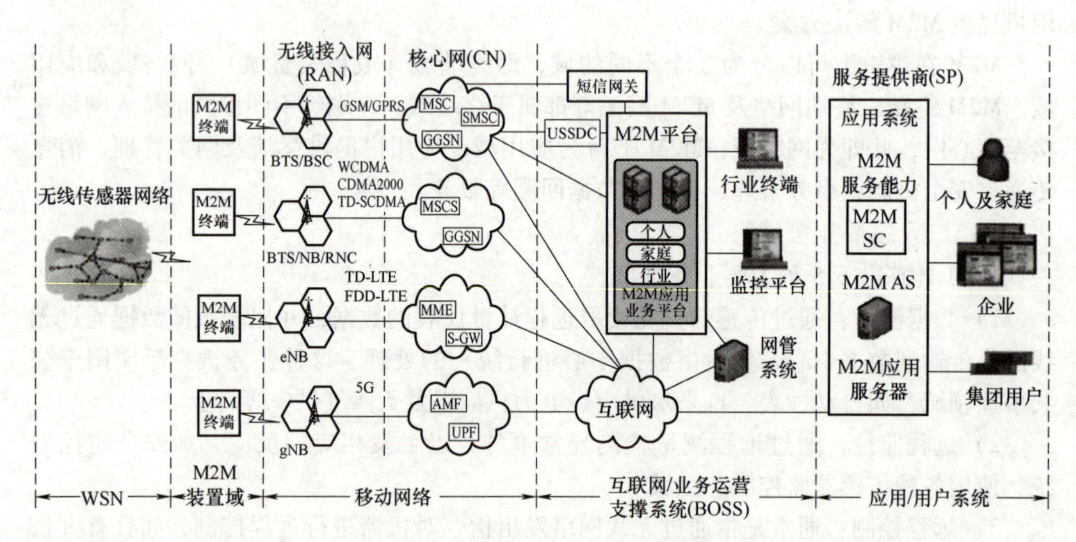

图 10.5　M2M 业务系统结构图

M2M 终端：基于 WMMP（Wireless M2M Protocol，无线 W2W 协议），并可接收远程 M2M 平台激活指令、本地故障告警、数据传输等端到端的通信。WMMP 最早是由中国移动采用的物联网协议，通过 GPRS 或短信远程管理 M2M 终端，也是为实现 M2M 终端与 M2M 平台之间、M2M 终端之间、M2M 平台与 M2M 应用平台之间的数据通信的协议。

短信网关：由行业应用网关或行业网关组成，与短信中心或业务网关连接，提供通信能力。短信网关负责接续过程中用于业务鉴权等的短信处理；行业网关产生短信等原始话单。

M2M 平台：提供统一的 M2M 终端管理、终端设备鉴权，提供数据路由、监控、用户鉴权、计费等管理功能。

M2M 应用业务平台：为 M2M 用户提供各类 M2M 应用服务业务，由多个 M2M 应用业务平台构成，包括个人、家庭、行业 3 类 M2M 应用。

USSDC（非结构化补充数据业务中心）：负责建立 M2M 终端与 M2M 平台的 USSD 通信。

GGSN：GPRS 网关支撑节点，负责建立 M2M 终端与 M2M 平台基于 GPRS 的通信。提供数据路由、地址分配及必要的网间安全机制。对应于 3G、LTE 和 5G 的网元这里

就不再赘述了，功能同样是完成M2M终端与M2M平台的通信。

网管系统：网管系统与平台网络管理模块通信，完成配置管理、性能管理、故障管理、安全管理及系统自身管理等功能。

4. M2M技术优势

M2M提供了设备与系统之间、远程设备之间、设备与个人之间进行实时无线传输数据的手段。M2M技术的优势有以下几个方面。

1）可靠的通信保障。M2M为物联网提供远程监控和维护功能，为物联网的数据传输提供通信保障。M2M能实时监测机器的运行状况以及所连接和控制的外设状态，及时排查和定位故障，以便快速诊断和修复。

2）统一的通信语言。M2M为物联网数以亿万计的机器与机器之间、人与机器之间的通信提供了统一的通信语言，使得物联网应用横跨众多行业，同一信息能被多方广泛共享，并确保信息在传输过程中采用统一的通信机制，以及信息能被准确识别和还原。

3）智能的机器终端。M2M为物联网提供一种智能化、交互式的通信方式，即使人们没有实时发出信号，机器也会根据既定程序主动进行数据采集和通信，并根据所得到的数据智能化地做出选择，对相关设备发出指令、进行控制。

10.2.4 其他类型物联网

1. 智慧地球

智慧地球的含义是地球上的几乎任何事物、系统都可以实现数字化和互联互通，实现计算机、数据中心、移动通信、接入网等系统与公路、交通、建筑物、电网、油井等物理基础设施的密切联系。在此基础上，人类可以以更加精细和动态的方式管理自己的生产和生活，从而达到“智慧”状态，实现智慧判断、处理和决策。IBM提出的“智慧地球”愿景中，勾勒出了世界智慧运转的3个重要维度：更透彻地感应和度量世界的本质和变化；世界正在更加全面地互联互通；在此基础上所有的事物、流程、运行方式都具有更深入的智能化。

智慧地球涵盖了众多领域，如图10.6所示。例如智慧医疗系统，就是保障患者只需要用较短的治疗时间、支付较低的医疗费用，就可以享受到更好的治疗方案、更高的治愈率，还有更优质的服务、更准确及时的信息。通过部署新业务模型和优化业务流程，医疗保健和生命科学体系中的所有实体都可以经济有效地运行。

近年来，由北斗高精度服务提供的时空信息成了智能化进程的重要推动力。通过将北斗系统取得的位置点、位置关系、时空分析等时空元素，与物联网、互联网、云计算、大数据和人工智能等信息技术有机结合，对万物互联起到了巨大的推进作用。

2. 信息物理系统（CPS）

信息物理系统是指计算、信息处理和物理过程紧密结合的系统。对其系统结合的紧密程度表现出的行为特征进行判断，可以区分出该特征是由计算，还是物理规律作用的结果，或是它们共同作用的结果。

在CPS中，计算资源、网络、设备以及它们所嵌入的环境之间存在交互的物理属

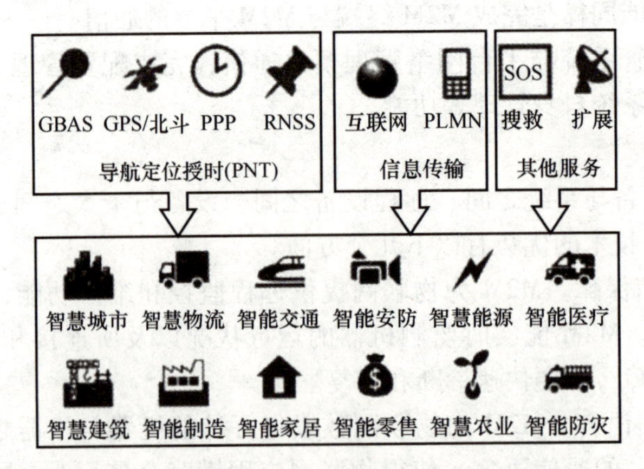

图 10.6 智慧地球的涵盖领域

性，它们共享资源并共同决定系统的整体表现。CPS 通过集成先进的感知、计算、通信、控制等信息技术和自动控制技术，构建了物理空间与信息空间中人、机、物、环境、信息等要素相互映射、适时交互、高效协同的复杂系统，实现系统内资源配置和运行的按需响应、快速迭代、动态优化。

从 CPS 现阶段的存在形式来看，其所依赖的计算机控制系统，可以被看作常见的信息系统与物理系统结合的实例之一。目前，信息系统可用于复杂传感和决策判断，如车辆上信息系统通过对大范围覆盖的多种传感器进行数据采集和信息处理，可以完成车辆定位，地形推断，对周围车辆、人、障碍的位置以及指示标识等的判断。CPS 可实现通信能力、计算能力、控制能力的深度融合。目前，CPS 在交通、国防、能源与工业自动化、健康与生物医学、农业和关键基础设施等方面表现出了广阔的应用前景，并推动着相关理论和技术的发展，使之进一步走向成熟。

3. 传感器网络

传感器网络（Sensor Web）被定义为由大量部署在物理世界中，具备感知、计算和通信能力的微小传感器所组成的网络，可对物理环境和各种事件进行联合感知、监测和控制。传感器网络采集到的物理信息，可通过互联网传输到监控计算机，也可通过通信网融入相应的管理或业务平台。

按照 OCC（开放地理信息联盟）提出的传感器网络框架协议（SWE），传感器网络的任务是基于 Web 实现传感器数据存储系统的可发现、可访问和可使用服务。OCC SWE 传感器建模语言（Sensor ML）用于描述传感器处理及观测处理系统，为传感器的发现、定位和处理等提供必要的信息；传感器标记语言（TML）用于描述传感器系统内部以及传感器系统之间实时信息交互的概念模型，从原始数据产生到分步处理，再到最终数据的形成，TML 可以捕捉、描述任何阶段的数据。

图 10.7 所示为电信网与传感网的融合网络结构，其中 AAA 服务器为认证（Authentication）、授权（Authorization）和计费（Accounting）服务器。网关是实现电信网与传感网融合的一种异型网连接设备，一般在路由器上通过安装网关软件即可实现网关功能。与路由器不同的是，连接网关的网络设备可能运行着两种或多种传输层及其

以上层的协议进程。网关负责连接传感网与电信网，完成传感网的配置、协议转换、地址映射和数据转发等工作，旨在将异构传感器通过多种接入方式直接接入互联网，基于开放的、标准化的Web服务，实现传感器数据测量、设备管理、反馈控制、任务分配和任务协作等用户服务。

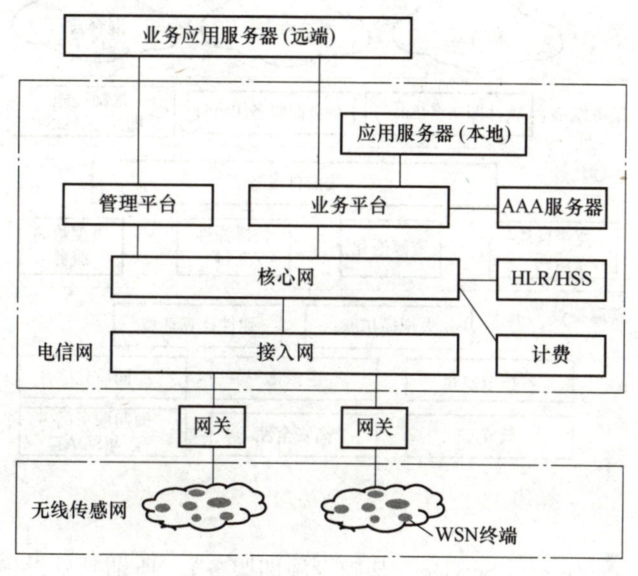

图10.7 电信网与传感网的融合网络结构

10.3 云计算与边缘节点计算

10.3.1 云计算

云计算是一种大规模分布式的并行运算，是基于互联网的超级计算，它使得传统的计算、存储等摆脱了物理节点的限制，提供服务器端数据中心支撑，实现大数据集成和在线后台运维服务。云计算具有超大规模、高可扩展性、虚拟化、廉价性、高可靠性、通用性和灵活定制的特点，包括分布式、并行计算、虚拟化、网络存储和弹性扩展等关键技术。

1. 云计算部署模型

云计算有不同的部署和服务模型。其中部署模型包括私有云、公有云和混合云3种，如图10.8所示。其中：

1）私有云，是为客户单独构建的基础设施，客户可以灵活部署自己的应用程序，提供对数据安全、服务质量、软硬件资源、系统管理的最有效控制。

2）公有云，一般通过互联网的方式访问服务，由第三方提供商构建和维护，最大的特点是可以共享资源服务，使用方便。

3）混合云，是把公有云和私有云融合在一起，既保留了私有云的安全性，同时也可使用公有云的计算资源。混合云有助于提供按需的、外部供应的扩展，可以有效降低成本。

云计算包括 IaaS、PaaS 和 SaaS 3 种服务模型。

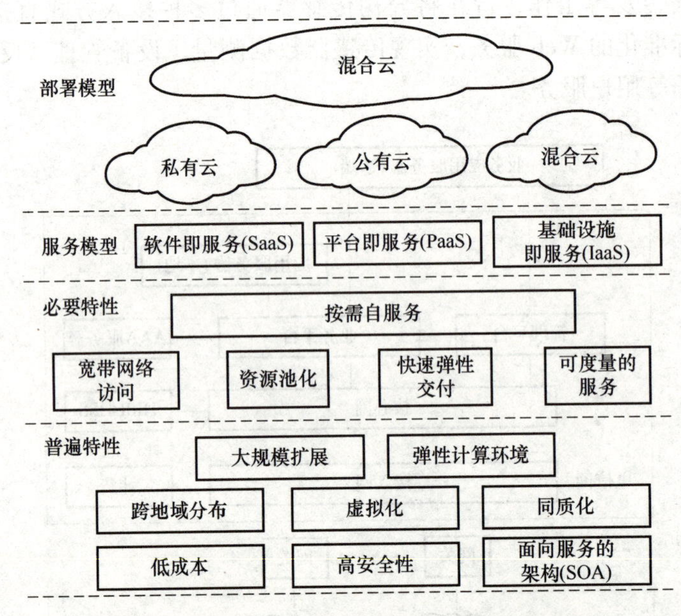

图 10.8　私有云、公有云和混合云部署模式图

IaaS（Infrastructure as a Service，基础设施即服务）：所谓基础设施由众多服务器组成，IaaS 模型就是将这些服务器集群中的存储器、输入输出设备、处理器等整合为虚拟的“云端”资源，为业界提供所需要的存储资源和虚拟化服务器等服务，以计量方式服务用户。

PaaS（Platform as a Service，平台即服务）：即对计算机系统进行配置，使系统具备较高的水准，可以实现直接加载服务到平台的能力。如在一个标准的操作系统环境下，系统被配置成支持特定编程语言的开发平台，企业可以在该平台上搭建自己的运行环境，完成有关应用。

SaaS（Software as a Service，软件即服务）：即云计算提供商将企业所需的软件统一部署到云服务器上，用户可以通过互联网的方式向提供商订购所需产品，提供商以服务器/浏览器的方式向用户提供服务。SaaS/多租户模式是实现大规模公有物联网服务的主要技术手段。

2. 物联网与云计算的融合技术

物联网与云计算虽是两个不同的概念，但却有着密切的联系。云计算与物联网系统紧密融合主要体现在以下云计算技术的应用上。

1）分布式系统：是一种基于网络的计算机处理技术，其大规模的服务器集群，可以解决物联网服务器节点不可靠的问题。

2）并行计算：指一次可执行多个指令的算法，为物联网提供了良好的应用基础，因为物联网本身需要进行大量快速的运算和大型复杂的计算。

3）负载均衡：指独立的应用被分配到多个操作单元上执行，从而解决单个操作单元的性能问题。负载均衡技术在物联网系统的数据采集、存储、计算及 API 等方面都

有较多的应用，为物联网平台提供了稳定、可靠的技术支撑。

4）弹性计算：不同的应用需要不同的计算能力，随着物联网感知层数据的快速增长，有限的服务器可能面临随时崩溃的风险，而单纯增加服务器，在数据量小的时候就容易造成资源浪费，云计算的弹性计算能力可以很好地解决这个问题。

5）网络存储：指分布式存储技术，可以提供海量的存储空间，支持系统灵活扩展和高性能访问。物联网中有不计其数的终端设备在收集、传输和交换数据，有庞大的数据存储量需求。

3. 物联网、大数据和云计算的关系

物联网、大数据和云计算，三者保持着既不可分割，又不尽相同的关系。它们之间的区别和联系主要体现在以下几个方面。

1）实现的目标与结果不同。大数据是为了挖掘数据资产本身蕴含的内在价值；云计算是为了实现计算、存储、网络资源的灵活有效管理；物联网则为了实现物与物、人与物之间的智能信息化连接。

2）重点关注的对象不同。大数据关注的是数据，云计算关注的是互联网资源与各个系统应用等；而物联网关注的则是物理设备和软件。物联网物理设备包括智能设备、其他嵌入式电子设备、传感器、执行器和网络连接设备等。

3）出现的背景不同。大数据的出现是基于用户和各行业领域所形成的数据规模，以几何级倍数的方式增长；云计算的出现是基于用户 IT 业务需求度激增；物联网则是基于识别与传感技术的发展运用，以及数据资源的采集需求。

4）价值的不同。大数据的价值在于挖掘数据的有效信息；云计算的价值在于节省大量的 IT 建设、使用及维护成本；物联网的价值在于使得各类信息可以更容易地被获取，并产生衍生价值。

5）三者的联系：它们均是对数据进行存储和处理的服务，都需要占用存储和消耗计算资源，因而都要用到数据存储及管理等技术。云计算所具有的告警、定时伸缩和动态调整资源、资源虚拟化，以及环保节能等优势，可以满足大数据处理技术的需求。

6）物联网的传感器产生的庞大数据，是形成大数据的主要来源，而这些设备的数据采集、控制与服务则又依托于云计算，同时对设备数据的分析则需要依赖于大数据。

7）大数据的采集、分析同样依托云计算平台，云计算的分布式数据存储和管理系统，包括分布式文件系统和分布式数据库系统，提供了海量数据的存储和管理能力，分布式并行处理提供了海量数据分析能力。若没有云计算做支撑，将很难进行大数据分析。另一方面，物联网大量的数据存储和处理需求，为云计算技术提供了更为广阔的应用空间。

8）大数据分析可以为云计算所产生的运营数据提供分析报告，并作为决策依据。倘若没有大数据这个舞台，云计算技术就没有施展的空间，当然大数据的应用价值也不会充分发挥。而没有物联网应用的快速增长，数据就不会从人工产生阶段过渡到自动产生阶段，大数据时代也就不会来得这么快。

物联网需要与云计算和大数据技术相结合，以实现物联网大数据的存储、分析、

整合、处理及挖掘。因此，从整体来看，物联网、大数据和云计算这三者是相辅相成的关系，三者之间彼此渗透、相互融合，相互促进、相互影响。如在疫情防控期间，用户通过手机扫码，就可以快速获取健康码、行程码和通行码，这就是物联网、大数据和云计算协同的结果。

4. 多租户云计算开放平台部署

云计算平台按照功能可分为3类：以数据存储为主的存储型云平台；以数据处理为主的计算型云平台；数据处理和数据存储兼顾的综合型云平台。

多租户是云计算平台的一项重要技术，使每个用户能够按需要使用资源而不影响其他用户。物联网数据采集、数据存储、数据服务和数据管理系统，对应的云计算开放平台部署案例如下：

数据采集系统（Acquisition System），对应部署分布式采集系统（Mina-ActiveMQ）。

数据存储系统（Storage System），对应部署云存储系统（MongoDB Replica Set）。

数据服务系统（Services System），对应部署云计算平台（Mongo-Hadoop）。

数据管理系统（Management System），对应部署服务器集群（Nginx-Tomcat）。

10.3.2 边缘节点计算

为了能够有效地监测感知层边缘节点是否发生故障，可以利用基于边缘计算的感知融合技术：多模态感知融合异常检测算法。对来自边缘节点的数据进行异常检测之前，必须要对其数据进行预处理，因为来自于不同传感器的数据计数单位、数据格式等不同，不能直接对不同传感器之间的数据进行运算，无法利用不同传感器的数据对边缘节点异常情况进行判断。对于一个边缘节点而言，可以采用的数据规范方法较多，这里采用Z-score规范化，其传感器的数据是以数据流的形式传递给边缘网关的，定义其数据结构为

$$\boldsymbol{TD}_m=\{\boldsymbol{S}_1\quad \boldsymbol{S}_2,\cdots,\boldsymbol{S}_m\}=\begin{bmatrix} r_1(t_1) & r_1(t_2) & \cdots & r_1(t_m)\\ r_2(t_1) & r_2(t_2) & \cdots & r_2(t_m)\\ \vdots & \vdots & & \vdots\\ r_j(t_1) & r_j(t_2) & \cdots & r_j(t_m)\end{bmatrix} \tag{10.4}$$

式中，$\boldsymbol{TD}_m$ 表示在 m 个周期内接收到的 j 个传感器数据集合；$\boldsymbol{S}_m$ 表示在第 m 个周期内接收到的 j 个传感器数据集合，即

$$\boldsymbol{S}_m=\{r_1,r_2,\cdots,r_j\}$$

式（10.4）中的 $r_j(t_i)$ 表示在 t_i 时刻，传感器 r_j 向边缘网关传输的数据。由于边缘网关的存储数据能力有限，而且随着传感器上传的数据不断累积而增多，边缘网关的存储器容量最终会达到饱和，故采用滑动窗口来管理传感器上传的数据。滑动窗口模型是从传感器上传的数据流中截取窗口大小为 $|w|$ 的数据，将其分成 n 个数据块，可表示为（r_1，r_2，…，r_n），每一个数据块的长度为 m。当传感器上传新的数据块时，在滑动窗口中，最早接收的数据块将会被替换出去，同一边缘节点上不同传感器内部均使用滑动窗口来处理数据流，如图10.9所示。

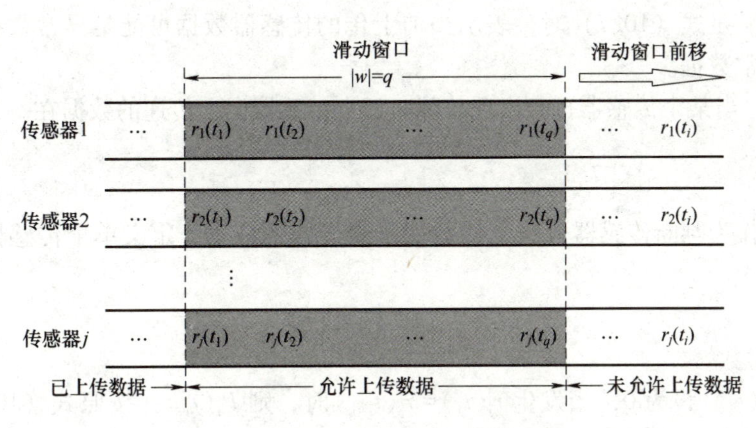

图 10.9 多维数据流图的滑动窗口模型

定义 1：假设在时间 t_q 之前将 q 个来自于传感器 j 的数据载入其对应窗口 $|w|=q$ 的滑动窗口内，即 $S_{j,i}=\{r_j(t_1),r_j(t_2),\cdots,r_j(t_q)\}$，则该组处于滑动窗口内数据的方差为

$$\delta^2=\frac{\sum_{i=1}^{q}[r_j(t_i)-\bar{r}_j]^2}{q-1} \tag{10.5}$$

式中，$\bar{r}_j$ 为当前滑动窗口内的数据的均值。如滑动窗口向前推动 m（$0\leqslant m\leqslant q$），即新数据 $r_j(t_{q+m})$ 被边缘网关接收并替换 $r_j(t_m)$ 时，则

$$\delta^2=\frac{\sum_{i=m}^{q+m}[r_j(t_i)-\bar{r}_j]^2}{q-1}$$

定义 2：传感器 j 的两条数据流 X_k、Y_k 的相关性系数定义为

$$\rho_{jk}=\frac{\mathrm{Cov}(X_{ik},Y_{ik})}{\sqrt{\mathrm{Cov}(X_{ik},X_{ik})}\sqrt{\mathrm{Cov}(Y_{ik},Y_{ik})}}=\frac{\sum_{i=1}^{n}(X_{ik}-\bar{X}_i)(Y_{ik}-\bar{Y}_i)}{\sqrt{\sum_{i=1}^{n}(X_{ik}-\bar{X}_i)^2}\sqrt{\sum_{i=1}^{n}(Y_{ik}-\bar{Y}_i)^2}} \tag{10.6}$$

式中，Cov 表示协方差计算；X_{ik}，Y_{ik} 分别为 X_k，Y_k 两条数据流中的第 i 个数据。当 $\rho_{jk}>0$ 时，表示两条数据流正相关；当 $\rho_{jk}<0$ 时，表示两条数据流负相关；当 $\rho_{jk}=0$ 时，表示两条数据流不存在相关关系。

定义 3：在正常情况下，下一个接收到的数据与当前数据窗口内的数据变化波动较小，当数据波动较大时，说明该数据可能是异常数据，即

$$\left|r_j(t_i)-\frac{E_{ej}(t)+E_{nj}(t)}{2}\right|>\delta \tag{10.7}$$

式中，$r_j(t_i)$ 为传感器 j 在 t_i 时刻的测量数据；$E_{ej}(t)$ 为正常工作的传感器在异常事件发生区域内测量值的数学期望；$E_{nj}(t)$ 为传感器在正常区域内测量值的数学期望；δ 为

标准差。当满足式（10.7）时，表示当前上传的传感器数据可能是异常数据，不满足则表示是正常数据。

定义4：当某个传感器自身出现故障时，则传感器向上传递的数据在一段时间内可能相同，即

$$r_j(t_i)=r_j(t_{i+1})$$

所以将此式作为判断传感器自身上传数据是否异常的依据，定义单个传感器数据异常的概率为

$$P_j(t_{i+1})=P_j(t_i)+ck^2 \tag{10.8}$$

式中，c 为常数。

初始 $P_j(t_0)$ 设为0，当发生 $r_j(t_i)=r_j(t_{i+1})$ 时，则 $P_j(t_{i+1})$ 按照式（10.8）计算；当 $r_j(t_i)\neq r_j(t_{i+1})$ 时，$P_j(t_{i+1})$ 清零。

根据式（10.6）可知，传感器之间是存在相关性的，若有异常事件发生的话，其他传感器可能也会有响应，由单个传感器数据异常概率可以计算多个传感器数据异常概率，即

$$P_T(t_i)=\sum_{j=1}^{m}\lambda_j P_j(t_i) \tag{10.9}$$

式中，λ_j 为权重系数，有

$$\sum_{j=1}^{m}\lambda_j=1$$

考虑到 λ_j 与数据的波动幅度有关，可以由每个数据流的方差得到

$$\lambda_1:\lambda_2:\lambda_3:\cdots:\lambda_j=\sigma_1:\sigma_2:\sigma_3:\cdots:\sigma_j \tag{10.10}$$

定义5：在传感器内部，每个时刻都可以根据式（10.9）得到 $P_T(t_i)$，根据式（10.11）可以判断传感器检测到的数据是否异常：

$$|P_T(t_i)-\mu|<\tau \tag{10.11}$$

式中，μ 为滑动窗口内数据的均值；τ 为滑动窗口内数据的方差。当满足式（10.11）时，说明发生了事件而导致数据异常，即可判断被检测设备有故障发生。

基于以上算法，可以有效判断物联网传感器出现的软件故障、难以检测的硬件故障，以及其他不可知故障。

10.4 物联网开放平台及其应用

10.4.1 物联网开放平台

1. 物联网开放平台分层模型

分层模型是采用层次化的组织方式，每一层既能为上一层提供服务，也可以使用下一层提供的功能，将一个复杂系统分层实现。这里有两个重点技术：首先是独立性，如何在各层之间进行功能划分、功能封装及接口定义，如何符合软件工程学定义的模块低耦合、高内聚；再就是系统性能，如何有效地减少因为系统分层带来的性能损耗。

如图10.10所示，物联网开放平台自底层往上依次分为数据采集、数据存储、数据服务和数据管理4层。其中，数据采集覆盖了物联网体系的感知层和网络层，要求

物联网开放平台能够对外以统一的接入方式应对众多的感知层终端和复杂的网络环境；处在应用层的数据存储、数据服务和数据管理系统能够提供类似中间件技术的能力，起到承上启下的作用，既可以封装内部逻辑的复杂性，又具备提供统一对外接口的数据分析计算能力。在整个系统范围内实现的物联网分层架构模型，可以充分发挥云计算面向大规模分布式系统的资源汇聚、管理和调度功能，提供高性能、可线性延展的分布式通信、存储和计算能力。

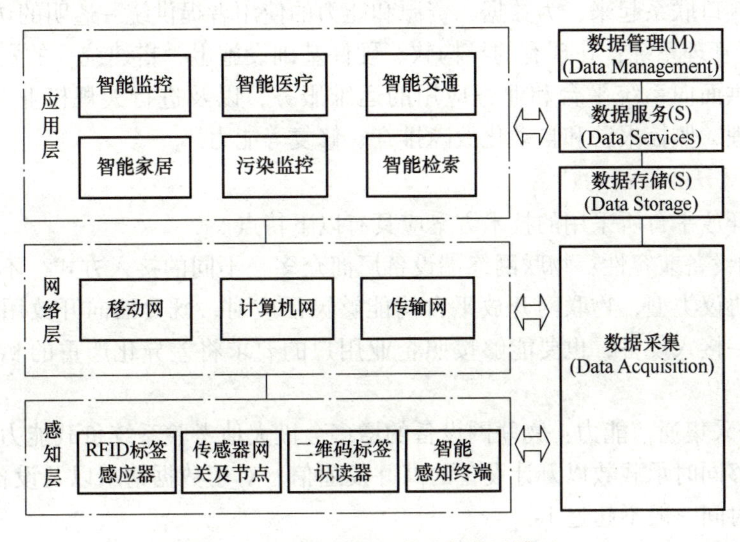

图 10.10　物联网开放平台分层模型

2. 物联网开放平台系统架构

按照分层架构特点，以分布式操作系统（云平台）为底层依赖的物联网架构模型，如图 10.11 所示。

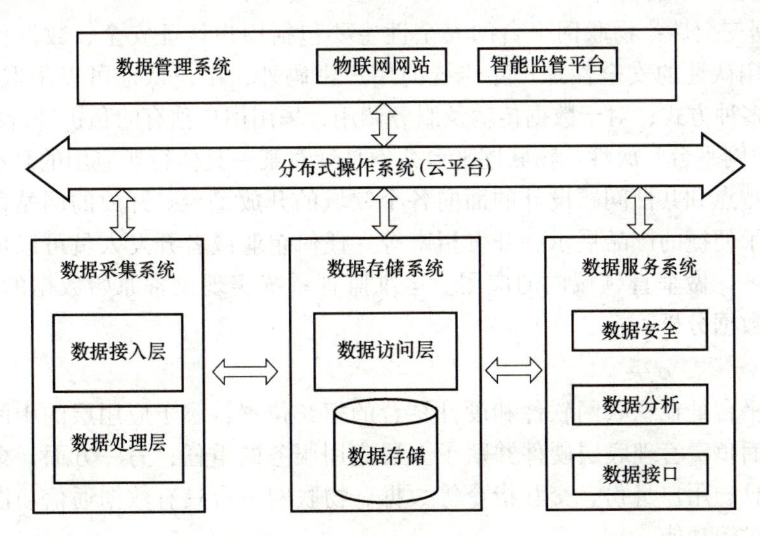

图 10.11　物联网开放平台系统架构

1）数据采集系统：平台工作的起点和信息系统整体架构中数据的源头。数据采集

系统依据指定的配置和策略对数据进行过滤、处理、格式转换等预处理，并进入到信息系统中存储和进行后续处理。

2）数据存储系统：物联网开放平台采用统一的数据存储和管理模式，对上层业务应用提供透明的数据支撑。通常企业对数据的管理和处理都是依托数据存储系统实现的。

3）数据服务系统：是连接企业信息系统支撑平台与上层业务应用的桥梁，向多模式海量数据提供数据转换、关联、提取、聚合和挖掘等功能；将系统平台中的不同功能单元通过接口联系起来，为数据、资源和能力的使用者提供统一透明的访问接口。

4）数据管理系统：在现有的异构软、硬件基础设施上，搭建统一的资源和服务管理系统，提供面向系统平台和业务应用的运维服务，以及进行大规模业务应用部署、生命周期管理、监控报警和自动化故障排查、修复等能力。

3. 物联网开放平台的特点

物联网开放平台所采用的技术方案应具有以下特点。

1）终端设备兼容性：物联网终端设备厂商众多，不同的接入方式，不同的数据格式，不同的协议类型，物联网开放平台均能够灵活应对，既要面向开放用户以标准的协议格式统一接入设备，也要能够按照企业用户的要求将差异化严重的私有设备接入平台。

2）数据采集通信能力：物联网设备的增多会极大地考验系统负载能力，数据采集系统需要能够同时承载数以万计设备的高并发通信。对于数据请求以及设备控制信息，平台的处理时间一般不超过 1s。

3）数据存储支撑能力：物联网各式各样的传感器不间断地发送数据，因此数据存储系统应能处理海量级数据的存储、读取等操作。

4）数据服务扩展性：随着功能需求的不断提出，系统接口需求会不断扩展，因此数据服务系统需具备较高的可扩展性，使得新增加的应用不会影响系统原有功能，保持各应用之间的低耦合。

5）数据安全性：物联网平台的安全性主要包括用户认证安全、数据传输过程安全、服务调用认证的安全性等。除传统的用户密码外，用户认证可以采取动态口令、USB Key 等多种方式；对于数据传输及服务调用，采用用户独有的私钥进行权限验证。

6）物联网平台开放性：物联网平台并不是针对某一具体行业应用的私有平台，而是根据行业特点和共性问题设计的面向各个领域的开放平台。开放的网站系统为互联网用户提供了便捷的产品展示、开发指南等。任何企业或者开发人员可以依赖平台提供的各项服务，做垂直领域内的应用。运维监管系统实现设备原始数据的实时查询，满足用户的数据分析需求。

4. 物联网平台分类

物联网平台处在物联网软件和硬件结合的枢纽位置，属于应用层的中间件。物联网平台一方面负责管理底层硬件并赋予上层应用服务的重任；另一方面，聚合硬件属性、感知信息、用户身份、交互指令等数据。物联网平台具有数据通信、设备管理和应用程序提供等功能。

物联网平台的构成：①必要的硬件及操作系统，如传感器控制设备，用以收集数据或执行平台操作；②实现网络连接的网关或路由器，用以与云端之间收发操作控制

命令和传输数据；③相应的云端运行软件，负责分析处理云端数据；④用户与物联网系统进行沟通的用户端人机界面。

物联网平台众多，通常可以归类为以下5种类型：

1）提供云服务为主的应用开发平台，主要提供设备接入与数据存储服务，如LogMeIn（2018年被谷歌并购）的xively、中国移动的OneNet、京东智能云、腾讯微信、QQ物联、阿里云、百度IoT、中兴通讯的AnyLink等。

2）提供连接性管理的物联网平台，主要是针对终端（用户）身份识别卡（SIM卡）通信提供管理方面的功能，如思科的Jasper平台、爱立信的DCP、泰利特（Telit）的M2M平台、PTC的Thingworx和Axeda等。

3）以大数据分析和机器学习为主的物联网平台，如IBM的Bluemix和Watson、亚马逊的AWS IoT、微软（Microsoft）的Azure等。

4）提供智能装置接入服务为主的应用开发平台，如Ayla Networks公司的Ayla物联网平台。

5）提供包括应用软件、基础架构、业务流程等完整服务的物联网平台，专注在特定产业的应用，如智慧城市的不同领域。这些物联网平台的部分功能有重叠或向彼此渗透发展的趋势。

5. 物联网平台数据库

物联网中有不计其数的感知层设备在不停地收集、传输和交换数据，这样就需要强有力的存储平台来满足数据存储的要求。

云存储是以云计算为基础，提供按需服务的存储模式。用户通过网络连接到云端实现随时随地地存储数据。另外，云存储通过分布式集群、虚拟化系统和智能配置等技术构建，可实现大数据的存储资源共享。

NoSQL数据库的产生就是为了解决大规模数据集合及多种数据种类带来的挑战。这类数据库的代表有键值存储数据库Redis、列存储数据库HBase、面向文档存储的数据库MongoDB等。MongoDB由于功能丰富，能较好地支持大数据量、高并发、弱事务的业务应用，为物联网数据的高效云存储提供了保障，主要功能特性如下：

1）面向集合存储：支持存储对象类型的数据，数据可通过网络访问。

2）语法简单：支持数据库动态查询、模式自由，支持建立索引。

3）可扩展：支持云计算扩展，支持数据复制和故障恢复。

4）多语言：支持Java、C++、Python和PHP等多种语言。

6. 负载均衡技术

网络的负载均衡（Load Balance）指多台服务器以对称的方式组成一个服务器集群，集群内部的每台服务器节点具有同等的地位，它们可以在不需要协助的情况下单独对外提供服务。物联网的目的不仅在于物物相连，而是能够通过物与物之间的互联和信息，交换来为用户提供智能化服务，稳定、可靠的数据服务成为基本需求。网络负载均衡可以将外部发来的请求信息，通过相应的负载均衡算法，均匀地分配到集群内对称的服务器节点上，再由该服务器节点独立回应客户的请求信息。负载均衡从本质上来讲是为了解决单个操作单元或模块的性能瓶颈问题，使用多个操作单元共同完成大负荷的任务。常见的负载均衡技术如下：

1）DNS（域名系统）负载均衡：使不同的客户访问不同的DNS服务器。

2）代理服务器负载均衡：将请求转发给内部服务器，可以提升资源的访问速度。

3）地址转换网关负载均衡：地址转换网关可以将一个外部IP地址映射为多个内部IP地址。

4）协议内部负载均衡：某些协议内部支持与负载均衡相关的功能。

5）NAT（内部地址转换）负载均衡：内网地址与合法公网IP地址进行转换达到负载均衡。

6）反向代理负载均衡：将来自互联网上的连接请求以反向代理的方式动态地转发给内部网络上的多台服务器进行处理。

7）混合型负载均衡：一些大型网络组合使用多种负载均衡策略，整体向外界提供服务。

7. 物联网信息系统数据流

物联网平台应具备数据的过滤、整合与传递等功能，将有效的对象数据传输到企业后端的应用系统。物联网典型应用的数据流（Data Stream）如图10.12所示，分为以下4部分：

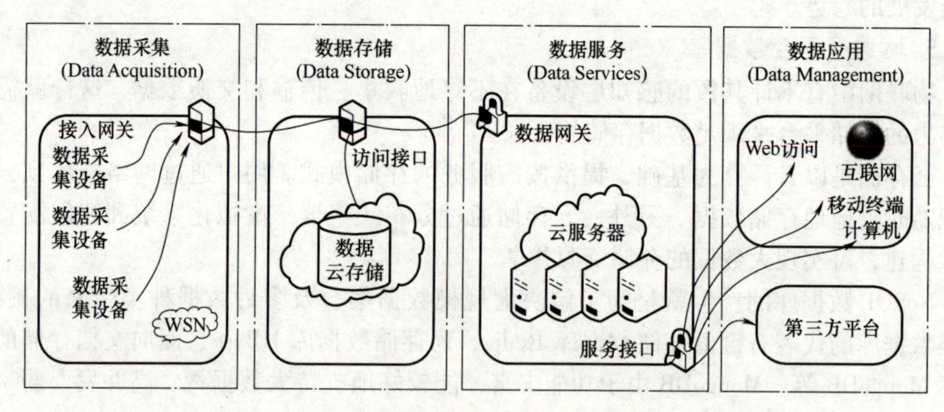

图10.12 物联网信息系统建设中的数据流

1）数据采集：数据采集设备作为数据源头，将其生产的各种各样的物联网数据，经过接入网关进入物联网数据采集系统。

2）数据存储：经采集系统接入的数据，通过数据访问接口进入物联网数据存储系统。

3）数据服务：云服务器中的数据文件被解析处理，再经计算、分析作为数据服务提供给应用层。

4）数据应用：经过处理的数据被各种载体所应用，如电网、家居、交通、物流、医疗、环境等行业领域，数据最终服务于各个行业用户。

10.4.2 物联网应用

当前物联网应用主要划分为10大领域，即智慧物流、智能交通、智慧能源（智慧电网）、智能医疗、智慧建筑、智能制造（智能工业）、智能家居、智能安防、智能零

售和智慧农业，此外新的应用也在不断出现，如智慧城市等。以下仅列举几例进行说明。

1. 智慧农业

智慧农业是指传统农业与信息技术相结合，实现无人化、自动化、智能化管理的物联网应用。利用无人驾驶、系统监管、高精度定位导航等一系列新兴技术，使土地翻松、播种、作物收割、秸秆还田等农业生产工序充满了现代科技的魅力，节省出更多的人力、物力和财力。例如，在 GPS 或北斗导航自动驾驶拖拉机上输入数据和方位，就能在田间实现精准作业。与传统农机相比，自动驾驶拖拉机作业后的条田接行准确，精度大幅提高。常见的农业物联网应用体系如图 10.13 所示，对农事活动中的各个环节进行实时监测和远程调控，促进农业生产、经营管理、战略决策的智能化、信息化，实现农业生产的高效化、集约化、规模化和标准化。

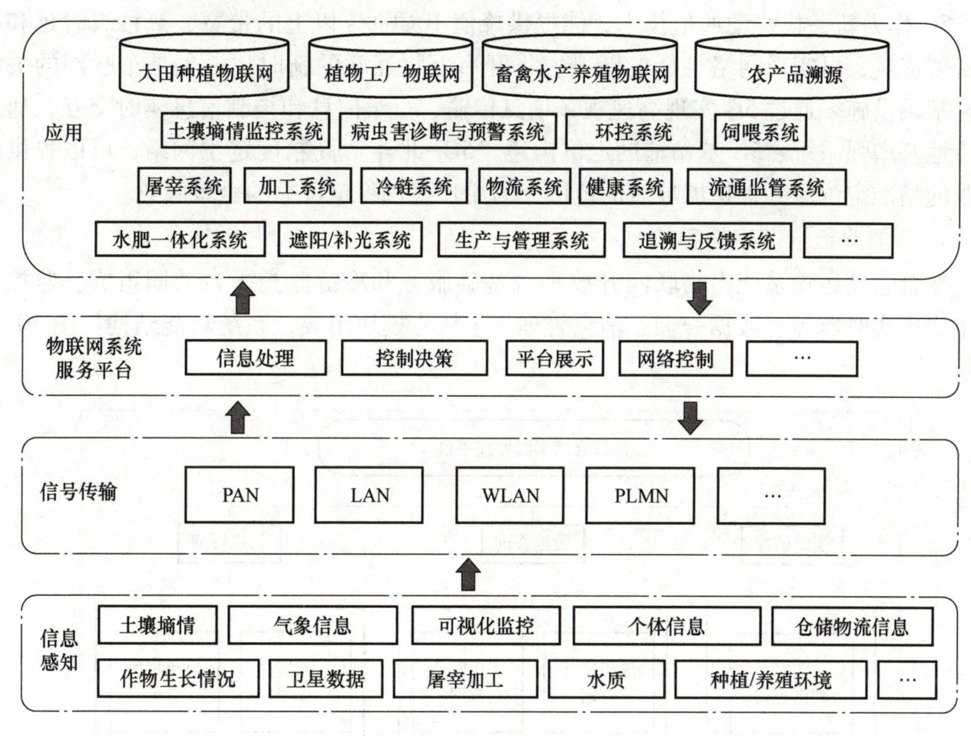

图 10.13 农业物联网应用体系

2. 智慧电网

智能电网是建立在通信网基础上的物联网应用。输电线路地质灾害监测评估预警体系是智能电网是重要组成部分，结构分为感知层、网络层和应用层，系统切实提升了输电线路抵御自然灾害的能力，并能主动应对暴雨洪涝诱发的地质灾害对输电线路的威胁。各层功能如下。

1）感知层的重点是统一终端标准，实现配电侧、用电侧采集监控深度覆盖，提升终端智能化和边缘计算水平。

2）网络层采用运营商网络或专用网，实现深度全覆盖，满足新兴业务发展的需要。

3）应用层是应用和控制中心，支撑核心业务智慧化运营，全面服务能源互联网生态，促进管理提升和业务转型。应用层实现了对各类采集数据的管理，是公共基础平台，实现了对超大规模终端的统一管理运维。

3. 智慧车联网

车联网是指通过在车辆仪表台安装车载终端设备，实现对车辆所有工作情况及静态、动态信息的采集、存储和发送。车联网还能利用先进的传感器及控制技术实现智能驾驶。智能驾驶是未来汽车行业的重要增长点之一，其中高精度地图、自动驾驶和车路协同是智能驾驶发展的 3 大方向。汽车要实现自动驾驶，需要高精度定位，但目前就室外道路来说，如卫星信号接收不到或不稳定的高架桥下、隧道、林荫遮挡和峡谷道路等各类复杂场景，容易导致定位不精准，定位精度和速度还需要改进。车联网系统一般具有实时实景功能，可利用移动网络实现人车交互。

5G 作为新一代移动通信技术，能提供峰值 10Gbit/s 以上的带宽、毫秒级时延和超高密度连接，可实现网络性能的跃升，将开启万物互联的新时代，也是车联网的关键信息基础设施。通过 5G 实现高速视频信息传输、行车信息和控制信息实时交互，通过北斗地基增强系统、5G 基站辅助定位构建“5G+北斗”高精度定位网络，可以提供厘米级的精准定位服务，扩展导航的范围，为用户提供稳定可靠的全景服务。

4. 智能冷链仓储运输系统

冷链仓储运输系统由物联网开放平台基础服务和冷链监控平台共同组成。监控平台主要由实时监控、数据查询、信息管理 3 个核心模块组成，系统功能结构如图 10.14 所示。

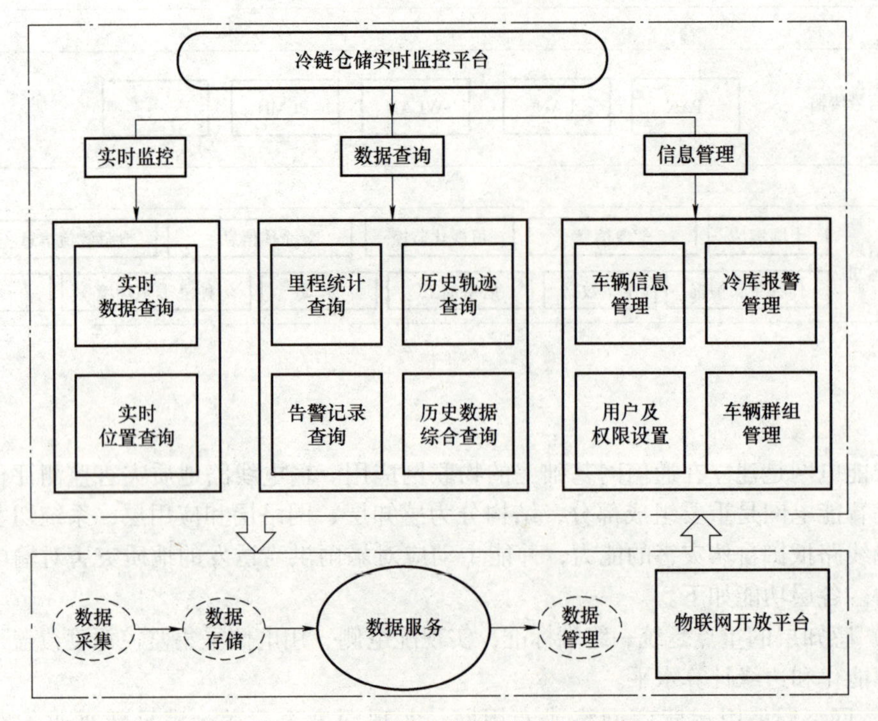

图 10.14 冷链仓储运输系统功能结构

1）实时监控：冷链监控平台调用物联网开放平台数据服务的数据接口，实现冷库温度、湿度传感器的实时数据查询和冷链车辆的实时位置查询。

2）数据查询：实现冷链车辆的历史数据查询，包括里程统计查询、历史轨迹查询、告警记录查询、历史数据综合查询等。

3）信息管理：冷链监控平台提供车辆信息管理、冷库报警管理、用户及权限设置、车辆群组管理等功能。

10.5 工业物联网

10.5.1 工业物联网架构

1. 工业物联网平台总体架构

工业物联网也称工业互联网平台，其架构如图 10.15 所示。架构中的中心云、行业云、公有云和其他云处于外网环境，主要提供行业数据与公共资源。工业边缘云处于企业内网，由边缘智脑、边缘网络、边缘网关和边缘终端共同构建。其中：

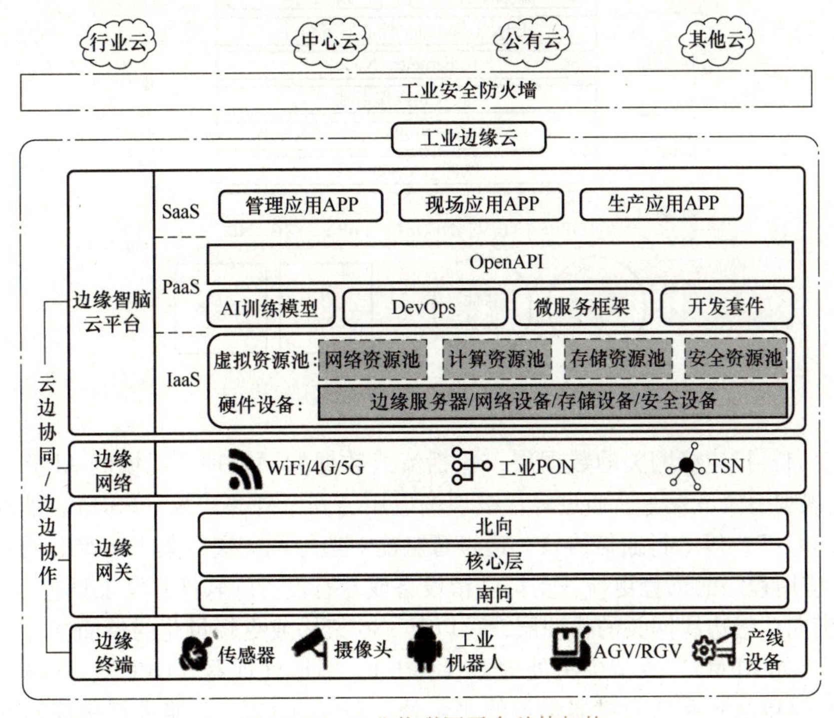

图 10.15 工业物联网平台总体架构

边缘智脑云平台：作为整个工业互联网平台的核心，起到设备管控、资源调度、数据处理、建模分析与应用支撑等关键作用，按照 IaaS、PaaS、SaaS 的通用云计算架构设计。其中 PaaS 子层包括：开放应用编程接口（OpenAPI）、软件开发过程、开发运维管理（DevOps）、微服务框架和 AI 训练模型等。

边缘网络：主要包括 WiFi、PON（无源光网络）和 TSN（时间敏感网络）等多种网络。

边缘网关：对生产一线的数据进行采集与预处理，实现现场设备与工业系统之间的联通。

边缘终端：包括传感器、工业机器人、自动导引运输车（AGV）和有轨制导车辆（RGV）等现场设备。

该架构的最大特色是融合了边缘云与工业大数据以及行业云和公有云的各自优势，具备了云网融合、云边协同与边边协作3大关键特征。

2. 工业边缘网关技术架构

边缘网关是连接物理世界与数字世界的重要桥梁，将工业现场的产线、可编程序控制器（PLC）、机器人等设备连接起来，以适应现场应用的需求，并配合边缘智脑共同进行智能化数据处理。按照云边协同与边缘自治的需要，边缘网关分为3部分，技术架构如图10.16所示。

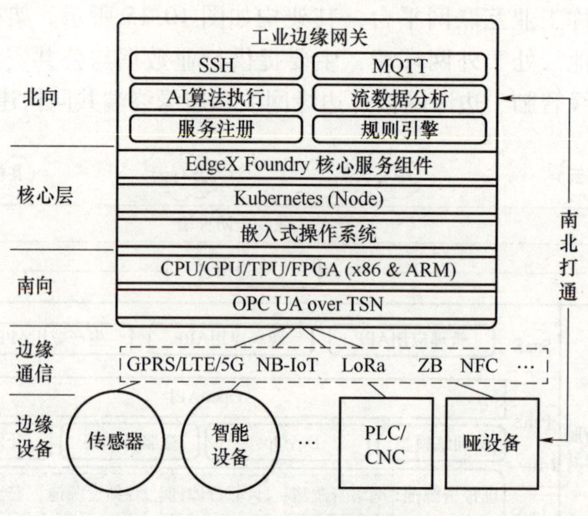

图10.16 工业边缘网关技术架构

1）北向：指边缘网关的数据层，包括流式数据的预处理、现场侧AI算法、服务注册以及规则引擎下发等。通过轻量级现场应用与安全外壳协议（SSH）、消息队列遥测传输（MQTT）等上行通信协议，边缘智脑能对边缘网关进行集中运维和管控，并实现系统和应用程序的远程更新，支持驻留设备或专有设备的软件开发工具包（SDK）。

2）南向：指边缘网关的物理层，可以是x86架构或更轻量化的精简指令集机器架构（RISC，如ARM），支持中央处理器（CPU）、图形处理器（GPU）、现场可编程逻辑门阵列（FPGA）和适应机器学习的张量处理单元（TPU），能进行协议转换并连接各类现场设备。南向协议采取时间敏感网络（TSN）与嵌入统一体系结构（OPC-UA）的融合技术（OPCUAoverTSN），将信息技术（IT）、通信技术（CT）和操作运营技术（OT）无缝融合到工业通信项目中，可实现从感知层直到云端的数据通信，是打通现场设备与边缘网关的重要通道，确保了工业场景中拥有跨厂商的互操作性，构建了全新的OICT（OT+IT+CT）融合生态系统。

3）核心层：指边缘网关的系统层，包括操作系统、容器环境与核心组件。其中，全新的基于容器技术的分布架构领先方案K8s（Kubernetes）是容器编排的事实标准，

Node 是 K8s 集群操作单元。核心组件采用开源边缘计算框架（EdgeX Foundry），可在 Kubernetes 环境中运行，能够提供微服务配置等功能，处理北向应用及其他微服务发往南向的请求。EdgeX Foundry 支持设备/传感器现场部署，安全且易于管理。目前主流嵌入式操作系统都是基于 Linux，包括适用于服务器的 CentOS 和适用于个人桌面计算机的 Ubuntu 等。

4）通信层：负责现场设备、传感器与边缘网关之间的数据通信，具体又分为蓝牙、WiFi、近场无线（NFC）与紫蜂（ZigBee，ZB）等短距离无线通信技术，以及蜂窝移动服务（GPRS、LTE、5G）、窄带物联网（NB-IoT）、远距离无线（LoRa）等中、远距离无线通信技术，以适应不同应用场景。

10.5.2 边缘云平台与边缘网关的协同

边缘云协同与边边协作是实现工业互联网的基础，涉及边缘云平台与边缘网关各层面的协同，包括 EC-IaaS（IaaS 边缘计算）子层与边缘网关南向的计算、存储、网络与安全等管理协同和资源协同；EC-PaaS（PaaS 边缘计算）子层与边缘网关核心层的数据协同、智能协同和业务管理协同；EC-SaaS（SaaS 边缘计算）子层与边缘网关北向的应用服务协同；边缘节点之间构成的边缘通信网与边缘算力网，可克服数据传输瓶颈，对网络进行整体优化以达到最佳效率，最终达到云、网、边的协同。其协同方式如图 10.17 所示，其中边缘节点主要负责数据采集，按数据模型对数据进行初步处理与分析，然后将处理后的数据，尤其是异常的数据上传给边缘云平台。以下说明几种协同方式。

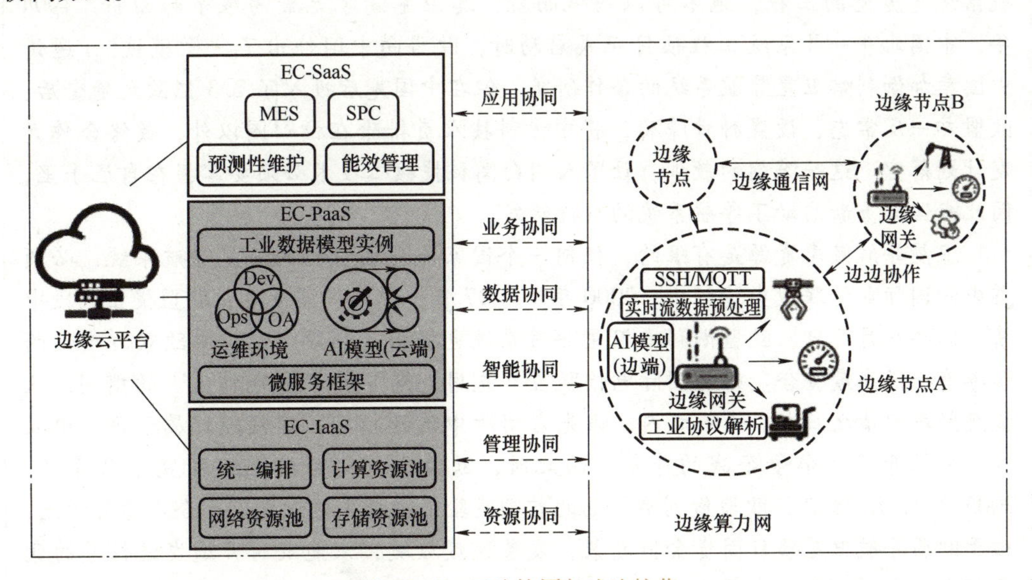

图 10.17 云边协同与边边协作

1）资源协同：包括边缘节点所需的计算、存储、网络和虚拟化等基础设施资源的协同调用，以及边缘节点设备自身的生命周期管理协同，并根据现场情况对边缘侧网络的负载均衡进行调整，以满足边缘侧应用对资源的不同需求。

2）数据协同：边缘云持续接收边缘节点的数据，对运行状态数据进行大数据统计

分析，实现节点之间的数据协同。

3）智能协同：系统通过模型分割与压缩，将复杂的计算任务自动放到边缘云平台上运行。

4）边边协作：包括边边网络与边边计算协作（边缘算力网）。边边网络是边缘节点之间直接通信，克服互联网的数据传输的不稳定和跨运营商的数据传输的瓶颈等问题；边缘算力网将计算能力和网络状况作为路由信息发布到网络，网络通过信息报文找到最合适的计算节点，实现边边协作。

拓展阅读

北斗乃兴国之重器

今天，很多国人一提起北斗卫星导航系统（以下简称北斗系统），就像想起“两弹一星”一样感到自豪。北斗系统不仅给人们的生产、生活带来了方便，更为我国的国防安全带来了可靠的保障。

1991 年的海湾战争，美国以 GPS 制导的武器实现精确打击，开创以空中打击力量决胜的先例，引起了世界的高度关注，也使得我国高层警觉到：导航系统必将引起新的军事革命。

1993 年 7 月，中国“银河号”货轮行驶到印度洋上，被美国以载有违禁化学品为由，切断 GPS 导航信号，强迫接受检查，在茫茫大海中漂泊了 33 天。银河号事件使国人深刻地认识到，要摆脱受制于人的命运，必须有自己的导航系统。但建设导航系统是庞大的工程，绝不可以一蹴而就，其中充满了无数的艰辛和曲折。1994 年，中国北斗一号系统工程项目正式启动时，欧盟向中国伸出了“橄榄枝”，邀请中国参加伽利略卫星导航系统的合作研究。但在中国先后投入了 2.3 亿欧元资金后，欧盟却一反常态，设置种种障碍，将中方科技人员排除在核心圈以外，最终合作开发计划落空。这一深刻的教训，让国人明白高科技核心技术必须要掌握在自己手里，因此我国又重新启动了导航系统的自行研发。

卫星导航频率资源是有限的，任何一个国家要发展自己的卫星导航系统，必须首先向国际电信联盟申请频率。2000 年 4 月 17 日，中国向国际电信联盟提出频段申请，同年 6 月 5 日，欧盟伽利略卫星导航系统也提出了频段申请。中欧双方申请的频率有一段高度重合。根据国际电信联盟“先用先得”和“逾期作废”的惯例，从提交频段申请之日起，7 年之内，谁先占用所申请的频段，该频段就属于谁，中欧双方又拉开了频率争夺战的序幕。而此时，欧盟伽利略系统已经研究了 2 年多，2005 年 12 月 28 日，欧盟伽利略计划的首颗实验卫星抢先送入太空。令人意外的是，由于欧盟导航卫星项目因资金链断裂，发展速度放缓，未能及时开通发送信号的竞争频率，在客观上给中国北斗系统提供了赶超的机会。

当北斗二号首颗卫星发射时，卫星上的应答机临时出现异常，但现场科研人员临阵不乱，争分夺秒完成了抢修工作。2007 年 4 月 14 日 4 时 11 分，北斗二号首颗卫星成功发射。4 月 17 日 20 点，卫星发出第一组信号，此时距离国际电信联盟设定的

“七年之限”只差4个小时，中国成功地拿下了申请的频率资源。此后，北斗系统一路高歌猛进，2020年6月23日，随着最后一颗北斗卫星发射成功，完成了全球组网，中国成为世界上第三个拥有自主导航系统的国家。

北斗系统是中国近代最伟大的战略成就之一，国之重器。北斗系统标志着在导航领域中国受制于人的时代已经过去。未来，北斗系统将会在通信、导航、精确授时、物联网等方面发挥重要的作用。

习 题

一、填空题

1. 物联网一般有以下四种部署方式，分别为私有物联网、__________、__________和__________。

2. 国际电信联盟（ITU）提出的物联网模型为三层架构，即__________、__________和__________。

3. 物联网的感知控制层是物联网的核心层，也称感知层。主要完成物体信息的采集、转换、收集、处理和计算，以及必要的控制，具体组成包含：__________、__________和物联网网关。

4. 按照开放地理信息联盟（OCC）提出的传感器网络框架协议SWE，__________的任务是基于Web实现传感器数据存储系统的可发现、可访问和可使用服务。

5. M2M在逻辑上可以分为3个不同的域，即__________、__________和__________。

二、简答题

1. 概述物联网的层次结构及各层功能。
2. 说明云计算、大数据和物联网的关系。
3. 概述M2M通信的业务类型、特点和系统架构。
4. 说明工业边缘网关在工业物联网中的位置及技术架构。

第11章 通信网实践项目

本章结合前面章节理论学习的内容，给出了5个具有代表性的通信网实践项目，目的在于引导读者通过实践环节增强对相关技术的理解和认知，为今后从事网络运维、开发和应用等相关工作奠定基础。

11.1 基于SIP的软交换电话呼叫系统

11.1.1 Freeswitch的安装和启动

Freeswitch是一个开源的软交换系统，如图11.1a所示，几乎所有的通信终端及多媒体设备都可以通过Freeswitch与其他设备互联互通。

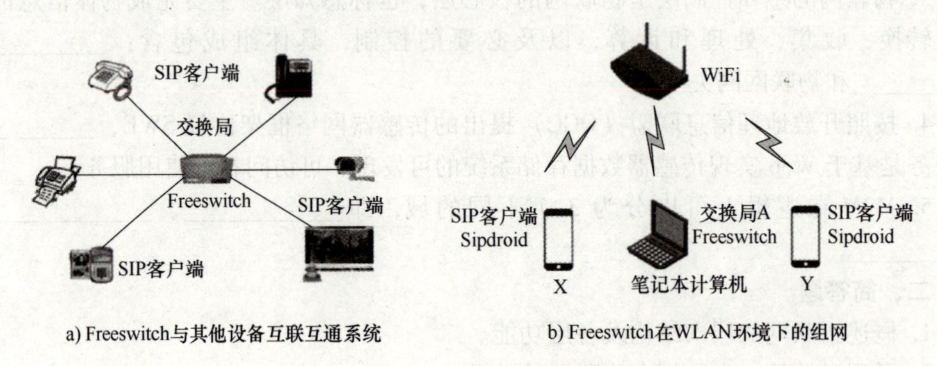

图11.1 基于SIP的软交换电话呼叫系统

1. Freeswitch的安装和启动

Windows操作系统下的Freewitch版本下载地址为https://files.freeswitch.org/windows/installer/。

完成下载最新的Freewitch-1.10.1-Release-x64.msi版本后，双击文件名按提示操作即可快速安装。安装完成后，在安装目录下选择FreeswitchConsole.exe可执行文件，以管理员身份运行，即可启动Freewitch并进入命令行模式，出现图11.2所示界面，表示启动成功。

2. Freeswitch配置

Freeswitch配置文件放在/conf子文件夹下，为一系列的XML文件。最顶层的文件是Freeswitch.xml，系统启动时，依次装入其他XML文件，组成一个大的XML文件。主要的配置文件包括：

1）拨号计划配置文件，位于dialplan文件夹下。包括：

图 11.2　启动成功后屏幕截图

Default. xml：默认的拨号计划配置，用于内部用户路由；

Public. xml：公共的拨号计划配置，用于外部来话路由。

2）SIP 配置文件，位于 sip_ profiles 下级文件夹下。包括：

internal. xml：定义一个内部 SIP UA，端口 5060，用于监听本地 IP；

external. xml：定义一个外部 SIP UA，端口 5080，用于外部连接。

3）用户配置文件，位于 directory/default 文件夹下，一个用户一个配置文件。

命名：用户号码 . xml，如 1001. xml。

修改任何配置文件后保存退出，回到控制台，然后执行 reloadxml 命令或按快捷键 <F6>，即可以使新的配置生效。

11. 1. 2　搭建单交换局电话系统

按照图 11. 1b 连接设备，将两部 Android 手机以及一台笔记本计算机或者 PC 配置到同一个 WiFi 或者手机热点下。注意配置及记录笔记本计算机的 IP 地址，后续安装 Freeswitch 软交换系统时，此 IP 地址将作为 SIP 服务器的地址。按以下步骤操作并进行验证性试验。

1）在计算机上安装和运行 Freeswitch 软件，该计算机即构成一个交换局。

2）在两部 Android 手机上下载安装 Sipdroid（手机 APP，功能为 SIP UA），运行后进行 SIP 用户注册（以笔记本计算机上的 Freeswitch 软交换系统为 SIP 服务器进行用户注册，需要正确配置笔记本计算机的 IP 地址）。默认电话号码范围为 1000~1019。

3）在手机 X 上使用 Sipdroid 拨打 9664（默认特服号，可以修改，取决于软件版本），听到音乐声表示手机 Sipdroid 和笔记本计算机 Freeswitch 之间 SIP 会话正常。

4）在手机 X 上使用 Sipdroid 拨打另外一部手机 Y 的号码，Y 振铃，接通后可以进行语音通话。

11. 1. 3　搭建多交换局电话系统

在前面基本结构的基础上增加 3 台笔记本计算机或者 PC，多交换系统的拓扑结构如图 11. 3 所示。4 台计算机分别配置为 4 个交换局，其中 D 为汇接局，A、B 和 C 为端局。

将4部手机分别注册为不同交换局的终端，实现手机之间的通话。主要操作步骤如下。

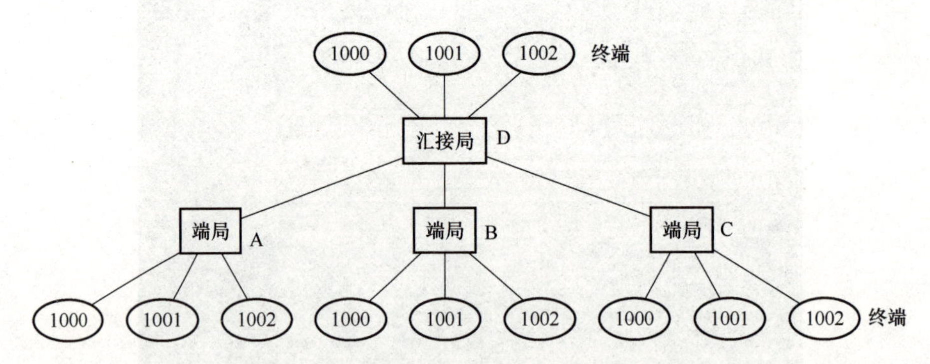

图11.3 基于SIP的多交换局的拓扑结构

1）将4部手机、4台计算机配置到同一个WiFi或手机热点下。将4台计算机的IP地址（例如192.168.1.X）的最后一个字段（X）分别配置为2、3、4、5。记录下4台计算机的IP地址。

2）在4台计算机上安装Freeswitch软件。

3）分别对4台计算机上的Freeswitch软件进行配置，使其作为不同的交换局，编号分别为2、3、4、5。

修改端局A、B、C的dialplan/default.xml文件，增加以下内容：

```
<extension name="5">
<condition field="destination_number" expression="^[2-5](.*)$">
<action application="bridge"
data="sofia/external/sip:$1@192.168.1.5:5080"/>
</condition>
</extension>
```

修改汇接局D的dialplan/public.xml文件，增加以下内容：

```
<extension name="5">
<extension name="public_extensions">
<condition field="destination_number" expression="^5(.*)$">
<action application="transfer" data="$1 XML default"/>
</condition>
</extension>
<extension name="D">
<condition field="destination_number" expression="^[2-4](.*)$">
<action application="bridge"
data="sofia/external/sip:$1@192.168.1.$2:5080"/>
</condition>
</extension>
```

4）在4部Android手机上下载安装Sipdroid，运行Sipdroid，将4部手机分别注册为不同交换局的用户。

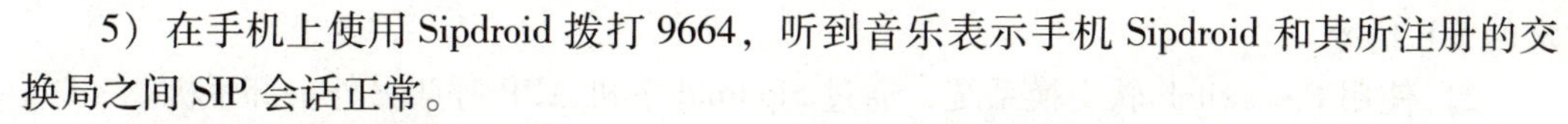

5）在手机上使用 Sipdroid 拨打 9664，听到音乐表示手机 Sipdroid 和其所注册的交换局之间 SIP 会话正常。

6）用某一部手机拨打另外一部手机的号码（被叫号码前加拨其注册的交换局的编号），另外一部手机振铃，接通后可以进行语音及多媒体通信。

11.2　通信协议跟踪分析

11.2.1　Wireshark 的安装和启动

Wireshark（亦称 Ethereal）是一款网络抓包分析软件。在 Windows 7 或 Windows 10 下，Wireshark 使用 WinPCAP 作为接口，直接与网卡进行数据报文交换。Wireshark 通过截取网络数据包，可以显示出详细的网络封包信息，并进行统计分析。

除了常见的以太网、IEEE 802.11 等数据包外，Wireshark 还可以读取和分析 PPP/HDLC、ATM、蓝牙（Bluetooth）、Token Ring、Frame Relay、FDDI 以及移动通信中 GSM、LTE、5G 空中接口协议栈 AS 层及 NAS 层的数据包。

1. Wireshark 的安装和启动

使用以下链接下载 Wireshark：https://www.wireshark.org/download.html。

在 Windows 操作系统下使用 Wireshark 应先安装 WinPCAP，也可以在安装 Wireshark 时选择同时安装 WinPCAP。

下载完成后，双击所下载的安装包按提示操作，即可快速完成 Wireshark 安装。安装完成后，在安装目录下选择可执行文件 Wireshark.exe，即可运行 Wireshark。

2. Freeswitch 过滤配置

鉴于物理端口上数据包类型众多，为了更好地进行某类协议的抓包分析，可以设置数据包的捕获过滤或者显示过滤。以下为过滤设置举例：

host 192.168.1.104 仅捕获或者显示进出主机 192.168.1.104 的数据包；

sip and host 192.168.1.104 仅捕获或者显示进出主机 192.168.1.104 的 SIP 数据包。

11.2.2　SIP 信令跟踪分析

在 11.1 节搭建的平台基础上，通过在 Freeswitch 所运行的计算机上安装、运行 Wireshark，进行 SIP 用户注册和呼叫过程的信令捕获分析。

1. 用户注册过程信令跟踪分析

1）打开 Wireshark 进行数据封包捕获，可以配置只捕获或显示进出某一指定 IP 地址的 SIP 信令。

2）通过 Sipdroid 手机 APP 向 Freeswitch 进行用户注册。

3）观察 Wireshark 主窗口中显示的数据包，分析 REGISTER（注册信令）等相关消息数据包的结构及主要内容。

4）根据分析结果，写出用户注册时的信令流程。

2. 呼叫建立过程信令跟踪分析

1）打开 Wireshark 进行数据封包捕获，可以配置只捕获或显示进出某一指定 IP 地

址的 SIP 信令。

2）使用 Freeswitch 软交换系统，通过 Sipdroid 手机 APP 呼叫另外一部手机。

3）观察 Wireshark 主窗口中显示的数据包，分析 INVITE（呼叫建立）等相关消息数据包的结构及主要内容。

4）根据分析结果，写出呼叫建立过程的信令流程。

3. 呼叫释放过程信令跟踪分析

1）打开 Wireshark 进行数据封包捕获，配置捕获或显示某一指定 IP 地址的 SIP 信令。

2）通过 Sipdroid 手机 APP 释放一个使用 Freeswitch 软交换系统建立的呼叫。

3）观察 Wireshark 主窗口中显示的数据包，分析 BYE（呼叫释放）等相关消息数据包的结构及主要内容。

4）根据分析结果，写出呼叫释放过程的信令流程。

11.2.3 RTP/RCTP 信令跟踪分析

1）打开 Wireshark 进行数据封包捕获，配置捕获或显示某一指定 IP 地址的 RTP 信令。

2）使用 Freeswitch 软交换系统，通过 Sipdroid 手机 APP 呼叫另外一部手机。

3）观察 Wireshark 主窗口中显示的数据包，分析 RTP/RCTP 数据包的结构及主要内容。

4）根据分析结果，描绘 RTP/RCTP 数据包传输流程。

11.3 MPLS 及其 L3VPN 配置

11.3.1 GNS3 的安装和使用

GNS3（Graphical network Simulator-3，图形网络模拟器 3）是一款开源网络模拟软件，用于模拟复杂的网络功能。对于网络工程师、管理员和对参加思科 CCNA、CCNP 和 CCIE 认证，以及 Juniper JNCIA 认证的人来说，GNS3 是一个完美的选择。它还可以用于在实际设备上部署新功能时，在功能设置之前进行测试。GNS3 支持将虚拟网络连接到真实环境的网络，以及利用 Wireshark 收集分析数据包。GNS3 使用以下模拟器来运行与真实网络中完全相同的操作系统，以便提供完整和真实的模拟：

Dynamips：著名的 Cisco IOS 模拟器；

Qemu：一个通用的开源模拟器，运行 Cisco ASA（Adaptive Security Appliance）、PIX（Private Internet Exchange）和 IPS（Intrusion Prevention System）等系统；

Virtualbox：运行桌面和服务器操作系统以及 JunOS。

1. GNS3 安装

GNS3 软件支持虚拟机和物理机两种模式。如果使用虚拟机模式，在安装 GNS3 软件前，要确保已经安装了虚拟机软件。Windows 环境下推荐安装 VMware workstation 15.5 及以上版本；MAC 环境推荐安装 VMware Fusion 8 以上版本。对于大多数的网络功

能模拟项目，可以以物理机模式安装。

从 https://www.gns3.com/下载 GNS3 安装程序后，双击文件名即可开始安装。安装时可以选择安装项目，注意 Dynamips、VPCS、GNS3 是必选项。如果计算机已经安装了 Wireshark，GNS 运行时可以实现对 Wireshark 的自动关联，也可以在安装时同步安装 Wireshark。

2. GNS3 初始化

1）软件第一次运行时，会询问使用哪种服务器。如果安装了 Vmware 的 GNS3 虚拟机，可选择第一项，否则选择第二项，如图 11.4 所示。

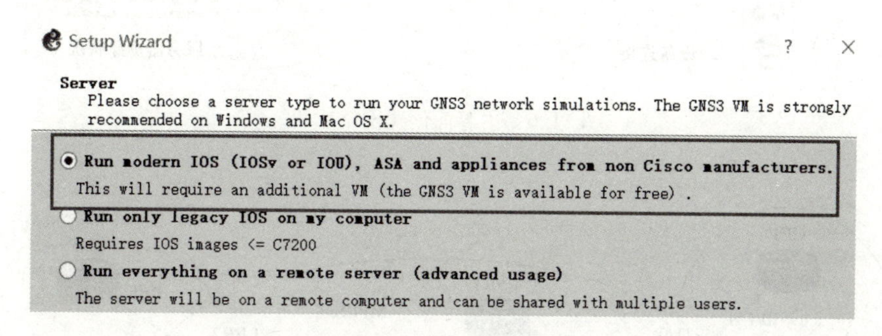

图 11.4 选择运行环境

2）如图 11.5 所示，添加路由器的映像文件。如思科 3725 路由器的映像文件为 cisco2-c3725.bin（需要先从网站下载）。

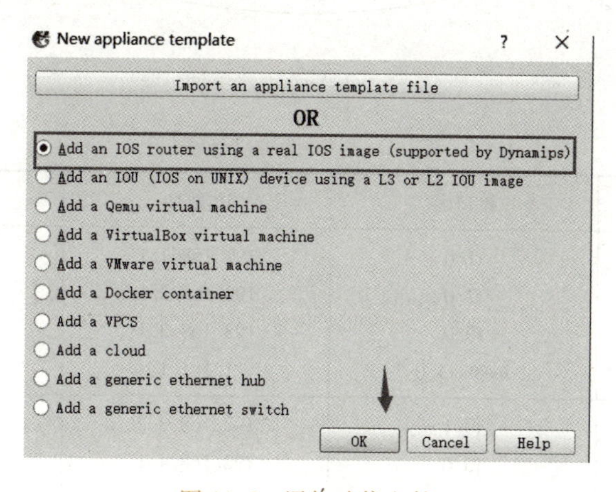

图 11.5 添加映像文件

完成以上操作之后，即可在如图 11.6 所示的主界面创建网络项目，配置设备拓扑、接口及各种网络协议和功能。

11.3.2 基础 MPLS 配置

1. IP 地址规划

1）配置如图 11.7 所示的网络拓扑，并根据表 11.1 的 IP 地址规划，正确配置各节点相关接口的 IP 地址、环回（loopback）地址。

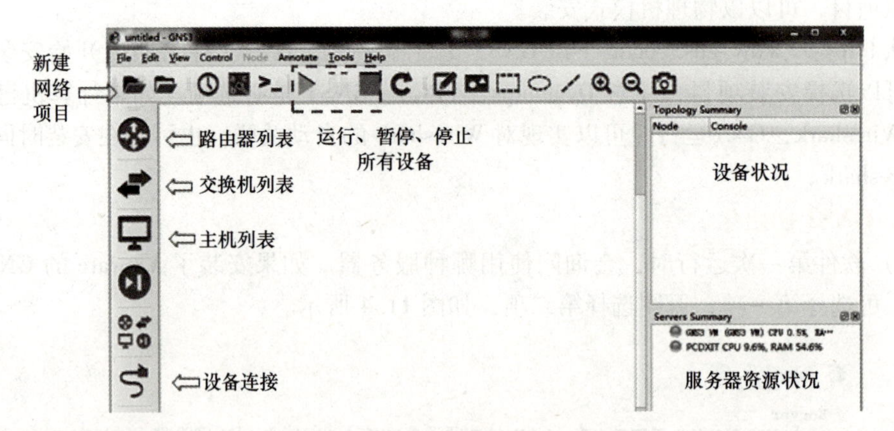

图 11.6 主界面创建网络项目

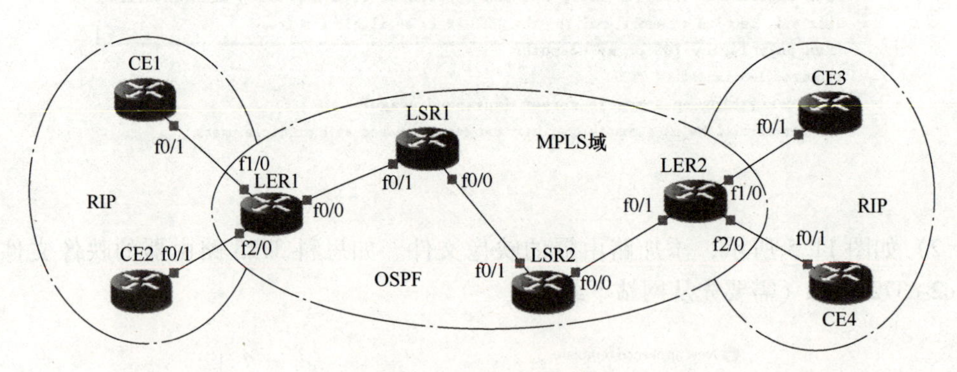

图 11.7 网络拓扑结构

表 11.1 IP 地址规划表

设备名	接口名	IP 地址	子网掩码
LER1	f1/0	192. 168. 1. 1	255. 255. 255. 0
	f2/0	192. 168. 2. 1	255. 255. 255. 0
	f0/0	192. 168. 3. 1	255. 255. 255. 0
	loopback 0	1. 1. 1. 1	255. 255. 255. 255
LSR1	f0/1	192. 168. 3. 2	255. 255. 255. 0
	f0/0	192. 168. 4. 1	255. 255. 255. 0
	loopback 0	3. 3. 3. 3	255. 255. 255. 255
LSR2	f0/1	192. 168. 4. 2	255. 255. 255. 0
	f0/0	192. 168. 5. 1	255. 255. 255. 0
	loopback 0	4. 4. 4. 4	255. 255. 255. 255
LER2	f0/1	192. 168. 5. 2	255. 255. 255. 0
	f1/0	192. 168. 6. 1	255. 255. 255. 0
	f2/0	192. 168. 7. 1	255. 255. 255. 0
	loopback 0	2. 2. 2. 2	255. 255. 255. 255

（续）

设备名	接口名	IP 地址	子网掩码
CE1	f0/1 loopback 0	192. 168. 1. 2 10. 1. 1. 1	255. 255. 255. 0 255. 255. 255. 255
CE2	f0/1 loopback 0	192. 168. 2. 2 10. 1. 2. 1	255. 255. 255. 0 255. 255. 255. 255
CE3	f0/1 loopback 0	192. 168. 6. 2 10. 1. 3. 1	255. 255. 255. 0 255. 255. 255. 255
CE4	f0/1 loopback 0	192. 168. 7. 2 10. 1. 4. 1	255. 255. 255. 0 255. 255. 255. 255

2）分别为主干网络和接入网络配置 OSPF 路由协议和 RIPv2 路由协议。

3）分别对两个 LER 节点配置 RIP 和 OSPF 路由重分布，实现全网节点之间的互联互通。

2. MPLS 配置

分别在 LER 和 LSR 上配置 MPLS 功能。以下是 MPLS 的配置步骤。

1）启用 CEF。使用以下命令，对 MPLS 域中的所有设备启用 CEF（思科快速转发）。

ip cef

2）配置 LDP 的路由器标识（router-id）。无须配置标签分发协议，使用默认的标签分发协议（LDP）。使用以下命令配置，将环回口 0 的 IP 配置为 LDP 路由器标识：

mpls ldp router-id loopback 0

3）设置标签范围。使用以下命令，将 LER1、LER2、LSR1、LSR2 的本地标签范围分别设置为 100~199、200~299、300~399、400~499。

mpls label range 起始标签　结束标签

4）启动接口 MPLS 功能。使用命令 mpls ip，对于 LER1、LER2、LSR1、LSR2 之间的所有链路，在链路两侧的接口（LER1 的 f0/0，LER2 的 f0/1，LSR1 的 f0/0 与 f0/1，LSR2 的 f0/0 与 f0/1）启动 MPLS 转发功能。

在 LER1 上，以上配置步骤如图 11.8 所示。

```
LER1#configure terminal
Enter configuration commands, one per line.    End with CNTL/Z.
LER1(config)#ip cef
LER1(config)#mpls ldp router-id loopback 0
LER1(config)#mpls label range 100 199
LER1(config)#interface fastEthernet 0/0
LER1(config-if)#mpls ip
LER1(config-if)#exit
LER1(config)#
```

图 11.8　MPLS 转发功能配置

5）在 MPLS 域的各节点使用 show mpls ldp binding 命令查看 LIB（标签信息表），即本地分配给邻居的标签+从邻居学到的标签的集合，其中查看 LER1 的 LIB 命令及部分输出结果如图 11.9 所示。

```
LER1#show mpls ldp binding
  tib entry: 1.1.1.1/32, rev 2
        local binding:   tag: imp-null
        remote binding: tsr: 3.3.3.3:0, tag: 300
  tib entry: 2.2.2.2/32, rev 4
        local binding:   tag: 100
        remote binding: tsr: 3.3.3.3:0, tag: 301
  tib entry: 3.3.3.3/32, rev 6
        local binding:   tag: 101
        remote binding: tsr: 3.3.3.3:0, tag: imp-null
  tib entry: 4.4.4.4/32, rev 8
        local binding:   tag: 102
        remote binding: tsr: 3.3.3.3:0, tag: 302
  tib entry: 10.1.1.1/32, rev 18
        local binding:   tag: 107
        remote binding: tsr: 3.3.3.3:0, tag: 306
```

图 11.9　查看 LIB 命令及部分输出结果

6）在 MPLS 域的各节点使用 show mpls forwarding-table 命令可以查看 FLIB（标签转发信息表），即入标签和出标签的映射，其中，查看 LER1 的 FLIB 命令及部分输出结果如图 11.10 所示。

```
LER1#show mpls forwarding-table
Local  Outgoing    Prefix            Bytes tag  Outgoing    Next Hop
tag    tag or VC   or Tunnel Id      switched   interface
100    301         2.2.2.2/32        0          Fa0/0       192.168.3.2
101    Pop tag     3.3.3.3/32        0          Fa0/0       192.168.3.2
102    302         4.4.4.4/32        0          Fa0/0       192.168.3.2
103    Pop tag     192.168.4.0/24    0          Fa0/0       192.168.3.2
104    303         192.168.5.0/24    0          Fa0/0       192.168.3.2
105    Untagged    10.1.2.1/32       0          Fa2/0       192.168.2.2
106    305         10.1.3.1/32       0          Fa0/0       192.168.3.2
107    Untagged    10.1.1.1/32       0          Fa1/0       192.168.1.2
108    307         10.1.4.1/32       0          Fa0/0       192.168.3.2
109    308         192.168.6.0/24    0          Fa0/0       192.168.3.2
110    309         192.168.7.0/24    0          Fa0/0       192.168.3.2
LER1#
```

图 11.10　查看 FLIB 命令及部分输出结果

7）在 CE 之间运行路由追踪命令 traceroute，可以看到如图 11.11 所示的结果，即数据包在 MPLS 域中转发时，增加了标签域，通过标签交换实现转发。

11.3.3　MPLS L3 VPN 配置

1. MPLS L3 VPN 原理

MPLS L3 VPN 原理如图 11.12 所示。在 PE1、PE2 启用 VRF（虚拟路由转发功能），可以理解为虚拟路由器，图中 PE1 启用 VRF 后，VRF 实例 100（VRF 100）及

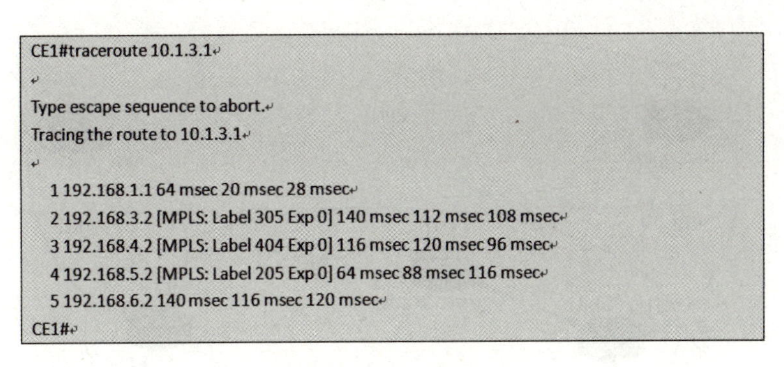

```
CE1#traceroute 10.1.3.1

Type escape sequence to abort.
Tracing the route to 10.1.3.1

  1 192.168.1.1 64 msec 20 msec 28 msec
  2 192.168.3.2 [MPLS: Label 305 Exp 0] 140 msec 112 msec 108 msec
  3 192.168.4.2 [MPLS: Label 404 Exp 0] 116 msec 120 msec 96 msec
  4 192.168.5.2 [MPLS: Label 205 Exp 0] 64 msec 88 msec 116 msec
  5 192.168.6.2 140 msec 116 msec 120 msec
CE1#
```

图 11.11　运行 traceroute

VRF 实例 200（VRF 200）分别作为连接公司 A 总部、公司 B 总部的逻辑 CE，从而实现了功能隔离。VRF 100 与 CE1 配置静态或动态路由；VRF 200 与 CE2 配置静态或动态路由。在 PE2 做类似的配置。之后，在 PE1 和 PE2 之间启用 MP-BGP（多协议 BGP）建立邻居关系，形成 MPLS 虚拟隧道。这样，公司 A 的总部和分部即可形成 L3 VPN；公司 B 的总部和分部形成另外一个 L3 VPN。

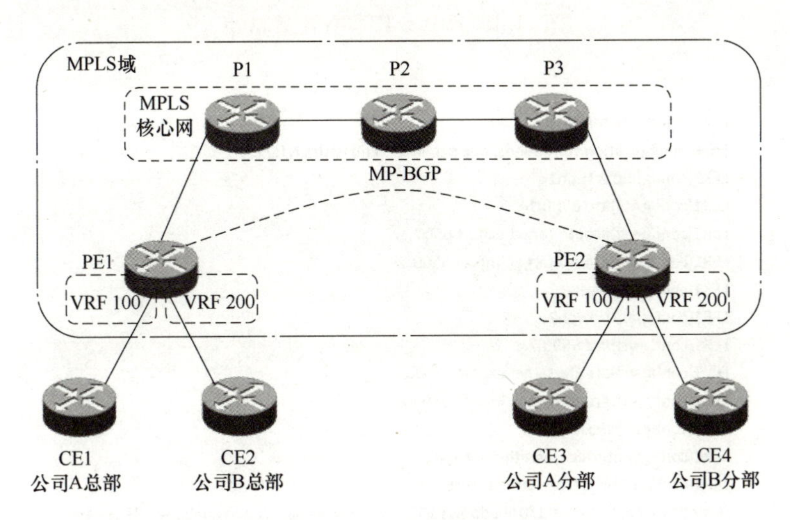

图 11.12　MPLS L3VPN 原理

2. MPLS L3VPN 配置准备

1）参考如图 11.13 所示的网络拓扑，配置网络拓扑和各节点相关接口的 IP 地址、环回地址（IP 地址规划同 MPLS 基本配置）。

2）为 MPLS 域配置 OSPF 路由协议，实现域内节点互通。

3）为 MPLS 域配置 MPLS 功能，实现域内节点 MPLS 转发功能。

3. MPLS L3VPN 配置

1）在 LER1 和 LER2 节点启用 VRF 功能，分别配置 VRF 实例 VRF VPN1 及 VRF VPN2。配置 VRF 实例与连接 CE 的接口的关联。LER1 上的配置过程如图 11.14 所示，LER2 上做类似的配置。

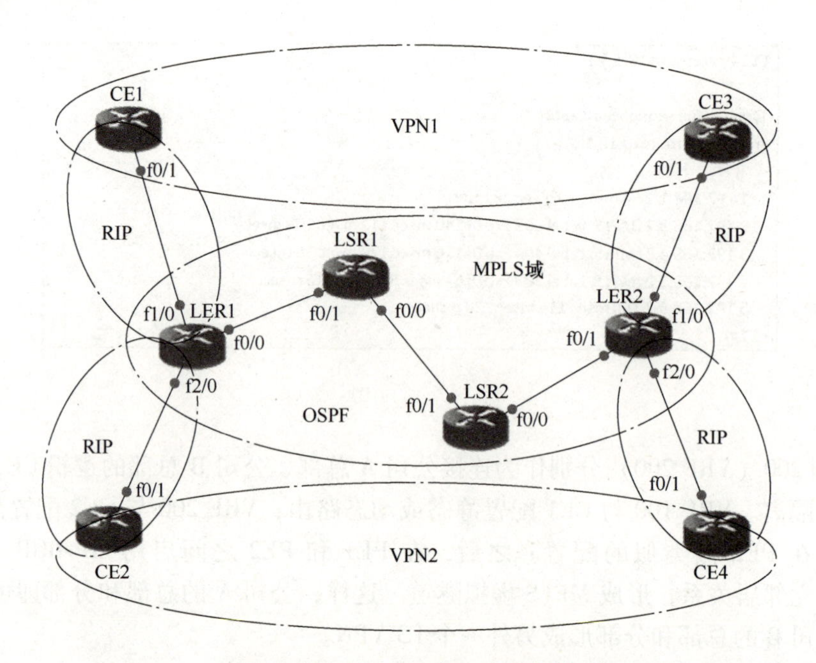

图 11.13　MPLS L3VPN 配置拓扑

```
LER1#configure terminal
Enter configuration commands, one per line.    End with CNTL/Z.
LER1(config)#ip vrf vpn1
LER1(config-vrf)#rd 6500:1
LER1(config-vrf)#route-target export 6500:1
LER1(config-vrf)#route-target import 6500:1
LER1(config-vrf)#exit
LER1(config)#ip vrf vpn2
LER1(config-vrf)#rd 6500:2
LER1(config-vrf)#route-target export 6500:2
LER1(config-vrf)#route-target import 6500:2
LER1(config-vrf)#exit
LER1(config)#interface fastethernet 1/0
LER1(config-if)#ip vrf forwarding vpn1
% Interface FastEthernet1/0 IP address 192.168.1.1 removed due to enabling VRF vpn1
LER1(config-if)#ip address 192.168.1.1 255.255.255.0
LER1(config-if)#exit
LER1(config)#interface fastethernet 2/0
LER1(config-if)#ip vrf forwarding vpn2
% Interface FastEthernet2/0 IP address 192.168.2.1 removed due to enabling VRF vpn2
LER1(config-if)#ip address 192.168.2.1 255.255.255.0
LER1(config-if)#exit
LER1(config)#
```

图 11.14　配置 VRF 实例以及与接口关联

2）如图 11.13 所示，在 VRF 实例与相应 CE 之间配置 RIP 路由。因为 RIP 配置在 VRF 的不同实例上，因此，LER1 及 LER2 分别有两个 RIP 域。在 LER1、CE1 和 CE2 上的配置过程如图 11.15a～c 所示，LER2、CE3、CE4 上也做类似的配置。

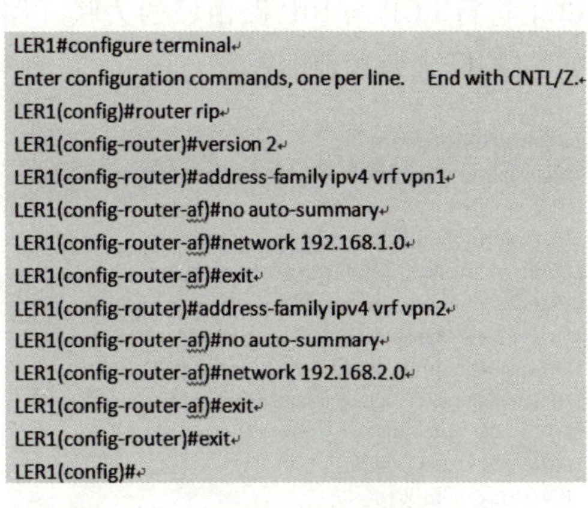

```
LER1#configure terminal
Enter configuration commands, one per line.   End with CNTL/Z.
LER1(config)#router rip
LER1(config-router)#version 2
LER1(config-router)#address-family ipv4 vrf vpn1
LER1(config-router-af)#no auto-summary
LER1(config-router-af)#network 192.168.1.0
LER1(config-router-af)#exit
LER1(config-router)#address-family ipv4 vrf vpn2
LER1(config-router-af)#no auto-summary
LER1(config-router-af)#network 192.168.2.0
LER1(config-router-af)#exit
LER1(config-router)#exit
LER1(config)#
```

a) LER1 RIP路由配置

```
CE1#configure terminal
Enter configuration commands, one per line.   End with CNTL/Z.
CE1(config)#router rip
CE1(config-router)#version 2
CE1(config-router)#no auto-summary
CE1(config-router)#network 192.168.1.0
CE1(config-router)#network 10.1.1.1
CE1(config-router)#exit
CE1(config)#exit
```

b) CE1 RIP路由配置

```
CE2#configure terminal
Enter configuration commands, one per line.   End with CNTL/Z.
CE2(config)#router rip
CE2(config-router)#version 2
CE2(config-router)#no auto-summary
CE2(config-router)#network 192.168.2.0
CE2(config-router)#network 10.1.2.1
CE2(config-router)#exit
CE2(config)#exit
```

c) CE2 RIP路由配置

图 11.15　配置 RIP 路由协议

3）配置 MP-BGP，建立 LER1 与 LER2 之间的 IBGP 邻居关系。LER1 上的配置过程如图 11.16 所示，LER2 上做类似的配置。

```
LER1#configure terminal
Enter configuration commands, one per line.   End with CNTL/Z.
LER1(config)#router bgp 6500
LER1(config-router)#bgp router-id 1.1.1.1
LER1(config-router)#no bgp default ipv4-unicast
LER1(config-router)#neighbor 2.2.2.2 remote-as 6500
LER1(config-router)#neighbor 2.2.2.2 update-source loopback 0
LER1(config-router)#address-family vpnv4
LER1(config-router-af)#neighbor 2.2.2.2 activate
LER1(config-router-af)#neighbor 2.2.2.2 send-community both
LER1(config-router-af)#exit
LER1(config-router)#
```

图 11.16　配置 MP-BGP

4）在 LER1 及 LER2 上进行 BGP 与 RIP 路由域的关联（路由重发布）。LER 上的配置过程如图 11.17 所示，LER2 上做类似的配置。

```
LER1#configure terminal
Enter configuration commands, one per line.    End with CNTL/Z.
LER1(config)#router bgp 6500
LER1(config-router)#address-family ipv4 vrf vpn1
LER1(config-router-af)#redistribute rip metric 1
LER1(config-router-af)#no synchronization
LER1(config-router-af)#exit
LER1(config-router)#address-family ipv4 vrf vpn2
LER1(config-router-af)#redistribute rip metric 1
LER1(config-router-af)#no synchronization
LER1(config-router-af)#exit
LER1(config-router)#exit
LER1(config)#
LER1(config)#router rip
LER1(config-router)#address-family ipv4 vrf vpn1
LER1(config-router-af)#redistribute bgp 6500 metric 1
LER1(config-router-af)#exit
LER1(config-router)#address-family ipv4 vrf vpn2
LER1(config-router-af)#redistribute bgp 6500 metric 1
LER1(config-router-af)#exit
LER1(config-router)#exit
LER1(config)#
```

图 11.17　配置路由重发布

5）启动 ping 或 traceroute 测试，可以发现，CE1 与 CE3 之间互通，但与其他节点不通，即 CE1 和 CE3 形成 VPN1。同样，CE2 和 CE4 形成 VPN2。

11.4　SDN 系统的部署与操作

11.4.1　Mininet 概述

1. Mininet 及其特点

Mininet 是由斯坦福大学基于 Linux Container 架构开发的一个进程虚拟化网络仿真工具，可以创建包含主机、交换机、控制器和链路的 SDN 项目，其交换机支持 OpenFlow，虚拟网络具备高度的灵活性。

Mininet 结合了许多仿真器、硬件测试平台和模拟器的优点，比一般仿真器启动速度快，拓展性强，方便安装，易使用。与普通的模拟器比较，Mininet 可运行真实的代码，容易连接真实的网络。与硬件测试平台比较，Mininet 几乎零成本，支持网络的快速重新配置及重新启动。此外，在统一的 Linux 平台下，Mininet 集成了 Wireshark 数据包获取及分析工具，可以实现 OpenFlow 等 SDN 协议的跟踪分析。

2. Mininet 的安装部署

（1）虚拟机映像文件下载与安装

从 Mininet 官网 http：//mininet.org 下载最新的虚拟机安装文件（Mininet 软件推荐运行在 Ubuntu 环境下，最新的安装软件集成了 Ubuntu-20.04.1），解压并导入到 Vmware Workstation，启动虚拟机（用户账户、密码均为 mininet）。在 $ 命令提示符下

运行 ifconfig 获取虚拟网卡的 IP 地址。

（2）配置 GUI 显示

Linux 服务器是不安装图形化界面的，这不仅出于资源优化的考虑，同时还提升了系统的安全性。安装、运行 PuTTY 和 Xming，通过 SSH 协议显示 X11 图形界面。其中 PuTTY 是 SSH 客户端，而 Xming 则是 Windows 平台的 X 服务器。配置 PuTTY，创建连接 MininetVM 的会话，步骤如下。

步骤一：如图 11.18 所示，配置虚拟机中 mininet VM 的 IP 地址。

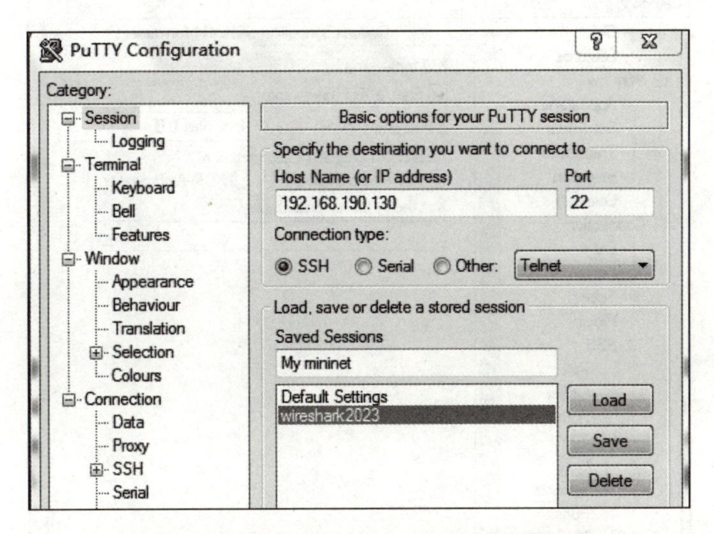

图 11.18　虚拟机中 mininet VM 的 IP 地址配置

步骤二：配置自动登录账户名为 mininet。自动登录配置如图 11.19 所示。

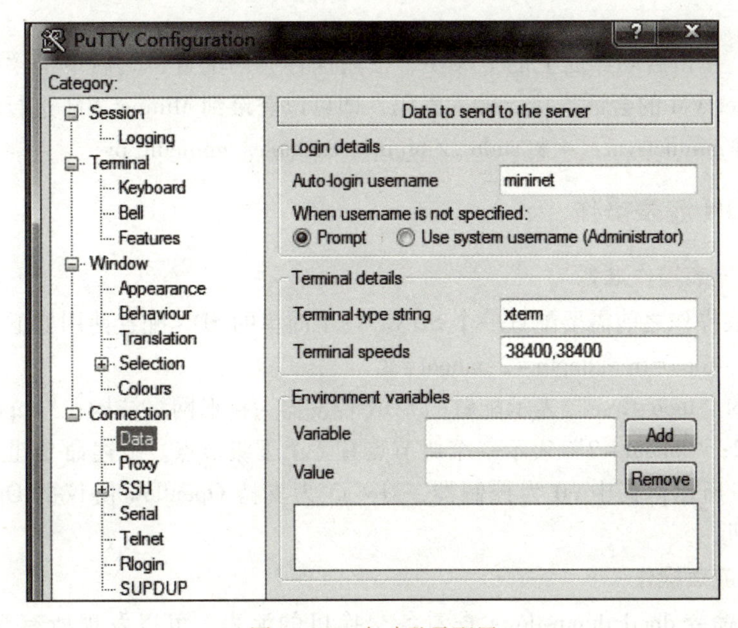

图 11.19　自动登录配置

步骤三：选择“Connection”→“SSH”→“X11”，勾选“Enable X11 forwarding”，并在“X display location”中输入“localhost：0.0”，表示转发到本机，因为本机已经启动了Xming服务器。字符串中，前面的0为Xming的Display Number（显示号），如果Xming配置的Display Number为其他值，这里需要进行更改，以保持显示号的一致。X11选项如图11.20所示。

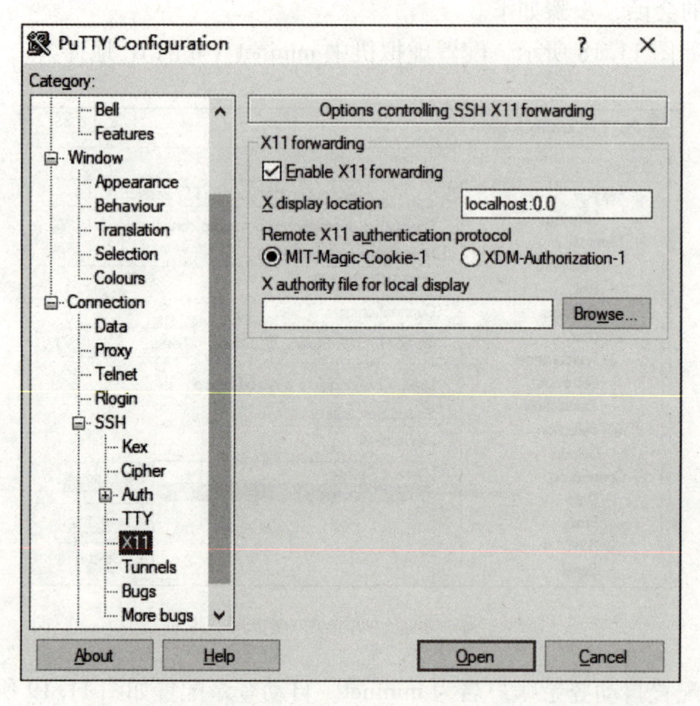

图 11.20　X11选项

步骤四：单击启动界面上的“Save”按钮保存会话配置，然后单击“Open”按钮打开到Mininet VM的会话连接。输入密码，即可以登录到Mininet VM进行命令操作：

mininet@ mininet-vm：~ $ sudo ./mininet/examples/miniedit. py

11.4.2　SDN流表操作

1. SDN流表操作准备

SDH流表操作之前需要配置一个SDN。一个简单的SDN配置使用如下mn命令：

sudo mn --topo=tree,depth=2,fanout=2

命令中的“topo=tree”表示配置的SDN转发器为树形网络结构；“depth=2”表示树的高度为2；“fanout=2”表示一个树节点有2个下级节点。上述命令建立的SDN拓扑如图11.21所示，其中c0为控制器，s1~s3为支持Openflow协议的Open vSwitch，h1~h4为主机。

2. SDN流表操作

1）使用命令dpctl dump-flows查看各交换机的流表，可以发现所有交换机（s1，s2，s3）流表为空，如图11.22所示。

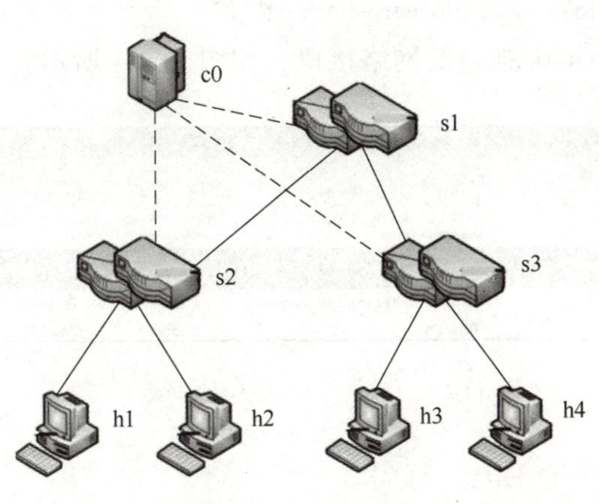

图 11.21　SDN 拓扑

```
mininet> dpctl dump-flows
*** s1 ---------------------------------------------------
NXST_FLOW reply (xid=0x4):
*** s2 ---------------------------------------------------
NXST_FLOW reply (xid=0x4):
*** s3 ---------------------------------------------------
NXST_FLOW reply (xid=0x4):
```

图 11.22　使用命令 dpctl dump-flows

2）使用命令 h1 ping h2，从 h1 向 h2 发包，再次使用命令 dpctl dump-flows 查看各交换机的流表，可以发现交换机 s2 的流表中有很多条目，但 s1 和 s3 的流表仍然为空。dpctl dump-flows 命令输出的局部流表如图 11.23 所示。

```
mininet> dpctl dump-flows
*** s1 ----------------------------------------------------------------------
NXST_FLOW reply (xid=0x4):
*** s2 ----------------------------------------------------------------------
NXST_FLOW reply (xid=0x4):
 cookie=0x0, duration=9.512s, table=0, n_packets=1, n_bytes=42, idle_timeout=60,
 idle_age=9, priority=65535,arp,in_port=2,vlan_tci=0x0000,dl_src=4a:[illegible]
b4,dl_dst=52:7c:19:6e:1c:f3,arp_spa=10.0.0.2,arp_tpa=10.0.0.1,arp_op=2 actions=o
utput:1
 cookie=0x0, duration=4.503s, table=0, n_packets=1, n_bytes=42, idle_timeout=60,
 idle_age=4, priority=65535,arp,in_port=2,vlan_tci=0x0000,dl_src=4a:[illegible]
b4,dl_dst=52:7c:19:6e:1c:f3,arp_spa=10.0.0.2,arp_tpa=[illegible],arp_op=1 actions=
```

图 11.23　查看各交换机的局部流表

3）使用命令 pingall，在各个主机之间发包，再次查看各交换机的流表，可以发现所有交换机的流表不再为空。

4）可以使用 dpctl del-flows 删除所有流表，重复步骤 1）~3）的实验。也可以按条目对某台交换机的流表进行添加、删除操作，以及设置流表的优先级。

11.4.3　OpenFlow 抓包分析

1. OpenFlow 抓包分析准备

1）在 $ 提示符下，使用如下命令打开 Wireshark。

mininet@ mininet-vm:~ $ sudo wireshark-gtk &

2）配置进行 Wireshark 抓包的网络接口，如图 11.24 所示。

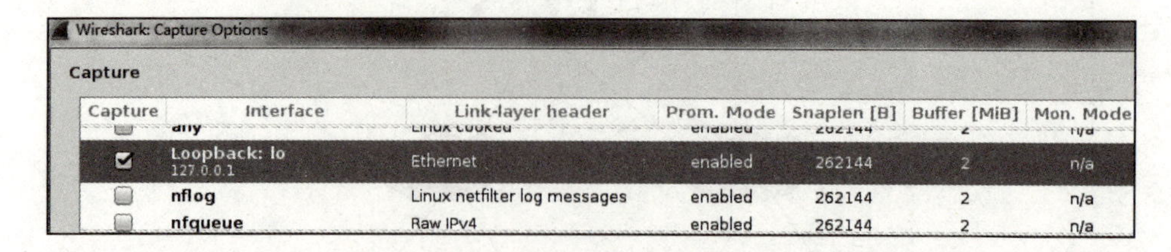

图 11.24　Wireshark 抓包的网络接口

2. OpenFlow 抓包分析操作

1）如图 11.25 所示，配置 Wireshark 过滤功能，仅显示 openflow_ v1 包。单击 Apply 按钮确认。

2）启动 Wireshark 抓包，屏幕主窗口中显示所抓取的 Openflow，如图 11.25 所示。

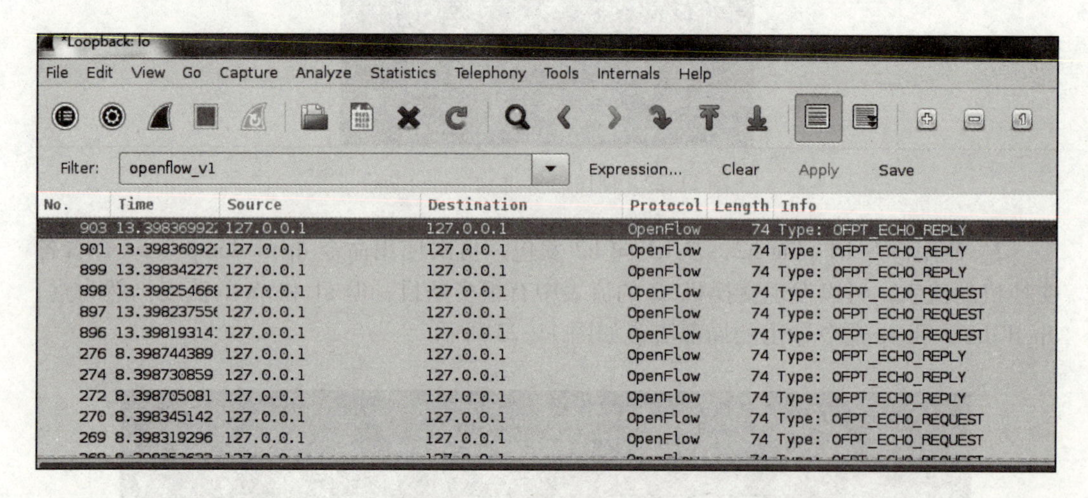

图 11.25　网络接口抓包截图

11.5　移动通信无线信号测试

11.5.1　Cellular-Z 功能和安装

Cellular-Z 是一款针对移动网蜂窝小区、WiFi 无线局域网等网络信号测试的免费软件。该软件用于查看双卡移动终端的 SIM 卡信息、服务小区信息、服务小区信号质量以及部分终端可获取的相邻小区信息；测试终端可接受范围内的所有基站数据；查看 WiFi 无线局域网的连接信息、信道等；获取终端设备信息（电池信息、硬件信息、系统信息）；测试无线覆盖质量及网络速度；测试轨迹记录、测试室内信号覆盖等。在手机软件商店搜索 Cellular-Z，即可下载并自动在手机上安装。完成安装后单击相应的图标即可运行，启动界面如图 11.26 所示。

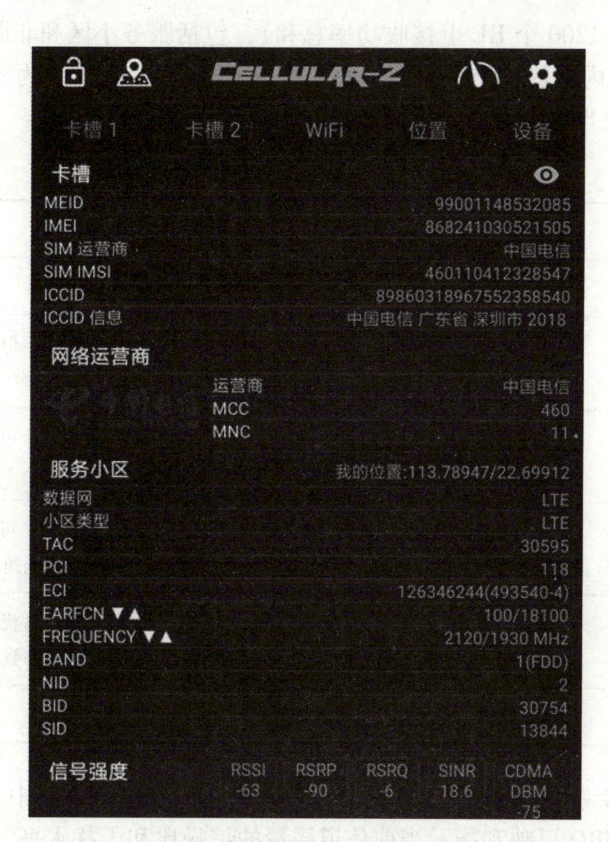

图 11.26　Cellular-Z 启动界面

11.5.2　LTE 无线信号测试

1. 网络信息获取

在 4G 手机上运行 Cellular-Z，在各个测量点获取和记录以下的网络参数：TAC（跟踪区代码）、PCI（物理小区标识）、ECI（小区唯一标识）、EARFCN（LTE 绝对无线频率信道编号）、EFREQUENCY（LTE 无线信道频率）、SID（运营商系统识别码）和 NID（运营商网络识别码）。

2. 覆盖质量测试

运行 Cellular-Z，在室内、室外的若干个测量点获取和记录以下的网络覆盖质量参数。

1）RSRP（参考信号接收功率）：小区下行公共导频在测量带宽内功率的线性值（每个 RE 上的功率），当存在多根接收天线时，需要对多根天线上的测量结果进行比较，上报值不低于任何一个分支对应的 RSRP 值。RSRP 反映当前信道的路径损耗强度，用于小区覆盖的测量、小区选择/重选和切换。取值范围：-140～-44dBm，值越大越好。RSRP 覆盖强度级别见表 11.2。

2）RSSI（接收信号强度指示）：UE 测量带宽内所有 RE 上的总接收功率（若是 20Mbit/s 的系统带宽，当没有下行数据时，则为 200 个导频 RE 上接收功率总和，当有

下行数据时，则为1200个RE上接收功率总和)，包括服务小区和非服务小区信号、相邻信道干扰、系统内部热噪声等，即为总功率（$S+I+N$），其中I为干扰功率，N为噪声功率。RSSI反映当前信道的接收信号强度和干扰程度。

表11.2 RSRP覆盖强度级别

RSRP/dBm	覆盖强度级别	说明
值≤-105	覆盖强度等级6	覆盖差，业务基本无法起呼
-105<值≤-95	覆盖强度等级5	覆盖较差，室外语音业务能够起呼，但呼叫成功率低，掉话率高。室内基本无法发起业务
-95<值≤-85	覆盖强度等级4	覆盖一般，室外能够发起各种业务，可获得低速率的数据业务。但室内呼叫成功率低，掉话率高
-85<值≤-75	覆盖强度等级3	覆盖较好，室外能够发起各种业务，可获得中等速率的数据业务。室内能发起各种业务，可获得低速率数据业务
-75<值≤-65	覆盖强度等级2	覆盖好，室外能够发起各种业务，可获得高速率的数据业务。室内能发起各种业务，可获得中等速率数据业务
值>-65	覆盖强度等级1	覆盖非常好

3）RSRQ（参考信号接收质量）：RSRQ=M*RSRP/RSSI，其中M为RSSI测量带宽内的RB数。RSRQ反映和指示当前信道质量的信噪比和干扰水平。

RSRQ质量（负数）=RSRQ测量报告值/2-19.5

取值范围：-19.5~-3，值越大越好。

4）RS-SINR（参考信号信干比）：UE探测带宽内的参考信号功率与干扰及噪声功率的比值，即为$S/(I+N)$，其中信号功率S为CRS的接收功率，$I+N$为非服务小区、相邻信道干扰和系统内部热噪声功率总和。RS-SINR反映当前信道的链路质量，是衡量UE性能参数的一个重要指标。

3. 切换测试

向着某个方向行进，每50m观察信号覆盖质量参数，记录切换发生时，小区ID等信息以及RSRP等覆盖参数值。

11.5.3 5G NR无线信号测试

1. 网络信息获取

5G NR网络测试界面如图11.27所示。可以看到，5G NR网络参数及性能指标与LTE有所区别。主要的网络参数如下：NR-TAC为5G NR跟踪区代码；NR-PCI为NR物理小区标识；NR-CI为NR小区标识；NR-ARFCN为5G NR绝对无线频率信道编号；NR-FREQ为5G NR无线频率，其中FDD上下行频率不同，显示两个频率值，TDD上下行频率相同，故只显示一个频率值；NR-BAND为5G NR频段编号，分为FDD和TDD频段；LAC为位置区编码。

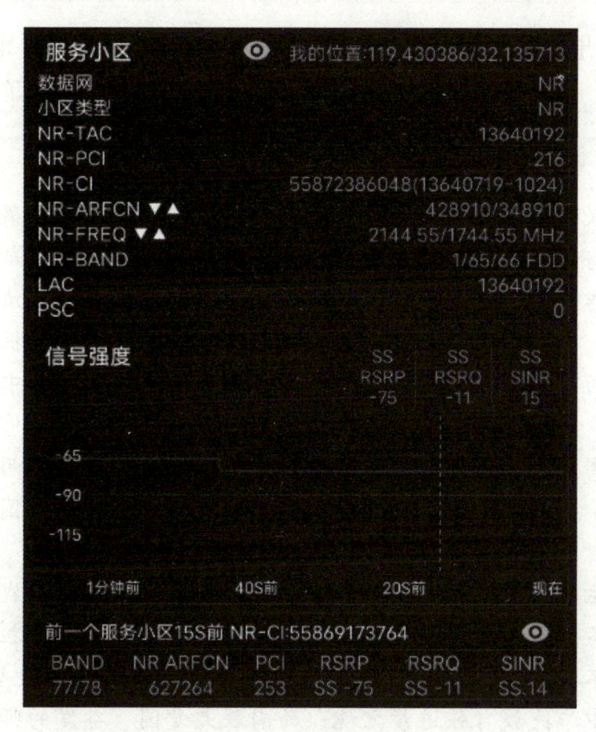

图 11.27　5G NR 网络测试界面

2. 覆盖质量测试

NR 的质量指标与 LTE 类似，但也有所区别，包括 SS-RSRP、SS-RSRQ 及 SS-SINR 等。

1）SS-RSRP 代表 SS（辅助同步信号）的接收功率。它定义为承载辅助同步信号的资源元素的功率（单位为瓦特）贡献的线性平均值。SS-RSRP 的测量时间限制在 SS/PBCH 块测量时间配置窗口持续时间内。

NR 中还有一个 RSRP 指标：CSI-RSRP，表示 CSI 参考信号接收功率。它定义为承载用于 RSRP 测量的 CSI 参考信号的资源元素的功率贡献的线性平均值。

2）SS-RSRQ 代表 SS（辅助同步信号）参考信号接收质量。它定义为 N×SS-RSRP/NR 载波 RSSI。这里，N 指 NR 载波 RSSI 测量带宽中的资源块的数量。

3）SS-SINR 代表 SS 信噪比和干扰比（SS-SINR）。它定义为承载辅助同步信号的资源元素的功率贡献的线性平均值除以承载辅助同步信号的资源元素的噪声和干扰功率贡献的线性平均值。

拓展阅读

弘扬西南联大精神

1937 年 7 月 7 日卢沟桥事变，日本发动了全面侵华战争，清华大学、北京大学被日军占领，南开大学更是被日军轰炸成废墟。三校被迫南迁长沙，组建国立长沙临时大学。没多久，长沙又连遭日军轰炸，正常教学活动无法开展，三校只能再次

迁徙。1938 年 2 月，三校一千多名师生分成三路向昆明进发。其中一路横穿湘、黔、滇，踏泥泞、走崎岖，徒步 1300 多公里，历时 68 天，完成了中国教育史上的一次“文化长征”。同年 4 月，三路师生在昆明会师，成立了“国立西南联合大学”。

当时的西南联合大学办学条件极其艰苦，师生们经常靠挖野菜充饥。为给师生们发补贴，校长梅贻琦几乎变卖了所有的家产。但这样的条件，却云集了几何学家陈省身、数学家华罗庚、理论物理学家周培源、现代文学家朱自清、建筑学家梁思成、著名学者闻一多、哲学大家冯友兰、社会学家费孝通等一大批著名的学者、教授任教。在 8 年的时间里，西南联大共培养了 8 千多名学生，其中包括两位诺贝尔奖获得者杨振宁、李政道，8 位“两弹一星”功勋奖章获得者屠守锷、郭永怀、陈芳允、王希季、周光召、朱光亚、邓稼先和赵九章以及 170 多位两院院士。更令人敬佩的是，有一千多位联大学子投笔从戎，其中有不少人为争取国家独立、民族解放事业献出了宝贵生命。

在战火中催生的西南联大，凝聚了一个时代的文化精髓，承载了一个时代学子和知识分子的命运。西南联大精神可以概括为：爱国主义的社会担当、振兴中华的远大志向、坚韧不拔的政治情怀、自由与民主的坚定意志和刚毅坚卓的学术抱负。西南联大精神是中华民族自强进步之魂；西南联大爱国、奋发的师生群体是当代大学生学习的楷模。今天的大学，仍然是传授专业知识，造就专业人才，培养正确世界观（人生观、道德观、价值观），传承中华文化、学习世界先进科学技术知识的重地。兴中华，靠人才，青年人是祖国的未来，应继承和发扬西南联大精神，志存高远，笃定前行，努力学习，为国家和民族的振兴贡献自己的才华。

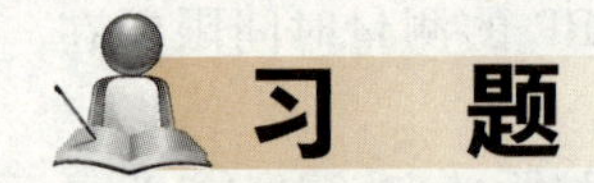

习　题

1. 熟悉各个实验项目的操作过程。
2. 完成各个实验，并结合书中相关章节内容，写一篇通信网实践分析的小论文。

附录

郑州大学现代通信网虚拟仿真实验平台介绍

一、平台目标

通信网络技术、架构和组件不断更新迭代，设备、系统日益复杂。现实教学中，学生难以深入运营商机房针对现网设备进行配置、调试和检测；另一方面，一般高校的通信实验设备跟现网设备又有较大差异，难以收到良好的实验效果。

鉴于此，郑州大学组织开发了现代通信网虚拟仿真实验平台，平台使用 Unity3D 等虚拟技术，以现代通信网络架构演进为切入点，模拟由电话网的电路交换到移动网的分组交换，以及全 IP 化模式的网络架构演进历程，帮助学生掌握不同代际通信网络（重点是核心网）的关键技术和网络架构体系，进而加深学生对于现代通信网演进原理及趋势的理解。

二、实验内容

实验平台以虚拟仿真形式，再现现代通信网由有线电话业务到 5G 移动通信的发展历程，实验流程及主要内容如图 A.1 所示。

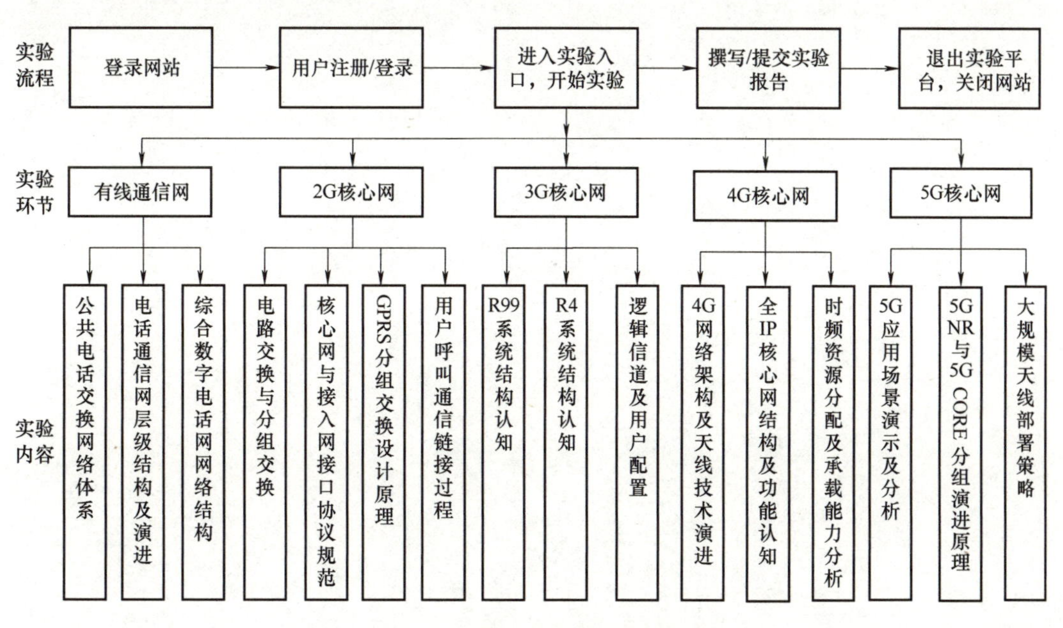

图 A.1 实验流程及主要内容

主要模块介绍如下。

1）有线通信网模块，包括公共电话交换网络体系等子模块，可以进行公共电话交换分级组网、信令网的层级结构及信令链路、信令点划分等实验。

2）2G核心网模块，包括电路交换与分组交换等子模块，可以进行核心网与接入网的接口协议规范、GPRS分组交换原理、用户呼叫通信链接过程等实验。

3）3G核心网模块，包括R99系统结构认知等子模块，可以进行3GPP R99协议、R4协议核心网演进关键技术、3G场景下的用户链接配置等实验；

4）4G核心网模块，包括4G网络架构及天线技术演进等子模块、可以进行TDD、FDD模式特性，全IP核心网架构，时频资源分配策略，上下行承载能力计算分析等实验。

5）5G核心网模块，包括5G NR与5G CORE分组演进原理等子模块，可以进行5G组网、时频域资源分配策略、大规模MIMO天线技术部署等实验。

本实验平台以虚拟仿真的形式高度还原核心网演进历程，支持学生进行认知学习、操作和验证，将现有条件下难以观察、复现的内容转化为可观察、可设计和可验证的实验，起到了“以虚补实”的作用，增加学生对通信网络的实际感知和理解。未来，现代通信网虚拟仿真实验平台将会随着网络技术的发展而不断丰富完善新的实验内容，更好地满足读者的学习需求。

三、平台网址

www. ilab. zzu. edu. cn/xdtxw

登录名称和密码在出版社相关网页随附加资料一起提供。

参 考 文 献

[1] 穆维新. 现代通信网 [M]. 2版. 北京：电子工业出版社，2017.

[2] 王珺，江凌云. 交换技术与通信网 [M]. 北京：清华大学出版社，2019.

[3] 穆维新. 移动通信 [M]. 北京：清华大学出版社，2022.

[4] 比尔德，斯托林斯. 无线通信网络与系统 [M]. 朱磊，许魁，译. 北京：机械工业出版社，2017.

[5] POIKSELKÄ M，MAYER G，KHARTABIL H，et al. IMS：移动领域的IP多媒体概念和服务 [M]. 赵鹏，周胜，望玉梅，译. 北京：机械工业出版社，2005.

[6] 王玉罡. 中级通信工程师考试考点精讲与全真模拟题：传输与接入 [M]. 北京：机械工业出版社，2014.

[7] 王振世. LTE轻松进阶 [M]. 2版. 北京：电子工业出版社，2017.

[8] 穆维新. 数据路由与交换技术 [M]. 北京：清华大学出版社，2018.

[9] 王军，石宇. 中级通信工程师考试考点精讲与全真模拟题：互联网技术 [M]. 北京：机械工业出版社，2014.

[10] MARZETTA T L，LARSSON E G，YANG H，et al. Fundamentals of Massive MIMO [M]. Cambridge：Cambridge University Press，2016.

[11] LARSSON E G，EDFORS O，TUFVESSON F，et al. Massive MIMO for Next Generation Wireless Systems [J]. IEEE Communications Magazine，2014，52 (2)：186-195.

[12] BJÖRNSON E，LARSSON E G，MARZETTA T L. Massive MIMO：Ten Myths and One Critical Question [J]. IEEE Communications Magazine，2016，54 (2)：114-123.

[13] E G LARSSON，VAN DER PERRE L. Massive MIMO for 5G [J]. IEEE 5G Tech Focus，2017，1 (1)：56550.

[14] CACCIAPUOTI A S，SANKHE K，CALEFFI M，et al. Beyond 5G：THz-Based Medium Access Protocol for Mobile Heterogeneous Networks [J]. IEEE Communication. Mag.，2018，56 (6)：110-115.